西藏工布自然保护区
生物多样性

XIZANG GONGBU ZIRAN BAOHUQU
SHENGWU DUOYANGXING

刘少英　张明　孙治宇　主编

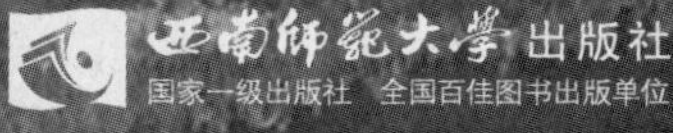

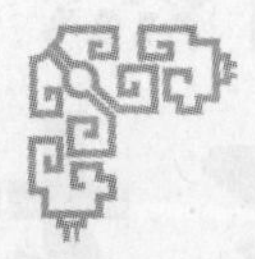

编委会

BIANWEIHUI

序

西藏作为青藏高原的主体，有着“世界屋脊”和“世界第三极”之称，不仅是东半球气候的启动区，也是中国乃至世界重要的气候调节器；而且还是中国和南亚地区的“江河源”和“生态源”。这里独特的地理环境和气候条件孕育了世界上独一无二的生物多样性。

西藏幅员辽阔，自然环境复杂多样，生物多样性资源丰富，地质遗迹众多，是世界山地生物物种一个重要的起源地与分化中心。但生态环境十分脆弱，一旦破坏便难以恢复。

西藏的生态环境不仅构成本地区社会经济发展的自然基础，决定着区域社会发展进程和居民生活质量，而且也影响着毗邻地区乃至更广阔范围内生态环境变化的趋势，并进而影响这些地区的社会发展和居民生活质量。有效地保护西藏具有典型意义的生态系统、自然环境、地质遗迹和珍稀濒危物种，防止生态环境的恶化，维持生物的多样性，保证生物资源的可持续利用和自然生态的良性循环，建立自然保护区，对西藏可持续发展战略的实施具有十分重要的意义。

正因为西藏自治区重要的生态地位和丰富而独特的生物多样性，区内自然资源的保护历来得到党中央、国务院以及西藏自治区党委、政府的高度重视。胡锦涛总书记指出：必须清醒地认识到，青藏高原的生态环境同我国整个生态环境息息相关，搞好西藏的生态环境保护与建设，对于改善西藏乃至全国的生态环境都具有十分重要的意义。总书记的指示为西藏自治区的生态环境保护指明了方向。2009年2月18日，国务院常务会议审议并原则通过了《西藏生态安全屏障保护与建设规划2008～2030年)》，为西藏自治区的生物多样性保护作出了宏伟的规划，制定了具体的可操作的办法。

到目前为止西藏自治区已建立各级各类自然保护区45个，面积达41.26万km^2，占西藏自治区总面积的34.38%，居全国之首。

林芝地区位于西藏自治区的东南部，青藏高原面向高原边缘的过渡地带，其地形更加复杂，立体气候更加多变，分布着从“热带”到“寒带”的生物群落，是西藏生物多样性最富集的地区。

为了保护好这里独特而秀丽的自然生态环境，保障民生和经济社会的可持续发展，多处自然生态保护区域被建立起来。这里有世界上最深的大峡谷——雅鲁藏布大峡谷自然保护区；有中国最大的原始森林自然保护区——西藏工布自然保护区；有号称高原瑞士风光的色齐拉森林公园——鲁朗林海；有柏树之王——西藏巴结巨柏自然保护区，以及清秀静谧的巴松错森林公园、风景如画的嘎朗、雅尼湿地公园等。

西藏工布自然保护区也是林芝地区最大的自然保护区，平静的雅鲁藏布江和碧蓝的尼洋河在保护区内交汇。保护区总面积 21 558.16 km^2。行政区域隶属于西藏林芝地区的林芝县、工布江达县、米林县和朗县。保护区于 2003 年由西藏自治区人民政府批准成立，是以高寒山地垂直生态系统和赤斑羚等珍稀野生动物为主要保护对象的自然生态系统类型的自然保护区。

保护区成立之后，各级政府在此投入巨资，保护区管理局做了大量卓有成效的保护管理工作，基础设施建设取得重大进展，社区居民积极支持并投身到保护工作中，生态保护工作与社区经济协调发展，区内资源得到了较好保护。为了更科学地保护和管理好这块集保护、科研、旅游、教育、经济发展为一体的良性生态经济发展区域，保护区管理局决定邀请四川省林业科学研究院主持完成保护区的本底资源调查工作。四川省林业科学研究院邀请北京大学、四川大学、成都理工大学、河北大学、山西大学、宜宾学院、黄山学院的专家组成了强大的科学考察队。考察队在西藏工布自然保护区开展了详细而艰苦的科学考察工作，历时 2 年，采集了数千份各类标本，取得了丰硕成果。考察结果进一步表明，保护区生物多样性资源非常丰富，仅脊椎动物就有 316 种，其中兽类 69 种，鸟类 220 种，爬行类 3 种，两栖类 10 种，鱼类 14 种；仅国家重点保护野生动物就达 56 种，国家Ⅰ级重点保护动物 13 种，包括胡兀鹫、金雕、四川雉鹑、黑颈鹤、熊猴、豹、雪豹、白唇鹿、林麝、马麝、褐(黑)麝、扭角羚和赤斑羚。国家Ⅱ级重点保护动物 43 种，包括鹗、高山兀鹫、猎隼、藏雪鸡、藏马鸡、白腹锦鸡、大紫胸鹦鹉、绯胸鹦鹉、红腹角雉、猕猴、黑熊、棕熊、小熊猫、黄喉貂、水獭、大灵猫、兔狲、猞猁、金猫、藏原羚、鬣羚、斑羚和岩羊等。还有昆虫 406 种。植物资源包括大型真菌 436 种，藻类 189 种及变种，维管束植物 1 676种。在这绿色的基因库内包含有 10 余种国家级重点保护及珍稀濒危植物，如巨柏、山莨菪、松茸、虫草、金荞麦、黄牡丹、天麻、星叶草、桃儿七、西藏八角莲、瓶尔小草、心叶瓶尔小草等。

在林芝地区行署和工布自然保护区管理局的大力支持下，经过数十位科学家们的辛勤耕耘，基本查清了工布自然保护区生物多样性的本底资源，积累了非常重要和珍贵的资料，保护区的保护价值和重要性得到了彰显。同时，在这些大量珍贵信息的基础上，科学家门精心撰写了《西藏工布自然保护区生物多样性》专著。专著的问世，为保护区的有效管理和保护，落实科学发展观，将起到积极的作用；为社会公众进一步认识了解保护区，积极主动地维护自己的生存环境提供了难得的信息。

《西藏工布自然保护区生物多样性》专著内容丰富、条理清楚、分析深入、装帖精美，集科学性和资料性于一体，是一本值得期待的好专著。在专著即将出版之时，我对各位专家表示祝贺！对各位专家的辛勤工作表示感谢！

西藏自治区林业局局长：雷桂龙

2011 年 4 月于拉萨

前言

西藏工布自然保护区位于西藏东南部的林芝地区，喜马拉雅山脉的东北隅，雅鲁藏布江和尼洋河在保护区内交汇。保护区总面积 21 558.16km²，行政区划隶属于西藏林芝地区的林芝县、工布江达县、米林县和朗县。保护区成立于 2003 年，为西藏自治区人民政府批准成立的自治区级自然保护区。保护区是以高原湿地生态系统、高原山地生态系统和赤斑羚等珍稀野生动物为主要保护对象的自然生态系统类型的自然保护区。

保护区是世界自然基金会(WWF)所确定的世界 200 个生物多样性重点保护的生物地理区域之一，属东喜马拉雅北翼，是湿地和高原山地生态系统的典型代表地区，该地区是我国乃至世界山地生物多样性最丰富的地区之一。

保护区面积广大，海拔高差悬殊，沟谷交错，复杂的地形和气候条件为生物提供了多样的生境，也使保护区保持了较高的生态系统多样性。概括来讲，保护区的生态系统主要包括森林、灌丛、草地、沼泽、湖泊、河流、冰川、沙地、农业和聚居地等类型。其中，湿地生态系统(包括河流湿地、湖泊湿地和沼泽湿地)和森林生态系统是保护区 2 种最重要的类型。保护区湿地生态系统总面积约为 384.75km²，占保护区总面积的 1.78%；保护区是我国面积最大、保存最完好的原始天然林生态系统所在地，区内森林生态系统总面积约为 10 359.84km²，占保护区总面积的 48.06%。

保护区菌类和植物资源非常丰富，包括大型真菌 15 目 53 科 436 种；藻类 5 门 28 科 189 种及变种；维管束植物 1 676 种，其中蕨类植物 21 科 37 属 95 种，裸子植物有 3 科 8 属 19 种，被子植物 99 科 488 属 1 562 种。本次调查共发现我国藏南地区藻类新记录 17 种；保护区范围内的维管植物新记录 170 种，其中蕨类植物 13 种，被子植物 157 种。

根据 1999 年颁布的《国家重点保护野生植物名录》(第一批)统计，保护区有国家重点保护植物及真菌 5 种，其中，国家Ⅰ级保护的植物 1 种，为巨柏；国家Ⅱ级保护的 4 种，包括松茸、冬虫夏草、金荞麦和山莨菪。

调查确认，保护区有昆虫406种，其中蚂蚁2亚科8属17种，其他昆虫类14目106科265属389种；保护区有脊椎动物316种，其中兽类7目18科69种，鸟类14目48科220种，爬行类1目2科3种，两栖类2目3科10种，鱼类2目3科14种，动物种类十分丰富。本次调查共发现新种13个，其中包括5个蚂蚁新种，7个其他昆虫新种，1个兽类新种；共发现西藏自治区新记录9种，包括3种小型兽类新记录，6种蚂蚁新记录；此外，还发现蚂蚁中国新记录种1种，其他昆虫中国新记录属1属。表明本次调查取得重大成果，这么多新种的相继发现，尤其发现1个哺乳动物新种，是非常难能可贵的。

保护区有国家Ⅰ级重点保护动物13种，它们是胡兀鹫、金雕、四川雉鹑、黑颈鹤、熊猴、豹、雪豹、白唇鹿、林麝、马麝、褐（黑）麝、扭角羚和赤斑羚；国家Ⅱ级重点保护动物43种，它们是鹗、黑鸢、高山兀鹫、秃鹫、松雀鹰、雀鹰、苍鹰、普通鵟、大鵟、毛脚鵟、棕尾鵟、红隼、灰背隼、燕隼、猎隼、藏雪鸡、血雉、勺鸡、藏马鸡、白腹锦鸡、大紫胸鹦鹉、绯胸鹦鹉、雕鸮、灰林鸮、红腹角雉、猕猴、豺、黑熊、棕熊、小熊猫、石貂、黄喉貂、水獭、小爪水獭、大灵猫、小灵猫、兔狲、猞猁、金猫、藏原羚、鬣羚、斑羚和岩羊。国家Ⅰ、Ⅱ级重点保护动物占该区脊椎动物总种数的17.78%。

由此可见，保护区虽然地处青藏高原，平均海拔达到3 500m以上，气候条件恶劣，但生物多样性仍然非常丰富，尤其珍稀濒危和特有物种丰富，是众多珍稀特有物种的集中分布区。因此，从物种多样性保护角度来看，保护区有极高的保护价值。

从生态系统类型来看，保护区内以湖泊、河流和沼泽湿地为主的湿地生态系统面积大，处于原始状态，几乎没有受到人类干扰破坏，生态功能强大，是藏东南地区的巨大天然水塔，对水源涵养和水文调节有非常重要的意义，同时对保证雅鲁藏布江流域生态安全有重要作用。而雅鲁藏布江是一条流向印度和孟加拉国的国际河流，因而，保护区有国际级的生物多样性保护意义。另外，保护区还有我国面积最大的原始天然林生态系统，大多处于顶级群落状态，生态系统中物种丰富，资源富集，也具有重要的保护和科学研究价值。

受西藏林芝地区保护区管理局委托，四川省林业科学研究院承担了保护区的综合科学考察任务。接到任务后，四川省林业科学研究院邀请成都理工大学、北京大学、河北大学、四川大学、西南林业大学、宜宾学院、黄山学院和山西大学的有关专家联合开展了本次考察工作。野外调查工作前后共进行了3次，总历时约100天。其中，四川省林业科学研究院负责工作的总体协调和组织，并具体负责兽类、鸟类、鱼类、菌类、制图及专著的编辑；成都理工大学负责植物多样性、植被的调查和写作；北京大学负责影像资料的拍摄和编辑；四川大学负责生态系统、景观生态体系和文化多样性的调查和写作；河北大学负责蚂蚁以外的昆虫调查和写作；西南林业大学负责蚂蚁的调查和写作；宜宾学院和黄山学院共同负责两栖和爬行类的调查和写作；山西大学负责藻类的调查和写作；西藏林芝地区保护区管理局负责调查的协调、组织。

在标本鉴定方面，感谢陕西师范大学郑哲民教授，中国科学院动物研究所梁爱萍研究员，北京农林科学院虞国跃研究员，中国农业大学杨定教授、王心丽教授和刘志琦教授，中南林业科技大学魏美才教授，南开大学卜文俊教授和刘国卿教授，云南农业大学李强教授，河南师范大学牛瑶教授，陕西理工学院霍科科教授，沈阳师范大学薛万琦教授、王明福教授和张春田教授，河北大学任国栋教授，南京农业大学孙长海副教授和王备新副教授，广西师范大学黄建华副教授等专家帮助鉴定有关类群的标本。野外调查期间，得到了西藏自治区林业局、林芝地区林业局、林芝地区林科所、林芝县林业局、工布江达县林业局、米林县林业局、朗县林业局以及保护区所属各乡镇政府的大力支持，在此一并表示最衷心的感谢！我们也因为参加了这样一个如此重要的自然保护区的科学考察而倍感荣幸！

编者

2010 年 10 月于成都

目录

MULU

第一章　自然地理概况

1. 地理位置

保护区位于西藏东南部的林芝地区，喜马拉雅山脉的东北隅，雅鲁藏布江和尼洋河在保护区内交汇。保护区东起雅鲁藏布大峡谷国家级自然保护区西界，西至加查县县界，西北至工布江达县中部，西南至朗县中东部，南至隆子县县界，东南至墨脱县县界，北靠嘉黎县和边坝县县界(附图 1)。地理坐标介于东经 92°55.9500′～94°54.6000′，北纬 28°39.0333′～30°20.41667′之间。保护区行政区域上隶属于工布江达县的工布江达镇、仲莎乡、巴河镇、朱拉乡和错高乡，林芝县的林芝镇、八一镇、百巴镇、米瑞乡、布久乡和东久乡，米林县的羌纳乡、丹娘乡、米林乡、南伊乡、里龙乡、卧龙镇和扎西绕登乡以及朗县的金东乡，总面积为 21 558.16km²。保护区最高海拔 6 630m(工布江达县西北边界上的无名峰)，最低海拔约 2 910m(米林县丹娘乡附近的雅鲁藏布江河谷地带)，海拔高差接近 3 800m。保护区东西最长距离约 193km，南北最宽距离约 187km。

2. 地质地貌

保护区内地形地貌是整个青藏高原地质构造形成的结果。据板块构造研究资料表明，青藏高原的大幅度隆起是由于印度板块俯冲于欧亚板块之下，使欧亚板块不断抬升，分别在燕山和喜马拉雅两个造山运动中形成了近东西走向的念青唐古拉山脉和高大的西北转东西走向的弧形喜马拉雅山系。东喜马拉雅山和念青唐古拉山东段横亘于保护区南北两侧，南来的水汽沿雅鲁藏布江下游河谷北上，受念青唐古拉山脉的阻挡，在保护区内形成丰富的降水。暖湿气流的强烈风化剥蚀作用，加上流水的剧烈侵蚀和切割，使得保护区高峰耸立，山体下部形成深邃的峡谷，自然环境呈现明显的垂直分异。在保护区内平均海拔 5 000m 以上的山体上，发育有较多的小面积海洋性冰川，山地上部常见有 U 形谷和冰川退缩形成的冰碛湖泊群等古冰川侵蚀遗迹。雅鲁藏布江及大小支流强烈下切，地势高差悬殊，山脊与谷底海拔相对高差 1 500～3 800m，构成保护区内高山峡谷的地貌特征(附图 2)。

3. 土壤

保护区内地层组成主要以三叠系、侏罗系的海相地层为主，石炭系、二叠系、白垩系、泥盆系和奥陶系的海相地层也较常见。岩石多为石灰岩、大理岩、砂岩、片岩和千枚岩。火成岩则以燕山晚期和早期的花岗岩为主。这些较古老岩层和岩石在第四纪时期青藏高原强烈隆起过程中产生的风化产物，以及它们经搬运而再次沉积的地表物质，包括残积物、重力堆积物、冰碛物、坡积物、洪积物及冲积物等构成了区域成土母质。受高山河谷地貌、温暖湿润的气候及丰富植被类型的影响，棕壤和暗棕壤为保护区的地带性土壤。保护区主要有高山寒漠土、高山草甸土、亚高山草甸土、灰褐土、暗棕壤、棕壤和褐土 7 个土壤类型。

4. 气候

保护区气候属高原温带半湿润季风气候，降水主要来自印度洋的西南季风，降水量在水平方向和垂直方向差异较小，最大降水带分布在森林带上限或雪线附近。年平均气温、最冷月平均气温和最热月平均气温都随海拔的增高呈直线递减，海拔每升高 100m 温度递减 0.57℃～0.61℃。

保护区冬半年主要受大陆气团影响，降水稀少，气候干燥，大风天气多，旱季特征突出。4～9 月主要受印度洋西南季风控制，云层密布，雨日较多，为保护区的雨季，占全年总降水量的 90%。其余月份降水少，日照多，气温高。雨季阴天多，日照少，气温低。年平均温度在 7℃以上，最热月均温在 7℃～9℃之间，最冷月均温在 0℃以下。8 月气温最高，1 月气温最低，3 月升温幅度最大，5 月升温幅度次之。≥0℃的积温为 2 300℃～3 200℃。无霜期 150 天以上，初霜期出现在 10 月中旬至 11 月上旬，终霜期出现在 4 月中旬至 5 月上中旬。年平均降水量为 500～700mm，年平均蒸发量为 1 300～1 700mm，年平均相对湿度为 50%～75%，湿润系数为 0.9～1.1。7 月相对湿度最大，3 月相对湿度最小，6 月相对湿度增幅最大，3 月相对湿度降幅最大。全年日照时数 1 900 小时以上，日照百分率 45%以上。

5. 水文

根据西藏水文区划，保护区隶属藏东南水文区，东喜马拉雅北缘地带，林芝宽谷片。这里河谷开阔，阶地发育，河流坡降一般较小。由于雅鲁藏布江河谷成为印度洋暖湿气流进入青藏高原的最主要通道，而本区正处于这一通道的前沿，因此气候温暖湿润，是西藏年降水量较大的地区之一。降水的年分配较为均匀，全年日降水量大于或等于 0.1mm 的日数，河谷地区一般在 146 天以上。年蒸发强度是西藏最小的地区，一般为 1 300～1 700mm。

由于该区降水量大，汇流坡度大，冰川分布较广泛，因此径流深较大，一般在500mm以上。保护区内主要河流有著名的雅鲁藏布江、尼洋河及其支流，均属雅鲁藏布江水系。区内湖泊数量众多，共有大小湖泊约1 760个，其中面积在1km^{2}以上的湖泊有18个，最大的错高湖面积约26.5km^2。区内主要河流及湖泊情况介绍如下：

(1)雅鲁藏布江

雅鲁藏布江从山南地区加查县流入，经朗县、米林、林芝和墨脱出境，林芝地区内流域长775km，其中保护区内流长约为190km。雅鲁藏布江年径流量1 380亿m^3，平均流量4 425m^3/s。

雅鲁藏布江从米林县派乡开始，由于受构造线控制改为东北流向，流至与帕隆藏布汇合处附近，急转南下，像一把巨斧把喜马拉雅山东段劈为两半，形成世界上极为奇特的马蹄形大拐弯。主要支流有尼洋河、帕隆藏布等，此外，沿途还有墨脱格当的金珠曲、约尔河等大小十多条河流流入。

(2)尼洋河

尼洋河是雅鲁藏布江北侧的最大支流，是雅鲁藏布江五大支流之一。发源于米拉山西侧的错木梁拉，其源头为古冰川作用的围谷，海拔5 000m左右。河流经工布江达县，由西向东在林芝县则们附近汇入雅鲁藏布江，流域面积17 535km^2，平均流量538m^3/s，年径流量220亿m^3，水能蕴藏量可达208万kW。尼洋河全长307.5km，保护区内流长约为180km，落差2 273m，平均纵比降达7.39%。但米林一八一镇之间的河段流速非常缓慢，比降很小，河谷宽阔，蛇曲发育，形成密集的网状，期间沼泽发育，沼泽植被茂密，湿地鸟类丰富，成为保护区内主要的沼泽湿地分布区域。河流两岸森林植被完好，河水清、含沙少，是沿河地区人民的“母亲河”。

(3)巴河

位于保护区内，是尼洋河的最大支流，发源于念青唐古拉山脉东端，河长89km，流域面积4 177.9km^2，平均流量178.8m^3/s，落差768m，水能蕴藏量38.85万kW。

(4)错高湖

也译称巴松错，意为湖之源头，藏语意为“三岩湖”。位于工布江达县境内，距拉萨396km，距川藏线318国道巴河镇49km，是西藏东部最大的淡水堰塞湖之一，湖面海拔3 538m，湖呈长条形，全长15km，宽3km，湖水面积26.5km^2，湖水平均深度60m以上，湖水清澈。湖四周原始森林密布，森林层次分明，受周围树木及季节影响，湖水四季呈现不同色彩。

第二章　大型真菌多样性

大型真菌(Macrofungi)属于菌物界(Mycetalia)。菌物不含叶绿素,不能自身合成有机物,只能营腐生、寄生或共生生活。菌物是生态系统中的异养生物,它们通过利用动植物合成的物质参与物质循环,是维持生态系统正常功能不可缺少的重要组成部分。大型真菌是重要的生物资源,对人类的生存具有重要作用:有的物种是药物的重要来源,有的物种是人类理想的健康食品,有的物种是绿色植物正常生长的亲密伙伴。即使对人有毒害的种类,有的也有特殊药用功效或其他重要的使用价值。

对大型真菌进行种类、数量、分布和用途等方面的考察具有现实意义,将为保护区生物多样性、生态系统稳定性、病原菌对保护区森林的胁迫程度等方面提供基础资料,用以指导生态保护、科学研究及合理开发利用。

第一节　种质资源

一、地理分区

菌物的地理分布受到诸多生物因子和环境因子的影响,但其中最重要的因子还是食物因子和水热条件。总体上看,大型真菌的分布呈现有规律的变化。老一辈菌物学家在几十年广泛调查的基础上,对中国的大型真菌进行了区划,把中国的大型真菌地理分区大致划分为 7 个区。

保护区位于西藏东南部,在大型真菌地理分区上属于青藏高原区,并与西南区邻接。保护区内河流湖泊较多,海拔高差悬殊,在印度洋暖湿气流的影响下小气候、小生境复杂,植被发育好且类型丰富,既有许多森林密布的高山峡谷,又有人迹罕至的高山灌丛草甸,因此真菌组成也比较复杂,是我国大型真菌分布最丰富的地带之一,也是许多孑遗种和新种的分化地。

二、物种多样性

据估计地球上有 500 万种生物,其中菌物约有 150 万种,已被记录的仅仅 10

万种左右。大型真菌是指真菌中形态结构比较复杂、子实体较大、能够用肉眼直接看清楚的种类。我国目前已知的各类大型真菌估计达 3 800 种以上，国内目前最为权威的《中国大型真菌》（卯晓岚，2000）只描述记载了 1 701 种大型真菌。

2008 年 7～8 月和 2009 年 5～6 月，分别对保护区各种生境中有分布的大型真菌资源进行了详细调查，调查时间的选择与大多数大型真菌的繁殖生长期吻合，故调查采集到的标本十分丰富。两次调查共采集大型真菌标本 518 份，经鉴定分属于 2 亚门 5 纲 15 目 53 科 134 属 436 种。

1. 保护区大型真菌优势科分析

(1)包含属数多的科

保护区大型真菌有 53 科 134 属，其中所含属最丰富的科是白蘑科（Tricholomataceae）和多孔菌科（Polyporaceae），分别为 17 属。其次是牛肝菌科（Boletaceae），有 8 属。第三是丝膜菌科（Cortinariaceae），有 6 属。第四是球盖菇科（Strophariaceae）和盘菌科（Pezizaceae），分别为 5 属。接下来的顺序是，侧耳科（Pleurotaceae）、鬼伞科（Coprinaceae）、松塔牛肝菌科（Strobilomycetaceae）、珊瑚菌科（Clavariaceae）、齿菌科（Hydnaceae）和马勃科（Lycoperdaceae），都为 4 属。蜡伞科（Hygrophoraceae）、蘑菇科（Agaricaceae）都为 3 属。其他各科所含属数排序统计详见表 2-1。

表 2-1　保护区大型真菌属、种优势排序

科	属	种	科	属	种
白蘑科 Tricholomataceae	17	63	银耳科 Tremellaceae	1	3
多孔菌科 Polyporaceae	17	46	地星科 Geastraceae	1	3
红菇科 Russulaceae	2	43	硬皮马勃科 Sclerodermataceae	1	3
丝膜菌科 Cortinariaceae	6	34	粪锈伞科 Bolbitiaceae	2	2
牛肝菌科 Boletaceae	8	32	鸟巢菌科 Nidulariaceae	2	2
蜡伞科 Hygrophoraceae	3	21	肉盘菌科 Sarcosomataceae	2	2

（续表）

科	属	种	科	属	种
球盖菇科 Strophariaceae	5	15	韧革菌科 Stereaceae	1	2
鹅膏菌科 Amanitaceae	1	15	鬼笔科 Phallaceae	1	2
鬼伞科 Coprinaceae	4	14	须腹菌科 Rhizopogonaceae	1	2
蘑菇科 Agaricaceae	3	14	麦角菌科 Clavicipitaceae	1	2
马勃科 Lycoperdaceae	4	12	羊肚菌科 Morchellaceae	1	2
侧耳科 Pleurotaceae	4	10	裂褶菌科 Schizophyllaceae	1	1
马鞍菌科 Helvellaceae	2	9	刺革菌科 Hymenochaetaceae	1	1
枝瑚菌科 Ramariaceae	1	9	绣球菌科 Sparassidaceae	1	1
盘菌科 Pezizaceae	5	7	伏革菌科 Corticiaceae	1	1
齿菌科 Hydnaceae	4	6	革菌科 Thelephoraceae	1	1
鸡油菌科 Cantharellaceae	2	6	小齿菌科 Climacodontaceae	1	1
松塔牛肝菌科 Strobilomycetaceae	4	5	耳匙菌科 Auriscalpiaceae	1	1
珊瑚菌科 Clavariaceae	4	5	猴头菌科 Hericiaceae	1	1
粉褶菌科 Rhodophyllaceae	1	5	胶耳科 Exidiaceae	1	1
网褶菌科 Paxillaceae	1	5	链孢耳科 Syzygosporaceae	1	1
地舌科 Geoglossaceae	2	4	花耳科 Dacrymycetaceae	1	1
木耳科 Auriculariaceae	1	4	炭角菌科 Xylariaceae	1	1
光柄菇科 Pluteaceae	1	3	球壳菌科 Sphaeriaceae	1	1
铆钉菇科 Gomphidiaceae	1	3	蕉孢壳科 Diatrypaceae	1	1
陀螺菌科 Gomphaceae	1	3	锤舌菌科 Leotiaceae	1	1
灵芝科 Ganodermataceae	1	3			

(2)包含种数多的科

保护区53科436种大型真菌中，种最丰富的科是白蘑科，有63种。其次是多孔菌科，有46种。第三是红菇科，有43种。其他物种数较多的科依次是丝膜菌科34种、牛肝菌科32种(表2-1)。

由表2-1可见，从种的角度来看，白蘑科物种数占该区目前已知有分布的436种大型真菌总种数的15%，其次是多孔菌科占11%、红菇科占10%、丝蘑菌科占8%、牛肝菌科占7%、蜡伞科占5%。这些科种类十分丰富，是保护区关键的类群。但从属的角度分析，白蘑科和多孔菌科均列第一，分别占总属数134属的13%，其次为牛肝菌科占6%、丝蘑菌科及球盖菇科、盘菌科分别占4%，也非常丰富。综合分析，白蘑科、多孔菌科、丝蘑菌科以及牛肝菌科无论种还是属都是非常丰富的，是保护区的优势科。

2.保护区大型真菌优势属分析

根据保护区大型真菌名录可知，红菇属所含种数最多，共28种，为区内的优势属。其次丝膜菌属21种，也为优势属。鹅膏菌属和乳菇属排列第三，都为15种。其他属依次是口蘑属13种、蜡伞属12种、枝瑚菌属9种、蘑菇属8种、栓菌属8种，以及杯伞属、湿伞属、鬼伞属、木层孔菌属和牛肝菌多个属，它们都是物种数较多的属。

3.保护区大型真菌资源量

调查发现，保护区内大型真菌不仅种类多，而且单一种类的资源量很大。在高山栎、松及云杉林带有大量的红菇、乳菇、牛肝菌、鹅膏菌及口蘑等。在云杉、冷杉等暗针叶林下，丝膜菌科的食用菌产量非常大。在所有森林区，多孔菌类都广泛分布且产量大，枝瑚菌产量也较大。在高山灌丛及草甸带，虫草类及蘑菇类产量较高。

三、生态类型多样性

保护区大型真菌的生境大致可分为森林、空旷山地及草原(包括田野)，而森林是菌类最重要的繁衍场所，80%的种类都分布其中，这也说明菌类的分布与气温、降水量所控制的植被关系密切。根据大型真菌繁殖生长的基物和菌根形成分为5种生态类型：

(1)木生菌

此类以木材为基础，繁殖生长在立木、倒腐木及树桩上。其菌丝体分解利用纤维素和半纤维素或木质素的能力比较强，往往引起生长部位呈现白色或褐色腐朽。

它们既分解枯枝落叶，参与物质循环发挥重要作用，也会在进行木腐菌栽培过程中成为主要的杂菌。其中不乏经济价值高的食用菌和宝贵的药用菌，它们美味可口、疗效显著，具有很高的开发价值，具代表性的如侧耳属(*Pleurotus*)、香菇属(*Lentinus*)、木耳属(*Auricularia*)、银耳属(*Tremella*)、云芝属(*Coriolus*)等。

(2)土生菌

这类是指以土壤和地表腐殖质层为基物的种类，不包括与树木形成外生菌根的种。保护区内主要有杯伞属(*Clitocybe*)、香蘑属(*Lepista*)、铦囊蘑属(*Melanoleuca*)及羊肚菌属(*Morchella*)的部分种。其中，也不乏美味可口的优质食用菌，如花脸香蘑(*Lepista sordida*)、条柄铦囊蘑(*Melanoleuca grammnopodia*)、黑脉羊肚菌(*Morchella angusticeps*)、尖顶羊肚菌(*M. conica*)等，这些种可进行驯化培养。

(3)粪生菌

该类真菌在牲畜粪上或粪肥充足的沃土上生长，粪中含大量的纤维素及其他有机物供菌丝体分解吸收。如花褶伞属(*Panaeolus*)、半球盖菇(*Stropharia semiglibata*)及粪鬼伞(*C. sterquilinus*)等都为典型的粪生菌，在保护区内的草地及林隙牲畜粪便上常见，它们参与物质循环，但多为不可食用的有毒种类。

(4)虫生菌

此类是指繁殖生长在昆虫体上或与昆虫的活动有着密切联系的真菌，具有代表性的是分布在海拔 3 000～5 000m 之间的高山草甸和高山灌丛带、寄生于蝙蝠蛾幼虫体上的冬虫夏草(*Cordyceps sinensis*)，是一种名贵中药。

(5)外生菌根菌

这类真菌生于土壤中与树木(包括草本)形成外生菌根，种类十分丰富，如牛肝菌科(Boletaceae)、红菇科(Russulaceae)、鹅膏菌科(Amanitaceae)、齿菌科(Hydanaceae)大部分种、鸡油菌科(Cantharellaceae)、陀螺菌科(Gomphaceae)、丝膜菌属(*Cortinarius*)、口蘑属(*Tricholoma*)、铆钉菇属(*Gomphidius*)等都是非常重要的菌根菌，它们与周围植物共生互惠，其中有许多物种都是重要的优质野生食药用菌。

第二节　经济价值

很多野生真菌营养丰富，是人类理想的绿色食品；有的具有独特药效，是人类筛选抗癌药物的重要对象；有的则是绿色植物生存的亲密伙伴，是维系生态系统正常物质循环和能量流动不可缺少的重要成员。因此，该区的野生菌类是具有重要科研、开发价值的生物资源。根据经济用途可以分为如下几个类别：

1. 食用菌

据史书记载，我们祖先早在6 000～7 000年前仰韶文化时期就开始采食蘑菇，2 000年前的古籍更是普遍有野生菌食用记述，可见中国人具有悠久的食菌历史。自然界有食用菌5 000种左右，中国目前已知近900种，其中被人工驯化栽培或利用菌丝体发酵培养的仅有百种，绝大多数处于野生状态，从野生种类中筛选驯化优质生产菌种大有潜力。

据调查统计，保护区内有食用菌274种，占总种数的62.8%，其中不乏美味可口且兼药用功能的种类，如美味牛肝菌(*Boletus edulis*)、鸡油菌(*Canthareluua cibarius*)、松口蘑(*Tricholoma matsutake*)、冬虫夏草、花脸香蘑、荷叶离褶伞(*Lyophyllum decastes*)、壮丽松苞菇(*Catathelasma imperiale*)、木耳(*Auricularia auricula*)、侧耳(*Pleurotus ostreatus*)、香菇(*Lentinu edodes*)等经济价值都很高。

2. 药用菌

中国利用大型真菌药物治病历史悠久，早在明代李时珍《本草纲目》中就记述了多种药用真菌，疗效显著。国内外研究表明，真菌等天然中药比西药具有更多的优越性，尤其目前在治疗高血压、高血脂、糖尿病、癌症、艾滋病等现代病及疑难杂症方面，从包括真菌在内的中药中筛选新的药物，无疑前景看好。目前，中国药用及包括试验有药效的种类有500余种，除了传统的猪苓(*Grifola umbellata*)、茯苓(*Poria cocos*)、冬虫夏草、灵芝等，近年还新研究出了如云芝(*Coriolus versicolor*)、树花(*Grifola frodosa*)、黑柄炭角菌(*Xylaria nigripes*)等药。

据调查统计，保护区内有药用真菌约80种，约占总种数的18.3%，主要包括冬虫夏草、马勃类、蜜环菌类、地星类、木腐菌类。

3. 毒蘑菇

古人在采食野生蘑菇的同时就发现了毒蘑菇。中国毒菌种类多，分布广泛，资源丰富，已知近500种，其中极毒致人死亡的约百种，主要出现在鹅膏菌科(Amanitaceae)、球盖菇科(Strophariaceae)、网褶菌科(Paxillaceae)、花褶伞属(*Panaeolus*)、丝盖伞属(*Inocybe*)、滑锈伞属(*Hebeloma*)、盔孢伞属(*Galerina*)、鹿花菌属(*Gyromitra*)以及口蘑属(*Tricholoma*)、杯伞属(*Clitocybe*)、鬼伞属(*Coprinus*)、牛肝菌科和红菇科的部分种。

统计表明，保护区内有毒菌105种，占总种数的24.1%。由于鉴别毒菌往往要多种方法相结合，不易做到，在广大山区农村误食毒菌致死事件屡见不鲜，所以保护区内群众不能盲目采食，要证明确实无毒后方可食用。

根据中毒后的反应将中国毒菌划分为以下 6 种中毒类型，以资鉴别参考：

①胃肠炎型：引起这类的毒菌已知有 80 余种，以毒红菇、毒粉褶菌、臭黄菇、毛头乳菇、黄黏盖牛肝菌、粉红枝瑚菌等为主。

②神经精神型：这类毒蘑菇有 60 种以上。主要有豹斑毒鹅膏菌、毒蝇鹅膏菌、小毒蝇鹅膏菌、角鳞鹅膏菌、裂丝盖伞、黄丝盖伞、花褶伞（*Panaeolus retirugis*）、光盖伞、橘黄裸伞、小美牛肝菌、红网牛肝菌等。

③溶血型：此类毒菌约有 18 种，以鹿花菌、赭鹿花菌、褐鹿花菌最为典型。另外误食鹅膏菌属含毒肽的种类，也会引起溶血症状。

④肝脏损害型：引起这类中毒有关的种约 20 种。除了含毒肽、毒伞肽的种类外，还有环柄菇属、盔孢伞属、丝膜菌属的少数种。

⑤呼吸与循环衰竭型：引起这种类型的毒蘑菇主要是亚稀褶黑菇，死亡率较高。

⑥光过敏皮炎型：中国目前发现引起此类型的毒菌主要是叶状耳盘菌。

值得一提的是，随着科技的发展，人们不断发现许多毒菌也有其可利用的一面，如毒鹅膏菌（*A. phalloides*）、白毒鹅膏菌（*A. verna*）、鳞柄白毒鹅膏菌（*A. virosa*）和灰花纹鹅膏菌（*A. fuliginea*）等剧毒菌所含的鹅膏毒肽（*amatoxins*）是非常重要而价格十分昂贵的生化试剂，在分子遗传学研究方面起着重要的作用，可望成为治疗肿瘤的重要药物。毒蝇鹅膏菌（*A. muscaria*）因毒蝇而得名，所含毒蝇碱（*muscarine*）等毒素对苍蝇等昆虫毒杀力很强，可用于农林业生物防治。而鬼笔毒肽对肌动蛋白具有束缚作用，对生命科学的研究产生了很大的促进作用。

4. 木腐菌

大型真菌中引起树木、木材腐朽的种类十分丰富，中国目前已知有 6 000 种以上，明确记述为木腐菌的也有 500 种左右。它们使木材形成白色或褐色腐朽，其中引起白色腐朽的常见有多孔菌属（*Polyporus*）、韧革菌属（*Stereum*）、云芝属（*Coriolus*）、灵芝属（*Ganoderma*）、褶孔菌属（*Lenzites*）、层孔菌属（*Fomes*）、栓菌属（*Trametes*）、干酪菌属（*Tyromyces*）、猴头菌属（*Hericium*）等，引起褐色腐朽的种类主要有铵孔菌属（*Coltricia*）、黏褶菌属（*Gloeophyllum*）、迷孔菌属（*Daeclalea*）、拟层孔菌属（*Fomitopsis*）等。此外伞菌中锈伞属（*Pholiota*）、侧耳属（*Pleurotus*）、香菇属（*Lentinus*）、革耳属（*Panus*）等，子囊菌类的炭角菌属（*Xylaria*）、炭球菌属（*Daldinia*）等都是森林中常见的木腐菌。

据调查，保护区内木腐菌种类共 89 种（约占保护区大型真菌总种数的 20.4%）。它们除引起木材腐朽外，对人类还有很多益处，如充当森林清洁工，使枯枝落叶分解归还于大自然，参与物质循环，同时促进森林的新陈代谢，维持生态系统的稳定。当中更不乏美味可口和药用功能显著的食、药用菌，如香菇、木耳、银耳、侧耳、猴头菌、灵芝、云芝等都可驯化栽培创造经济价值。

5. 菌根真菌

菌根在自然界很常见。人们发现大型真菌与树木形成特殊的菌根关系已有百年历史。目前国内外都十分重视菌根的研究，在农林业中的应用近30年来发展迅速，特别是在林业育苗方面，对促进林木生长发育以及绿化荒山、废弃矿山有重要意义，试验证明菌根可使树木提前4～5年成材。另外对进一步驯化野生食用菌，扩大优质食用菌栽培生产更具有实际意义，比较典型的如牛肝菌、松茸等著名食用菌人工栽培驯化中菌根技术的应用。

保护区共有菌根真菌167种，占保护区大型真菌总种数的38.3%，主要分布在鹅膏菌科、白蘑科、丝膜菌科、牛肝菌科、红菇科中，种类较为丰富，具有很大的开发价值。

大型真菌的经济用途远不止以上几方面，应用范围相当广泛，发展前景非常广阔，经济效益十分巨大。据研究报道，裂褶菌等产生促生素吲哚乙酸；许多伞菌、腹菌及多孔菌产生抗生素或抗菌素；多种乳菇、红菇、蜡伞和大型子囊菌含有橡胶物质；很多种大型真菌如羊肚菌、鬼伞、环柄菇、马勃、蜜环菌、牛肝菌、鸡油菌、马鞍菌、紫丁香蘑等利用菌丝体深层发酵培养物作为调味品或代食品；白腐菌是目前已知能够将木质素彻底降解为二氧化碳和水的唯一生物，这在当前解决造纸污染方面将开创一条新路，另外白腐菌产生的漆酶能降解造纸黑液素和氯水质素类物质，在治理污水、消除污染等环境保护中发挥重要作用。

第三节　与气候和植被的关系

一、与气候的关系

保护区地处西藏东南部，为亚热带气候，境内海拔高差接近3 800m。南来的水汽沿雅鲁藏布江下游河谷北上，受念青唐古拉山脉的阻挡，在保护区内形成丰沛的降水，但是在部分河谷地区又表现出了较强的干旱特性。保护区地带性植被属于亚热带植被带，但由于该保护区内地形地貌复杂，气候变化程度较大，导致了该区域内的植被类型呈现出较为明显的差异，在小范围内植被的变化要比纬向地带性和经向地带性带来的结果更为明显。

众所周知，大多数菌类适于生长在气候温暖湿润、林木茂密的地带。保护区内由于其特殊的地理环境条件决定了该区域气候变化大，植被类型丰富，森林面积大，所以大型真菌种类、数量多，尤其是森林环境中的真菌种类相当丰富。

二、与植被的关系

真菌的分布及数量在大气候影响条件下，由于其异养特性决定了它们更与生长的基物关系密切。不同的植被类型由于地上植被结构、林下小环境、土壤特征等都有所差异，为真菌提供了不同的生长基物，特别是菌根菌往往生长在特定的树种下，于是不同的植被下分布着不同的真菌群落。保护区内大型真菌与植被的关系概括如下：

(1)沼泽草甸：此种植被为沼泽到高山草甸的过渡类型，水分丰富，由于牛羊的活动多，粪生种类和马勃类较多，如花褶伞、钟形花褶伞(*Panaeolus campanulatus*)、半球盖菇和小马勃(*Lycoperdon pusillum*)等。

(2)高山草甸：草甸在保护区内分布范围很广，从低海拔到高海拔范围内均有分布，除了上述花褶伞类和马勃类，还有冬虫夏草、黄绿蜜环菌(*Armillaria luteovirens*)、花脸香蘑、铦囊蘑(*Melanoleuca* spp.)及鬼伞(*Coprinus* spp.)等大型真菌。

(3)高山灌丛：灌丛是保护区的一种主要植被，分布范围广。由于灌丛植被所处生境更复杂，拥有更丰富或特定的菌类，如红菇科(Russulaceae)、鸟巢菌科(Nidulariaceae)、马勃科(Lycoperdaceae)和地星科(Geastraceae)的部分种以及鬼笔和一部分木腐菌类。

(4)针叶林、针阔混交林及阔叶林：本次调查发现的大型真菌约有80%的种类分布于森林，菌根菌、木腐菌、美味的食用菌、珍贵的药用菌及其他用途的资源真菌在森林生境中分布很多，如红菇、乳菇、口蘑、鹅膏菌、牛肝菌、丝膜菌、蜜环菌、齿菌、皮伞、枝瑚菌、硫磺菌(*Laetiporus sulphureus*)、侧耳(*Pleurotus* spp.)、香菇、木耳、鸡油菌、云芝、盘菌和马鞍菌等，利用潜力巨大。

第四节　资源利用与保护

世界上有数量庞大的真菌资源，它们与动物、植物共同组成了一个丰富多姿、包罗万象、生机蓬勃的纷繁世界，维持着生态系统的相对稳定，为人类提供了良好的生存环境。然而人类文明与社会的发展，给环境带来了越来越多的威胁。尤其进入20世纪以来，世界生物多样性迅速遭到破坏，导致许多物种濒危甚至从地球上消失，生物多样性迅速丧失。

本保护区也存在类似的破坏情况，资源利用十分不平衡，对一些传统的、经济价值大的种类如冬虫夏草、松口蘑等利用程度非常高，这必将对上述资源造成较大的破坏。而对一些看似无用的木腐菌如云芝、硫磺菌等和有毒的种类如鹅膏菌、红菇等资源真菌没有开发利用，它们往往具有很好的药用功效和其他特殊的用途。针对这种现象，建议保护区管理部门采取切实可行的保护和引导措施，使保护区的真菌资源在为社区经济发展做出贡献的同时，能够得到很好的保护，实现保护和可持续利用的协调发展。

第三章 植物多样性

第一节 藻类

一、藏东南地区藻类多样性研究历史

西藏地区有着独特的自然条件和丰富的自然资源，由于其地理位置、气候特征，生长分布于该地区的藻类种类也具有其地理区域特征。据 Wille 1922 年记载，Ehrenberg 于 1854 年第一次报道了喜马拉雅山西部鼓藻 3 属 4 种。Lagerheim 1888 年从西藏采得的狸藻 *Utricularia* 标本中鉴定出鼓藻 5 属 5 种。Wille 1922 年报道了 Hedin1893～1897 年在帕米尔地区、1900～1901 年在藏北高原以及 1907 年在西藏西南采得的藻类，其中记载了蓝藻 28 种，绿藻 16 属 31 种。

国内对该地区的研究始于 1961 年。饶钦止在 1964 年"西藏南部地区藻类"一文中报道了蓝藻 4 属 7 种，褐藻 4 属 7 种，绿藻 18 属 39 种，黄藻 1 属 1 种。1966 年饶钦止等在"珠穆朗玛地区的藻类"一文中报道了蓝藻 24 属 79 种，褐藻 5 属 18 种，绿藻 31 属 78 种，金藻 3 属 13 种，黄藻 4 属 3 种，甲藻 1 属（未定种）。尔后又有一些西藏藻类报道，如"西藏蓝藻门新植物"（李尧英，1984），"西藏裸藻的若干新种"（施之新，1984），以及"西藏新绿藻"（魏印心，1984）。

表 3-1 保护区浮游藻类植物采集位点

序号	标本号	采集地点	经纬度	海拔（m）	水温（℃）	pH
1	TB08001	115 水库	94°25.825′ E，29°48.432′ N	4 089	11	6.0
2	TB08002	115 沟	94°05.344′ E，29°42.890′ N	3 201	13	5.5
3	TB08003	更章	94°05.099′ E，29°43.437′ N	3 078	13.5	5.5
4	TB08004	色季拉山路旁	94°36.703′ E，29°36.497′ N	4 164	12	6.0
5	TB08005	色季拉山路旁	94°43.560′ E，29°41.732′ N	3 483	13.5	5.5
6	TB08006	色季拉山路旁	94°43.560′ E，29°41.732′ N	3 483	13.5	5.5
7	TB08007	色季拉山路旁	94°36.389′ E，29°36.139′ N	4 157	14	5.5

（续表）

序号	标本号	采集地点	经纬度	海拔（m）	水温(℃)	pH
8	TB08008	布久乡	94°21.957′ E，29°28.224′ N	3 045	—	—
9	TB08009	布久乡	94°21.957′ E，29°28.224′ N	3 045	—	—
10	TB08010	工布江达水边	94°12.518′ E，29°00.063′ N	3 822	10	5.0
11	TB08011	工布江达水边	94°12.518′ E，29°00.063′ N	3 822	10	5.0
12	TB08012	错高湖	93°51.547′ E，29°58.714′ N	3 450	15	6.0
13	TB08013	错高湖	93°51.388′ E，29°58.290′ N	3 486	14	6.0
14	TB08014	工布江达大桥	93°15.492′ E，29°52.895′ N	3 440	14.5	6.0
15	TB08015	工布江达大桥	93°15.492′ E，29°52.895′ N	3 440	14.5	6.0
16	TB08016	工布江达结巴村外	93°21.074′ E，29°43.907′ N	3 736	15	5.5
17	TB08017	工布江达结巴村外	93°21.074′ E，29°43.907′ N	3 736	15	5.5
18	TB08018	结巴村上 5km 处	93°19.811′ E，29°44.731′ N	3 629	14	5.5
19	TB08019	结巴村下 20km 处	93°17.904′ E，29°37.976′ N	4 107	16	6.0
20	TB08020	结巴村外 20km 处	93°18.018′ E，29°38.685′ N	4 142	17	6.0
21	TB08021	结巴村外 20km 处	93°18.018′ E，29°38.685′ N	4 142	17	6.0
22	TB08022	结巴村外 20km 处	93°18.018′ E，29°38.685′ N	4 142	17	6.0
23	TB08023	结巴村外 20km 处	93°18.018′ E，29°38.685′ N	4 142	17	6.0
24	TB08024	结巴村下 22km 处	93°18.047′ E，29°38.832′ N	4 177	14	5.5
25	TB08025	结巴村下 22km 处	93°18.047′ E，29°38.832′ N	4 177	14	5.5
26	TB08026	吞布绒	93°59.653′ E，29°18.814′ N	3 189	13	6.0
27	TB08027	吞布绒	93°59.076′ E，29°18.927′ N	3 246	14	—
28	TB08028	吞布绒	93°59.076′ E，29°18.927′ N	3 246	14	—
29	TB08029	吞布绒	93°59.076′ E，29°18.927′ N	3 246	14	—
30	TB08030	巴让村下	93°51.850′ E，28°58.761′ N	3 346	15	6.0
31	TB08031	巴让村下	93°52.998′ E，29°00.924′ N	3 213	17	6.0
32	TB08032	巴让村下	93°52.998′ E，29°00.924′ N	3 213	17	6.0
33	TB08033	巴让村下	93°52.998′ E，29°00.924′ N	3 213	17	6.0
34	TB08034	巴让村下	93°53.376′ E，29°04.493′ N	3 089	17	6.0
35	TB08035	卧龙乡	93°27.278′ E，29°09.921′ N	3 098	16	6.0
36	TB08036	卧龙乡	93°46.263′ E，29°07.870′ N	3 021	17	6.0
37	TB08037	金东乡	93°28.798′ E，29°57.643′ N	3 824	16	6.0

随着近几年西藏地区旅游业的发展，环境污染的威胁增大，我们有必要对保护区的藻类多样性进行调查，以了解藻类的基本情况。我们于2008年7～8月对保护区水体中藻类植物进行了详细的野外调查（表3-1），主要调查保护区水体中藻类植物的物种数、物种组成变化，藻类植物群落的物种组成和数量，为其水体监测提供基本资料。

二、物种组成

通过对采集标本的鉴定，共确认189种及变种（表3-2）。隶属于5门28科50属。其中以硅藻门（Bacillariophyta）为优势门类，有18属109种；绿藻门（Chlorophyta）为亚优势门类，为20属50种；蓝藻门（Cyanophyta）次之，有10属28种；红藻门（Rhodophyta）和金藻门（Chrysophyta）最少，各为1属1种（表3-2）。

硅藻中舟形藻属（*Navicula*）、羽纹藻属（*Pinnularia*）、桥弯藻属（*Cymbella*）、异极藻属（*Gomphonema*）和菱形藻属（*Nitzschia*）的种类较多，共有74种，占硅藻种类的67.89%，其中舟形藻属、桥弯藻属的种类占多数，分别为19种和20种，但每个种的优势度均不大。绿藻主要包括新月藻属（*Closterium*）、鼓藻属（*Cosmarium*）和丝藻属（*Ulothrix*）的种类，达27种，占绿藻种类数的54%，其中钝鼓藻（*C. obtusatum*）、流苏丝藻（*U. fimbriata*）、柱状丝藻（*U. cylindricum*）、双胞丝藻（*U. geminata*）、环丝藻（*U. zonata*）是优势种。

蓝藻门的种类尽管相对较少，但优势种类较绿藻门和硅藻门多，如普通念珠藻（*Nostoc commune*）、钻头颤藻（*Oscillatoria terebriformis*）、悦目颤藻（*O. amoena*）、绿色颤藻（*O. chloria*）、弱细颤藻（*O. tenuis*）、饶氏管胞藻（*Chamaesiphon jaoi*）、小型色球藻（*Chroococcus minor*）、饶氏胶须藻（*Rivularia jaoi*）等。

金藻门种类仅1种：水树藻（*Hydrurus foetidus*）。

红藻门仅观察到串珠藻植物的营养细胞，未见其生殖结构特征，因此未能定种。

表3-2 保护区浮游藻类植物种类构成

种类构成	蓝藻门	红藻门	金藻门	硅藻门	绿藻门	总计
科数	8	1	1	9	9	28
属数	10	1	1	18	20	50
种数	28	1	1	109	50	189
各门种数百分比（%）	14.81	0.53	0.53	57.67	26.46	—

三、新分布

保护区的藻类植物与北半球欧亚大陆乃至北美陆地的淡水藻类大多是相同或

相近的，它们主要来源于亚热带和热带，并且大多数种类已报道有分布（中国科学院青藏高原综合科学考察队，1992）。比较已有资料，保护区有17种藻类植物为我国藏东南地区新记录，其中5种为蓝藻门植物，其余12种为绿藻门的植物。这些物种名录如下：

密集微囊藻 *Microcystis densa* G. S. West

粗大微囊藻 *M. robusta* (Clark) Nygaard

饶氏胶须藻 *Rivularia. jaoi* H. J. Chu

饶氏管胞藻 *Chamaesiphon jaoi* Hällfors

密集管胞藻 *Ch. confervicolus* A. Braun

纤细月牙藻 *Selenastrum gracile* Reinsch

多形丝藻 *Ulothrix variabilis* Kützing

流苏丝藻 *U. fimbriata* Bold

柱状丝藻 *U. cylindricum* Prescott

黏克里藻 *Klebsormidium mucosum* (Boye－Petersen) Lokhorst et Star

密集筒藻 *C. conferta* West

维利微孢藻 *Micropora willeana* Lagerheim

不规则微胞藻 *M. Irregularis* (W. et G. S West) Wichmaun

丛枝毛枝藻 *Stigeoclonium fasciculare* Kützing

角形新月藻 *Closterium cornu* Ehrenberg

显著双星藻 *Zygnema insigne* (Hass.) Kützing

菊尔水绵 *Spirogyra juergensii* Kützing

四、历次调查结果比较

中国科学院青藏高原综合科学考察队于1961年、1966年、1973～1976年在西藏进行了6次考察采集，鉴定出蓝藻308种，裸藻199种，绿藻468种，红藻1种，甲藻1种，金藻13种，黄藻18种，轮藻8种，共有1 026种。其中，1961年，对西藏南部进行了考察，中国科学院水生生物研究所黄宏金在雅鲁藏布江流域的日喀则和江孜采集了不少标本。1964年，经饶钦止鉴定，并在“西藏南部地区的藻类”一文中报道了蓝藻4属7种，其中1新种和1新变种；裸藻4属7种，其中1新种和1新变种；绿藻18属39种，其中5新种，1新变种，1新变型；黄藻1属1种。1973年和1975年考察队再次在藏东南地区进行了考察，经鉴定，有藻类植物6门32科74属212种（含变种），各类群藻类植物组成见表3-3。

表 3-3 藏东南地区藻类植物的物种多样性(1961 年、1966 年、1973～1976 年的调查资料)

门	属数	种数
蓝藻门 Cyanophyta	21	35
红藻门 Rhodophyta	1	1
裸藻门 Euglenophyta	12	86
甲藻门 Pyrrophyta	1	1
黄藻门 Xanthopyta	3	4
金藻门 Chrysophyta	3	3
绿藻门 Chlorophyta	44	212
总计 Total	85	342

比较两次调查(表 3-2,表 3-3)的结果可以看出,2008 年采集的保护区(藏东南地区)藻类植物与《西藏藻类》(1992)中记录的藏东南地区的藻类植物相比,未采集到裸藻门、甲藻门和黄藻门植物,各类群藻类植物数量均有减少。这可能是因为中国科学院青藏高原综合科学考察队于 1961 年、1966 年、1973～1976 年在西藏进行了 6 次考察采集,比此次采集时间长,范围广,并有一定的连续性。不过此次调查仍采集到 5 种蓝藻门植物,12 种绿藻门植物的新纪录。对比前 6 次科考,蓝藻门少了 11 属 7 种,金藻门少了 2 属 1 种,绿藻门少 24 属。1984 年采集到的藻类植物有红藻门的淡水红毛菜(*Bangia atropupurea*)、蓝藻门的高山立方藻(*Eucapsis alpina*)、金藻门的卵形单鞭金藻(*Chromulina ovalis*)等,2008 年的调查没有发现这些物种,虽然采集到红藻门植物中的串珠藻,但未见其生殖结构细胞。结果表明,近年来藻类种类和数量呈明显减少趋势,虽然本次调查采集时间短,仅采集了浮游藻类植物(还有一些标本不易长期保存等因素),但也可能反映了人类活动频繁、气候变化等对水体环境的影响。

五、主要群落类型

1. 颤藻群落(*Oscillatoria* community)

在保护区的多处区域有分布(色季拉山、工布江达、结巴村、吞布绒等)。群落中优势种为弱细颤藻(*Oscillatoria tenuis*)、钻头颤藻(*O. terebriformis*)、悦目颤藻(*O. amoena*)、绿色颤藻(*O. chloria*),群落颜色常呈蓝绿色,常混生有硅藻,如偏肿桥弯藻(*Cymbella ventricosa*)、相等桥弯藻(*C. aequalis*)、细长舟形藻(*Navicula gracilis*)等。

2. 胶须藻群落（*Rivularia* community）

主要分布于布久乡、错高湖、工布江达、卧龙乡、金东乡等多处。群落中的优势种类为贝克胶须藻（*R. beccariana*）、饶氏胶须藻（*R. jaoi*），群落颜色呈蓝绿色，常伴生有弱细颤藻（*Oscillatoria tenuis*）、纸形席藻（*Phormidium papyraceum*）、相等桥弯藻（*Cymbella aequalis*）、新月形桥弯藻（*C. cymbiformis*）等种类。

3. 念珠藻群落（*Nostoc* community）

该群落主要分布在色季拉山路旁和布久乡。群落颜色呈蓝绿色，群落中的优势种为普通念珠藻（*N. commune*），混生有球状念珠藻（*N. sphaeroides*），皮状席藻（*Phormidium corium*）、弱细颤藻（*Oscillatoria tenuis*）、钻头颤藻（*O. terebriformis*）、弧形桥弯藻（*Cymbella arcus*）、肘状针杆藻（*Synedra ulna*）等。

4. 水树藻群落（*Hydrurus foetidus* community）

该群落主要分布在结巴村外和吞布绒附近。群落呈树状簇生，黄绿色。水树藻植物体分枝，呈树状、圆筒状或细条状的胶质藻体，高10～20cm。水树藻是金藻门中的大型藻类，着生在冷水性急流水体中的岩石上。水树藻是世界分布的种类，但只在高原地带未污染的冷水溪流中生长。

5. 桥弯藻群落（*Cymbella* community）

在保护区的多处水域都分布有桥弯藻群落，如工布江达、结巴村、巴让村等。通常桥湾藻群落是以箱形桥弯藻（*Cymbella cistula*）为优势种群的多种桥弯藻聚生组成，包括披针桥弯藻（*C. lanceolata*）、偏肿桥弯藻（*C. ventricosa*）、小桥弯藻（*C. laevis*）及其他硅藻植物。通常在显微镜下桥湾藻个体的胶质物中有大量纤细的呈网状的胶质柄。

6. 丝藻群落（*Ulothrix* community）

在工布江达、吞布绒、结巴村、巴让村等多处水域都分布有丝藻群落，群落呈绿色。群落中的优势种为环丝藻（*U. zonata*），常混生有流苏丝藻（*U. fimbriata*）、柱状丝藻（*U. cylindricum*）、小双胞藻（*Geminella minor*）等。

7. 双星藻-转板藻-水绵群落（*Zygnema-Mougeotia-Spirogyna* community）

在保护区许多水沟、水滩或湖泊周边的浅水水域都生长有该群落，呈细丝状或

茸毛状的绿色。群落主要由双星藻科(Zygnemataceae)的双星藻属(*Zygnema*)、转板藻属(*Mougeotia*)和水绵属(*Spirogyra*)的种类构成,优势种为显著双星藻(*Z. insigne*)、菊尔水绵(*S. juergensii*),常伴生有硅藻、丝藻属(*Ulothrix*)、鞘藻属(*Oedogonium*)的藻类。由于鉴定过程中,未观察到转板藻植物的生殖结构,因此未鉴定到种。

六、群落物种多样性特点

1. 高原冷水山溪急流种类较多

在保护区湍急溪流中,有着典型适应冷凉急流生境的藻类生长,水树藻(*Hydrurus foetidus*)、串珠藻(*Batrachospermum*)、双生双楔藻(*Didymosphenia gemineta*)等主要分布在结巴村外和吞布绒附近。它们通常附生在坚硬基质上,在清澈透明、营养贫乏、流速较急的溪流中,快速运动的水流为藻类生长繁衍创造了适生的环境条件,使藻类不断地得到营养物质的供应。流速越快的急流,氧气交换就越充分,更有利于适应急流环境的藻类生长,如串珠藻等。本次采集仅采集到了串珠藻的部分营养细胞,未见其生殖结构和完整植株。水树藻仅在高原地带未污染的冷水溪流中生长。

2. 高山源头性种类明显

高山泉水或融化的雪水所形成的源头性流水适合冷凉流水中"初流群丛"藻类生存。"初流群丛"是以弧形蛾眉藻(*Ceratoneis arcus*)、偏肿桥弯藻(*Cymbella ventricosa*)和短缝藻属(*Eunotia*)等硅藻为优势种的群落。其他如箱形桥弯藻(*Cymbella cistula*)、水树藻、环丝藻(*Ulothrix zonata*)等也是冷凉清洁的流水中适生的种类。

3. 耐污染种类较少

保护区水体中的藻类植物多属于β-中污带和寡污带特有的种类。在工布江达、吞布绒、结巴村、巴让村等多处水域,受到不同程度的有机污染,出现了适应于β-中污带的藻类,如绿藻门中的环丝藻(*U. zonata*),常混生有流苏丝藻(*U. fimbriata*)、柱状丝藻(*U. cylindricum*)、小双胞藻(*Geminella minor*)、锐新月藻(*Closterium acerosum*)等;但更多的是寡污带种类,如硅藻门中的梅尼小环藻(*Cyclotella meneghiniana*)、钝脆杆藻(*Fragilaria capucina*)、尖头舟形藻(*Navicula cuspidata*)、隐头舟形藻(*N. cryptocehala*)等,以及蓝藻门的颤藻属的一些种类。绿藻门中的鼓藻属(*Cosmarium*)、新月藻属(*Closterium*)、双星藻属(*Zygnema*)、转板藻属(*Mougeotia*)和水绵属(*Spirogyra*)多属于寡污带种类。这说明保护区许多水沟、水滩或湖泊周边的浅水水域的水体较清洁,未受明显的有机污染,属于贫营养型水体。

由于本次采集时间较短、采集地区有限,未进行定量采集和周丛藻类植物的采集和研究。同时,由于标本存放时间较长,许多不易于保存的标本可能已分解,未能观察鉴定。但目前结果表明,此次采集的浮游藻类植物标本与1961年、1966年、1973～1976年采集的藻类植物标本还是略有差异,藻类植物的物种数、物种组成变化,藻类植物群落的物种组成和数量都有一定的变化。这表明保护区的水生生态系统的结构可能发生了改变。

七、指示藻类

某些种类的存在或消失可以作为监测环境的指标,它们是指示种类。在"指示种类"方法的基础上,提出了用整个藻类群落的种类组成和优势种群的变化来评价污染的方法。Kolkwitz(1922,1950)和Marrson(1965,1967)将受有机污染的河流划分为多污带(Polysaprobic zone)、α-中污带(α-mesosaprobic zone)、β-中污带(β-mesosaprobic zone)、寡污带(Oligosaprobic zone)和清水带(Katharobic zone),建成污水生物系统,并指出每一带中都有不同的藻类出现,这一系统可以用来评价水质的污染程度。

在保护区,采集到指示藻类61种。多污带指示藻类物种只有绿色颤藻,占指示物种总种数的1.64%。α-中污带指示藻类5种,占指示物种总种数的8.20%,其中3种也同时出现在β-中污带。β-中污带指示藻类有33种,占指示物种总种数的54.10%,其中5种出现在寡污带。寡污带指示藻类28种,占指示物种总种数的45.90%。清水带指示藻类只有水树藻1种,占指示物种总种数的1.64%(表3-4)。

Fjerdingstad(1964)用群落中的优势种来划分污染带。在Kolkwitz和Marrson的污水生物系统的基础上,根据受生活水污染的水体(主要是河流)中优势生物类群的不同,划分为9个污水带。在藏南地区的藻类植物类群中,多污带的指示群落为颤藻群落。α-中污带的指示群落为丝藻群落,在保护区的工布江达、吞布绒、结巴村、巴让村等多处水域都分布。寡污带的指示群落为双星藻-转板藻-水绵群落,藏南地区许多水沟、水滩或湖泊周边的浅水水域都生长有该群落。清水带的指示群落为水树藻群落,主要分布在保护区的结巴村外和吞布绒附近,该地区的水体清洁,为开放性的泉水,流动快速,具较低的和较稳定的温度,并有一定的溶解的矿物质(硝酸盐、磷酸盐和碳酸盐)。

由此说明保护区水体状况目前良好,基本未受到严重污染。保护区的大部分水体为β-中污带,水体中有机物质的矿化还在继续,含氧量不低于饱和度的50%。其生物特征为细菌数目较少,微小的植物和动物有很多的种类。另一部分主要为寡污带，是氧化过程的终结，有分解能力的物质大部分被矿化，水体清洁并含有极丰富的氧气。

表 3-4　保护区的指示藻类植物

种类	多污带	α-中污带	β-中污带	寡污带	清水带
密集微囊藻 *M. densa*			+		
粗大微囊藻 *M. robusta*			+		
蜂巢席藻 *Phormidium favosum*		+			
弱细颤藻 *O. tenuis*		++			
绿色颤藻 *O. chloria*	++				
固氮鱼腥藻 *Anabaena azotiza*			+		
串珠藻 *Batracspermum sp.*				+	
水树藻 *Hydrurus foetidus*					++
颗粒直链藻 *Melosira granulata*		+			
变异直链藻 *M. varians*			+		
梅尼小环藻 *Cyclotella meneghiniana*			+		
窗格平板藻 *Tebellaria fenestrata*			+	+	
延长等片藻 *Diatoma elongatum*				+	
普通等片藻 *D. vulgare*			+	+	
弧形峨眉藻 *Certoneis arcus*				+	
钝脆杆藻 *Fragilaria capucina*				+	
变绿脆杆藻 *F. virescens*				+	
肘状针杆藻 *Synedra ulna*			+		
尖针杆藻 *S. acus*			+		
适中舟形藻 *Navicula accommoda*		+			
长圆舟形藻 *N. oblonga*				+	
北方羽纹藻 *Pinnularia borealis*				+	
偏肿桥弯藻 *C. ventricosa*			+		
尖细异极藻 *Gomphonema acuminatum*			+		
尖细异极藻花冠变种 *G. acuminatum* var. *coronatum*					
窄异极藻 *G. angustatum*		+	+		

（续表）

种类	多污带	α-中污带	β-中污带	寡污带	清水带
窄菱形藻 *Nitzschia angustata*	+	+			
多变菱形藻 *N. commutata*		+			
多变菱形藻帕米尔变种 *N. commutata* var. *parmirensis*		+			
细齿菱形藻 *N. denticula*		+			
细端菱形藻 *N. dissipata*		+			
小片菱形藻 *N. frustulum*		+			
小片菱形藻细微变种 *N. frustulum* var. *perminuta*		+			
汉茨菱形藻 *N. hantzschiana*		+			
线形菱形藻 *N. linearis*		+			
谷皮菱形藻 *N. palea*	+	+			
盘状菱形藻维多利亚变种 *N. tryblionella* var. *victoriae*	+				
卵形双菱藻 *Surirella ovata*		+			
镰形纤维藻 *Ankistrodesmus falcatus*		+			
二形栅藻 *Scenedesmus dimorphus*		+			
椭圆栅藻 *S. ovalternus*		+			
四尾栅藻 *S. quadricauda*		+			
双星藻 *Zygnema* sp.			+		
显著双星藻 *Z. insigne*			+		
转板藻 *Mougeotia* sp.			+		
水绵 *Spirogyra* sp.			+		
菊尔水绵 *S. juergensii*			+		
喙状新月藻 *Closterium rostratum*			+		
美丽鼓藻 *Cosmarium formosulum*			+		
光滑鼓藻 *C. laeve*			+		
钝鼓藻 *C. obtusatum*		+	+		

（续表）

种类	多污带	α-中污带	β-中污带	寡污带	清水带
小鼓藻 *C. parvulum*			+		
近缘鼓藻 *C. connatum*			+		
凹凸鼓藻 *C. impressulum*			+		
颗粒鼓藻 *C. granatum*			+		
双眼鼓藻 *C. bioculatum*			+		
葡萄鼓藻 *C. botrytis*			+		
具角鼓藻 *C. angulosum*			+		
环丝藻 *Ulothrix zonata*			++		
细丝藻 *U. tenerrima*			++		
鞘藻 *Oedogonium* sp.		+			

++ 较多；+ 一般

第二节　维管束植物

一、工布地区植物多样性研究历史

西藏气候类型、地理条件独特，一直是植物多样性研究的热点地区之一，很多专家、学者对其植物区系及其地理环境做了大量的研究工作。Hemsley 于 1896 年提出了该地区的植物区系组成；Ward 对其植物区系及植物地理进行了相应研究（1909～1957），于 1916 年提出了“中国－喜马拉雅”（《西藏植被》，1980）植物区系的概念，认为西藏植物区系是更新世的衍生物（1927），并于 1930 年提出了中国－喜马拉雅植物区系和两个地理区的交汇点的问题。这些工作为青藏高原植物区系研究提供了非常有价值的参考。

国内对该地区的研究始于 20 世纪 60 年代。张金炜在 1963 年对西藏中部地区的植被进行了划分，对羌塘高原东部草原植被的基本特征做了相关研究，并于 1966 年出版了《西藏中部的植被》一书；潘锦堂等（1977）对阿里地区的植被做了相关研究；李文华等（1977）对西藏全区的森林概况做出了论述；应俊生等（1978）对波密古乡地区的植被概况和垂直分布结构做了相应研究；而 1979 年《西藏植物志》的编撰完成，成为了西藏地区的植物区系研究的里程碑。之后，郑度等（1981）对东喜马拉雅地区的植被垂直带进行了研究；李渤生等（1981）对高山冰缘地区植被进行了研究；张新时和张金炜等分别论述了青藏高原地区植被分布的高原地带性和纬向地带性规律(张新时,1978;张金炜等,1980),这两大规律的提出为青藏高原植被区系的进一步研究奠定了坚实的理论基础。作为青藏高原第二次科学考察的重要成果,1988 年出版的《西藏植被》系统地阐述了西藏地区的植被分布、群落状况,这在 1978 出版的《中国植被》中也做了相应的论述。而在此后的西藏地区植被研究,多集中在对小区域性的或者专门性类型的植被研究,如对西藏高山座垫植被(李渤生等,1985)、对高原草原植被(王金亭等,1980)、对高原沼泽植被(赵魁义,1982)特征的研究等。孙航等(1997)对分布海拔在 6 00～2 500m 的雅鲁藏布江大拐弯河谷植被段的植被组成做了系统研究。

工布地区是西藏自治区植物分布较为集中的区域,环境复杂,植物多样性丰富。对该地区种子植物区系的研究,涉及的主要区域有西藏米拉山(罗建等,2003)、色季拉山(柴勇等,2003)、南迦巴瓦峰地区(倪志诚,1992)。但对区内 2 万多 km^2 的植物区系的研究还不够深入。

2008 年 7～9 月,2009 年 5～8 月通过样线调查和样方调查相结合的方法,对西藏工布自然保护区进行了调查,采集了保护区内近 10 000 份植物标本,并参照《西藏植物志》、《中国植物志》和 *Flora of China*,对采集标本进行了鉴定和系统整理,在此基础上建立了对该区的种子植物信息库(包括调查植物名录、调查生境类型及其地理位置等)。同时参考相关文献(《西藏植物志》、《青藏高原维管植物及生态地理分布》、《西藏植物名录》等),对区内未采集到的但有史料记载的植物名录进行了补编。并分别查阅了吴征镒 1979 年、2003 年和 2005 年的科与属的分布区类型的相关资料,分析、讨论了区内种子植物区系的特征。

二、植物物种多样性概况

根据吴征镒对我国植物区系成分和各地优势植被的区系组成的论述,我国分为 2 个植物区、7 个亚区和 22 个地区(吴征镒,1979)。根据划分结果,保护区属于泛北极区－中国喜马拉雅植物森林亚区－东喜马拉雅地区。该区域是在喜马拉雅造山运动中形成的比较年轻的区系,地处低纬度,环境条件相对周边地区复杂而优越,植物种类丰富,但古老植物相对较少,在短水平距离内可发生剧烈的变化,从古热带印度-马来植物区系过渡到泛北极植物区系(吴征镒,1979)。东喜马拉雅植物区系的形成始于第三纪早期(孙航,2002),随着气候的变迁、喜马拉雅山的进一步隆升和第四纪冰期及第四纪构造运动的发生,该地区成为了北温带植物成分的重要场所(孙航,2002)。该区域是一个半湿润森林地区,主要以落叶阔叶树种为主,其主要植被类型为桦木属(*Betula*)、花楸属(*Sorbus*)组成的针阔混交林。针叶树种主要有冷杉属(*Abies*)、云杉属(*Picea*)(倪志诚,1992)、松属(*Pinus*)的高山松(*P. Densata*)、乔松(*P. griffithii*)等。该区的热带与温带植物区系交错,由于受到念青唐古拉山山脉、喜马拉雅山脉等高山的阻隔,该地区的地理环境、区系又有

其独特的一面，相邻的多种植物区系成分在这里出现、交汇和融合，从而造就了本地区植物区系成分的复杂性和丰富性。

1. 蕨类植物多样性

根据调查统计数据，按照秦仁昌(1978)系统，保护区蕨类植物区系由 21 科 37 属 95 种组成。科、属、种的数目分别占西藏蕨类植物区系科、属、种的 48%、29%、约 20%(西藏种数来自《西藏植物志》，1983)，在西藏蕨类植物中占有重要地位。其中单属单种的科 7 个，占保护区蕨类植物总科的 33.33%；物种数 2～4 的科有 10 个，占总科数的 47.62%，分别为鳞毛蕨科(Dryopteridaceae)(2 属 22 种)、蹄盖蕨科(Athyriaceae)(5 属 12 种)、中国蕨科(Sinopteridaceae)(5 属 11 种)、水龙骨科(Polypodiaceae)(5 属 13 种)，共含有 17 属 58 种，占本区蕨类植物总属数的 44.7%、总种数的 61%，它们为本地区蕨类植物区系的优势科，同时也是西藏蕨类植物分布种类最多的几个科(表 3-5)。

在保护区蕨类植物的 37 个属中，物种数在 1～2 的小属有 24 个，占总属数的 64.86%，其中仅含 1 个种的属有 15 个；物种数在 3～5 的中等属有 10 个，占总属数的 27.27%；种数在 5 以上的大属有 3 个，即为鳞毛蕨属(*Dryopteris*)(12 种)，耳蕨属(*Polystichum*)(10 种)，瓦韦属(*Lepisorus*)(6 种)，该 3 属的种占本区蕨类植物区系种总数的 29.47%，为本区蕨类植物区系的优势属。

从总体上看，本区蕨类植物呈科多、属多、种少的现象；优势科和优势属明显，单属科、单种属、寡种属较多，这种"科多属多种少"的特点反映了该区域蕨类植物组成的复杂性和相对古老性；属内植物种数占西藏地区分布的物种数比例较大，表明该地区蕨类植物在整个西藏地区具有代表性和重要性。从蕨类植物的起源和进化角度分析，该地区蕨类植物区系成分相对古老，如瓶尔小草科(Ophioglossaceae)、分布较大面积的卷柏科(Selaginellaceae)、石松科(Lycopodiaceae)、木贼科(Equisetaceae)等古生代起源的蕨类植物在该地区均有发现，这些植物多起源于 2 亿～3 亿年的泥盆纪、石炭纪；从古地中海的消退和青藏高原的隆升过程来看，该地区蕨类植物区系的形成受地质活动影响强烈，进而发生迁移、衍生和特化现象。

表 3-5　保护区蕨类植物科属种的统计

科名	科内种数	属名	拉丁属名	属内种数	西藏	全国	世界	占西藏比例%
骨碎补科 Davalliaceae	4	小膜盖蕨属	*Araiostegia*	4	7	11	14	57.14
水龙骨科 Polypodiaceae	13	瓦韦属	*Lepisorus*	6	18	68	40	33.33
		水龙骨属	*Polypodiodes*	1	6	11	16	16.67
		假瘤蕨属	*Phymatopteris*	2	12	47	60	16.67

（续表）

科名	科内种数	属名	拉丁属名	属内种数	西藏	全国	世界	占西藏比例%
		石韦属	*Pyrrosia*	3	10	37	70	30.00
		宽带蕨属	*Platygyria*	1	3	5*	5*	33.33
木贼科 Equisetaceae	3	木贼属	*Equisetum*	3	3	4	10	100.00
中国蕨科 Sinopteridaceae	11	粉背蕨属	*Aleuritopteris*	4	11	26	30	36.36
		薄鳞蕨属	*Leptolepidium*	3	4	5	6	75.00
		旱蕨属	*Pellaea*	2	2	10	60	100.00
		碎米蕨属	*Cheilosoria*	1	1	6	8	100.00
		珠蕨属	*Cryptograrnma*	1	3	4	5	33.33
裸子蕨科 Hemionitidaceae	4	金粉蕨属	*Onychium*	1	3	7	11	33.33
		凤丫蕨属	*Coniogramme*	1	4	40	50	25.00
		金毛裸蕨属	*Gymnopteris*	2	5	5	7	40.00
铁角蕨科 Aspleniaceae	2	铁角蕨属	*Asplenium*	2	19	100	600	10.53
铁线蕨科 Adiantaceae	1	铁线蕨属	*Adiantum*	1	9	40	200	11.11
卷柏科 Selaginellaceae	4	卷柏属	*Selaginella*	4	13	50	700	30.77
鳞毛蕨科 Dryopteridaceae	22	鳞毛蕨属	*Dryopteris*	12	38	300	400	31.58
		耳蕨属	*Polystichum*	10	58	300	400	17.24
书带蕨科 Vittariaceae	1	书带蕨属	*Vittaria*	1	7	25	80	14.29
槲蕨科 Drynariaceae	3	槲蕨属	*Drynaria*	3	6	10	20	50.00
蹄盖蕨科 Athyriaceae	12	假冷蕨属	*Pseudocystopteris*	2	9	20	20	22.22
		蹄盖蕨属	*Athyrium*	2	24	180	260	8.33
		冷蕨属	*Cystopteris*	4	7	10	14	57.14
		羽节蕨属	*Gymnocarpium*	1	2	5	6	50.00
		峨眉蕨属	*Lunathyrium*	3	6	30	40	50.00
岩蕨科 Huperziaceae	1	岩蕨属	*Woodsia*	1	2	16	25	50.00
凤尾蕨科 Pteridaceae	2	凤尾蕨属	*Pteris*	2	15	100	300	13.33
石杉科 Huperziaceae	1	石杉属	*Huperzia*	1	6	28	100	16.67
石松科 Lycopodiaceae	1	石松属	*Lycopodium*	1	5	9	20	20.00

(续表)

科名	科内种数	属名	拉丁属名	属内种数	西藏	全国	世界	占西藏比例%
阴地蕨科 Botrychiaceae	3	假阴地蕨属	*Botrypus*	2	3	8	10	66.67
		小阴地蕨属	*Botrychium*	1	1	1	6	100.00
瓶尔小草科 Ophioglossaceae	3	瓶尔小草属	*Ophioglossum*	3	3	6	20	100.00
紫萁科 Osmundaceae	1	紫萁属	*Osmunda*	1	1	8	15	100.00
膜蕨科 Hymenophyllaceae	2	蕗蕨属	*Mecodium*	2	7	21	120	28.57
蕨科 Pteridiaceae	1	蕨属	*Pteridium*	1	2	6	16	50.00

* 该属种数据引自张宪春等,2003。其余对比数据为《中国植物志》、《西藏植物志》数据

保护区的自然环境条件变化多端,气候类型丰富,区内水分条件分布不均,局部差异性较大。区内植物进化过程中,蕨类植物在喜干、喜阴湿类群两个方向上均有所扩散,如在雅鲁藏布江河谷沿岸和金东沟,分布着现代主要分布在南美洲和南非洲的旱蕨属 *Pellaea* 植物,并出现了西藏高原特化种西藏旱蕨(*P. Straminea var. Tibetica*),目前广布在热带、泛热带地区的凤尾蕨属(*Pteris*)、书带蕨属(*Vittaria*)、铁角蕨属(*Asplenium*)等。该区基带植被类型以亚热带为主,但由于高山环境的制约,蕨类植物区系类型以温带成分为主,蕨类植物呈现出明显的温性特征,分布的属主要包括瓦韦属(*Lepisorus*)、水龙骨属(*Polypodiodes*)、假瘤蕨属(*Phymatopteris*)、宽带蕨属(*Platygyria*)、耳蕨属(*Polystichum*)、假冷蕨属(*Pseudocystopteris*)等。这些属的分布,对整个高原地区、西南山地蕨类植物组成具有重要的意义。

本区是西藏蕨类植物的重要模式标本产地之一。在历次考察中发现的蕨类植物新种、新类群和采集的模式标本中,本区占有比重较大,如米林铁角蕨 *Asplenium mainlingense*(在本区朗县金东沟和米林段雅鲁藏布江河谷沿岸有发现)、林芝鳞毛蕨 *Dryopteris nyingchiensis*、工布鳞毛蕨 *Dryopteris gongboensis*、工布高山耳蕨 *Polystichum gongboense*、工布蕗蕨 *Mecodium gongboense*、林芝峨眉蕨 *Lunathyrium latibasis*(色季拉山分布)等。

2. 种子植物多样性

(1)种子植物物种组成

按照 Engter 分类系统,根据采集标本鉴定和相关资料查阅,确认区内种子植物有 102 科 487 属 1 572 种(含种下等级)。其中裸子植物有 3 科 8 属 19 种;被子植物 99 科 479 属 1 553 种(表 3-6)。

表 3-6 保护区种子植物类群

类 别	科数	比例(%)	属数	比例(%)	种数	比例(%)
裸子植物	3	2.94%	8	1.62%	19	1.21%
被子植物	99	97.06%	479	96.77%	1 553	98.79%
合 计	102	100	487	100	1 572	100

调查结果表明,保护区植物多样性丰富,种子植物科数占中国总科数的33.77 %、总属数的16.30%、总种数的5.88 %;占西藏种子植物总科数的66.23 %、总属数的43.02 %、总种数的29.68 %(表3-7),可见本区种子植物在西藏植物区系中占有相当重要的地位。

表 3-7 保护区与西藏和全国的种子植物科、属、种数的比较*

地区	保护区			西藏			全国		
种类	科	属	种	科	属	种	科	属	种
裸子植物	3	8	19	7	16	44	11	41	245
被子植物	99	479	1 553	147	1 116	5 252	291	2 946	25 000~28 000
合计	102	487	1 572	154	1 132	5 296	302	2 987	26 745

* 西藏和全国科、属、种数据参考《西藏植物志》、《中国植物志》(吴征镒等,1983)

(2)种子植物科的多样性及区系分析

1)科的数量统计

调查表明,保护区种子植物有一半以上的科所含的物种数少于10种(表3-8)。

含100种及以上的大科有2个,即菊科(Compositae)(160种/45属)、蔷薇科(Rosaceae)(115种/21属),这两个科所含属数和种数分别占保护区总属数的13.55%、总种数的17.49%;含40~99种的较大科有12个,共205属,694种,占保护区总科数的11.76%,总属数的42.09%、总种数的44.15 %。包括禾本科(Gramineae)(95种/ 41属)、毛茛科(广义)(Ranunculaceae)(80种/18属)、杜鹃花科(Ericaceae)(77种/8属)、虎耳草科(Saxifragaceae)(63种/11属)、豆科(Leguminosae)(57种/24属)、唇形科(Labiatae)(50种/21属)、玄参科(Scrophulariaceae)(51种/12属)、报春花科(Primulaceae)(47种/4属)、兰科(Orchidaceae)(41种/24属)、伞形科(Umbelliferae)(46种/27属)、蓼科(Polygonaceae)(44种/6属)、石竹科(Caryophyllaceae)(43种/9属)。

中国种子植物在1 000种以上的大科有:菊科 Compositae、禾本科 Gramineae、豆科 Leguminosae 等,而这3科在本区种子植物科的排序中也位居前列,属于大科或较大科类别,与全国种子植物区系科排序基本吻合。另外,本区的植物区系组成也在很大程度上反映出全国区系科的大小顺序、区系的热带和北温带特性。毛茛科的乌头属(*Aconitum*)、翠雀属(*Delphinium*)、虎耳草属(*Saxifraga*)等植物作为

青藏高原地区分化、特异中心的物种占本区植物种比重较大，根据吴征镒（1980）的观点，可能与该地区区系相对年青而又是经过古老区系活化衍生而来相关。

含 20～39 种的中等科有 10 个，包含百合科 Liliaceae（36 种/17 属）、莎草科 Cyperaceae（33 种/7 属）、小檗科 Berberidaceae（31 种/4 属）、龙胆科 Gentianaceae（31 种/8 属）、罂粟科 Papaveraceae（30 种/2 属）、忍冬科 Caprifoliaceae（26 种/6 属）、杨柳科 Salicaceae（26 种/2 属）、十字花科 Brassicaceae（25 种/15 属）、灯心草科 Juncaceae（22 种/2 属）、景天科 Crassulaceae（21 种/5 属），共 68 属、281 种，占保护区种子植物总科数的 9.80%，总属数的 13.96%，总种数的 17.88%。

大科和中等数量科植物中，玄参科的马先蒿属（*Pedicularis*）、龙胆科的龙胆属（*Gentiana*）、杨柳科的柳属（*Salix*）等物种往往作为高原植物的重要建群种或优势种存在，是组成区域植被的重要植物种类，并且种系关系复杂，在高原环境下多表现出强烈的特化现象。十字花科（Brassicaceae）、伞形科（Umbelliferae）、石竹科（Caryophyllaceae）种类较多，反映出该地区植物还是受到古地中海沿岸区系发生成分的影响，这与整个西藏地区的植物区系发生成分关系较为一致。

表 3-8　保护区种子植物科的多样性

科名	属名	种名	科名	属名	种名
裸子植物 Gymnospermae			忍冬科 Caprifoliaceae	6	26
松科 Pinaceae	4	8	杨柳科 Salicaceae	2	26
柏科 Cupressaceae	3	10	十字花科 Brassicaceae	15	25
麻黄科 Ephedraceae	1	1	灯心草科 Juncaceae	2	22
总计 3 科	8	9	景天科 Crassulaceae	5	21
被子植物 Angispermae			总计　10 科	68	281
>99 种的科			10～19 种的科		
菊科 Compositae	45	160	桔梗科 Campanulaceae	7	20
蔷薇科 Rosaceae	21	115	紫草科 Boraginaceae	8	18
总计　2 科	66	275	柳叶菜科 Onagraceae	2	15
80～99 种的科			茜草科 Rubiaceae	4	15
禾本科 Gramineae	41	95	五加科 Araliaceae	4	12
毛茛科（广义）Ranunculaceae	18	80	总计　5 科	25	80
总计　2 科	59	175	5～9 种的科		
60～79 种的科			堇菜科 Violaceae	1	9

（续表）

科名	属名	种名	科名	属名	种名
杜鹃花科 Ericaceae	8	77	茄科 Solanaceae	7	9
虎耳草科 Saxifragaceae	11	63	川续断科 Dipsacaceae	4	9
总计　2科	19	140	鸢尾科 Iridaceae	1	9
40～59 种的科			荨麻科 Urticaceae	5	8
豆科 Leguminosae	24	57	藜科 Chenopodiaceae	4	8
唇形科 Labiatae	21	50	牻牛儿苗科 Geraniaceae	2	8
玄参科 Scrophulariaceae	12	51	大戟科 Euphorbiaceae	3	8
报春花科 Primulaceae	4	47	凤仙花科 Balsaminaceae	1	8
兰科 Orchidaceae	24	41	鹿蹄草科 Pyrolaceae	3	8
伞形科 Umbelliferae	27	46	天南星科 Araceae	2	8
蓼科 Polygonaceae	6	44	樟科 Lauraceae	4	6
石竹科 Caryophyllaceae	9	43	萝藦科 Asclepiadaceae	1	6
总计　8科	127	379	葫芦科 Cucurbitaceae	5	6
20～39 种的科			槭树科 Aceraceae	1	5
百合科 Liliaceae	17	36	卫矛科 Celastraceae	1	5
莎草科 Cyperaceae	7	33	胡颓子科 Elaeagnaceae	2	5
小檗科 Berberidaceae	4	31	总计　17科	47	125
龙胆科 Gentianaceae	8	31	1～4 种的科　总计 53 科		
罂粟科 Papaveraceae	2	30			

含 10～19 种的科有 6 个，包括桔梗科（Campanulaceae）（20 种/7 属）、紫草科（Boraginaceae）（18 种/8 属）、柳叶菜科（Onagraceae）（15 种/2 属）、茜草科（Rubiaceae）（15 种/4 属）、五加科（Araliaceae）（12 种/4 属）、柏科（Cupressaceae）（10 种/3 属），共 28 属、90 种。占保护区总科数的 5.88%，总属数的 5.75%，总种数的 5.73%。

含 5～9 种的较小科有 18 个，主要有堇菜科（Violaceae）（9 种/1 属）、茄科（Solanaceae）（9 种/7 属）、川续断科（Dipsacaceae）（9 种/4 属）、鸢尾科（Iridaceae）（9 种/1 属）、荨麻科（Urticaceae）（8 种/5 属）、藜科（Chenopodiaceae）（8 种/4 属）、牻牛儿苗科（Geraniaceae）（8 种/2 属）、卫矛科（Celastraceae）（5 种/1 属）、樟科（Lauraceae）（6 种/4 属）、裸子植物松科（Pinaceae）（8 种/4 属）等。共 51 属、133 种，占保护区总科数的 17.65%，总属数的 10.47%，总种数的 8.46%。

含 2～4 种的小科有 27 个，主要有桦木科(Betulaceae)(3 种/2 属)、壳斗科(Fagaceae)(2 种/1 属)、桑科(Moraceae)(2 种/1 属)、酢浆草科(Oxalidaceae)(3 种/1 属)、芸香科(Rutaceae)(4 种/1 属)、藤黄科(Guttiferae)(4 种/1 属)等。共 42 属、72 种，占保护区总科数的 26.47%，总属数的 8.62%，总种数的 4.58%。

区内单种科共有 27 个，主要包括麻黄科(Ephedraceae)、三白草科(Saururaceae)、猕猴桃科(Actinidiaceae)、青风藤科(Sabiaceae)、杉叶藻科(Hippuridaceae)、狸藻科(Lentibulariaceae)、五福花科(Adoxaceae)、山矾科(Symplocaceae)等。占保护区总科数的 26.47%，总属数的 5.54%，总种数的 1.72%。

表 3-9　保护区与周边地区科的多样性比较*

排序	保护区	色季拉山	横断山	米拉山	全西藏
1	Compositae	Compositae	Gramineae	Compositae	Compositae
2	Rosaceae	Rosaceae	Compositae	Rosaceae	Gramineae
3	Gramineae	Gramineae	Leguminosae	Gramineae	Leguminosae
4	Ranunculaceae	Umbelliferae	Rosaceae	Ranunculaceae	Ericaceae
5	Ericaceae	Ranunculaceae	Ranunculaceae	Leguminosae	Rosaceae
7	Leguminosae	Scrophulariaceae	Scrophulariaceae	Gentianaceae	Scrophulariaceae
8	Labiatae	Ericaceae	Umbelliferae	Saxifragaceae	Ranunculaceae
9	Scrophulariaceae	Leguminosae	Ericaceae	Labiatae	Primulaceae
10	Primulaceae	Labiatae	Labiatae	Cyperaceae	Gentianaceae

* 色季拉山地区部分属于保护区

对保护区与周边地区科的大小排序对比分析可见，菊科(Compositae)、禾本科(Gramineae)在西藏、横断山排序分列前两位(表 3-9)。但在保护区、色季拉山、米拉山三个地区，蔷薇科(Rosaceae)所含种类超过了禾本科，居第二位。整体排序上，毛茛科(Ranunculaceae)在这三个地区排序均较全西藏地区靠前，表明保护区植物区系的温带性质非常明显。另外，保护区的报春花科(Primulaceae)、玄参科(Scrophulariaceae)、蓼科(Polygonaceae)等种类较多，这表明在植物生境异质性及区域物种分化和保存上，保护区占到了明显的优势，比之色季拉山、米拉山地区，这几个科分布更丰富。而米拉山分布的龙胆科(Gentianaceae)的优势显现与保护区物种的分布分异不明显有关。西藏的米拉山、色季拉山及保护区内的禾本科的数量比例要明显低于横断山地区，但总体上这些大科的大小顺序变化与该整个西藏高原及川西横断山地区基本一致，可见整个高原地区的科属分化与保存能力的趋势是比较一致的。

2)优势科与表征科分析

本区含 20 种以上的科共有 24 科，占本区总科数的 23.53%，包含 339 属1 250

种，分别占总属数的69.61%，总种数的79.52%。该区主要植被类型的建群种或优势种大多隶属这些科，如蔷薇科绣线菊属（*Spiraea*）、蔷薇属（*Rosa*）、莎草科苔草属（*Carex*）、嵩草属（*Kobresia*）、菊科的蒿属（*Artemisia*）、杜鹃花科杜鹃花属（*Rhododendron*）、豆科的山蚂蝗属（*Desmodium*）、报春花科报春花属（*Primula*）、玄参科马先蒿属（*Pedicularis*）等植物。这24个科在数量分化上和区系植物数量组成上占到了绝对的优势地位，是本区域的优势科。

表征科是指在本区系内有着相当多的种数，并在世界区系中占有重要比例的科。将区内某科的种数与世界范围内该科的种数作对比，其比值愈高，说明该科在所研究的植物区系中代表性愈强（潘晓玲，1997）。将区域内10种以上的科按所含种数占世界区系的比例进行排列，这些科占世界区系的百分比值从7.33到0.21（表3-10），其平均值为2.66，比值大于平均值2.66的科为该区种子植物区系的表征科。由表3-10看出，该区共有表征科12个，从大到小排列，依次为灯心草科（Juncaceae）、柏科（Cupressaceae）、忍冬科（Caprifoliaceae）、虎耳草科（Saxifragaceae）、小檗科（Berberidaceae）、报春花科（Primulaceae）、龙胆科（Gentianaceae）、罂粟科（Papaveraceae）、杨柳科（Salicaceae）、毛茛科（Ranunculaceae）、蓼科（Polygonaceae）、蔷薇科（Rosaceae）。

表3-10　保护区种子植物含10种以上的科统计

科名	拉丁文名	科含种数	世界种数	占世界比例%
灯心草科	Juncaceae	22	300	7.33
柏科	Cupressaceae	10	150	6.67
忍冬科	Caprifoliaceae	26	500	5.20
虎耳草科	Saxifragaceae	63	1 200	5.25
小檗科	Berberidaceae	31	650	4.77
报春花科	Primulaceae	47	1 000	4.70
龙胆科	Gentianaceae	31	700	4.43
罂粟科	Papaveraceae	30	700	4.29
杨柳科	Salicaceae	26	620	4.19
毛茛科（广义）	Ranunculaceae	80	2 000	4.00
蓼科	Polygonaceae	44	1 150	3.83
蔷薇科	Rosaceae	115	3 300	3.48
柳叶菜科	Onagraceae	15	650	2.31
杜鹃花科	Ericaceae	77	3 350	2.30

（续表）

科名	拉丁文名	科含种数	世界种数	占世界比例％
石竹科	Caryophyllaceae	43	2 000	2.15
伞形科	Umbelliferae	46	2 500	1.84
玄参科	Scrophulariaceae	51	3 000	1.70
唇形科	Labiatae	50	3 500	1.43
景天科	Crassulaceae	21	1 500	1.40
五加科	Araliaceae	12	900	1.33
百合科	Liliaceae	36	3 500	1.03
禾本科	Gramineae	95	10 000	0.95
桔梗科	Campanulaceae	20	2 000	1.00
紫草科	Boraginaceae	18	2 000	0.90
莎草科	Cyperaceae	33	4 000	0.83
十字花科	Brassicaceae	25	3 200	0.78
菊科	Compositae	160	25 000	0.64
豆科	Leguminosae	57	18 000	0.32
茜草科	Rubiaceae	15	6 000	0.25
兰科	Orchidaceae	41	20 000	0.21

3）科的区系分析

根据吴征镒的《世界种子植物科的分布区类型系统》，保护区 102 个种子植物科可划分为 10 个类型（表 3-11），显示出该地区科级水平的地理成分比较复杂，联系广泛。其中，热带成分的科占 28.43％，温带成分的科占 31.37％；世界分布、北温带分布和泛热带分布科分别占 40.20％、26.47％和 21.57％，从科的分布区类型水平上显示了该地区植物区系的热带、温带过渡趋势。

在科的区域分布上，保护区的东喜马拉雅段（朗县、米林）分布着较多具有热带亲缘的科，如商陆科 Phytolaccaceae、蛇菰科 Balanophoraceae、樟科 Lauraceae、苦木科 Simaroubaceae 等科的植物；而保护区尼洋河流域（工布江达、林芝县）的分布物种，在科水平上更多显示出温带性质，如桦木科 Betulaceae、山毛榉科 Fagaceae、罂粟科 Papaveraceae、茅膏菜科 Droseraceae 等。

季风气候对保护区植物区系的形成具有重要的作用。由于受到山体阻隔，来自印度洋的西南季风在郭喀拉日居附近不能继续向前推行，并在此形成分水岭，导致山体两侧尼洋河和雅鲁藏布江流域的气候条件差异明显，造成两流域植被区系差别明显，这可能是影响保护区植被水平分布差异较大的重要原因。在科级水平上，除世界分布科外，保护区的区系特征与相邻的米拉山地区区系差别很小。在世界分布科上，保护区种子植物科分布明显大于米拉山地区，这与两地区的气候条件和地貌类型差异有关。米拉山地区由于没有保护区所包含的河谷洪积扇、多级阶地等的物种生境条件，科数明显偏少，如属于热带亚洲和热带美洲间断分布的木通科 Lardizabalaceae、五加科 Araliaceae、苦苣苔科 Gesneriaceae 植物，在保护区米林县的南伊洛巴乡、桑格尔巴坡、朗县金东乡等区域均有少量种发现。但大面积处在高寒台地的靠北米拉山地区，缺乏这些科植物的生境环境，没有这些科的分布。而保护区的生境条件适合部分热性需求的物种生长，如珠子参（*Panax japonicus*）、吴茱萸叶五加（*Acanthopanax evodiaefolius*）、在米林和朗县交界段的黄花粗筒苣苔（*Briggsia aurantiaca* ）等植物均在保护区有分布。

表 3-11　保护区种子植物科的分布区类型及比较*

分布区类型	全国	保护区	米拉山
1. 广布（世界分布）	50	41	19
2. 泛热带分布（热带分布）	120	22	20
3. 东亚（热带、亚热带）及热带南美间断分布	11	4	/
4. 旧世界热带分布	17	/	1
5. 热带亚洲至热带大洋洲分布	10	1	/
6. 热带亚洲至热带非洲分布	7	1	/
7. 热带亚洲（即热带东南亚至印度－马来，太平洋诸岛）分布	22	1	/
8. 北温带分布	46	27	28
9. 东亚及北美洲间断分布	14	2	1
10. 旧世界温带分布	6	2	2
11. 温带亚洲分布	1	/	/
12. 地中海区、西亚至中亚分布	8	/	/
13. 中亚分布	1	/	/
14. 东亚分布	18	1	/
15. 中国特有	6	/	/
合计	337	102	71

* 米拉山数据引自罗建等，2003

1. 广布（世界分布）

保护区世界分布有 41 科，如蔷薇科（Rosaceae）、酢浆草科（Oxalidaceae）、鼠李

科(Rhamnaceae)、伞形科(Umbelliferae)、茄科(Solanaceae) 、菊科(Compositae)、禾本科(Gramineae)、莎草科(Cyperaceae) 、兰科(Orchidaceae)等。蔷薇科由南北温带广布而成世界分布;禾本科为我国第二大科,种类丰富;菊科长期在东亚分化、发展,东亚菊科区系古老。

2. 泛热带分布(热带分布)

保护区内泛热带分布 22 科,如荨麻科(Urticaceae)、蛇菰科(Balanophoraceae)、葡萄科(Vitaceae)、马兜铃科(Aristolochiaceae)、樟科(Lauraceae)、芸香科(Rutaceae)等。这些科中有较多的科在本区域仅分布 1～2 个种,如蛇菰科、疾藜科(Zygophyllaceae)、苦木科(Simaroubaceae)、卫矛科(Celastraceae)等,这说明,由于海拔等地理条件的制约,具有泛热带分布类型起源的科在保护区内并没有得到很好的发展。

2－1. 热带亚洲－大洋洲和热带美洲(南美洲或/和墨西哥)分布

山矾科(Symplocaceae)。

2－2. 热带亚洲－热带非洲－热带美洲(南美洲)分布

鸢尾科 (Iridaceae)。

2S. 以南半球为主的泛热带分布

桑寄生科(Loranthaceae)、商陆科(Phytolaccaceae)。

3. 东亚(热带、亚热带)及热带南美间断分布

木通科(Lardizabalaceae)、紫茉莉科(Nyctaginaceae)、五加科(Araliaceae)、苦苣苔科(Gesneriaceae)。

5. 热带亚洲至热带非洲分布

马钱科(Loganiaceae)。

6. 热带亚洲(印度-马来西亚)分布

杜鹃花科(Ericaceae),该科在保护区得到了强烈的分化,形成了众多的喜马拉雅特有物种。

7. 热带亚洲(即热带东南亚至印度－马来,太平洋诸岛)分布

清风藤科(Sabiaceae)。

8. 北温带分布

包括杉叶藻科(Hippuridaceae)、列当科(Orobanchaceae)、松科(Pinaceae)、十字花科(Brassicaceae)等8科。

8—2. 北极—高山分布

岩梅科(Diapensiaceae)。

8—4. 北温带和南温带间断分布

包括杨柳科(Salicaceae)、胡桃科(Juglandaceae)、桦木科(Betulaceae)、壳斗科(Fagaceae)、罂粟科(Papaveraceae)等15科。

8—5. 欧亚和南美州间断分布

小檗科(Berberidaceae)、麻黄科(Ephedraceae)。

8—6. 地中海、东亚、新西兰和墨西哥—智利间断分布

马桑科(Coriariaceae)。

9. 东亚和北美间断分布

木兰科(Magnoliaceae)、三白草科(Saururaceae),其中木兰科(Magnoliaceae)在该地区的分布为目前发现的该科在整个东亚地区分布的最西端,再往西部西藏高原已无分布,说明该区域从自然条件上来看,很可能是很多植物的分布扩散零界区域。

10. 旧世界温带

柽柳科(Tamaricaceae)。

10—3. 欧亚和南非(有时也在澳大利亚)

川续断科(Dipsacaceae)。

14. 东亚分布

猕猴桃科(Actinidiaceae)。

4)古老木本科特征

通过统计分析发现,保护区的古老木本科植物占西藏地区的比例并不高,西藏地区古老木本科主要是分布在东南林区的低海拔地段,如保护区周边的雅鲁藏布江大峡谷、墨脱、察隅等区域(表3-12)。在众多古老木本科植物中,只有忍冬科植物含有较多的属和种,相比横断山地区和云南地区,保护区的古老木本科不够丰富。横断山地区特别是三江并流区海拔较低、沟壑纵横、环境优越,保留了大量的古老木本成分。而保护区的古老木本成分组成较为单一,数量有限,只有一些较为

适宜高原条件的木本具有良好的保存，如木兰科植物毛叶玉兰(*Magnolia globosa*)仅在保护区的南伊沟较为湿润的区域有分布，并且是该物种向高原地区分布扩散的最西端，距离最近的该种分布点在察隅地区。可以推测，在青藏高原的隆升过程中，原本较为连续的木兰科保存和扩散的区域被隔离，而这种隔离正在该种的分化形成后才发生，这一区域的环境变化的地质时期并不长。

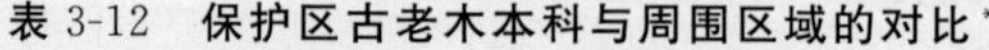
表 3-12　保护区古老木本科与周围区域的对比*

科名	属数				种数			
	保护区	西藏	云南	横断山	保护区	西藏	云南	横断山
樟科	4	11	17	9	6	42	213	59
忍冬科	6	6	8	6	27	50	136	50
槭树科	1	1	2	2	5	21	59	46
冬青科	0	1	1	1	～	16	72	44
壳斗科	1	5	6	5	2	26	150	44
桦木科(广义)	2	4	6	5	3	8	36	31
五加科	4	12	17	9	12	40	114	29
山茶科	0	7	12	6	0	14	115	17
木兰科	2	8	9	4	2	19	71	16
胡桃科	1	2	7	5	1	3	17	14
榆科	1	4	6	4	1	8	34	13
山茱萸科	2	4	6	2	4	12	39	11
杜英科	0	2	2	2	0	4	49	11
金缕梅科	0	2	10	3	0	2	33	9
大风子科	0	3	11	3	0	3	28	5
合计	24	72	130	66	63	268	1 166	399

* 西藏、云南、横断山数据来自李锡文等，1995。

(3)　种子植物属的多样性及区系分析

1)种子植物优势属分析

保护区种子植物 487 属中，含 20 种以上的属 8 个，主要包括杜鹃花属(*Rhododendron*)(52 种)、虎耳草属(*Saxifraga*)(36 种)、报春花属(*Primula*)(35 种)、马先蒿属(*Pedicularis*)(34 种)、紫堇属(*Corydalis*)(22 种)等，这些属均是在青藏高原地区发生强烈分化的属，且多数是该地区的现代物种分布中心。

保护区种子植物中含 10 种以上的属有 32 个，仅占该区总属数的6.57%，含 602 个种，占总种数的 38.29%，为本区域的优势属，是该地区植物区系重要的组成部分。其中，一些大属包含的种占西藏地区该属种类的比例较高，如柳叶菜属(*Epilobium*)、栒子属(*Cotoneaster*)、蓼属(*Polygonum*)、绣线菊属(*Spiraea*)、蔷薇属(*Rosa*)等。高原地区大属的比例占整个西藏地区属的30%左右，物种数量丰富，如杜鹃花属、虎耳草属、报春花属、马先蒿属等。由此可见，保护区的植物区系是西藏地区植物区系的重要组成部分。灯心草属(*Juncus*)、栒子属植物种占全国该属植物总种数的三分之一左右，可见两属植物在保护区得到了很好的保存与发展。

2)小属分析

单种属或寡种属常常是古老属的代表，同时也常为我国的特有属(应俊生，1994)。在保护区种子植物区系中，寡种属有166个，单种属有272个，共438个属，占保护区总属数的89.94%；共有747种，占保护区总种数的47.56%。从属内种分布的数量上看，寡种属种、单种属种所占比例较高，说明保护区植物区系组成总体上较为古老。

3)属的区系分析

对保护区内分布的种子植物489属的区系成分分析发现，该地区北温带分布有170属，占总属数的34.91%，占到了绝对优势。除世界广布的属以外，东亚分布(63属)、泛热带分布类型(38属)、旧大陆温带分布类型(52属)共占该区总属数的31.41%，所占比例较大(表3-13)。根据属的分布类型可以看出，该地区种子植物区系在属成分上具有明显的温带性质。比较科水平的成分分布(温带成分为主)，可见该地区利于温带成分科、属、种的分布与保存。

保护区地理条件分异较为明显，特别是雅鲁藏布江干流和尼洋河流域，由于受到两河的分水岭郭喀拉日居对印度洋西南季风的阻隔，分水岭两侧气候差异明显，同时由于两流域海拔跨幅大，由此形成了保护区植物区系组成复杂多样，在种子植物的区系分布上，表现出了明显的水平和垂直替代现象，在较短的水平距离上表现出了较多的物种垂直分布带。

表3-13　保护区种子植物属的分布区类型及比较*

分布区类型	保护区	全国	西藏	占保护区	占西藏	占全国	米拉山	色季拉山	横断山
1	55	104	82	11.29%	67.07%	52.88	44	52	81
2	38	362	155	7.80%	24.52%	10.5	21	43	198
3	5	62	25	1.03%	20.00%	9.68	4	7	29
4	4	183	55	0.82%	7.27%	2.19	2	9	78
5	6	148	38	1.23%	15.79%	4.05	1	11	45
6	11	164	46	2.26%	23.91%	6.71	4	16	65

(续表)

分布区类型	保护区	全国	西藏	占保护区	占西藏	占全国	米拉山	色季拉山	横断山
7	13	611	124	2.67%	10.48%	2.13	1	24	137
8	170	302	211	34.91%	80.57%	56.29	127	158	233
9	24	124	49	4.93%	48.98%	19.35	11	31	67
10	52	164	81	10.68%	64.20%	31.71	31	48	85
11	10	55	23	2.05%	43.48%	18.18	8	11	25
12	12	171	44	2.46%	27.27%	7.02	6	5	22
13	10	116	30	2.05%	33.33%	8.62	5	3	18
14	62	300	140	12.73%	44.29%	20.67	32	68	170
15	15	257	36	3.08%	41.67%	5.84	7	5	72
合计	487	3 116	1 139	100.00%	42.76%	15.79	304	491	1 325

*其他区域数据分别来自米拉山—罗建等,2003 年;色季拉山—柴勇等,2003 年;横断山—李锡文等,1993 年;西藏—《西藏植物志》第五卷.分布区类型:1.世界分布;2.泛热带分布;3.热带亚洲和热带美洲间断分布;4.旧大陆热带分布;5.热带亚洲至热带大洋洲;6.热带亚洲至热带非洲分布;7.热带亚洲(印度—马来西亚)分布;8.北温带分布;9.东亚和北美洲间断分布;10.旧大陆温带分布;11.温带亚洲分布;12.地中海区、西亚至中亚分布;13.中亚分布;14.东亚(喜马拉雅—日本)分布;15.中国特有.

从南迦巴瓦峰地区和横断山植物区系成分的比例数据来看,南迦巴瓦峰和横断山地区的属成分比例较为类似,热带成分和温带成分均差异不大,总体偏向温带性质。而温带成分间于色季拉山和米拉山之间,属的成分性质相对南迦巴瓦峰地区、横断山地区差异较大,这与保护区的海拔跨幅大、生境异质性强,存在较多以河谷洪积扇松散的坡积物为背景的生境有关。色季拉山的东西坡植物区系差异性很大,气候和海拔分异都比较明显,因此含有的热性成分属较多。而色季拉山西坡地区和保护区有部分重叠,重叠部分热性成分属较多。从海拔和纬度关系来看,从南迦巴瓦地区到色季拉山,再到保护区、米拉山,热带性质属明显减少、温带性质属明显增加,总体上温带属所占比例较高,这表明了古北大陆和古南大陆对该地区均有渗透(表 3-14)。

表 3-14 保护区种子植物属性质与周边地区比较

	保护区	色季拉山*	米拉山	横断山	西藏	全国
热带性质属	77	110	33	552	443	1 530
比例%	18.47%	25.35%	13.04%	47.10%	43.39%	55.39%

（续表）

	保护区	色季拉山*	米拉山	横断山	西藏	全国
温带性质属	340	324	220	620	578	1 232
比例%	81.53%	74.65%	86.96%	52.90%	56.61%	44.61%
合计属	417	434	253	1 172	1 021	2 762

* 该区域部分地区属于保护区；横断山区数据来源：倪志诚，1992.

1. 世界分布

世界分布属即为分布中心在世界上不明显的属，这种类型的属在我国分布104个属，其中西藏地区分布82属，保护区属于世界分布类型的种子植物共有55属，占保护区所有属的11.29%，占西藏该分布类型属的67.07%，占中国该分布类型属的52.88%。

在本分布区类型的属中，有多个属在保护区的分布种类较多，如蓼属（*Polygonum*）（33种）、龙胆属（*Gentiana*）（17种）、灯心草属（*Juncus*）（18种）、苔草属（*Carex*）（14种）、悬钩子属（*Rubus*）（13种）等。由于气候分异较为明显，该地区世界分布类型的属种形成了一些高原特有种和区域特化种，如在米林南伊沟等地发现的繁缕属（*Stellaria*）的米林繁缕（*S. mainlingensis*），龙胆属的米林龙胆（*G. mailingensis*）等物种；在林芝县两江交汇处发现的大面积的杉叶藻属（*Hippuris*）杉叶藻（*H. vulgaris*）；在金东沟低海拔区域发现的以前仅在西藏较低海拔区域（波密、察隅等地）分布的商陆属（*Phytolacca*）的商陆（*Phytolacca acinosa*）。

本分布区类型除少数属如远志属（*Polygala*）、鼠李属（*Rhamnus*）、金丝桃属（*Hypericum*）等属为灌木和小乔木以外，绝大多数为草本植物，主要分布在高原森林和灌丛林下，或形成高原草甸的主要建群物种，如苔草属（*Carex*）、龙胆属（*Gentiana*）等属植物种，还包括多种水生、沼泽地区及陆地湿生区域分布的物种，如荸荠属（*Heleocharis*）的槽秆荸荠（*H. valleculosa*）、杉叶藻（*H. vulgaris*）、浮萍属（*Lemna*）的稀脉浮萍（*L. perpusilla*）等物种。

2. 泛热带分布

保护区属于该分布类型及变型的属共有38属，占该区域种子植物的7.80%。多为草本植物，有少数木本植物。在物种分布上，发现了作为广布种的单子麻黄（*Ephedra monosperma*）等物种。而在科的分布上，该类型禾本科所包含的属占主要比例，其中须芒草属（*Andropogon*）、三芒草属（*Aristida*），莎草科飘拂草属（*Fimbristylis*）、球柱草属（*Bulbostylis*）等，在高原台地形成草原或草丛的建群种或是优势物种。属于该分布区类型的属在保护区发生了较多分化，如凤仙花属有多种是喜马拉雅地区特有种，如在喜马拉雅地区印度、不丹、锡金、尼泊尔等地分布的槽茎凤仙花（*Impatiens sulcata*）、在林芝地区分布的米林凤仙花（*I. nyimana*）等物种。

3. 热带亚洲和热带美洲间断分布

该分布类型在全国的比例较低，保护区属于该分布类型的有5属，占该区域总属数的1.03%。从物种的分布热带美洲和热带非洲侏罗纪开始分裂，到白垩纪才开始完全独立的事实，说明该地区的植物区系的美洲亲缘在第三纪前有联系。该分布类型的属中，樟科植物叶木姜子（*Litsea mollis*）在喜马拉雅北坡地区的低海拔深沟有发现，但分布分散，未形成大面积。该分布类型属物种中乔木、灌木较多，但因保护区的海拔跨幅大，这些热带亲缘物种的分布多是零星的，野外未见形成较大面积的植被类型。

4. 旧大陆热带分布

属于该类型的属数量较少，仅4个属，占保护区总属的0.82%。属于该类型的香茶菜属（*Rabdosia*）的物种在保护区较为广布，如皱叶香茶菜（*I. rugosa* ）、小叶香茶菜（*I. parvifolia* ）、山地香茶菜（*I. oresbia*）、川藏香茶菜（*I. pseudoirrorata*）、西藏香茶菜（*I. Wardii*）等，主要分布在蔷薇灌丛、绣线菊灌丛等植被类型边缘区域。本类型的分布比例在相对热性成分更多的南迦巴瓦峰地区要有明显的下降。

5. 热带亚洲至热带大洋洲

本分布类型在中国分布148属，其中西藏分布38属，保护区属于该类型的有6属，占保护区所有物种属数的1.23%，占西藏该分布型的15.79%，占全国该分布型的4.05%。该分布类型属中，横断山地区45属、色季拉山11属、米拉山仅1属，说明热带亚洲和热带大洋洲的比例随着纬度和海拔高度的增加而减小。

属于该类型的香椿属（*Tonna*）植物在保护区的边界地区有少量发现（但未进入保护区范围内），该属在周边地理分布上，较多出现在低海拔的雅鲁藏布江河谷、色季拉山东坡的亚热带常绿阔叶林区、针阔混交林区及察隅古乡、下察隅等地；在我国分布情况上，该属植物基本以保护区边界为扩散的最西端，这也在一定程度上说明了保护区东久乡等区域和东南林区的区系联系非常紧密，雅鲁藏布江及其支流—东久曲等河流是东南林区物种向西扩散迁移的一条重要通道。在雅鲁藏布江河谷地区扎西绕登乡的原始林砍伐次生林区域，腐殖质较厚、遮阴条件较好的区域分布有少量蛇菰属（*Balanophora*）植物筒鞘蛇菰（*B. involucrata*），分布区域狭窄。以上这几个属在保护区的分布情况，表明了地质历史时期澳洲大陆板块分离前植物的亲缘联系。

6. 热带亚洲至热带非洲分布

该分布类型在我国总共有 164 个属，西藏地区有 46 个属，保护区该类型仅有 11 个属，占保护区所有属的 2.26%，占西藏该分布型的 23.91%，占全国该类型属数的 6.71%，分布比较少。在现代的分布区域中，这些属对温度、光照等要求都较高，且多数耐旱。在保护区内，这些属主要集中在年积温较高、海拔较低的东久乡、鲁朗以及米林雅鲁藏布江河谷一带。属于该分布类型的鸟足兰属(*Satyrium*)缘毛鸟足兰(*S. ciliatum*)是周边横断山地区从青藏高原东缘贡嘎地区到西藏高原高山广布种，在该区也较多分布。该分布类型中的物种如紫金标属(*Ceratostigma*)的多花紫金标(*C. griffithii*)在横断山地区(滇西北、川西南)和西藏地区的分布中，多分布在干热河谷的灌丛边和路边；在本区主要分布在雅鲁藏布江干流米林、朗县河谷山坡的区域，同时这一分布区类型的属在高原地区有一定的分化和特化。野茼蒿属的分布仅在保护区南边地区极少量发现，由于受到生境条件的限制，该属在本区域发展并不很好。

7. 热带亚洲(印度～马来西亚)分布

属于热带亚洲分布类型的属在中国植物分布中占到了很大的比例，达到了 611 属，其中西藏分布 124 属，主要分布在藏南及藏东南地区，保护区属于该分布类型的有 13 属，占保护区所有属的 2.67%，占西藏该分布型的 10.48%，占全国该类型属数的 2.13%。其中热带亚洲(印度－马来西亚)分布 11 属，两个变型分别含有 1 属。比较米拉山、色季拉山和横断山地区该类型植物的分布情况，从横断山区向西藏内地过渡，该类型的数量有所减少，热性成分减少说明相对西藏内陆地区，保护区所在地区和东南植物区系的联系更为广泛。在里龙乡、米林江中村发现的黄花粗筒苣苔(*B. aurantiaca*)属于该属在青藏高原、东南亚地区的分化物种，分布范围窄，仅在藏东南个别区域零星分布。该地区保留的热带属较少，并无大面积保留第三纪古热带的孑遗植物，说明其区系的形成多为是后来其他区域植物区系的衍生成分，显示出区域区系起源年青的成分。

8. 北温带分布

北温带分布类型在我国总共含有 302 个属，全国该类型的分布属数量少于热带亚洲分布和泛热带分布类型，西藏该分布类型有 211 属，保护区含有 170 属，占保护区所有属的 34.91%，占西藏该分布型的 80.57%，占全国该类型属数的 56.29%。可以推测，该区域区系的形成和物种扩散衍生与该区的高山环境是分不开的，区域区系呈现出了较强的北温带性质，在该地区的所有类型中占到了绝对的优势。对比分析米拉山、色季拉山及横断山地区的该类型分布数量，结果表明，米拉山、色季拉山及保护区的北温带分布同样具有控制性和主导性，这进一步反映出该区域植物物种的温带性质。

主要类型几乎包含有本区的所有裸子植物属。该类型还包含了许多世界性的大属，其中蔷薇科的属、十字花科及禾本科的属占的比例很高。如蔷薇科的属的主要的分布区位于北温带，我国约有该科的属 51 个，1 000 余种，在保护区该科较多属属于该分布类型，其中的栒子属（*Cotoneaste*）就包含了 17 种。

高原大属毛茛科的乌头属（*Aconitum*）（18 种）、翠雀属（*Delphinium*）（8 种），虎耳草科的虎耳草属（*Saxifraga*）（36 种），报春花属（*Primula*）（35 种）、紫堇属（*Corydalis*）（22 种）都属于北温带分布类型。对以上几个属在地理分布上，青藏高原地区是报春花属、乌头属（*Aconitum*）、虎耳草属等高原分化特征属的分布和发育中心。从保护区保存和分布的几个属的种类及这些属在全国的分布情况看，该地区为这几个属的多样性保育中心之一。

该类型木本植物很多种为该区域温带针叶林、落叶阔叶林等植被类型的建群种，是高原地区的重要群落类型的优势物种，如高山松（*Pinus densata*）、西藏红杉（*Larix griffithiana*）、急尖长苞冷杉（*Abies george*）、山杨（*Populus davidiana*）、桦木属（*Betula* ）的糙皮桦（*B. utilis*）、白桦（*B. platyphylla*）及大面积分布的栎属（*Quercus*）植物川滇高山栎（ *Q. aquifolioides*）等，所包含的物种中，绣线菊属（*Spiraea*）植物，如川滇绣线菊（*S. bella*）、高山绣线菊（*S. alpina*）、毛叶绣线菊（*S. mollifolia*）等是高山灌丛的重要组成部分。

另外，保护区属于该分布类型的变型有 4 个，其中包括北极－高山变型的兔耳草属（*Lagotis*）、岩须属（*Cassiope* ）、山萮菜属（*Eutrema*）等 7 属；北温带和南温带（全温带）间断分布变型的圆柏属（*Sabina* ）、荨麻属（*Urtica*）、卷耳属（*Cerastium*）等 34 属；分别属于欧亚和南美洲温带间断分布和地中海区、东亚、新西兰和墨西哥到智利间断分布的火绒草属（*Leontopodium*）、麻黄属（*Ephedra*）和马桑属（*Coriaria*）。这几个分布变型的属中，岩须属在我国分布约 20 种，分布在北半球的环北极地区、中国、日本、苏联、喜马拉雅等地。保护区分布的岩须（*C. selaginoides*）是高原杜鹃灌丛边缘重要的建群种，分布在高原高山地区的四川、云南、西藏等地，是典型的北温带分布物种。山蓼属（*Oxyria* ）的山蓼（*O. digyna*），分布于欧洲、亚洲及美洲北部的高山区，是典型的北极－高山分布类型，在中国偏北地区及横断山地区的新疆、吉林等地分布，在蒙古、日本、朝鲜、巴基斯坦、印度、尼泊尔、锡金、不丹及北美、格陵兰地区有分布。红景天属植物在我国分布约 80 种，西藏地区有 32 种，保护区有 16 种，该属植物分布于喜马拉雅地区、亚洲西部至北部，多分布于高山地区，在该地区该属植物多数为喜马拉雅地区或中国－喜马拉雅地区特有分化物种。另外，如岩梅属(*Diapensia*)全世界分布有6种，我国有4种1个变种，在我国仅见于四川西部、云南西北部及西藏东南部的高山林下或草坡岩石上，而保护区就包含有两种西藏岩梅(*D. wardii*)、喜马拉雅岩梅(*D. himalaica*)，其中喜马拉雅岩梅为高原特化物种，主要分布在喜马拉雅高山海拔4 000m以上及锡金等地区。

以上几个属内种的特化分布情况也说明了北温带属在该区域的分化是比较强烈的。属于北温带和南温带(全温带)间断分布变型的柳叶菜属(*Epilobium*)植物，保护区包含了10种，西藏地区该属包含了12种，表明了该区域的生境条件较为适宜该属的的分布，也是高原地区该属的一个现代分布中心。对仅有单属的科马桑科(Coriariaceae)马桑(*Coriaria nepalensis*)，间断分布在地中海区、东亚、新西兰和墨西哥到智利等地，这为白垩纪末期新旧大陆具有联系提供了证据。在我国，马桑产于湖北、贵州、四川、云南、陕西等地，生长海拔一般在3 000m以下，如在西藏地区的察隅、色季拉山东坡、波密等低海拔地区有较大面积分布，但在保护区，仅在3 000m左右位置零星见分布，在西藏地区该种仅在东喜马拉雅地区出现。以上很多在保护区的少量分布的种主要是一些在东南林区的察隅、墨脱等地大范围出现的物种，在保护区以西的高原台地地区并未出现，表明了保护区区系与藏东南区系成分的联系，同时也显示出保护区植物区系的过渡特征。

9. 东亚和北美洲间断分布

该分布类型在中国有124个属，其中西藏49个属，横断山地区67个属，保护区包含的该类型属有24个，占保护区所有属的4.93%，占西藏该分布型的48.89%，占全国该类型属数的19.35%。该类型米拉山地区含11个属，色季拉山地区含有31属。

该类型属中，作为单种的松下兰属(*Hypopitys*)毛松下兰(*H. Monotropa* var. *hirsuta*)分布在苏联、北美及我国西藏、华中、东南等地区的阔叶或针叶林下，是自喜马拉雅至亚洲东北部，在温带美洲至南美地区间断分布的种，在保护区的桑格尔巴坡的冷杉林下、米林地区川滇高山栎林下出现零星分布，种群数量在高原地区较小。属于该种分布区类型的七筋姑属(*Clintonia*)植物在我国仅分布七筋姑(*C. udensis*) 1种，主要分布区为苏联西伯利亚、日本、朝鲜、锡金、不丹和印度，从保护区分布情况看，仅见于色季拉山、里龙沟等局部地区，尼洋河流域并不常见。本区的六道木属(*Abelia*)属于东亚和墨西哥间断分布变型，我国分布属于这一变型的属仅这一属，全国分布约为10种，在保护区分布的假醉鱼草(*A. buddleioides*)，主要分布在米林县南部区域。另外，在一些干旱河谷，如在林芝两江汇合处干旱河谷区域有分布的刺参属(*Morina*)植物。绣球属(*Hydrangea*)、珍珠梅属(*Sorbaria*)等是区域重要的植被组成成分，如高丛珍珠梅(*S. arborea*)等在该区

域较为常见。

10. 旧大陆温带分布

旧大陆温带分布类型一般是指广泛分布于欧洲、亚洲中一高纬度的温带和寒温带、或最多有个别种延伸到亚洲一非洲热带山地或甚至澳洲的属。我国属于该分布类型的属有164属，其中西藏含有81属，保护区有52属。保护区该类型属占全国该类型属的31.71%，占保护区所有属的10.68%，是含属数较多的分布类型，但属内包含的种数不多，主要占优势的科是世界性大科菊科(*Compositae*)所包含的属及唇形科(*Labiatae*)植物。

属于该分布类型的毛蕊花属(*Verbascum*)植物分布在古地中海沿岸、现代分布中心也集中在地中海地区，并可分布到欧洲和亚洲的北温带，该属曾被认为属于热带亚洲至热带非洲分布类型。在我国境内，毛蕊花(*V. thapsus*)主要分布在云南、四川、西藏等地，在保护区干旱山坡分布较为广泛，如门巴乡地区广布。该物种属于古地中海沿岸的孑遗成分，这也说明了该区植物区系的古地中海联系是非常广泛的。该区域也出现了保护区的一些特有种类，如糙苏属(*Phlomis*)在我国有41种，15个变种，在世界分布在地中海、亚洲中部到东部地区，其中该属的米林糙苏(*P. milingensis*)、毛盔糙苏(*P. tibetica* var. *wardii*)仅产米林地区，分布范围均较窄，该属在高原地区的分化较为强烈。

保护区还包含了该分布类型的三个变型。其中属于地中海区、西亚(或中亚)间断分布的有桃属(*Amygdalus*)、鲜卑花属(*Sibiraea*)、窃衣属(*Torilis*)等5属；属于地中海地区和喜马拉雅间断分布的有滇紫草属(*Onosma*)、蜜蜂花属(*Melissa*)、刺续断属(*Morina*)3属；属于欧亚和南部非洲间断分布的有胡卢巴属(*Trigonella*)、苜蓿属(*Medicago*) 、前胡属(*Peucedanum*)3属。根据吴征镒(1983)的观点，在第三纪以前，古北大陆北部地区处于温带、亚热带，在种系发生上他们有第三纪热带起源的背景，这些物种的发生与古地中海海面逐渐减小、干旱过后形成有关。旧大陆温带区系成分的多样及在高原地区的特化例证表明保护区的区系组成受到了古地中海起源发生、青藏高原气候变迁重要影响。

11. 温带亚洲分布

温带亚洲分布类型在我国总共有55属，其中西藏地区含有23属，保护区含有10个属，占保护区所有属的2.05%，占西藏该分布型的43.48%，占全国该类型属数的18.18%。该类型在横断山地区分布的数量和西藏地区相当，其中大部分亦为共有属，这也表明了该类型在保护区的分布类型的高原特性，和横断山地区的联系紧密。该分布型主要包含的属有大黄属(*Rheum*)、岩白菜属(*Bergenia*)、杏属(*Armeniaca*)等10属。该类型的分布属多数为世界广布或北温带的一些属衍生出来的年青区系成分，如细柄茅属（*Ptilagrostis*）是从针茅属（*Stipa*）分化而来的，并分布在喜马拉雅地区继续分化，形成新的特化植物。在这些属中米口袋属（*Gueldenstaedtia*）、锦鸡儿属（*Caragana*）、亚菊属（*Ajani*）的很多种是高原地区植被的重要组成物种，如高山米口袋（*G. himalaica*）、二色锦鸡儿（*C. bicolor*）、鬼箭锦鸡儿（*C. jubata*）、多花亚菊（*A. myriantha*）等。

12. 地中海区、西亚至中亚分布

该类型在我国分布较为广泛，共有171属，西藏地区分布44属，在保护区仅分布有12属，占保护区所有属的2.46%，占西藏该分布型的27.27%，占全国该类型属数的7.02%。米拉山地区和色季拉山地区都较少、横断山地区分布类型也较少，只有22属。其中，地中海区至温带、热带亚洲，大洋洲和南美洲间断在中国分布有5个属，保护区包含了 雀儿豆属（*Chesneya*）、牻牛儿苗属（*Erodium*）2个属；地中海区至热带非洲和喜马拉雅间断分布的有软紫草属（*Arnebia*）、翼首花属（*Pterocephalus*）2属。该类型属一般出现在干旱的环境中，在保护区干旱性的自然条件区域比较小，仅在雅鲁藏布江河谷地区出现，如牻牛儿苗（*E. stephanianum*）、裂叶翼首花（*P. bretschneideri*）、匙叶翼首花（*P. hookeri*）等在较低海拔（3 000m以下）可见。这也表明了因环境条件的制约，原本在种系发生上的西亚、中亚和地中海地区的干旱环境的区系关系并不十分紧密，这些物种中如匙叶翼首花就是中国—喜马拉雅特有种，多集中在高原地区。

13. 中亚分布

中亚分布类型在我国总共有116个属，西藏地区含有30个属，保护区仅有10属，米拉山和色季拉山地区更少，只有分别5属和3属，横断山地区也仅有18属，说明该分布类型对高原地区的衍生和特化能力比较弱，并没有分化形成多的新物种。

在本区系成分中，多为较为强烈的旱生植物，而保护区主要区域除河谷地区干热以外，其他大部分地区的植被分布气候条件比较优越，因此，该成分在保护区的分布并不广泛，该地区（包括周边的米拉山、色季拉山、横断、南迦巴瓦等地区）和中亚植物区系的发生上联系并不是很紧密。并且对高原地区来说，这些属的植物的形态特征是比较进化的，区系成分相对年青。

14. 东亚分布

东亚分布类型指的是从东喜马拉雅一直分布到日本的一些属，整个东亚分布类型在我国共有300属，是重要的区系成分类型组成之一，其中西藏地区含有140

属，保护区有62个属属于这个分布类型，是一个大的分布类型，占保护区所有属的12.73%，占西藏该分布型的44.29%，占全国该类型属数的20.67%。该类型在横断山地区分布高达170，是分布的主要属类型之一。其中属于东亚（东喜马拉雅－日本）的分布类型全国有73属，保护区原型包含溲疏属（*Deutzia*）、绣线梅属（*Neillia*）、猕猴桃属（*Actinidia*）等20属。

中国－喜马拉雅变型（SH）在我国有141属，保护区含有蕺菜属（*Houttuynia*）、千针苋属（*Acroglochin*）、星叶草属（*Circaeaster*）等40属。该分布型植物具有较多高原植物分布种，如星叶草（*C. agrestis*）一般分布在海拔2 500m以上的高山地区，在我国主要集中在藏东南、川西、滇西北、青海、新疆等地。

按照吴征镒划分的属成分类型，桃儿七属 *Sinopodophyllum* 植物属于中国－喜马拉雅分布类型，该属含有2种类型：一种分布在东亚、北美洲东部地区（*S. peltatum*），另一种分布在我国横断山地区、东喜马拉雅地区（*S. emodi*），表明保护区植物区系和北美区系有着重要的联系。该类型区系成分是我国东喜马拉雅地区及西南地区的主要区系成分类型，是由印度－马来西亚植物区系与东亚区系或地中海区的植物区系等各区系交汇而形成的特殊区系（倪志诚，1992），随着青藏高原的隆升，植物发生了较为强烈的分化，形成了较多高原特殊类型植物。属于中国－日本（SJ）分布类型的在我国有85属，但是在保护区分布仅鬼灯檠属（*Rodgersia*）、白苞芹属（*Nothosmyrnium*）2个属，包含植物种为索骨丹（*R. aesculifolia*）、西藏白苞芹（*N. xizangense*）及一个变种（在米林及其周边分布，模式标本均产自米林），这些物种是东亚植物区系对本区域的渗透和迁移形成的，并没有很大的发展，影响并不深远 。另外，保护区分布的高山豆属（*Tibetia*）主要集中在色季拉山东坡东久附近，该属主要分布在横断山地区，但在东中喜马拉雅及周边的尼泊尔、锡金均有分布。该分布型在高原地区多为草本植物，含有较多型属，如蕺菜属（*Houttuynia*）（1种）、鞭打绣球属（*Hemiphragma*）（1种）、独一味属（*Lamiophlomis*）（1种）等。

15. 中国特有

据资料统计，我国种子植物的特有属有268属，隶属78科（王荷生，1994），西藏地区共有36属，保护区15属，占整个中国特有属的5.84%，是保护区所有属数的3.08%，相比米拉山、色季拉山地区的特有属分布，保护区的特有属相对更丰富，但远不及横断山地区。

翅果蓼属（*Parapteropyrum*）和近缘属（*Pteropyrum*）古地中海退却后残留在伊朗、伊拉克和雅鲁藏布江河谷地区（《西藏植物志》第五卷，1983），在保护区主要分布于米林－朗县干旱河谷山坡地区。其中，翅果蓼属是西藏本部特有属；小果滨藜属（*Microgynoecium*）属于西藏和中亚特有；金铁锁属（*Psammosilene*）、黄三七属

(*Souliea*)、马蹄黄属(*Spenceria*)、环根芹属(*Cyclorhiza*)、小芹属(*Sinocarum*)、羌活属(*Notopterygium*)、滇芹属(*Sinodielsia*)、舟瓣芹属(*Sinolimprichtia*)、马尿泡属(*Przewalskia*)、合头菊属(*Syncalathium*)等属于西藏横断山脉特有。由此可见,保护区的中国特有属较为丰富,与周边地区(四川、云南等省区)的共有特有属比重较高。

三、种子植物的发展演化及区系特征

保护区地处印度板块和欧亚板块的交界区域,内部尼洋河和雅鲁藏布江流域河流的下切和堆积作用,使得区域内形成适应植物生长的阶地、台地和支流河谷,区内自然环境异质性较强。植物区系受到第三纪古热带植物区系、北温带、古地中海等众多区系的影响,在高原隆升和第四纪环境的变迁影响下,形成了高原环境背景下的特化以及局部低海拔异质环境下的孑遗和保存,从而表现出保护区目前的含有古老成分,但呈现年青进化的特征。

保护区的植物区系很明显处在由东南热带、亚热带海拔区域的东南森林区向温带、高寒海拔的高原台地过渡的交接区域。因此,种的特有现象异常明显,很多属种在该地区发生了强烈的分化。本区保留着一部分的从东南林区扩散而来的物种,主要集中在色季拉山东坡和米林南部地区,显然该区域是东南林区植物区系向高原内陆迁移的一条重要通道。

保护区蕨类植物在西藏蕨类植物中占有重要地位。其中鳞毛蕨科(*Dryopteridaceae*)、蹄盖蕨科(*Athyriaceae*)、中国蕨科(*Sinopteridaceae*)、水龙骨科(*Polypodiaceae*)4 个科占本区域蕨类植物总属数的比例较高,优势非常明显。从蕨类植物的分布看,古生代起源的蕨类植物在该地区均有发现,这些植物多起源于 2 亿~3 亿年前的泥盆纪、石炭纪,是经中生代延续至今的古老植物。从古地中海的消退和青藏高原的隆升时间来看,该地区蕨类植物区系的形成是伴随着地质活动而发生迁移衍生和特化而来的。

保护区地理区系成分复杂、温带成分突出、特有现象明显。保护区的区域地理范围较大,并且具有从 2 000m 的中山到 5 000m 以上的高山各种植物生境条件,但在区内出现了众多的寡种属和单种属,总的比例占到该区域内总属数的 87.25%,共有 747 种,占该区域内总种数的 47.16%,反映出保护区植物区系的复杂性。在起源历史上,由于青藏高原是后期隆升的区域,保护区植物区系的形成经过了剧烈变化过程,各种地质、气候事件导致了物种的灭绝、迁徙和分化过程的发生。从本区种的起源属性上看,年青草本和湿生植物区系成分占有比例较大,且区内并无大面积保留第三纪古热带植物的孑遗植物,说明该区域区系的形成多是后来其他区域植物区系的衍生成分,区系起源较年青。从起源物种上看,该区区系总体显示出年轻但又经过古老区系衍化而成的特征。

保护区的热带成分有 77 属，占到了所有种子植物属的 18.47%，温带成分为 340 属，占了 81.53%，温带成分的优势异常明显，该区区系在植物属成分上具有明显的温带性质。从南迦巴瓦地区到色季拉山再到保护区、米拉山表现出了热带性质属明显减少、温带性质属显著增加并达到较高比例的现象，表明了古北大陆和古南大陆对该地区的渗透关系。

保护区含有中国特有属 15 属，特有现象明显，通过对比周边植物区系组成，该区的雅鲁藏布江河谷地区很可能是近代藏东南林区植物向高原扩散迁移的重要通道。由于其地理条件分异较为明显，特别是雅鲁藏布江干流和尼洋河流域由于分水岭郭喀拉日居的阻隔，表现出了明显的气候差异，在属和种水平上，尼洋河流域分布的物种更多显示出温带性质，而雅鲁藏布江地区（包括东久曲、色季拉山东坡的部分地区）相比之下，更适合热性成分物种的生存，除此之外，两地区较多物种的分布共有现象也不明显。

四、保护区维管植物新分布记录

对照《西藏植物志》、《西藏草地资源》的物种分布记录，本次考察发现西藏自治区植物新分布科 1 个，保护区内维管束植物新分布共 170 种，隶属 97 属 48 科，包括蕨类植物 5 科 7 属 13 种，被子植物 43 科 92 属 157 种（表 3-14）。

西藏地区新分布科为五福花科（Adoxaceae）。

五福花 *Adoxa moschatellina*：原记录产于四川、青海、辽宁、新疆、河北等地，在保护区的鲁郎、东久发现有分布。

除五福花科为西藏自治区新记录外，其余种类均是保护区所在区域（包括林芝、米林、朗县、工布江达 4 个县）以前都没有记录的种类，这些种类虽然不像自治区级别新记录那样有重大意义，但是作为资料积累、区系研究材料等还是很有意义的。这些物种在西藏自治区及保护区所在区域分布情况见表 3-15。

表 3-15　保护区新分布种名录

科名	中文名	拉丁名	保护区分布	原记录分布
水龙骨科 Polypodiaceae	棕鳞瓦韦	*Lepisorus scolopendrium*	米林（扎西绕登乡）	吉隆、樟木、定结、亚东、错那、墨脱
	绿色瓦韦	*Lepisorus virencens*	林芝（八一镇）	吉隆、樟木
	薄叶水龙骨	*Polypodiodes microrhizoma*	林芝（门巴乡）	墨脱、樟木、定日
	纸质石韦	*Pyrrosia heteractis*	工布江达	察隅、错那

（续表）

科名	中文名	拉丁名	保护区分布	原记录分布
木贼科 Equisetaceae	笔管草	*Equisetum ramosissimum*	林芝（两江汇合处、门巴乡）、米林（南伊乡）	察隅、雅鲁藏布江河谷、吉隆
	犬问荆	*Equisetum palustre*	林芝（布久沟）	左贡、八宿、素兰
中国蕨科 Sinopteridaceae	金粉背蕨	*Aleuritopteris chrysophylla*	郎县（金东沟）	西藏东南部可能有分布
	粉背蕨	*Aleuritopteris pseudofarinosa*	郎县（金东沟）	西藏东南部可能有分布
	禾秆旱蕨	*Pellaea straminea*	米林（卧龙沟）	拉萨、墨竹工卡、加查、亚东
	西藏旱蕨	*Pellaea straminea* var. *tibetica*	米林（南伊乡）、郎县（金东沟）	波密、拉萨
铁线蕨科 Adiantaceae	长盖铁线蕨	*Adiantum fimbriatum*	米林（理龙乡巴让村）	察隅、贡觉、江达
	稀羽鳞毛蕨	*Dryopteris sparsa*	林芝（八一镇附近）	西藏南部可能有分布
阴地蕨科 Botrychiaceae	扇羽小阴地蕨	*Botrychium lunaria*	工布江达（错高乡）、米林	察隅、波密、吉隆、隆子
杨柳科 Saururaceae	长叶杨	*Populus wuana*	米林（理龙乡巴让村、南伊乡）	波密
	银光柳	*Salix argyrophegga*	林芝（门巴乡）	吉隆
	皂柳	*Salix wallichiana*	米林（桑格尔巴坡）、朗县（金东沟）	日喀则、芒康、隆子
蓼科 Polygonaceae	紫茎酸模	*Rumex angulatus*	林芝（两江汇合处）	日土
	绢毛蓼	*Polygonum molle*	林芝（两江汇合处）	墨脱、樟木、吉隆

（续表）

科名	中文名	拉丁名	保护区分布	原记录分布
	柔毛蓼	*Polygonum sparsipilosum*	郎县（金东沟）、米林（里龙乡）	昌都、索县、拉萨
	火炭母	*Polygonum chinense*	色季拉山	察隅、波密、樟木
藜科 Chenopodiaceae	香藜	*Chenopodium botrys*	米林（南伊乡、卧龙镇、卧龙沟）、林芝	扎达
	刺沙蓬	*Salsola ruthenica*	米林（卧龙镇）	扎达
	单翅猪毛菜	*Salsola monoptera*	郎县（巨柏林下）	班戈、双湖、改则、申扎、普兰、日土
	小果滨藜	*Microgynoecium tibeticum*	林芝（吉普村）	乃东、亚东、林周、班戈、申扎、双湖、葛尔
石竹科 Caryophyllaceae	仲巴女娄菜	*Melandrium zhongbaense*	郎县（金东沟）	仲巴
	印度女娄菜	*Melandrium indicum*	林芝（吉普村）	错那
	繸瓣女娄菜	*Melandrium fimbriatum*	林芝（两江汇合处）	错那
	无瓣女娄菜	*Melandrium apetalum*	色季拉山	安多、巴青、班戈、双湖、革及、申扎、日土、普兰、拉萨、察隅、错那
	拉萨女娄菜	*Melandrium lhassanum*	米林（桑格尔巴坡）	拉萨、隆子
	粉花女娄菜	*Melandrium napuligerum*	林芝（两江汇合处）	察雅、拉萨
	簇生卷耳	*Cerastium fontanum*	米林（南伊乡）	四川、云南、青海
	毛叶老牛筋	*Arenaria capillaris*	米林（南伊乡）	四川、云南、青海
	细蝇子草	*Silene gracilicaulis*	工布江达（措高湖）、林芝（鲁朗）	索县、昌都、贡觉、波密、察隅
	腺萼蝇子草	*Silene adenocalyx*	米林	江达

（续表）

科名	中文名	拉丁名	保护区分布	原记录分布
毛茛科(广义) Ranunculaceae	澜沧翠雀花	*Delphinium thibeticum*	错高乡	察隅、贡觉
	粗裂宽距翠雀花	*Delphinium beesianum*	林芝(鲁朗)	昌都
	吉隆铁线莲	*Clematis kilungensis*	米林(理龙乡巴让村)	吉隆
	高原唐松草	*Thalictrum cultratum*	米林、工布江达、林芝	江达、左贡
	毛叶毛茛	*Ranunculus supraseriсeus*	米林(南伊乡)	聂拉木
	拟耧斗菜	*Paraquilegia microphylla*	松错湖	江达、昌都、八宿、察隅、拉萨
	钝裂银莲花	*Anemone obtusiloba*	林芝(两江汇合处)	波密、聂拉木、吉隆
	驴蹄草	*Caltha palustris*	工布江达(错高乡)	芒康、墨脱、察隅
	美花草	*Callianthemum pimpinelloides*	工布江达	波密
小檗科 Berberidaceae	刺黄花	*Berberis polyantha*	林芝(八一镇)	江达
	阴生小檗	*Berberis umbratica*	林芝(两江汇合)	波密
	近似小檗	*Berberis approximata*	措木及日湖	昌都、芒康、贡觉、林周
	普兰小檗	*Berberis pulangensis*	米林(桑格尔巴坡)	普兰
木兰科 Magnoliaceae	毛叶玉兰	*Magnolia globosa*	米林(南伊沟海拔3 100m 新分布)	定结、墨脱
樟科 Lauraceae	三桠乌药	*Lindera obtusiloba*	米林(南伊乡)、林芝(门巴乡)	樟木

(续表)

科名	中文名	拉丁名	保护区分布	原记录分布
十字花科 Brassicaceae	小拟南芥	*Arabidopsis pumila*	郎县(金东沟)	拉萨
景天科 Crassulaceae	西藏红景天	*Rhodiola tibetica*	措木及日湖	日土、革及、普兰、扎达、仲巴、南木林
	互生红景天	*Rhodiola alterna*	林芝(两江汇合处)	类乌齐、比如、索县
蔷薇科 Rosaceae	木帚栒子	*Cotoneaster dielsianus*	米林(卧龙镇)、林芝(八一镇)	波密
	丹巴栒子	*Cotoneaster harrysmithii*	林芝(门巴乡)	波密
	光叶绢毛蔷薇	*Rosa sericea*	林芝(八一镇)	八宿、比如、聂拉木
	川滇蔷薇	*Rosa soulieana*	林芝	芒康、八宿、昌都
	拱枝绣线菊	*Spiraea arcuata*	米林(桑格尔巴坡)	昌都、八宿、波密、墨脱、隆子、错那、洛扎、亚东、定日、聂拉木、吉隆
	银叶委陵菜	*Potentilla leuconota*	色季拉山	察隅、波密、亚东、聂拉木、吉隆
	华西委陵菜	*Potentilla potaninii*	林芝(吉普村)	江达
	多对小叶委陵菜	*Potentilla microphylla*	林芝	察隅、错那、亚东、普兰
	蛇含委陵菜	*Potentilla kleiniana*	米林(桑格尔巴坡、里龙乡)	察隅、定日
豆科 Leguminosae	青海黄芪	*Astragalustanguticus*	林芝(门巴乡)	丁青、索县、类乌齐、昌都、八宿、贡觉
	长爪黄芪	*Astragalus hendersonii*	林芝	定结、比如、林周、申扎、双湖、仲巴、普兰、扎达

（续表）

科名	中文名	拉丁名	保护区分布	原记录分布
	光叶山黑豆	*Dumasia forrestii*	林芝（鲁朗）	波密
	川西香豌豆	*Lathyrus dielsianus*	林芝（八一镇）	昌都
	藏青胡卢巴	*Trigonella archiducis-nicolai*	林芝	丁青、类乌齐、昌都、贡觉、察雅、江达
	西藏野豌豆	*Vicia tibetica*	林芝（门巴乡）	波密、拉萨、林周、曲水、日喀则
	白刺花	*Sophora davidii*	工布江达（错高乡）	昌都、察雅、芒康、八宿、洛隆
牻牛儿苗 Geraniaceae	山地老鹳草	*Geranium collinum*	工布江达、林芝（门巴乡）	扎达、普兰
	多花老鹳草	*Geranium polyanthes*	米林（里龙乡）	亚东、错那、墨脱、波密
芸香科 Rutaceae	墨脱花椒	*Zanthoxylum motuoense*	林芝	墨脱
	尖叶花椒	*Zanthoxylum oxyphyllum*	林芝	樟木
大戟科 Euphorbiaceae	高山大戟	*Euphorbia stracheyi*	错高湖	左贡、昌都、索县、波密、班戈、亚东、定日、聂拉木、吉隆
鼠李科 Rhamnaceae	刺鼠李	*Rhamnus dumetorum*	米林（南伊乡）	波密、错那
锦葵科 Malvaceae	圆叶锦葵	*Malva rotundifolia*	米林（卧龙镇）	扎达、江孜、布仁、拉萨、南木林
藤黄科 Guttiferae	美丽金丝桃	*Hypericum bellum*	林芝（门巴乡）	察隅、隆子
堇菜科 Violaceae	戟叶堇菜	*Viola betonicifolia*	米林（南伊乡）	墨脱
柳叶菜科 Onagraceae	水湿柳叶菜	*Epilobium palustre*	郎县（金东沟）	扎达、日土、普兰、南木林、林周、拉萨、察隅、类乌齐、左贡、昌都

(续表)

科名	中文名	拉丁名	保护区分布	原记录分布
	光籽柳叶菜	*Epilobium tibetanum*	林芝(门巴乡)	察隅、波密、拉萨、亚东、聂拉木
五加科 Araliaceae	狭叶五加	*Acanthopanax wilsonii*	米林(南伊沟海拔 3 105m)	江达、昌都
伞形科 Umbelliferae	芷叶棱子芹	*Pleurospermum heracleifolium*	工布江达县	聂拉木、吉隆
	紫鞘邪蒿	*Seseli purpureo-vaginatum*	错高湖	察隅、波密
	大苞矮泽芹	*Chamaesium spatuliferum*	米林	察隅
	矮泽芹	*Chamaesium paradoxum*	错高湖、米林(里龙乡)	比如
杜鹃花科 Ericaceae	海绵杜鹃	*Rhododendron pingianum*	林芝(两江汇合处)	察隅、左贡、江达、昌都、类乌齐、错那
	亮鳞杜鹃	*Rhododendron heliolepis*	色季拉山	察隅
报春花科 Primulaceae	小独花报春	*Omphalogramma minus*	米林	昌都
	头序报春	*Primula capitata*	色季拉山	芒康、错那、聂拉木、亚东
	西藏粉报春	*Primula tibetica*	错高湖	扎达、仲巴、吉隆、聂拉木、定日、拉萨、错那、加查、八宿
	齿叶灯台报春	*Primula serratifolia*	措木及日湖	昌都
	丽花粉报春	*Primula pulchella*	色季拉山	左贡
	网叶钟报春	*Primula reticulata*	米林(里龙乡)	聂拉木、樟木
马钱科 Loganiaceae	皱叶醉鱼草	*Buddleja crispa*	林芝(八一镇)	日喀则、拉萨、八宿

(续表)

科名	中文名	拉丁名	保护区分布	原记录分布
龙胆科 Gentianaceae	聂拉木龙胆	*Gentiana nyalamensis*	林芝(两江汇合处)	聂拉木
	喉毛花	*Comastoma pulmonarium*	朗县(金东乡)	南木林、加查、察隅、八宿、类乌齐、芒康、索县、那曲
	加地肋柱花	*Lomatogonium carinthiacum*	郎县(金东沟)	日喀则、亚东、错那、八宿、比如
萝藦科 Asclepiadaceae	隔山消	*Cynanchum wilfordii*	米林(卧龙镇)、林芝(两江汇合处)	察隅、吉隆
	西藏牛皮消	*Cynanchum saccatum*	米林(卧龙镇)	昌都、错那、隆子、亚东、聂拉木、吉隆
紫草科 Boraginaceae	毛果草	*Lasiocaryum munroi*	林芝	错那
	具柄齿缘草	*Eritrichium petiolare*	色季拉山	葛尔、日土
	软紫草	*Arnebia euchroma*	米林(桑格尔巴坡)	扎达、吉隆、聂拉木
唇形科 Labiatae	马尔康香茶菜	*Rabdosia smithiana*	米林(卧龙沟)	波密
	毛穗香薷	*Elsholtzia eriostachya*	朗县	聂拉木、八宿、南木林、加查、类乌齐、错那、尼木、曲松、乃东、改则
	川滇香薷	*Elsholtzia souliei*	林芝	八宿、类乌齐、拉萨
	短柄香薷	*Elsholtzia ciliata* var. *brevipes*	米林(理龙乡巴让村)	索县、类乌齐
	假秦艽	*Phlomis betonicoides*	朗县(金东乡)	察隅
	甘青青兰	*Dracocephalum tanguticum*	郎县(金东沟)、工布江达、林芝(两江汇合处)	察隅、八宿、加查、乃东、索县、察雅、江达、贡觉、昌都、芒康、丁青、错那、拉萨、林周、吉隆

（续表）

科名	中文名	拉丁名	保护区分布	原记录分布
	江达荆芥	*Nepeta jomdaensis*	林芝	江达
	轮叶铃子香	*Chelonopsis souliei*	米林(理龙乡)、朗县(金东乡)	扎囊
玄参科 Scrophulariaceae	须毛马先蒿	*Pedicularis trichomata*	色季拉山	江达、类乌齐、比如、索县
	矽镁马先蒿	*Pedicularis sima*	米林(扎西绕登乡)	类乌齐、昌都
	拟鼻花马先蒿	*Pedicularis rhinanthoides*	工布江达(错高乡)、错木及日湖	仲巴、普兰
	肉果草	*Lancea tibetica*	米林(卧龙镇、南伊乡)、林芝(门巴乡)	扎达、班戈、索县、察雅、芒康、类乌齐、江达
车前 Plantaginaceae	喜马拉雅车前	*Plantago himalaica*	郎县(金东沟)	扎达
	平车前	*Plantago depressa*	郎县(金东沟)	丁青、昌都、左贡、八宿、芒康、亚东、吉隆
忍冬科 Caprifoliaceae	狭叶忍冬	*Lonicera angustifoli*	卧龙镇、理龙乡巴让村、错高乡	吉隆、亚东、南木林、贡嘎
	小叶忍冬	*Lonicera microphylla*	门巴乡	昌都、扎达
	四川忍冬	*Lonicera szechu*	米林县米林村、林芝(八一镇)	江达、芒康、察雅、左贡
桔梗科 Campanulaceae	二色党参	*Codonopsis bicolor*	林芝(两江汇合处)	江达
	甘孜沙参	*Adenophora jasionifolia*	郎县(金东沟)、工布江达(错高乡)	贡觉、江达
	喜马拉雅沙参	*Adenophora himalayana*	郎县(金东沟)、工布江达(错高乡)	普兰、隆子、加查、类乌齐、贡觉、昌都、江达

（续表）

科名	中文名	拉丁名	保护区分布	原记录分布
菊科 Compositae	旋叶香青	*Anaphalis contorta*	米林(卧龙镇)	普兰、仲巴、吉隆、聂拉木、亚东、拉萨、南木林、乃东、墨脱
	珠光香青	*Anaphalis margaritacea*	林芝(门巴乡)、工布江达(错高乡)	亚东、波密
	红指香青	*Anaphalis rhododactyla*	林芝(两江汇合处)	察隅
	二色香青	*Anaphalis bicolo*	米林(理龙乡)	昌都、察隅、贡觉
	西藏香青	*Anaphalis tibetica*	米林(理龙乡、卧龙沟)、林芝(八一镇)	聂拉木、定日、日喀则、拉萨、隆子、贡觉、类乌齐
	分枝亚菊	*Ajania ramosa*	米林(理龙乡)	昌都
	毛葶蒲公英	*Taraxacum eriopodum*	色季拉山	芒康、八宿、拉萨。班戈、索县
	秋分草	*Rhynchospermum verticillatum*	米林(理龙乡)	波密
	阿尔泰狗娃花	*Heteropappus altaicus*	林芝(两江汇合处)	普兰、扎达、芒康
	珠峰飞蓬	*Erigeron himalajensis*	林芝(门巴乡)	波密
	香丝草	*Conyza bonariensis*	林芝(布久沟)	吉隆、波密
	车前状垂头菊	*Cremanthodium ellisii*	工布江达(错高乡)	日土、普兰、申扎、班戈、拉萨、加查、昌都、八宿
	少花风毛菊	*Saussurea oligantha*	林芝(门巴乡)	察隅、波密
	林周风毛菊	*Saussurea lhunzhubensis*	林芝、米林、工布江达、朗县	林周、拉萨
	猪毛蒿	*Artemisia scoparia*	林芝(两江汇合处)、米林(卧龙镇、扎西绕登乡)、朗县	拉萨、日喀则、昌都

（续表）

科名	中文名	拉丁名	保护区分布	原记录分布
	藏龙蒿	*Artemisia waltonii*	郎县（巨柏林地）	拉萨、定日、南木林、康马、加查、昌都、察雅、贡觉
	藏沙蒿	*Artemisia wellbyi*	林芝	拉萨、日喀则、定结、左贡、班戈、双湖、申扎、改则、吉隆、扎达、革及、普兰、仲巴
	粘毛蒿	*Artemisia mattfeldii*	林芝	察隅、类乌齐、察雅、贡觉、错那 、江孜
	吉塘蒿	*Artemisia gyitangensis*	林芝（八一镇）	昌都、察隅
	舌叶紫菀	*Aster lingulatus*	郎县（金东沟）	察隅
	小舌紫菀	*Aster albescens*	林芝（两江汇合处）	亚东、聂拉木、吉隆
	重冠紫菀	*Aster diplostephioides*	林芝（两江汇合处）	定日、定结、拉萨、波密、江孜、类乌齐、昌都
	怒江紫菀	*Aster salwinensis*	米林（扎西绕登乡）	察隅、墨脱
	戟叶火绒草	*Leontopodium dedekensii*	林芝（两江汇合处）	索县、比如、丁青、类乌齐、贡觉、左贡、芒康
禾本科 Gramineae	硬秆鹅观草	*Roegneria rigidula*	郎县（金东沟）	波密、聂拉木
	扭轴鹅观草	*Roegneria schrenkiana*	朗县（金东乡）	亚东
	紫马唐	*Digitaria violascens*	林芝（门巴乡）	波密、樟木
	升马唐	*Digitaria ciliaris*	林芝（布久沟）	墨脱
	金狗尾草	*Setaria glauca*	米林（南伊乡）	樟木、拉萨、波密、墨脱
	卡西早熟禾	*Poa khasiana*	朗县（金东乡）	波密、墨脱、隆子、亚东、吉隆

（续表）

科名	中文名	拉丁名	保护区分布	原记录分布
	紫黑早熟禾	*Poa nigro－purpurea*	林芝（两江汇合处）	定结、聂拉木
	藏西扁芒草	*Danthonia cachemiriana*	米林（扎西绕登乡）	普兰
	狗牙根	*Cynodon dactylon*	米林（卧龙镇）	察隅
	旱雀麦	*Bromus tectorum*	林芝	聂拉木、扎达、加查、索县、类乌齐、江达
	穗发草	*Deschampsia koeleri-oides*	措木及日湖	安多、仲巴、扎达、普兰
	野燕麦	*Avena fatua*	林芝（两江汇合处）、米林（扎西绕登乡）	昌都、波密、拉萨、江孜
	狼尾草	*Pennisetum alopecu-roides*	林芝、米林	吉隆
莎草科 Cyperaceae	密生苔草	*Carex crebra*	郎县（巨柏样地）、林芝（两江汇合）	昌都、丁青、八宿
	粗根苔草	*Carex pachyrrhiza*	郎县（金东沟）	吉隆、聂拉木、波密、芒康
	亚东嵩草	*Kobresia yadongensis*	工布江达（错高乡）	亚东
天南星科 Araceae	藏南绿南星	*Arisaema jacque-momtii*	米林（卧龙镇）、林芝（门巴乡）	察隅、亚东、定结、聂拉木、吉隆、普兰
灯心草科 Juncaceae	甘川灯心草	*Juncus leucanthus*	措木及日湖	八宿、波密、墨脱、错那、亚东、聂拉木
百合科 Liliaceae	对叶黄精	*Polygonatum op-positifolium*	米林（南伊乡）	樟木
	点花黄精	*Polygonatum puncta-tum*	林芝（门巴乡）	樟木

(续表)

科名	中文名	拉丁名	保护区分布	原记录分布
兰科 Orchidaceae	高原舌唇兰	*Platanthera exelliana*	工布江达(错高乡)	波密、察隅、墨脱
	条叶舌唇兰	*Platanthera leptocaulon*	米林(扎西绕登乡)	波密、墨脱、察隅、亚东
	紫茎兰	*Risleya atropurpurea*	米林	波密

五、模式标本

通过对《西藏植物志》、《中国植物志》以及中国科学院植物研究所标本馆(PE)的馆藏标本信息查询,模式标本产于保护区的物种有84种(表3-16),是西藏地区产模式标本较多的区域之一。其中包含对该地区植被具有重要作用的建群种和优势种植物林芝云杉,该种对本区域的植被及藏东南林区的植被组成都具有重要的意义。保护区内还分布有西藏特有种、国家一级保护植物巨柏,该物种在雅鲁藏布江河谷的米林甲格村至朗县的两岸较多分布,作为裸子植物在该区的孑遗种,具有很大的研究价值和意义。突出的植物模式标本产地一方面说明该地区植物具有一定的独特性,另一方面说明保护区确为需要加强保护的关键区域。

表3-16　保护区模式标本记录统计

种名	拉丁名	主要产地
林芝云杉	*Picea likiangensis* var. *linzhiensis*	林芝地区广布
巨柏	*Cupressus gigantea*	米林(甲格)、朗县金东口
米林杨	*Populus mainlingensis*	米林
吉拉柳	*Salix gilashanica*	林芝(模式标本产地)、朗县
米林繁缕	*Stellaria mainlingensis*	南伊乡(贡嘎风景区)、米林
林芝女娄菜	*Melandrium wardii*	林芝
林芝蝇子草	*Silene wardii*	林芝
米林翠雀花	*Delphinium sherriffii*	扎西绕登乡、米林模式产地
工布乌头	*Aconitum kongboense*	吉普村、工布江达、林芝、金东沟、南伊沟
展毛工布乌头	*Aconitum kongboense* var. *villosum*	林芝
米林乌头	*Aconitum milinense*	米林

(续表)

种名	拉丁名	主要产地
毛果乾宁乌头	*Aconitum chienningense* var. *lasiocarpum*	米林
拟工布乌头	*Aconitum pseudokongboense*	工布江达
藓丛毛茛	*Ranunculus muscigenus*	米林
四蕊毛茛	*Ranunculus tetrandrus*	米林(派区、大渡卡、那拉)模式标本
米林毛茛	*Ranunculus mainlingensis*	米林
西藏银莲花	*Anemone tibetica*	朗县、金东模式标本
莫洛小檗	*Berberis amoena* var. *moloensis*	林芝(莫洛,模式标本产地)
米林小檗	*Berberis elliotii*	米林(模式标本产地)
比巴小檗	*Berberis gacschkeana* var. *bimbilaica*	朗县(模式标本产地)
细梗小檗	*Berberis tenuipedicellata*	林芝、米林(模式标本产地)
工布小檗	*Berberis kongboensis*	米林(模式标本产地)
光茎小檗	*Berberis minutiflora* var. *glabramea*	林芝(模式标本产地)
里龙小檗	*Berberis taylorii*	米林(模式标本产地)
林芝小檗	*Berberis temolaica*	工布江达、朗县、林芝(模式标本)
藏布小檗	*Berberis tsangpoensis*	米林(白马高雄,模式标本产地)
隐脉小檗	*Berberis tsarica*	米林、朗县(模式标本产地)
变绿小檗	*Berberis virescens*	米林、朗县、工布江达
拟多刺绿绒蒿	*Meconopsis pseudohorridula*	林芝(模式标本产地)
双斑黄堇	*Corydalis bimaculata*	米林(模式标本产地)
多毛皱波黄堇	*Corydalis crispa* var. *setulosa*	林芝(模式标本产地)、鲁郎
西藏短瓜黄堇	*Corydalis drakeana* var. *tibetica*	米林(模式标本产地)
纤细黄堇	*Corydalis gracillima*	林芝、色季拉山、两江汇合
多雄拉黄堇	*Corydalis kingdonis*	米林(下龙沟)
小距帕里紫堇	*Corydalis kingii* var. *minuticalcarata*	米林(模式标本产地)
单叶紫堇	*Corydalis ludlowii*	林芝(东久,模式标本产地)

(续表)

种名	拉丁名	主要产地
米林紫堇	*Corydalis lupinoides*	米林(东坝子,模式标本产地)、错高
巴嘎紫堇	*Corydalis sherriffii*	米林(巴嘎)
林芝虎耳草	*Saxifraga isophylla*	林芝
米林虎耳草	*Saxifraga tigrina*	米林
光秃绣线菊	*Spiraea mollifolia* var. *glabrata*	林芝县
裂叶绣线菊	*Spiraea lobulata*	林芝(东久,模式标本产地)
东坝子黄芪	*Astragalus tumbatsica*	卧龙镇、米林、林芝(模式标本产地)、错高
米林黄芪	*Astragalus milingensis*	门巴乡、郎县金东、米林(模式)扎西绕登、林芝
草莓凤仙花	*Impatiens fragicolor*	米林(东坝子,模式标本产地)、林芝、工布江达
林芝凤仙花	*Impatiens linghziensis*	林芝
米林凤仙花	*Impatiens nyimana*	米林、林芝
米林堇菜	*Viola milingensis*	米林
走茎柳叶菜	*Epilobium soboliferum*	工布江达(模式标本产地)、错木及日湖
西藏白苞芹	*Nothosmyrnium xizangense*	吉普村、金东、南伊乡、米林模式标本产地、桑格尔巴坡
少裂西藏白苞芹	*Nothosmyrnium xizangense* var. *simpliciorum*	米林(派镇至多雄拉山,模式标本产地)、林芝
紫茎前胡	*Peucedanum violaceum*	米林(麻疯沟对面、派镇至多雄拉山,模式标本产地)、八一镇
盘萼杜鹃	*Rhododendron parmulatum*	天下第一坡(米林)、米林(模式标本产地)
短萼云雾杜鹃	*Rhododendron chamaethomsonii* var. *chamaethauma*	米林(模式标本产地)
乳突紫背杜鹃	*Rhododendron forrestii* subsp. *papillatum*	米林(多雄拉山、模式标本产地)
硬毛杜鹃	*Rhododendron hirtipes*	林芝(模式标本产地)、米林、朗县、工布江达

（续表）

种名	拉丁名	主要产地
工布杜鹃	*Rhododendron kongboense*	工布江达、林芝
林生杜鹃	*Rhododendron lanigerum*	林芝
米林杜鹃	*Rhododendron mainlingense*	米林
林芝杜鹃	*Rhododendron nyingchiense*	林芝（模式标本）
白背紫斑杜鹃	*Rhododendron principis* var. *vellereum*	林芝（模式标本产地）
红点杜鹃	*Rhododendron rubro～punctatum*	林芝（雪坝山，模式标本产地）
毛柱杜鹃	*Rhododendron venator*	米林（派镇，模式标本产地）
粗毛点地梅	*Androsace wardii*	林芝（模式标本产地）
工布粉报春	*Primula kongboensis*	林芝
米林龙胆	*Gentiana mainlingensis*	米林、朗县
林芝龙胆	*Gentiana nyingchiensis*	林芝
林芝蔓龙胆	*Crawfurdia nyingchiensis*	林芝
米林糙苏	*Phlomis milingensis*	卧龙沟、天下第一坡（米林）、米林
林芝马先蒿	*Pedicularis nyingchiensis*	林芝
东久橐吾	*Ligularia tongkyukensis*	林芝东久模式标本
合缨大丁草	*Gerbera connata*	林芝（尼西，模式标本产地）
反折鹅观草	*Roegneria retroflexa*	工布江达（模式标本产地）
杨氏鹅观草	*Roegneria yangiae*	工布江达（模式标本产地）
林芝苔草	*Carex caespititia*	林芝（模式标本产地）
小洼瓣花	*Lloydia serotina* var. *parva*	米林（东坝子，模式标本产地）
藏南悬钩子	*Rubus austro～tibetanus*	米林
光叶山莓草	*Sibbaldia glabriuscula*	米林、林芝
毛枝瓜叶乌头	*Aconitum hemsleyanum* var. *hsia*	林芝
长裂乌头	*Aconitum longilobum*	林芝县
毛茎紫堇	*Corydalis pubicaula*	林芝
狭裂中印铁线莲	*Clematis tibetana* var. *lineariloba*	林芝县
西藏木瓜	*Chaenomeles thibetica*	米林
鲁郎杜鹃	*Rhododendron lulangense*	林芝鲁朗

六、资源植物

保护区分布的野生植物中，资源植物丰富，其中以药用类、观赏类、木材及纤维类和化学成分与物质提取类6种资源类型的植物种类分布最多。经统计，具有药用价值的野生植物67科172属556种，野生观赏花卉花卉73科375属1 104种，具有木材和纤维原料功用的有62科225属756种，可提取化学成分（包括油脂、烤胶等功用）的植物有54科209属562种。

1. 药用植物

保护区具有药用价值的野生植物极其丰富，有556种，占保护区分布的维管束植物总种数（1 667种）的33.35％。其中蕨类植物13种，如扭瓦韦（*Lepisorus contortus*）、毡毛石韦（ *Pyrrosia drakeana*）、笔管草（*Equisetum ramosissimum*）、犬问荆（*Equisetum palustre*）、金毛裸蕨（*Gymnopteris vestita*）等；裸子植物5种，即华山松（*Pinus armandii*）、圆柏（*Sabina chinensis* ）、大果圆柏（*Sabina tibetica*）、方枝柏（ *Sabina saltuaria* ）和高山柏（*Sabina squamata*）；被子植物538种，如红景天属、小檗属、乌头属、川贝母属、党参属、沙参属等属植物均为名贵的中草药或滋补用品，在该地区有较大面积的分布。

2. 观赏植物

林芝地区素有“西藏江南”的美誉，该区宜人的气候条件、优越的自然风光是优质的旅游资源。保护区作为林芝旅游的重要景观组成部分，其观赏植物资源非常丰富。经统计分析，确认该地1 572种种子植物中，具有观赏价值的植物达1 104种，隶属73个科375个属，占该区种子植物比例70.22％。如林芝云杉、急尖长苞冷杉林组成的“鲁朗林海”，由西南鸢尾、报春、杜鹃花等组成的色季拉山高山景观，错高湖栒子灌丛，秋季尼洋河白桦和山杨组成的黄色落叶季相景观，南伊沟野生黄牡丹等都具有重要的观赏价值和旅游开发价值。

保护区内观赏植物，按景观类型分为三类。第一类为观形（植株、叶、枝条等）或组成特殊植被景观类型的植物，如巨柏、乔松、西藏红杉、白桦、林芝云杉、米林杨（*Populus mainlingensis*）和各种槭树等。第二类是观花观果类型，如毛叶玉兰、黄牡丹（*Paeonia delavayi* var. *lutea*）、乌头（*Aconitum* spp.）、长梗蓼（*Polygonum griffithii*）及杜鹃花属、翠雀属、乌头属、鸢尾属、绿绒蒿属等属植物均是高原景观的重要组成部分，也是旅游资源的不可或缺部分。第三类是观果类型，如腰果小檗（ *Berberis johannis* ）、鬼吹箫（*Leycesteria formosa*）、西藏木瓜（*Chaenomeles thibetica*）、沙棘（*Hippophae rhamnoides* subsp. *yunnanensi*）及草莓类、花楸类、蔷薇类、忍冬类 、荚蒾类、悬钩子类、栒子类植物。

3. 木材及纤维植物

木材是重要的建筑材料，保护区内木材资源植物丰富，所有的乔木树种均可作为木材资源，尤其是冷杉、云杉、松类和柏木类，区内保存了全国最大单位面积储量的冷、云杉林。

纤维植物主要指用于造纸、编织的植物。保护区内绝大多数维管束植物均可作为造纸纤维植物。可用于编织的纤维植物也很丰富，如展苞灯心草（*Juncus thomsoni*）、西藏箭竹（*Fargesia setosa*）、牛奶子（*Elaeagnus umbellata*）、清溪杨（*Populus rotundifolia*）、乌柳（*Salix cheilophila*）、宽叶荨麻（*Urtica laetevirens*）、马蔺（*Iris lactea* var. *chinensi*）等。

4. 化学成分与物质提取植物

这类植物包括栲胶用、芳香油用、生物碱用、油料用等类型。该类植物在保护区内也较丰富。如栲胶用资源植物有：山杨、垂柳（*Salix babylonica*）、白桦、尼泊尔桤木（*Alnus nepalensis*）、商陆等；含挥发油、芳香油、糖类的衍生物、生物碱等的植物有：樱果朴（*Celtis cerasifera*）、芸香叶唐松草（*Thalictrum rutifolium*）、木姜子（*Litsea pungens*）、草木犀（*Melilotus officinalis*）等；油料植物有：独行菜（*Lepidium apetalum*）、遏蓝菜（*Thlaspi arvense*）、垂果南芥（*Arabis pendula*）、多花红升麻（*Astilbe myriantha*）、索骨丹、峨眉蔷薇（*Rosa omeiensis*）等。

七、国家重点保护及珍稀濒危植物

1. 种类

国家重点保护及珍稀濒危植物具有重要的科学研究或经济价值。西藏珍稀濒危植物十分丰富，尤其在西藏高原的东部和东南部，被认为是中国植物三个特有分布中心之一（应俊生等，1984）。由于第四纪冰川影响微弱或未能到达沟壑等区域，为一些古老孑遗物种提供了“避难所”。1984 年，国家环境保护局和中国科学院植物所公布了我国第一批珍稀濒危植物名录 354 种，1991 年出版的《中国植物红皮书》（第一册）增加到 388 种，并按自然界受威胁程度和保护价值分为濒危、稀有、渐危三类和 3 个保护级别（傅立国，1991）。1999 年，国务院正式批准公布了《国家重点保护野生植物名录》（第一批），共列植物 246 种，分为两级保护，与《中国植物红皮书》不同的是，《国家重点保护野生植物名录》首先考虑经济、科研价值，次为濒危程度。

根据《中国植物红皮书》（第一册）（傅立国，1991），保护区有珍稀濒危植物 9

种，分属7科8属，其中包括蕨类1科1属2种，裸子植物1科1属1种，被子植物5科6属6种（表3-17）。从受威胁现状看，存在稀有种6种，为金铁锁（*Psammosilene tunicoides*）、星叶草、桃儿七（*Sinopodophyllum hexandrum*）、西藏八角莲（*Dysosma tsayuensis*）、瓶尔小草（*Ophioglossum vulgatum*）、心叶瓶尔小草（*O. reticulatum*）；渐危种2种，为天麻（*Gastrodia elata*）、黄牡丹（*Paeonia delavayi*）；濒危种1种，为巨柏。

根据1999年国务院正式批准公布的《国家重点保护野生植物名录》（第一批），保护区有国家重点保护植物及真菌共5种，分属5科5属。从保护级别上来看，属于国家Ⅰ级保护的植物有1种，为巨柏（1999）；属于国家Ⅱ级的有4种，分别是金荞麦（*Fagopyrum dibotrys*）、山莨菪（*Anisodus tanguticus*）、虫草（*Cordyceps sinensis*）、松口蘑（*Tricholoma matsutake*），其分布见附图3。

表3-17　保护区珍稀濒危植物和国家重点保护植物名录

科名	科名拉丁名	种名	种名拉丁名	珍稀	濒危	渐危	保护级别
柏科	Cupressaceae	巨柏	*Cupressus gigantea*		√		Ⅰ
蓼科	Polygonaceae	金荞麦	*Fagopyrum dibotrys*				Ⅱ
茄科	Solanaceae	山莨菪	*Anisodus tanguticus*				Ⅱ
兰科	Orchidaceae	天麻	*Gastrodia elata*			√	
毛茛科	Ranunculaceae	黄牡丹	*Paeonia delavayi* var. *lutea*			√	
小檗科	Berberidaceae	桃儿七	*Sinopodophyllum hexandrum*	√			
毛茛科	Ranunculaceae	星叶草	*Circaeaster agrestis*	√			
石竹科	Caryophyllaceae	金铁锁	*Psammosilene tunicoides*	√			
瓶尔小草科	Ophioglossaceae	瓶尔小草	*Ophioglossum vulgatum*	√			
瓶尔小草科	Ophioglossaceae	心叶瓶尔小草	*Ophioglossum reticulatum*	√			
小檗科	Berberidaceae	西藏八角莲	*Dysosma tsayuensis*	√			
麦角菌科	Clavicipitaceae	虫草	*Cordyceps sinensis*				Ⅱ
口蘑科	Tricholomataceae	松口蘑	*Tricholoma matsutake*				Ⅱ

2. 珍稀濒危植物的分布现状

金铁锁：分布于林芝，数量较少。生于山坡砂砾地，海拔 3 040～3 100m。

星叶草：分布于林芝、工布江达、朗县、桑格尔巴坡、错高等地，分布较广。生于山地石下、林边或云杉林或高山栎林中，分布海拔 3 400～4 000m。

桃儿七：分布于南伊乡（贡嘎风景区）、门巴乡、色季拉山、错高湖、错木及日湖，分布广，数量多。生于林下或灌丛下，海拔 2 700～4 300m。

西藏八角莲：主要分布于林芝、米林、南伊沟、错高乡，分布广。生于高山松林或云杉林下，海拔 2 500～3 500m。

瓶尔小草：分布于林芝、朗县，数量较少。生山坡草地，海拔 3 100m。

心叶瓶尔小草：分布于林芝、波密，数量较少。生密林下，海拔 2 250～2 900m。

巨柏：为西藏特有种。集中分布于雅鲁藏布江朗县至米林附近的沿江地段，在其支流尼洋河下游林芝以及波密（易贡）也有分布。生于江边之阳坡、谷底开阔的半阳坡组成疏林，或江边零散生长，生境条件较差，数量较少。分布海拔 3 000～3 400m。

天麻：分布于林芝，数量较少。生于腐殖质较多而湿润的林下，向阳灌丛及草坡亦有。分布海拔 2 100～2 700m。

黄牡丹：分布于南伊沟、米林机场、红卫林场等地，数量较少。

3. 珍稀濒危植物的保护

保护区珍稀濒危植物单型属和少型属明显处于优势地位。而单型属和少型属通常是古老、孤立的或是特有成分，它们在生境破碎化过程中更易散失（邹新慧等，2002），在珍稀濒危植物的集中保护上，更具重要意义和价值。这些濒危物种在保护区的分布范围一般较窄，如巨柏仅分布在雅鲁藏布江河谷地区及林芝、易贡等片段化已经很强的区域，零星分布区已经无种群延续的能力。黄牡丹产于我国云南中部至西北部、四川西南部和西藏东南部，生长在海拔 2 500～3 500 m 的山地林缘。但目前黄牡丹的居群间彼此隔离，缺乏交流（龚洵等，1999）。调查过程中，仅在南伊乡、红卫林场的林缘有少量植株发现，总数量不足 1 000 株，植株孤立分散。桃儿七虽然在全国很多地方均有分布，但因其植株根茎中作为合成抗癌药物重要来源的鬼臼毒素含量较高，成为了一种贸易物种，野外种群遭到了较大规模的破坏，加之其天然繁殖能力较弱，分布区日渐缩减，居群数量正在急剧下降，无性和有性繁殖能力大大减弱，植株日益稀少，残存的个体避难到难以被人们发现的灌木丛、树根丛和石缝隙中生存，成为稀有物种，面临濒危的境地（李忠超等，2005）。桃儿七、西藏八角莲、金铁锁、天麻等野外资源种采集破坏较严重，而人工繁殖又无大规模替代开展，造成种群分布范围窄，在保护区多零星分布，几乎见不到集中、数量

较多的种群分布。星叶草的生长环境苛刻，一般仅在较为湿润的林下可见有较大规模种群分布，但由于环境的变化、人为干扰等因素，星叶草生境遭到严重的威胁，影响该物种的繁殖延续。

以上物种，遭受人类破坏严重，其天然种群受到前所未有的破坏。随着交通条件等的改善，这种破坏将会变得更加严重。要解决其保护问题，首先应针对这些物种尽快开展人工种植研究，并进行推广、规模化生产，以替代对野生物种的应用，从而摆脱对传统天然种群的采集和破坏。其次，开展细致的调查工作，力求保护其生境，开展就地保护，这也是物种保护的最根本措施。

第四章 植被

第一节 调查方法

在基础资料分析基础上，结合地形图、高程图和交通图等相关图件，根据保护区不同植被类型和生境状况，在区内设置若干条垂直方向和水平方向、贯穿不同生境的代表性样线。在样线上布设若干个 20m×20m 或 10m×10m 的乔木样方（适应条件为乔、灌、草层各有植物分布；乔木层每样方内设置“品”字型分布的 3～5 个 5m×5m 或 2m×2m 的灌木样方，设置 1m×1m 或 2m×2m 的 3～5 个草本样方）。没有乔木层情况下，设置 3～5 个 5m×5m 或 2m×2m 的灌丛样方；在仅有草本层条件下，设置个 5m×5m 或 2m×2m 的草本样方，进行植物群落结构调查。

样方布设原则为，在调查样线的起点、终点分别布设 3～5 个样方；在植物群落类型（划分到群系一级）发生变化的地点，布设 3～5 个样方；在每一种群落类型内的典型地段，布设 3～5 个样方。对每个样方用 GPS 准确定位，记录样方所处部位、坡形、坡向、坡度、土壤类型、石砾含量；乔木层总郁闭度、乔木树种、株数、每种平均胸径、平均高度；灌木层盖度、树种、株数或丛数、平均高度；草本层盖度、组成物种和平均高度。

主要调查路线布置于保护区雅鲁藏布江和尼洋河沿岸，调查涉及地区主要包括：工布江达错高乡、工布江达镇、林芝门巴乡、八一镇、鲁朗镇、东久乡、布久乡、米林南伊乡、里龙乡、卧龙镇、扎西绕登乡、米瑞乡和朗县金东乡等。

第二节 卫片解译与植被图制作

随着遥感技术的不断发展，遥感图像在森林植被资源调查中得到了很好的应用，为森林资源调查提供了快捷、简便的方法。保护区植被的分析利用了遥感解译技术。

一、波段选取

TM 图像的光波信息具有 3～4 维结构，其物理含义相当于亮度、绿度、热度和湿度。在TM 7个波段光谱图像中,一般第5个波段包含的地物信息最丰富。3个可见光波段(即第1、2、3波段)之间,两个中红外波段(即第4、7波段)之间相关性很高,表明这些波段的信息中有相当大的重复性或者冗余性。第4、6波段较特殊,尤其是第4波段与其他波段的相关性很低,表明这个波段信息有很大的独立性。对于植被解译而言,学者们常常选择的RGB为432、453以及543。

针对保护区独特的地理环境和植被类型,植被图的解译采用453波段。4、5、3波段分别赋红、绿、蓝色合成的图像,色彩反差明显,层次丰富,纹理结构显著,而且各类地物的色彩显示规律与常规合成片相似,符合过去常规片的目视判读习惯。

二、森林植被信息提取方法

TM3为红光波段,为植物的强反射波段,TM4为近红外波段,对绿色植被差异敏感,为植被的通用波段(马春林,2002),因此TM3、4对于植被的特征信息的提取是不可或缺的。提取植被信息的植被指数采用以下两种:

归一化植被指数:NDVI=(TM4－TM3)/(TM4＋TM3)

比值植被指数:RVI＝TM4/TM3

NDVI是植物生长状态及植被空间分布密度的最佳指示因子,与植被分布密度呈线性相关(赵英时,2002)。NDVI对土壤背景的变化比较敏感,当植被覆盖度大于15%时,植被的NDVI大于裸土,植被可以被检测出来,但是效果不明显;当植被盖度由25%增加至80%,NDVI植被覆盖度增加几乎呈直线增长;当植被覆盖度大于80%时,检测的灵敏度有所下降。尽管NDVI的计算属于算式运算的范畴,但是该技术应用了植物红光区的强吸收、近红外高反射的特性,通过比值变换,使在原波段上不易区分的植被类型信号放大,并使植被群内方差缩小、群间方差变大,消除或减弱了地形阴影的影响,从而易于提取植被信息,达到识别植被的目的(游先祥,2003;王人潮,史舟等,1999)。

RVI与叶面积指数、叶干生物量、叶绿素含量的相关性最好,是植物中绿色物质明显形成和发育阶段的可靠指数。特别是在植被指数覆盖率大于50%时,RVI对植被十分敏感,与生物量的相关性最大。NDVI和RVI的优势在于能够很好地分离植被与非植被信息,而且可以很好地减少地形造成的阴影。

三、森林植被图像解译

保护区森林植被图的解译过程中,选择了理想的卫星影像(少云雾、少阴影、高质量清晰的遥感影像),合理地利用辅助资料(地形图、规划图、土地利用现状图),同时借助于先进的技术手段(GPS、GIS),在此基础之上准确地建立解译标志,提高了解译的精度。解译具体步骤有:建立判读标志—目视判读—勾绘成图—判读复核—实地验证。

本次解译采用的 TM453 波段合成影像的色调饱和度较低，且部分图像受到阴影影响较大，这就造成了对研究区植被的鉴别存在很大的困难。因此，本次解译工作，是在对样地调查资料及相关文献资料(《西藏植被》、《中国植被》)解析的基础之上，根据植被分布的物理特性即植被的分布特点及其周围的植被类型和截取的保护区遥感图像进行解译的。

第三节　分布

一、水平分布

植被的水平分布受纬度和经度影响，其中纬度的影响主要是太阳辐射能量、光、热的影响，经度的影响在更多地方表现出水热条件的差异。青藏高原地区纬度跨度大，拥有热带、亚热带、温带三个气候带(张经炜，1980)。其中，位于念青唐古拉和喜马拉雅山系之间的保护区归属于亚热带，区内分布着两大水系。南来的水汽沿雅鲁藏布江下游河谷北上，受念青唐古拉山脉的阻挡，在区内形成丰沛的降水，但在河谷地带又表现出了较强的干热干旱特性。区内的色季拉山、鲁朗、东久等部分地区，由于海拔高度大幅降低、水分条件良好，植被的地区差异性相对较大。这种气候的差异导致了区内植被在水平分布上的异质性。依据《西藏植被》的植被分区，保护区绝大部分区域处在亚热带植被地带一东亚亚热带常绿阔叶林地区一雅鲁藏布江中下游常绿阔叶林亚区一米林、林芝小区。

表 4-1　保护区涉及行政单元气候要素值

地区	森林覆盖率%	年平均气温℃	最冷月平均气温℃	最热月平均气温℃	降水量 mm	平均日照 h	相对湿度 %
朗县	29.39	11.2	0	16	600	2 511.7	50
林芝	44.57	8.6	0.2	15.6	634.2	1 988.6	71
工布江达	26.85	6.2	5	17	646	2 016	66
米林	33.50	8.2	−0.2	15.6	671.5	1 720	35

区内的雅鲁藏布江河谷和尼洋河流域的物种和植被水平分布差异比较大。其中朗县、米林县的年相对湿度仅为50%和35%，相比林芝县的71%、工布江达县的66%要低得多(表 4-1)。雅鲁藏布江流域要比尼洋河流域干旱得多，在雅鲁藏布江河谷、山坡地区目前已经出现了较大面积的沙丘，因此在植被分布上，米林、朗县地区分布着更多的耐旱物种及植被类型，如小叶野丁香(*Leptodermis microphylla*)、砂生槐(*Sophora moorcroftiana*)、小叶香茶菜等旱生的灌丛，并含有多种耐旱的伴

生物种，如白草（*Pennisetum flaccidum*）、毛瓣棘豆（*Oxytropis sericopetala*）等，在干旱的山坡分布有西藏特有物种巨柏，构成耐旱的特殊植被类型。而区内尼洋河流域，从林芝到工布江达气候逐步干旱，植被分布存在差异，且阴阳坡差异较为明显。尼洋河流域的河谷阳坡以川滇高山栎、高山松及其混交林为主，其中川滇高山栎一般较矮，呈灌丛状分布，林下结构比较简单；在阴坡地区，近河谷地区分布较多的山杨林、白桦林及川滇高山栎林，川滇高山栎林上段多为林芝云杉林。在森林覆盖率上，林芝也要明显高于其他地区，而米林拥有如南伊沟、卧龙沟（桑格尔巴坡）等植被覆盖率高的地区，植被覆盖率也较高。

二、垂直分布

由于西藏高原地区的海拔跨幅比较大，西藏地区的植被除了受到水平地带性的影响外，还呈现出了明显的垂直地带性。地区植物区系的组成与特征取决于该地区的地质历史过程与现代自然地理条件。在诸多因素中，海拔高度的不同首先引起温度、降水、大气成分等方面的差异，进而对生物群落产生作用，气候、土壤以及植物分布的垂直地带性主要由此产生（方精云等，2004）。西藏的高原与山地植被基本上都是垂直地带性的，已超过水平地带植被的范畴和界限，这也和张新时于1978年提出的西藏植被特殊的高原地带性理论一致。

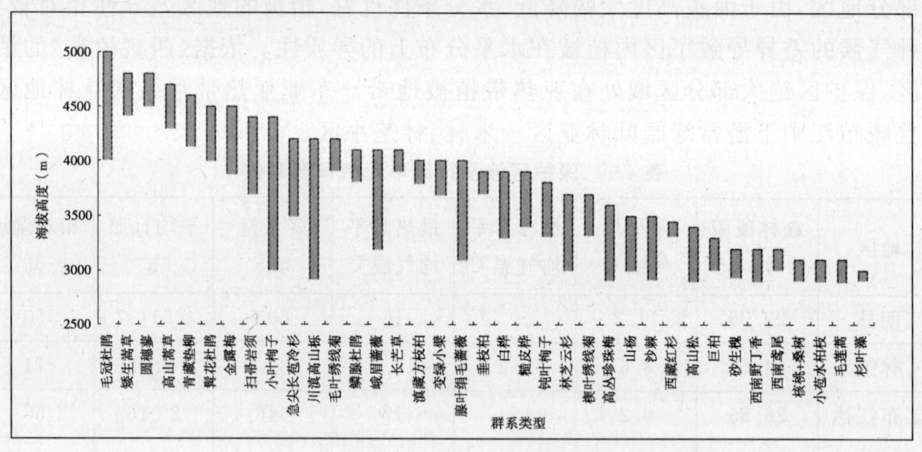

图 4-1 保护区主要植被类型海拔高度分布图

保护区地带性植被属于亚热带植被带，由于区内地形地貌复杂，海拔跨幅大（2 300～6 060m），气候变化较大，导致区内植被类型呈较明显的差异，小范围内植被的变化要比纬向地带性和经向地带性带来的结果更为明显。植被垂直分布规律一般为：3 000m 以下地区主要是亚热带山地灌丛（含多种灌木杂生灌丛、干热河谷刺灌丛）；3 000～3 500m 为亚热带常绿、落叶阔叶灌丛，亚热带落叶阔叶林；

3 500～4 200m为亚高山针叶林带；4 200～4 600m 为高山革叶灌丛；4 600m 以上为高山草甸。但较多的群系类型贯穿几个植被分布带，如栒子(*Cotoneaster* spp.)、蔷薇(*Rosa* spp.)灌丛，川滇高山栎等类型(图 4-1)。经过统计，区内海拔 3 000～4 000m之间的地区，其植被类型变化明显，类型较为丰富，群系类型占所有调查记录类型的 70%以上，说明该海拔段，植被生长环境的异质性较强(表 4-2)。区内尼洋河流域和雅鲁藏布江流域在植被垂直分布上有着较为明显的差异，特别是在海拔 3 000～4 000m 段，除了广布的林芝云杉、川滇高山栎等外，其他很少存在共有分布的植被类型。因此，不论从气候条件、植被水平分布的角度，还是从垂直分布以及物种的特异分布角度，对该区植被的讨论都是基于两个小区域的异质性，可将保护区大致分为两大单元即尼洋河植被单元和雅鲁藏布江植被单元。

表 4-2　不同海拔段的主要群落类型

海拔段(m)	群系类型
<3 000	砂生槐、杉叶藻、川滇高山栎、高丛珍珠梅、沙棘、高山松林、西南野丁香、核桃＋桑树、小苞水柏枝、毛莲蒿
3 000～3 500	糙皮桦、白桦、钝叶栒子、楔叶绣线菊、峨眉蔷薇、腺叶绢毛蔷薇、西藏红杉、小叶栒子、林芝云杉、山杨、巨柏、西南鸢尾、高丛珍珠梅、沙棘、高山松、砂生槐、西南野丁香、核桃＋桑树、小苞水柏枝、毛莲蒿、杉叶藻
3 500～4 000	金露梅、毛叶绣线菊、长芒草、鳞腺杜鹃、滇藏方枝柏、扫帚岩须、变绿小檗、垂枝柏、急尖长苞冷杉、川滇高山栎、长芒草、鳞腺杜鹃、峨眉蔷薇、腺叶绢毛蔷薇、糙皮桦、白桦、钝叶栒子、楔叶绣线菊、林芝云杉、高丛珍珠梅
4 000～4 500	圆穗蓼、矮生嵩草、高山嵩草、青藏垫柳、毛冠杜鹃、髯花杜鹃、金露梅、扫帚岩须、小叶栒子、毛叶绣线菊、急尖长苞冷杉、川滇高山栎、长芒草、鳞腺杜鹃、峨眉蔷薇
>4 500	毛冠杜鹃、圆穗蓼、矮生嵩草、高山嵩草、青藏垫柳、髯花杜鹃、金露梅

三、类型

1. 类型划分

按照《中国植被》的植被分类原则和系统，根据植物种类组成、外貌和结构、生态特征及动态特征，结合 102 个样地资料，将保护区植被划分成 15 个植被型，26 个群系组和 61 个群系(植被图见附图 4)。植被分类系统序号连续编排，按《中国植被》编号用字，植被型用Ⅰ、Ⅱ、Ⅲ……，群系组用(一)、(二)、(三)……，群系用 1、2、3……，具体分类系统如下：

表 4-3 保护区植被分类系统

植被型	群系组	群系
Ⅰ 寒温性针叶林	(一)落叶松林	1. 西藏红杉林
	(二)云杉、冷杉林	2. 急尖长苞冷杉林
		3. 喜马拉雅冷杉
		4. 林芝云杉林
		5. 林芝云杉＋急尖长苞冷杉林
	(三)圆柏林	6. 垂枝柏林
		7. 大果圆柏林
Ⅱ 温性针叶林	(四)温性松林	8. 高山松林
Ⅲ 温性针阔叶混交林	(五)铁杉针阔叶混交林	9. 云南铁杉＋川滇高山栎混交林
		10. 高山松＋川滇高山栎林
Ⅳ 暖性针叶林	(六)暖性松林	11. 乔松林
	(七)柏木林	12. 巨柏疏林
Ⅴ 落叶阔叶林	(八)山杨林	13. 山杨林
	(九)桦木、桤木林	14. 白桦林
		15. 糙皮桦林
		16. 尼泊尔桤木林
Ⅵ 硬叶常绿阔叶林	(十)山地硬叶栎类林	17. 川滇高山栎林
Ⅶ 常绿针叶灌丛	(十一)圆柏灌丛	18. 滇藏方枝柏灌丛
		19. 香柏灌丛
		20. 高山柏灌丛
Ⅷ 常绿革叶灌丛	(十二)杜鹃灌丛	21. 雪层杜鹃灌丛
		22. 刚毛杜鹃灌丛
		23. 髯花杜鹃灌丛
		24. 钟花杜鹃灌丛
		25. 毛冠杜鹃灌丛
		26. 鳞腺杜鹃灌丛
	(十三)岩须灌丛	27. 扫帚岩须灌丛
Ⅸ 落叶阔叶灌丛	(十四)高寒落叶阔叶灌丛	28. 金露梅灌丛
		29. 窄叶鲜卑花灌丛
		30. 青藏垫柳灌丛
	(十五)山地旱生落叶阔叶灌丛	31. 变色锦鸡儿灌丛

(续表)

植被型	群系组	群系
		32. 西南野丁香灌丛
		33. 砂生槐灌丛
	(十六)山地中生落叶阔叶灌丛	34. 绢毛蔷薇灌丛
		35. 峨眉蔷薇灌丛
		36. 陕甘花楸灌丛
		37. 变绿小檗灌丛
		38. 小叶栒子灌丛
		39. 钝叶栒子灌丛
		40. 毛叶绣线菊灌丛
		41. 楔叶绣线菊灌丛
		42. 高丛珍珠梅灌丛
	(十七)河谷落叶阔叶灌丛	43. 云南沙棘灌丛
		44. 小苞水柏枝灌丛
Ⅹ 草原	(十八)禾草灌草丛	45. 长芒草草原
Ⅺ 高山流石滩植被	(十九)高山流石滩稀疏植被	46. 风毛菊、红景天、垂头菊稀疏植被
		47. 水母雪莲、风毛菊稀疏植被
Ⅻ 草甸	(二十)杂类草草甸	48. 毛莲蒿草甸
		49. 西南鸢尾草甸
		50. 白草草甸
	(二十一)嵩草高寒草甸	51. 矮嵩草草甸
		52. 喜马拉雅嵩草草甸
		53. 高山嵩草草甸
	(二十二)杂类草高寒草甸	54. 珠芽蓼草甸
		55. 圆穗蓼草甸
ⅩⅢ 沼泽	(二十三)杂类草沼泽	56. 杉叶藻沼泽
XIV 水生植被	(二十四)沉水水生植被	57. 浮叶眼子菜群落
XV 栽培植被	(二十五)一年一熟作物组合型	58. 青稞、春小麦、芫青、油菜田
		59. 春小麦、豌豆、油菜田
	(二十六)落叶果园亚型	60. 苹果园
		61. 核桃、桑树

2. 主要植被类型

(1)西藏红杉林(Form. *Larix griffithiana*)

多为零星分布。根据中国植被记载，该种主要分布在雅鲁藏布江中游，念青唐古拉山脉和喜马拉雅山脉 2 800～3 600m 的阳坡上，在米林、林芝、波密和亚东地区有分布，而《西藏植物志》记载亚东一带成群落分布。

典型样地布设在北纬 28°55.372′，东经 93°47.332′，海拔 3 450m，群落外貌有淡黄绿色的通透林冠。此处发现面积大于 100 km^2，该群系近乎纯林的分布，建群种高度在 15m 左右，胸径为 10～17cm，细长、密度较高，按照分布的区域来看，人为干扰小，枝下高平均在 2m 左右，每 20m×20m 样方内平均含有植株 32 株，未见高于 1m 的幼苗分布，群落更新情况比较差。主要伴生种为川滇冷杉，局部地区有川滇高山栎、糙皮桦分布，周边多被川滇高山栎林包围，分布土壤类型为暗棕壤。灌木层盖度在 15%左右，主要物种有锦鸡儿(*Leguminosae* spp.)、心叶荚蒾、越橘忍冬(*Lonicera myrtillus*)、茶藨子(*Ribes* sp.)、小檗(*Berberis* sp.)及部分杜鹃属(*Rhododendron*)植物。草本层物种组成稀少，盖度较小，约为 1%，零星分布着马先蒿属及禾本科等植物。苔藓层发育良好。

(2)急尖长苞冷杉林(Form. *Abies georgei* var. *smithii*)

该群系集中分布在色季拉山地区，其他地区仅有零星分布，未见成群落。其分布海拔高度为 3 500～4 200m，群落较多分布在高山林线附近，在色季拉山地区较为明显。群落外貌暗绿色，建群种急尖长苞冷杉高度可在 30m 以上，胸径达 50～60cm，在色季拉山地区有较大面积的原始林分布。该类型的群落结构与林芝云杉林类似，但由于分布海拔高度较林芝云杉高，因此在物种组成上变化较大，该群系的主要伴生物种有川滇冷杉。

样地布设在北纬 29°48.019′，东经 94°25.313′，该类型郁闭度为 0.6，树体高大，灌木层的盖度在 40%，其中杜鹃属植物占主要成分，也分布着蔷薇(*Rosa*)、花楸(*Sorbus*)、忍冬(*Lonicera*)等属植物。草本层物种分布差异比较大，盖度在 15%左右，在郁闭度很高、苔藓层发育较好的林下，草本层的盖度很低，只有一些零星分布，仅林缘的草本层发育良好。主要分布物种有苔草(*Carex* spp.)、乌头(*Aconitum* sp.)、翠雀(*Delphinium* sp.)、黄精(*Polygonatum* sp.)、紫堇(*Corydalis* sp.)、凤仙花(*Impatien* sp.)、七筋姑(*Clintonia udensis*)等植物。

(3)林芝云杉林(Form. *Picea likiangensis* var. *linzhiensis*)

林芝云杉是主要的森林建群种，该群系分布范围极其广泛，并多成林。该群系主要分布在海拔高度 3 000～3 700m 地带，且多存在原始林或近原始林，森林单位面积生物量高，原始林中建群种的高度可达 30m，胸径 60～80cm，森林郁闭度较高，一般达 0.8 以上，而受到较小人为干扰后的郁闭度也在 0.6 以上。分布的土壤类型为暗棕壤。由于郁闭度高、水分条件较好，苔藓层发育良好，灌木层随着森林郁闭度的变化差异明显。

典型样地布设在北纬 29°18.517′，东经 93°58.996′，海拔高度 3 280m。乔木层伴生种较多，除林芝云杉外，较为常见的有川滇高山栎、白桦、急尖长苞冷杉，在一些狭窄河谷区域也常见西南花楸（*Sorbus rehderiana*）、川西樱桃（*Cerasus trichostoma*）、西康花楸（*Sorbus prattii*）、独龙槭（*Acer taronense*）等物种。

灌木层盖度 35%，组成物种有冰川茶藨子（*Ribes glaciale*）、柳叶忍冬（*Lonicera lanceolata*）、峨眉蔷薇、长尾槭（*Acer caudatum*）、毛叶米饭花（*Lyonia villosa*）、心叶荚蒾（*Viburnum cordifolium*）及杜鹃属植物如盘萼杜鹃（*Rhododendron parmulatum*）等，一般分布较为分散，多孤立分布于林下。在一些人为干扰较强区域，箭竹（*Fargesia* sp.）分布较为广泛，并在局部地区形成的较大盖度，可达 80%左右，导致林下草本层的分布物种减少。草本层盖度为 40%，主要组成有间型沿阶草（*Ophiopogon intermedius*）、戟叶堇菜（*Viola betonicifolia*）、米林堇菜（*V. milingensis*）、鞭打绣球（*Hemiphragma heterophyllum*）、七筋姑、卷叶黄精（*Polygonatum cirrhifolium*）、柔毛委陵菜（*Potentilla griffithii*）、西南鸢尾（*Iris bulleyana*）、高山露珠草（*Circaea alpina*）和百合属、柳叶菜属、碎米荠属等属物种。

（4）垂枝柏林（Form. *Sabina recurva*）

该群系分布范围较窄，多为零散分布，成林的较小，群落退化严重。主要分布海拔 3 700～3 900m 的高山河谷边缘地带及山坡阳坡，土壤类型为棕壤。群系郁闭度在 0.2～0.4 之间，呈疏林状分布生长，乔木层优势树种一般为单一的垂枝柏（*Sabina recurva*），偶尔有沙棘、密枝圆柏（*Sabina convallium*）伴生。

典型样地位于金东沟副沟（喜马拉雅山北坡），北纬 28°55.976′，东经 93°23.762′。海拔高度 3 850m。建群种垂枝柏高度在 15～20m 之间，胸径较粗，平均在 25cm 以上，河谷区域发现胸径在 40cm 左右的植株。分布区域内水热条件较好，灌木层较为发育，盖度在 55%左右，主要分布物种有白毛金露梅（*Potentilla fruticosa* var. *albicans*）、沙棘幼苗、山地香茶菜、钝叶栒子（*Cotoneaster hebephyllus*）、多种杜鹃（*Rhododendron* spp.）、绣球藤（*Clematis montana*）等。草本层盖度在 40%左右，主要组成物种有冷地早熟禾（*Poa crymophila*）、苔草（*Carex pachyrrhiza*、*Carex hemineuros*）、扭盔马先蒿（*Pedicularis davidii*）、水湿柳叶菜（*Epilobium palustre*）、小伞虎耳草（*Saxifraga umbellulata*）、直立点地梅（*Androsace erecta*）、杂色钟报春（*Primula alpicola*）、毛叶老牛筋（*Arenaria capillaris*）等。

（5）高山松林（Form. *Pinus densata*）

该群系分布区域偏干旱，分布土壤一般为棕壤。主要分布在尼洋河流域河谷底部，米林、朗县雅鲁藏布江河谷山坡，米林桑格尔巴坡路口两侧等区域。其中在尼洋河河谷南坡区域多见分布，与矮化的或经人工砍伐后的川滇高山栎次生林形

成混交林，在北坡则多与山杨形成针阔混交林，分布海拔一般在 2 900～3 400m。森林郁闭度在 0.4～0.6 之间，平均约 0.5，河谷平坦地区郁闭度较高，可达 0.8 以上。建群种高度一般为 5～20m，胸径 10～40cm。其中，河谷分布种较高大，高度在 25m 左右，胸径 35～40cm。在山坡地区多存在过火林，火因子对该群落的影响较大，特别是对高山松纯林影响更加严重。

典型样地位于米林卧龙镇，北纬 29°10.100′，东经 93°26.22′的东南坡。坡度 10°，土壤类型为暗棕壤。乔木层主要组成物种有高山松、高山栎等，郁闭度 0.5。灌木层盖度在 10%～30%之间，在平谷地区分布的盖度低于山坡区域，后者分布有较多川滇高山栎幼苗，组成物种有白毛金露梅、悬钩子（*Rubus* sp.）、荚蒾（*Viburnum* sp.）、锦鸡儿（*Caragana* sp.）、忍冬（*Lonicera* sp.）、山蚂蝗（*Desmodium* sp.）、小叶栒子（*Cotoneaster microphyllus*）、云南勾儿茶（*Berchemia yunnanensis*）等，河谷地区林缘地带分布有柳属植物。由于松针覆盖和土壤特性等原因，草本层盖度不高，一般在 20%以下，但组成物种种类较多。主要有羊齿天门冬、卷叶黄精、须芒草（*Andropogon gayanus*）、早熟禾（*Poa chalarantha*）、竹叶柴胡（*Bupleurum marginatum*）、老鹳草（*Geranium wilfordii*）等，林缘分布有凤仙花（*Impatiens* spp.）、西南鸢尾等物种。对比波密扎通镇帕隆藏布河谷样地资料，典型样地高山松的结构、组成和波密的高山松林有一定区别，主要是在结构上，波密的灌木层高度可以达到 4m 左右，且乔木层存在明显的亚层结构，林下一般有较多幼苗组成；草本盖度要明显高于河谷地区，可以达到 40%以上。在组成上，波密地区灌木层较多分布着悬钩子（*Rubus* sp.）、小檗（*Berberis* sp.）及川滇高山栎、牛奶子等植物；草本层组成主要有大叶火烧兰（*Epipactis mairei*）、蛇莓（*Duchesnea indica*）、唐松草（*Thalictrum* spp.）、香薷（*Elsholtzia* sp.）、及矛叶荩草（*Arthraxon prionodes*）、小颖鹅观草（*Roegneria parvigluma*）等植物。

(6)高山松＋川滇高山栎林（Form. *Pinus densata*＋*Quercus aquifolioides*）

该类型比较独特，通过对高山松林火烧迹地的调查研究，火烧迹地的植被演替路线为川滇高山栎灌丛、川滇高山栎＋高山松小幼苗、川滇高山栎＋高山松混交林、高山松林（林下川滇高山栎植株，有些成为亚层）。在河谷地区的高山松林较为容易受到火烧及人为干扰的影响，乔木层常遭到破坏，因此该类型作为一种演替的过渡类型，在保护区的分布面积还较为广泛。其土壤特征与高山松纯林较为类似，但更多呈砂质。

典型样地布设在门巴乡，北纬 29°43.225′，东经 94°05.339′，分布海拔 3 110m。郁闭度较低，在 0.4 左右，也是一种由灌丛向森林过渡的类型，林下结构较为复杂。灌木层盖度 0.3，主要由川滇高山栎幼苗、高山松幼苗及山蚂蝗（*Desmodium* sp.）、峨眉蔷薇、西南野丁香（*Leptodermis microphylla*）、黑果小檗（*Berberis atrocarpa*）等植物组成。草本层盖度为 30%～50%，主要组成物种有草木犀、川西千里光（*Me-*

lilotus officinalis)、杂配藜(*Chenopodium hybridum*)、豨莶(*Siegesbeckia orientalis*)、灰苞蒿(*Artemisia roxburghiana*)、腺毛唐松草(*Thalictrum foetidum*)等，其中川西千里光(*M. officinalis*)和灰苞蒿(*A. roxburghiana*)，盖度较大，可达25%左右。

(7)云南铁杉＋川滇高山栎混交林(Form. *Tsuga dumosa* ＋ *Quercus semicarpifolia*)

云南铁杉＋川滇高山栎混交林分布海拔高度一般在2 700～3 200m，气候温凉湿润，雨量年平均一般为800～1 000mm，在更为湿润地段，这种混交林就被铁杉纯林所代替。

群落乔木层主要组成物种为云南铁杉(*Tsuga dumosa*)、川滇高山栎，郁闭度为0.2～0.3，高度约20m。乔木层伴生种常有川滇花楸(*Sorbus vilmorinii*)、树形杜鹃(*Rhododendron arboreum*)、桦木(*Betula* sp.)等。灌木层组成物种有毛叶吊钟花(*Enkianthus deflexus*)、绣球花(*Hydrangea* sp.)、蔷薇(*Rosa* sp.)、栒子(*Cotoneaster* sp.)、忍冬(*Lonicera* sp.)、小檗(*Berberis* sp.)、茶藨子(*Ribes* sp.)等。草本层盖度约60%，主要组成物种有宽叶兔儿风(*Ainsliaea latifolia*)、间型沿阶草、唐松草(*Thalictrum* sp.)、黄精(*Polygonatum* sp.)、高山露珠草、鳞毛蕨(*Kuniwatsukia* sp.)、水龙骨(*Polypodiodes* sp.)等。

(8)乔松林(Form. *Cupressus gigantea*)

乔松林在喜马拉雅南坡广泛分布，区内仅分布该种的散生群落。典型样地布设在林芝，北纬29°41.794′，东经94°23.017′，海拔高度3 230m。乔木层高22～25m，胸径40～70cm，郁闭度为0.4。乔木层伴生种有长叶云杉(*Picea smithiana*)、喜马拉雅冷杉(*Abies spectabilis*)、垂枝柏、高山栎、糙皮桦、花楸(*Sorbus* sp.)等。灌木层发育良好，盖度为30%，常见的灌木种有杜鹃(*Rhododendron* sp.)、米饭花(*Lyonia* sp.)、白珠(*Gaultheria* sp.)、毛叶吊钟花、美丽马醉木(*Pieris formosa*)、绣线菊(*Spiraea* sp.)、小檗(*Berberis* sp.)、栒子(*Cotoneaster* sp.)、黄华木(*Piptanthus nepalensis*)、木姜子、接骨木(*Sambucus* sp.)、荚蒾(*Viburnum* sp.)、忍冬(*Lonicera* sp.)等属植物。草本层种类多且盖度大，盖度达50%。其种类有间型沿阶草、须芒草(*Andropogon* sp.)、草玉梅(*Anemone rivularis*)、老鹳草、香青(*Anaphalis* sp.)、兔儿风(*Ainsliaea* sp.)、鞭打绣球、瓦韦(*Lepisorus* sp.)、西藏草莓(*Fragaria nubicola*)、水晶兰(*Monotropa uniflora*)、鸢尾(*Iris* sp.)、小花火烧兰(*Epipactis helleborine*)、酢浆草(*Oxalis corniculata*)、金粉蕨(*Onychium* sp.)等。

(9)巨柏疏林(Form. *Cupressus gigantea*)

巨柏林是西藏地区的特有植被类型，主要分布在雅鲁藏布江沿岸，从江边到分布上限海拔跨幅在300m左右，群落集中分布在海拔3 000～3 300m范围，零星分

布可达到 4 000m。从朗县金东沟到甲格村为界限的两岸山坡上分布较广并成林，在林芝县(八一镇)的冲积扇区域、尼洋河畔也存在较小群落，但是树体都十分古老和粗壮。据研究报道，巨柏的树体高度最高可达到 55m 左右，胸径 4.5m，单株的材积 230m^3，生长年龄可达到 2 400～2 500 年(陈端，1995)。

典型样地布设在金东乡，北纬 28°59.439′，东经 93°18.110′，海拔 3 140m。坡度为 30°，阳坡，石砾含量 20%～30%，土壤沙化较为严重。在此点布设一条 10m×100m 的样带，即样带内间隔 10m 连续布设 10 个样地，从本次调查来看，该群系类型的郁闭度在 0.2～0.4 之间，为疏林。分布区土壤多为棕色砂壤、河漫滩砂质、石质山坡，干旱异常，并且盛行河谷风。林下几无腐殖质层，乔木层为单一的巨柏，无伴生乔木。建群种高 3.5～8m，胸径 30～50cm，树干多数倾斜、基部分枝。灌木层的盖度为 10%～40%，组成物种分布较零星，主要有鬼箭锦鸡儿、小叶野丁香、雅致山蚂蝗(*Desmodium elegans*)、小叶香茶菜、翅果蓼(*Parapteropyrum tibeticum*)、多花紫金标、砂生槐；草本层盖度在 20%～30%之间，组成物种有中亚狼尾草(*Pennisetum cenlrasiaticum*)、垫状卷柏(*Selaginella pulvinata*)、光萼石花(*Corallodiscus flabellatus*)、窄竹叶柴胡(*Bupleurum marginatum*)、铃铃香青(*Anaphalis hancockii*)、蒺藜(*Tribulus terrestris*)、丛茎滇紫草(*Onosma waddellii*)、细瘦卷柏(*Selaginella vardei*)、银粉背蕨(*Aleuritopteris argentea*)、拟蒺藜黄芪(*Astragalum tribulifolius*)、密生苔草(*Carex crebra*)、米林黄芪(*Astragalus milingensis*)、白草、灰苞蒿、长叶瓦莲(*Rosularia alpestris*)等。

(10)山杨林(Form. *Populus davidiana*)

该群系在本区主要分布在尼洋河流域河谷阴坡，并多与川滇高山栎、白桦等穿插成林，该流域较少见高大的山杨分布，而在米林雅鲁藏布江河谷地区可见胸径达 20cm 的山杨分布。在朗县卧龙镇阳坡可见在川滇高山栎林中镶嵌较大面积山杨纯林，呈斑块状，分布海拔高度在 3 000～3 500m。

典型样地布设在米林县卧龙镇，北纬 29°09.639′，东经 93°07.337′，海拔 3 150m。建群种山杨多为次生，高度以 10～12m 为主，胸径 8～15cm，森林郁闭度 0.8，林下较为空旷，灌木和草本少。灌木层盖度 30%，主要组成物种有金露梅(*Potentilla fruticosa*)、小叶忍冬(*Lonicera microphylla*)、柳叶忍冬、峨眉蔷薇、西南野丁香、小叶野丁香、钝叶栒子、小叶栒子、冰川茶藨子、西藏箭竹等物种。草本层盖度 20%，主要组成物种有老鹳草、臭蒿(*Artemisia hedinii*)、早熟禾(*poa* sp.)、铃铃香青、圆齿狗娃花(*Heteropappus crenatifolius*)、灰果蒲公英(*Taraxacum maurocarpum*)等，干旱林缘附近有青海刺参(*Morina kokonorica*)的分布。

(11)白桦林(Form. *Betula platyphylla*)

该群系主要分布在尼洋河流域的阴坡，分布海拔高度为 3 300～3 900m，是尼洋河流域分布的主要树种之一。典型样地布设在错高乡，北纬 29°58.7934′，东经

93°52.1568′，高度3 361m。为川滇冷杉砍伐后的次生林，森林郁闭度为0.6，高度10～15m，胸径10～20cm。该种在群落中各年龄级的植株分布较为均匀，有较多幼苗存在，更新良好。灌木层盖度为25%，主要组成物种有冰川茶藨子、心叶荚蒾、腺叶绢毛蔷薇（*Rosa sericea* f. *glandulosa*）、窄叶鲜卑花（*Sibiraea angustata*）、白毛金露梅、小叶栒子、凉山悬钩子（*Rubus fockeanus*）、细枝绣线菊（*Spiraea myrtilloides*）等。草本层盖度为20%～30%，主要分布种类有山地老鹳草（*Geranium collinum*）、毛盔马先蒿（*Pedicularis trichoglossa*）、藏东苔草（*Carex cardiolepis*）、总梗委陵菜（*Potentilla peduncularis*）、羊齿天门冬、卷叶黄精、酸模叶蓼（*Polygonum lapathifolium*）、圆穗蓼（*P. macrophyllum*）、珠芽蓼（*P. viviparum*）、肉果草（*Lancea tibetica*）、刺参（*Morina* sp.）、獐牙菜（*Swertia franchetiana*、*S. phragmitiphylla*）等。林下苔藓层发育差异较大，在远离村庄的河谷地区有较好发育。

（12）糙皮桦林（Form. *Betula utilis*）

本群系是典型的次生林，物种分布较为常见，但多在灌丛中零星分布，成群落的并不多，一般多与槭树（*Acer* spp.）、白桦等杂生，多为疏林，林下透光良好，灌木层具有很好的发育，主要分布在门巴乡、工布江达等区域，在米林有零星分布，分布海拔高度为3 400～3 900m。

典型样地布设在工布江达县，北纬29°44.674′，东经93°19.647′，海拔3 660m。群落外貌不整齐，多小苗生长，成林群落中建群种糙皮桦高度为10～15m，胸径5～20cm，郁闭度0.4。灌木层盖度为45%，主要组成物种有荚蒾（*Viburnum* spp.）、茶藨子（*Ribes glaciale*、*R. himalense*）、红毛花楸（*Sorbus rufopilosa*）、西康蔷薇（*Rosa sikangensis*）、灌木川滇高山栎、毛叶米饭花、忍冬（*Lonicera saccata*、*L. myrtillus*）、美丽金丝桃（*Hypericum bellum*）、高山柳（*Salix daltoniana*、*S. argyrophegga*）、毛叶绣球（*Hydrangea heteromalla*）等。草本层盖度在20%～30%之间，主要组成物种有间型沿阶草、毛蕊花一柱香、异叶千里光（*Senecio diversifolius*）、狭序唐松草（*Thalictrum atriplex*）、桃儿七、鞭打绣球、珠芽蓼、黑穗画眉草（*Eragrostis nigra*）、直立点地梅、宽叶兔儿风。林下苔藓层发育比较差。

（13）川滇高山栎林（Form. *Quercus aquifolioides*）

区内该群系存在两种类型，一种是灌丛，一种是森林。尼洋河流域2 900～4 200m可见乔木林成林，伴生种主要有高山松、山杨。乔木林典型样地布设在林芝，北纬29°40.078′，东经94°18.266′，海拔3 200m。建群种的高度变化较大，在4.0～15m之间，多为砍伐后次生林。林下枯落物层厚度在1～2cm，土壤干旱，腐殖质层较薄，苔藓层的发育在不同群落结构、区域中，差异较大，最大的湿润地区苔藓层盖度达30%左右。

矮化的川滇高山栎灌丛一般高1.5～4.0m，在尼洋河流域和雅鲁藏布江河谷地带干旱区域广布，土壤类型为棕壤、黄棕壤（两江汇合处），河谷沿岸分布较多矮化灌

丛，群落灌木层的盖度在 10%～40%之间，变化也比较大。典型样地位于北纬 29°36.907′，东经 94°37.315′，分布海拔 4 270m，群落面积较大，林下分布有箭竹等物种，其主要分布的灌木种类有细枝绣线菊、白毛金露梅、忍冬（*Lonicera* spp.）、鬼箭锦鸡儿、北方雪层杜鹃（*Rhododendron nivale* subsp. *boreale*）、峨眉蔷薇、西南野丁香、狭萼茶藨子（*Ribes laciniatum*）、素馨花（*Jasminum grandiflorum*）、小檗（*Berberis* sp.）、灰栒子（*Cotoneaster acutifolius*）、刺鼠李（*Rhamnus dumetorum*）等灌木。

草本层优势高度在 40cm 左右，林下在川滇高山栎冠幅范围内草本稀疏，在冠幅范围外，草本层盖度可达 80%，草本层主要组成物种有灰苞蒿、川西千里光、工布乌头（*Aconitum kongboense*）、羊齿天门冬、苔草（*Carex* spp.）、狗尾草（*Setaria viridis*）、沿阶草（*Ophiopogon bodinieri*）、小花柳叶菜（*Epilobium minutiflorum*）、香藜（*Chenopodium botrys*）等，在较为阴湿地方分布有桃儿七、黄牡丹（南伊沟）、川藏沙参（*Adenophora liliifolioides*）、直立点地梅、漆姑草（*Sagina japonica*）等。此外，群落中还发现一些藤本植物的分布，如绣球藤、云南勾儿茶等。群落边缘地带分布有簇生卷耳（*Cerastium fontanum*）、穿心莛子藨（*Triosteum himalayanum*）、黄龙尾（*Agrimonia pilosa* var. *nepalensis*）、金狗尾草（*Setaria glauca*）、毛蕊花一柱香等。

（14）滇藏方枝柏灌丛（Form. *Sabina wallichiana*）

该群系受到人为破坏比较严重，一般成林的郁闭度都不大，在 0.2～0.4，呈疏林状态，分布的范围也比较窄，分布海拔 3 800～4 000m。成林群落中很少见乔木伴生种，灌木层较发达。群落典型样地布设在朗县金东沟，位于北纬 28°55.868′，东经 93°24.101′，海拔 3 950m，土壤为暗棕壤。建群种滇藏方枝柏高度为 8～20m，平均高 15m 左右，胸径 30～50cm，少见幼树分布，更新情况较差。灌木层盖度为 40%～80%，以杜鹃（*Rhododendron* spp.）为主要组成物种，其他组成成分有钝叶栒子、绢毛蔷薇（*Rosa sericea*）、忍冬（*Lonicera* sp.）等。草本层盖度在 50%左右，主要组成物种有喙毛马先蒿（*Pedicularis rhynchotricha*）、直序乌头（*Aconitum richardsonianum*）、西南委陵菜（*Potentilla fulgens*）和苔草（*Carex* spp.）等。

（15）云南沙棘灌丛（Form. *Hippophae rhamnoides* subsp. *yunnanensis*）

该群系集中分布在河谷、峡谷地区，是河谷区域重要的植被类型之一，一般呈带状分布，块状分布少。区内米林、工布江达、林芝及朗县的金东沟等地均有分布，分布海拔 2 900～3 500m。群落典型样地布设在朗县金东沟，位于北纬28°55.976′，东经 93°23.772′，海拔 3 350m。建群种高度 3～10m，一般和高山柳（*Salix* spp.）、桃（*Amygdalus mira*）等混交，郁闭度 0.3～0.4，主要分布区土壤砂质较强，有矮化的沙棘灌丛、山地香茶菜、钝叶栒子、茶藨子（*Ribes alpestre*、*R. glaciale*）及多种高山柳（*Salix* spp.）分布。因该群系生长地势比较复杂，草本层盖度及组成变化比较大，一般盖度在 30%～40%之间。主要组成有西藏旱蕨、钟花报春（*Primula sikkimensis*）、圆穗蓼、柳兰（*Epilobium angustifolium*）、矮落芒草（*Oryzopsis humilis*）、葱状灯心草

(*Juncus allioides*)、苔草(*Carex* spp.)、冰川蓼(*Polygonum glaciale*)、菊叶香藜(*Chenopodium foetidum*)、腺毛唐松草、北水苦荬(*Veronica anagallisaquatica*)、多变鹅观草(*Roegneria varia*)等。

(16)毛冠杜鹃灌丛(Form. *Rhododendron laudandum*)

该群系在米林、色季拉山地区和林芝高山地区均可见,分布海拔在4 000m以上,该种分布可达5 000m。典型样地布设在色季拉山,位于北纬29°36.716′,东经94°39.071′,海拔4 550m。灌木层盖度50%~60%,建群种高度30~50cm,组成成分常有青藏垫柳(*Salix lindleyana*)、雪层杜鹃(*Rhododendron nivale*)、伏毛金露梅(*Potentilla fruticosa var. arbuscula*)、岩须等。草本层盖度较大,可达80%左右,其中主要组成物种有高山嵩草(*Kobresia pygmaea*)、川滇嵩草(*K. cercostachys*)、单头尼泊尔香青(*Anaphalis nepalensis* var. *monocephala*)、淡黄香青(*A. flavescens*)、长鞭红景天(*Rhodiola fastigiata*)、丝柱龙胆(*Gentiana filistyla*)、圆叶肋柱花(*Lomatogonium oreocharis*)、岩白菜(*Bergenia purpurascens*)、川西小黄菊(*Pyrethrum tatsienense*)及苔草(*Carex* sp.)等。

(17)髯花杜鹃灌丛(Form. *Rhododendron anthopogon*)

该群系主要分布在工布江达境内的念青唐古拉山,分布海拔4 000~4 500m。群落典型样地布设在日麦村,位于北纬29°36.466′,东经93°19.277′,海拔4 360m。灌木层盖度50%左右,高度以40~80cm为主。伴生物种主要有岩须、金露梅、刚毛杜鹃(*Rhododendron setosum*)等。草本层盖度比较大,在60%~80%之间,主要组成植物有苔草(*Carex* sp.)、嵩草(*Kobresia pygmaea*、*K. royleana*)、马先蒿(*Pedicularis croizatiana*、*P. lachnoglossa*)、龙胆(*Gentiana* spp.)、报春(*Primula* sp.)、扁芒草(*Danthonia schneideri*)、独一味(*Lamiophlomis rotata*)、单头尼泊尔香青等。该群系处于山凹阴坡,阴湿,苔藓层发育良好。

(18)鳞腺杜鹃灌丛(Form. *Rhododendron lepidotum*)

该群系分布于米林、林芝色季拉山西坡等地,分布海拔3 800~4 100m。群落典型样地布设在色季拉山,位于北纬29°36.421′,东经94°41.123′,海拔4 050m。群落分布主要集中在4 000m左右地段。灌木层盖度在60%左右,主要伴生种有金露梅(*Potentilla fruticosa*、*Potentilla parvifolia*)、茶藨子(*Ribes* spp.)、雪层杜鹃、髯花杜鹃(*Rhododendron anthopogon*)等。草本层盖度为50%,主要组成物种有藏东苔草、大萼蓝钟花(*Cyananthus macrocalyx*)、珠芽蓼、风毛菊(*Saussurea* spp.)及嵩草(*Kobresia* spp.)等。

(19)扫帚岩须灌丛(Form. *Cassiope fastigiata*)

该群系在林芝、米林、色季拉山的高山地区较为常见,群落分布海拔在3 700~4 400m,建群种扫帚岩须高度在10~15cm。群落灌木层盖度在50%~70%之间,一般与杜鹃(*Rhododendron laudandum*、*R. lepidotum*、*R. nivale*)、金露梅(*Potentilla fruticosa*、*P. fruticosa* var. *arbuscula*)、红枝小檗(*Berberis erythroclada*)等伴生。因群系建群种较为矮小,草本层发育受到一定限制,盖度30%左右,主要组成物种有长鞭红景天、单头尼泊尔香青、美丽棱子芹(*Pleurospermum amabile*)、总状绿绒蒿(*Meconopsis racemosa*),嵩草(*Kobresia* spp.)、苔草(*Carex* spp.)、报春(*Primula* spp.)、心叶大黄(*Rheum acuminatum*)、塔黄(*R. nobile*)、珠芽蓼、冰川蓼等。苔藓层发育较好。

(20)青藏垫柳群系(Form. *Salix lindleyana*)

该群系分布在米林地区山顶部,分布海拔4 200～4 600m,群落高度0.6～1.5m。典型样地布设在米林,位于北纬29°43.1694′,东经94°.5.4006′,海拔3 127m。灌木层盖度30%～50%,分布比较稀疏,建群种呈团状,主要伴生种有伏毛金露梅、高山绣线菊、雪层杜鹃等。草本层盖度较大,为60%左右,主要组成物种有龙胆(*Gentiana* sp.)、苞叶雪莲(*Saussurea obvallata*)、苔草(*Carex* spp.)、嵩草(*Kobresia* spp.)、马先蒿(*Pedicularis oliveriana*、*P. lachnoglossa*、*P. roylei*)、珠芽蓼等。苔藓层发育不是很好,盖度一般在10%以下。

(21)变绿小檗灌丛(Form. *Berberis virescens*)

该群系在米林、朗县成群落分布,在工布江达呈零星分布,分布海拔为3 700～4 000m。群落典型样地布设在米林,位于北纬29°28.230′,东经94°21.816′,分布海拔3 780m。灌木层盖度在40%～60%之间,群落高度约1m,灌木层主要组成物种有白毛金露梅、绢毛蔷薇、山地香茶菜、鬼箭锦鸡儿。草本层盖度在20%～30%之间,主要组成物种有大戟(*Euphorbia himalayensis*、E. *kansui*)、针茅(*Stipa* sp.)、马先蒿(*Pedicularis* spp.)、嵩草(*Kobresia* spp.)等。苔藓层基本不发育。

(22)腺叶绢毛蔷薇灌丛(Form. *Rosa sericea* f. *glandulosa*)

该群系于尼洋河河谷可见分布,分布海拔3 100～4 000m。群落高度为1.5～3m,盖度70%左右,灌木层组成物种有绣线菊(*Spiraea* spp.)、峨眉蔷薇、金露梅、小叶栒子等。草本层的组成在低海拔和高海拔差异较大,盖度为20%～50%,主要组成物种有山地老鹳草、柳兰、酸模叶蓼、脆弱凤仙花(*Impatiens infirma*)、缘毛紫菀(*Aster souliei*)、藏东苔草、抱茎獐牙菜(*Swertia franchetiana*)等。

(23)峨眉蔷薇灌丛(Form. *Rosa omeiensis*)

该群系的分布比较广泛,在米林、朗县、工布江达、林芝等地区均有分布,并形成群落,主要分布在河谷、高山峡谷及林缘地区,群落分布海拔3 200～4 100m,灌木层伴生种较多。典型样地布设在朗县金东沟,位于北纬28°56.046′,东经93°24.222′,海拔3 530m。群落高度为3.0～4.0m,灌木层盖度可达70%,常见的伴生灌木有腺叶绢毛蔷薇、狭萼茶藨子、少齿花楸(*Sorbus oligodonta*)、灰栒子、白毛金露梅、山地香茶菜等。草本层盖度为30%～50%,主要组成物种有直立点地梅、小伞虎耳草、小花柳叶菜、卵萼花锚(*Halenia elliptica*)、腺毛唐松草、千里光(*Senecio scandens*)、冰川蓼、菊叶香藜、细穗支柱蓼(*Polygonum suffultum* var. *pergracile*)及多种禾本科。草本层结构随着阴湿程度的变化差异比较大，分布在偏干旱地区物种组成简单，盖度也较低。

(24)砂生槐灌丛(Form. *Sophora moorcroftiana*)

该群系主要分布于米林县的雅鲁藏布江河滩和石质干旱山坡，是一种耐旱的群落类型，分布区的主要土壤类型为黄砂壤，群落分布海拔范围比较窄。群落分布海拔为2 950～3 200m，从卧龙镇到金东沟段有较大面积分布。典型样地布设在米林卧龙镇，位于北纬29°08.598′，东经93°41.877′，分布海拔3 020m。群落平均高度为70cm，灌木层盖度为40%～50 %，结构单一，伴生种主要有小叶野丁香，局部沙丘地区亦可见毛瓣棘豆分布。灌丛林下多为裸露砂层，草本层盖度较小，在15%左右，草本多为零星分布，主要组成物种有香藜、短毛戟叶堇菜(*Viola betonicifolia* ssp. *jaunsariensis*)、牻牛儿苗、圆叶锦葵、隐序南星(*Arisaema wardii*)、金盏花(*Calendula officinalis*)、狗牙根(*Cynodon dactylon*)和早熟禾(*poa* spp.)等。

(25)金露梅灌丛(Form. *Potentilla fruticosa*)

该群系包含金露梅及其变种，区内分布的主要是其变种伏毛金露梅，在米林、林芝、朗县等地均有分布，分布海拔为3 500～4 500m，分布区土壤类型主要是高山草甸土，砾石含量较高。典型样地布设在米林南伊乡，位于北纬28°55.257′，东经93°47.545′，分布海拔3 570m。灌木层盖度为45%，建群种高度在0.5～1.5m之间，主要伴生物种有鬼箭锦鸡儿、窄叶鲜卑花、鳞腺杜鹃(*Rhododendron lepidotum*)、髯花杜鹃、岩须等。草本层盖度为20%～50%，主要组成物种有嵩草(*Kobresia cercostachys*、*K. capillifolia*)、长鞭红景天、密生苔草、藏东苔草、珠芽蓼、圆穗蓼、垫状点地梅(*Androsace tapete*)、龙胆(*Gentiana* spp.)、马先蒿(*Pedicularis* spp.)、大黄(*Rheum* sp.)等。苔藓层发育较为良好。

(26)小叶栒子灌丛(Form. *Cotoneaster microphyllus*)

该群系在林芝、朗县、米林、工布江达等地均有分布，在林缘和山坡较为常见，多以散生为主，散生种分布海拔为3 000～4 400m，群落分布集中在3 600～4 100m。灌木层盖度为50%～70%，建群种的分盖度可达50%左右。典型样地布设在错高乡，位于北纬29°58.9338′，东经93°52.161′，分布海拔3 650m。灌木层盖度为50%，灌木层主要伴生种为栒子(*Cotoneaster rotundifolius*、*C. hebephyllus*)、雪层杜鹃等。草本层盖度为30%～40%，主要组成物种有高山唐松草(*Thalictrum alpinum*)、老鹳草、藏东苔草、单头尼泊尔香青、喜马拉雅嵩草(*Kobresia royleana*)、火绒草(*Leontopodium* sp.)、大果大戟(*Euphorbia wallichii*)、扁芒草、卷叶黄精、珠芽蓼、圆穗蓼等。苔藓层发育差别较大，在林缘湿润地区一般发育较好。

(27)钝叶栒子灌丛(Form. *Cotoneaster hebephyllus*)

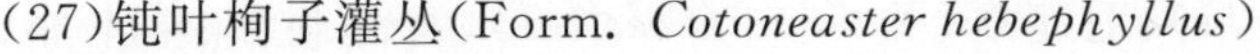

钝叶栒子在米林、朗县、林芝地区均可见，分布较为广泛，但成群落的并不多，多与其他灌木混生，仅局部地区可见成群落分布，多分布于云杉林林缘，群落分布海拔为3 300～3 800m，高度为1.5～3m。灌木层盖度为50%～60%，主要组成物种有水栒子（*Cotoneaster multiflorus*）、峨眉蔷薇、鬼箭锦鸡儿、白毛金露梅等。草本层发育随着海拔变化差异较大，平均盖度为30%左右，主要组成物种有高原唐松草（*Thalictrum cultratum*）、加地肋柱花（*Lomatogonium carinthiacum*）、羊齿天门冬、银粉背蕨、甘青青兰（*Dracocephalum tanguticum*）、短颖鹅观草（*Roegneria breviglumis*）、尼泊尔大丁草（*Gerbera maxima*）、川藏沙参、米林铁角蕨、江南早熟禾（*Poa faberi*）、绣球藤等。

(28)毛叶绣线菊灌丛(Form. *Spiraea mollifolia*)

毛叶绣线菊主要分布于干旱河谷地区，在米林、林芝、工布江达等地均有分布，但成群落的仅现于工布江达和林芝地区，群落斑块不大，分布海拔为3 900～4 200m，灌木层盖度为40%～50%。典型样地布设在朗县金东沟，位于北纬28°55.957′，东经93°23.737′，海拔3 390m。灌木层盖度为50%，伴生种较多，主要有西南野丁香、鬼箭锦鸡儿、水栒子、峨眉蔷薇、伏毛金露梅、小叶栒子、铺地小叶金露梅（*Potentilla parvifolia* var. *hypoleuca*）等。草本层盖度为30%～40%，常见组成物种有小伞虎耳草、马先蒿（*Pedicularis* spp.）、西南委陵菜、柔毛委陵菜、总梗委陵菜、华西委陵菜（*Potentilla potaninii*）、藏青胡卢巴（*Trigonella archiducisnicolai*）、嵩草（*Kobresia capillifolia*、*K. royleana*）及早熟禾属（*Poa*）、龙胆属和报春花属植物。

(29)高丛珍珠梅灌丛(Form. *Sorbaria arborea*)

该群系主要分布在工布江达、林芝、米林等地的路边和河滩地，分布区土壤类型砂质较强，并多石砾。分布海拔为2 900～3 600m。群落盖度可达90%左右，高度为3～5m。典型样地布设在米林南伊乡，位于北纬29°09.544′，东经94°12.660′，海拔3 010m。群落结构整齐，盖度为75%，高3m左右。主要伴生种有糙皮桦幼苗、峨眉蔷薇、砂生槐等。草本层盖度为20%～40%，主要组成物种有腺毛唐松草、千里光、川西千里光、铃铃香青、蒺藜及蒿属植物等。

(30)西南野丁香群系(Form. *Leptodermis purdomii*)

西南野丁香一般生于山坡河谷，在林芝、朗县、米林、工布江达等地均可见。在一些河谷地段形成独特的群落，如在尼洋河和雅鲁藏布江的交汇处就可见较大面积的群落分布，分布海拔为2 900～3 200m，但灌木层盖度不大，一般为30%～40%。伴生灌木分布较少，仅在群落交错区可见矮化的川滇高山栎。典型样地布设在米林南伊乡，位于北纬29°17.6436′，东经94°45.9846′，海拔2 940m，群落上部为高山松林。群落群落总盖度为60%，草本层盖度在40%左右，主要组成物种有猪毛蒿（*Artemisia scoparia*）、毛莲蒿（*Artemisia vestita*）、青海刺参、草木犀、川西千里光、牦牛儿苗、野苜蓿（*Medicago falcata*）、紫茎酸模（*Rumex angulatus*）等。林下物种较少，枯枝落叶层厚度为1～2cm，腐殖层较薄，苔藓层中等发育。

（31）楔叶绣线菊灌丛（Form. *Spiraea canescens*）

该群系主要分布在米林、林芝、工布江达、朗县金东沟等地的云杉砍伐后的次生地区，主要现于坡度比较陡的河谷地区，分布海拔为3 300～3 700m，分布区比较干旱，土壤类型为棕壤，群落外貌黄绿色，在靠近河谷地区多与蔷薇（*Rosa* spp.）混交，灌木层盖度为50%～80%，群落高度一般是1～2m。典型样地布设在米林南伊乡，位于北纬28°55.957′，东经93°23.737′，海拔3 390m。灌木层组成物种主要有峨眉蔷薇、西南野丁香，但数量较少。草本层盖度为30%～40%。主要组成物种有卵萼花锚、甘青青兰、毛叶老牛筋、杂配藜、加地肋柱花、长叶瓦莲、雅谷火绒草（*Leontopodium jacotianum*）、短颖鹅观草、直立点地梅、细茎蓼（*Polygonum filicaule*）、疏花早熟禾（*Poa chalarantha*）、白草、西藏丝瓣芹（*Acronema xizangense*）等及一些耐旱的蕨类植物。苔藓层基本不发育。

（32）小苞水柏枝灌丛（Form. *Myricaria wardii*）

该群系主要分布于河滩沙地（如尼洋河流域的河滩地），分布面积几不受地形影响，分布海拔为2 900～3 100m。群落盖度为5%～20%，高度为0.5～1.0m，结构、组成比较单一，几乎仅限于建群种，草本层基本不发育。

（33）长芒草草原（Form. *Stipa bungeana*）

该群系仅见在林芝县有分布，主要分布于高原谷地较为干旱地区，分布海拔为3 900～4 100m。群落盖度在20%左右，高10～20cm，群落外貌淡绿色。群落主要伴生种有伏毛金露梅、圆穗蓼、藏东苔草、拟蒺藜黄芪（*Astragalus tribulifolius*）、垫状点地梅、蒿（*Rtemisia* spp.）等。

（34）凤毛菊＋红景天＋垂头菊植被（Form. *Saussurea* sp. ＋ *Rhodiola* sp. ＋ *Cremanthodium* sp.）

该群系分布于林芝、米林县，分布海拔一般在4 000m以上，群落外貌呈浅绿色，组成物种以适应高寒的形态特征最为明显（如植株矮小、莲坐状、垫状、植物体被绵毛、根系发达等）。群落组成一般以凤毛菊（*Saussurea* sp.）、红景天（*Rhodiola* sp.）、垂头菊（*Cremanthodium* sp.）为建群种，仅在不同地域三者各自盖度比有变化，但总体上保持平衡，所以本文将其归为一个群系。群落高5～10cm，盖度较小。群落中常见的莲坐状植物有西藏葶苈（*Draba tibetica*）、大黄（*Rheum* sp.）、沙生凤毛菊（*Saussurea arenaria*）；垫状植物有垫状点地梅、蚤缀（*Arenaria* sp.）等，其他组成物种有珠芽蓼、虎耳草（*Saxifraga* sp.）、早熟禾（*Poa* sp.）等。

（35）毛莲蒿草甸（Form. *Artemisia vestita*）

该群系从米林到朗县的雅鲁藏布江河谷均有较多分布，主要和砂生槐、毛瓣棘豆等伴生，形成河谷地区特有的群系结构，分布海拔为2 900～3 100m。群落高度为 40～60cm，盖度在 30%左右，局部地区可达 50%，群落外貌黄绿色。分布区土壤类型为砂质土，较为松散、干旱，部分地区石砾含量较高。群落其他组成物种有藏南绿南星（*Arisaema jacquemomtii*）、白草、狗牙根、猪毛蒿、短毛戟叶堇菜、长柔毛委陵菜（*Potentilla griffithii* var. *velutina*）等。

（36）西南鸢尾草甸（Form. *Iris bulleyana*）

该群系分布较为独特，一般在高山松林、川滇高山栎林等破坏后形成的林窗、林缘地区呈斑块化分布，土壤类型为棕壤，土层较厚，分布海拔为 3 000～3 200m。群落高度为 40～60cm，总盖度在 80%左右，建群种高度为 40～60cm，其他层片高度为在 10～20cm 之间，分层较明显。主要组成物种有白花马蔺（*Iris lactea*）、桃儿七、毛蓝钟花（*Cyananthus* sp.）、脆弱凤仙花、苔草（*Carex* spp.）等。

（37）高山嵩草草甸（Form. *Kobresia pygmaea*）

高山嵩草在青藏高原地区分布较广，多为高山草甸的建群种，从藏北高原到念青唐古拉山－冈底斯山、横断山、喜马拉雅等山脉均有大面积分布。区内该群系也是广布，分布海拔为 4 300～4 700m，形成连续的大面积草甸。分布区土壤为高山草甸土，腐殖质层较厚，可达 30cm 以上。群落盖度在 60%～80%之间，局部地区会更高，建群种分盖度可达 50%～70%，高度为 1～3cm，群落伴生种有小嵩草（*Kobresia parva*）、致细柄茅（*Ptilagrostis concinna*）、糙野青茅（*Deyeuxia scabrescens*）、藏西野青茅（*D. zangxiensis*）、线叶嵩草（*Kobresia capillifolia*）、粗壮嵩草（*K. robusta*）（米林）、矮生嵩草（*K. humilis*）（工布江达）、川滇嵩草、西藏粉报春（*Primula tibetica*）、圆穗蓼、珠芽蓼、蕨麻委陵菜（*Potentilla anserina*）、钉柱委陵菜（*Potentilla saundersiana*）、高山唐松草、独一味、垫状雪灵芝（*Arenaria pulvinata*）、中亚早熟禾（*Poa litwinowiana*）及苔草属植物等。

（38）矮生嵩草草甸（Form. *Kobresia humilis*）

该群系在西藏主要分布于念青唐古拉山以南的山地阳坡，区内主要分布在林芝县、工布江达县等地，分布区海拔为 4 400～4 800m，土壤类型为高山草甸土，土层较厚，但在海拔 4 700m 左右区域局部地区石砾含量增加。分布海拔和群落结构与高山嵩草群落类似，但高度明显高于高山嵩草群落，建群种高可达 15cm，一般高度在 10cm 左右，群落总盖度在 50%～80%之间。除建群种外，其他组成物种有展毛银莲花（*Anemone demissa*）、高山嵩草、高山唐松草、垫状雪灵芝、珠芽蓼、圆穗蓼、线叶嵩草、大萼蓝钟花等。

（39）圆穗蓼草甸（Form. *Polygonum macrophyllum*）

该群系在喜马拉雅山地区和藏东高山地带均有分布。区内分布于朗县、林芝等地的高山地区，圆穗蓼分布海拔范围比较宽，从最低的 3 000m 就可见分布，常作为嵩草草甸的主要伴生种之一。群落分布海拔在 4 500～4 800m 之间，分布区土壤和水分条件均较好，土壤类型为高山草甸土，高海拔地区土壤石砾含量变高。群落盖度为70%～80%，建群种分盖度在30%～50%之间，草本层高度为10～20cm。主要的伴生物种有珠芽蓼、高山嵩草、川滇嵩草、多茎獐牙菜（*Swertia multicaulis*）、垫状雪灵芝、旋叶香青（*Anaphalis contorta*）、伞房尼泊尔香青（*A. nepalensis* var. *corymbosa*）、加地肋柱花、小百合（*Lilium nanum*）及龙胆属、马先蒿属等属植物。

（40）杉叶藻沼泽（Form. *Hippuris vulgaris*）

该群系分布于雅鲁藏布江和尼洋河交汇处的洼地和河漫滩边缘水流较缓的一些区域，分布区的沉积底泥较厚，分布海拔在2 930～3 000m之间。群落结构比较简单，除建群种外，可见少量的浮叶眼子菜（*Potamogeton natans*）、扇叶水毛茛（*Batrachium bungei*）等，群落盖度为40%～50%，杉叶藻高出水面30cm左右，全株高在40～60cm之间。

（41）浮叶眼子菜群落（Form. *Potamogeton natans*）

该群系分布于湖边、池沼和浅河边缘。浮叶眼子菜是多年生沉水植物，生长繁茂，盖度较大，往往随水浮动。

（42）核桃＋桑树群系（Form. *Juglans regia* ＋ *Morus alba*）

该群系分布较广，是雅鲁藏布江左岸地区代表性的人工植被类型，分布海拔为2 900～3 100m，一般仅沿江分布海拔跨度在100～200m之间。典型样地布设在米林南伊乡，位于北纬29°09.666′，东经93°27.589′，海拔3 070m。土壤类型为黄砂壤。建群种核桃和桑树均较粗壮，高度为10～15m，乔木层郁闭度可达0.85左右，平均为0.6。群落受人为干扰较明显，灌木层种类较少，盖度在20%左右，主要组成物种有花椒（*Zanthoxylum bungeanum*）、山荆子（*Malus baccata*）、黄杨叶栒子（*Cotoneaster buxifolius*）、细枝栒子（*C. tenuipes*）、柳（*Salix* spp.）等。草本层盖度较高，在80%左右，但组成物种并不丰富，以针茅属、蒿属植物为主，另有狗尾草、灰果蒲公英、杂配藜等零星分布。

第五章　动物多样性

第一节　蚂蚁

一、藏东南蚂蚁研究历史

蚂蚁是一类重要的社会性昆虫，隶属于昆虫纲（Insecta），膜翅目（Hymenoptera），蚁科（Formicidae）。蚂蚁种类丰富，分布广泛，全球已记载约10000种，除了地球的两极和雪线以上区域，陆地生态系统中到处均有蚂蚁分布。蚂蚁的生物量大，具有改良土壤、传播植物种子、帮助植物授粉、消解小型动物尸体、控制害虫等功用，是评价生态环境质量和生物多样性的重要指示生物（徐正会，2002）。

西方人对西藏蚂蚁的研究起步很早。Mayr（1890）报道西藏的蚂蚁2亚科6属6种。Forel（1906）报道喜马拉雅地区蚂蚁2亚科3属3种。Ruzsky（1914）报道西藏和戈壁的蚂蚁2亚科7属16种。Donisthorpe（1929）报道珠穆朗玛峰地区的蚂蚁2亚科3属5种。Menozzi（1939）汇集前人研究成果，报道喜马拉雅地区蚂蚁2亚科6属15种。Eidmann（1941）报道西藏东部和四川西部蚂蚁4亚科17属38种。Eidmann (1942) 报道喜马拉雅西北部Nanga Parbat地区的蚂蚁3亚科11属18种。Weber (1947) 报道了全北界的红蚁属（*Myrmica*）种类。Dlussky（1965）报道西藏东北部蚁属（*Formica*）物种4个。Collingwood（1970）报道喜马拉雅地区蚂蚁3亚科6属22种。Collingwood（1982）报道喜马拉雅地区毛蚁属（*Lasius*）物种3个。Kohout（1994）报道西藏多刺蚁属（*Polyrhachis*）物种1个。Radchenko和Elmes (1999) 报道了喜马拉雅地区红蚁属（*Myrmica*）的10个物种。

我国分类学家对西藏蚂蚁的调查报告见于20世纪80年代以来的文献中。唐觉等（1982）在《西藏昆虫》中报道西藏墨脱县境内蚂蚁2亚科2属2种。唐觉等（1993）在《横断山区昆虫》中报道喜马拉雅山区蚂蚁2亚科2属3种。周善义（2004）在《西藏雅鲁藏布大峡谷昆虫》中报道大峡谷地区蚂蚁4亚科16属30种，其中29种采自墨脱县，1种采自林芝县，这是一篇内容比较丰富的报道。然而一直未见有关保护区蚂蚁的专门报道，为此笔者于2008～2009年对保护区蚂蚁进行了系统调查。

二、调查方法

采用搜索采集法对位于西藏自治区工布江达县、林芝县、米林县、朗县境内的西藏工布自然保护区蚂蚁种类进行了调查。沿着预定路线，使用手镐、铲子、塑料盘等便携式工具对土壤内、石块下、牛粪下、朽木下、朽木内的蚁巢以及在地表、地被物内、树干上、植物上活动的蚂蚁进行调查。发现蚁巢时，每巢采集30头个体，尽可能采集到工蚁、兵蚁、雄蚁3个型。发现在地表、地被物内、树干上、植物上活动的蚂蚁时，每种采集30头个体，尽可能采集到工蚁和兵蚁；不足30头时，尽可能多采集一些个体。蚂蚁标本分别保存于装有95%乙醇的密封塑料指形管内，用碳素笔书写采集标签，投入指形管内对标本进行标记。

2008年7～8月依次在工布江达县的工布江达镇、仲莎乡、错高乡，林芝县的更章乡、八一镇、布久乡，米林县的南伊乡、扎西绕登乡、里龙乡9个地点调查采集。1人在工布江达镇采集1天，调查植被包括高山栎林、桦木林、灌丛、草地；1人在仲莎乡采集3天，调查植被包括高山柳林、高山栎林、桦木林、针阔混交林、灌丛、草地；1人在错高乡采集3天，调查植被包括云杉林、桦木林、高山栎林、针阔混交林、阔叶林、灌丛、草地；1人在更章乡采集1天，调查植被包括云杉林、高山松林、针阔混交林、阔叶林；1人在八一镇采集1天，调查植被包括冷杉林、云杉林、高山松林、针阔混交林、阔叶林；1人在布久乡采集1天，调查植被包括针阔混交林、高山栎林、灌丛、草地；1人在南伊乡采集1天，调查植被包括针阔混交林、高山松林、灌丛、草地；1人在扎西绕登乡采集3天，调查植被包括云杉林、高山松林、高山栎林、针阔混交林、灌丛、草地；1人在里龙乡采集2天，调查植被包括云杉林、桦木林、高山栎林、高山松林、针阔混交林、灌丛、草地。

三、物种组成与优势度

1.物种组成

经鉴定，采自保护区的蚂蚁合计2亚科8属17种，切叶蚁亚科(Myrmicinae)有5属10种，蚁亚科(Formicinae)有3属7种，其中包括6个西藏新记录种，1个中国新记录种，5个待定种(待描述新种)，名录如下：

(1)欧斯顿窄结蚁 *Stenamma owstoni* Wheeler，西藏新记录种

分布：四川、西藏。

(2)铺道蚁待定种 *Tetramorium* sp.

该待定种与罗斯铺道蚁 *Tetramorium rossi* (Bolton)接近，但是侧面观胸部背面较平坦，腹柄结前上角较低，腹柄结和后腹柄结背面光滑。

分布：西藏。

(3)细胸蚁待定种 *Leptothorax* sp.

该待定种与库页细胸蚁 *Leptothorax kurilensis* Radchenko 接近，但是侧面观腹柄结前上角近直角形，腹柄下突呈长齿状。

分布：西藏。

(4)西藏盘腹蚁 *Aphaenogaster tibetana* Donisthorpe

分布：西藏。

(5)吉市红蚁 *Myrmica jessensis* Forel，西藏新记录种

分布：我国黑龙江、吉林、内蒙古、河北、四川、西藏；日本、朝鲜、韩国。

(6)小红蚁 *Myrmica rubra* (Linnaeus)，西藏新记录种

分布：山西、西藏；欧洲、俄罗斯、日本。

(7)红蚁待定种 1 *Myrmica* sp. 1

该待定种与小红蚁 *Myrmica rubra* (Linnaeus)接近，但是唇基前缘中央凹入，并胸腹节刺较长。

分布：西藏。

(8)红蚁待定种 2 *Myrmica* sp. 2

该待定种与小红蚁 *Myrmica rubra* (Linnaeus)接近，但是腹柄结具皱纹，并胸腹节背面光滑，体黑色。

分布：西藏。

(9)史密西红蚁 *Myrmica smythiesii* Forel

分布：西藏；印度、锡金。

(10)棒结红蚁 *Myrmica bactriana* Ruzsky

分布：西藏。

(11)樱花立毛蚁 *Paratrechina sakurae* (Ito)，中国新记录种

分布：西藏；日本，朝鲜半岛。

(12)深井凹头蚁 *Formica fukaii* Wheeler，西藏新记录种

分布：黑龙江、陕西、西藏；俄罗斯、蒙古、日本。

(13)四川凹唇蚁 *Formica sentschuensis* Ruzsky

分布：四川、西藏。

(14)莱曼蚁 *Formica lemani* Bondroit，西藏新记录种

分布：四川、西藏；日本、朝鲜、韩国、蒙古、欧洲。

(15)光亮黑蚁 *Formica candida* Smith

分布：我国西藏、四川、青海、宁夏、内蒙古、黑龙江、吉林、河北、北京、山西、湖北等地；亚洲其他地区及欧洲。

(16)亮腹黑褐蚁 *Formica gagatoides* Ruzsky，西藏新记录种

分布：新疆、甘肃、湖北、四川、西藏；日本、俄罗斯、欧洲。

(17)弓背蚁待定种 *Camponotus* sp.

该待定种与耶伯弓背蚁 *Camponotus yerburyi* Forel 接近，但是上颚具6齿，体表光滑，体长达8mm，胸部棕色。

分布：西藏。

2.物种的鉴别

保护区蚂蚁分种检索表

1 腹柄2节 …………………………………………………………………… 2
 腹柄1节 …………………………………………………………………… 11
2 唇基具纵向双脊……………… 欧斯顿窄结蚁 *Stenamma owstoni* Wheeler
 唇基无纵向双脊 …………………………………………………………… 3
3 唇基两侧在触角窝前方隆起，具锋锐边缘 … 铺道蚁待定种 *Tetramorium* sp.
 唇基两侧在触角窝前方不隆起，无锋锐边缘 ………………………………… 4
4 触角棒3节 ……………………………… 细胸蚁待定种 *Leptothorax* sp.
 触角棒4节 ………………………………………………………………… 5
5 后足胫节距简单……… 西藏盘腹蚁 *Aphaenogaster tibetana* Donisthorpe
 后足胫节距梳齿状 ………………………………………………………… 6
6 触角基部强烈弯曲，具横脊 ………… 吉市红蚁 *Myrmica jessensis* Forel
 触角基部轻度弯曲，无横脊 ………………………………………………… 7
7 侧面观腹柄结近锥形，背面不明显 ………………………………………… 8
 侧面观腹柄结近梯形，背面明显 …………………………………………… 10
8 唇基前缘中央凹入 ……………………… 红蚁待定种1 *Myrmica* sp.1
 唇基前缘中央突出 ………………………………………………………… 9
9 腹柄结侧面具纵皱纹，体黑色 ……………… 红蚁待定种2 *Myrmica* sp.2
 腹柄结侧面无纵皱纹，体红棕色 …… 小红蚁 *Myrmica rubra* (Linnaeus)
10 腹柄结后面具皱纹……………… 史密西红蚁 *Myrmica smythiesii* Forel
 腹柄结后面无皱纹 ……………… 棒结红蚁 *Myrmica bactriana* Ruzsky
11 触角窝远离唇基后缘 ………………… 弓背蚁待定种 *Camponotus* sp.
 触角窝接近唇基后缘 ……………………………………………………… 12
12 并胸腹节气门圆形 …………… 樱花立毛蚁 *Paratrechina sakurae* (Ito)
 并胸腹节气门椭圆形 ……………………………………………………… 13
13 头部正面观后头缘深凹 ………… 深井凹头蚁 *Formica fukaii* Wheeler
 头部正面观后头缘近平直或隆起 …………………………………………… 14
14 头部正面观唇基前缘中央凹入 ……………………………………………

………………………………… 四川凹唇蚁 *Formica sentschuensis* Ruzsky

头部正面观唇基前缘中央不凹入 ………………………………………… 15

15 腹部第二节背面绒毛密集,绒毛间距远小于绒毛长度……………………………………………………………… 莱曼蚁 *Formica lemani* Bondroit

腹部第二节背面绒毛稀疏,绒毛间距等于或大于绒毛长度 …………… 16

16 额三角区光亮,缺绒毛。腹部第一节前面绒毛稀疏,绒毛间距大于绒毛长度 ………………………………… 光亮黑蚁 *Formica candida* Smith

额三角区暗,绒毛丰富。腹部第一节前面绒毛密集,绒毛间距小于绒毛长度 ……………………………… 亮腹黑褐蚁 *Formica gagatoides* Ruzsky

3. 物种的优势度

对采集到的蚂蚁个体数量进行统计比较,亮腹黑褐蚁(*Formica gagatoides* Ruzsky)是西藏工布自然保护区最占优势的物种,其个体数量达到 4 664 头(占 27.75%);光亮黑蚁(*F. candida* Smith)是仅次于前者的优势种,个体数量达到 2 886 头(占 17.17%);保护区的蚂蚁常见种很丰富,多达 12 种,它们的个体数量在 309~1 358 头之间;稀有种很少,只有 3 种,依次为欧斯顿窄结蚁(*Stenamma owstoni* Wheeler)、红蚁待定种 1(*Myrmica* sp. 1)、红蚁待定种 2(*Myrmica* sp. 2),它们的个体数量只有 2~160 头(表 5-1)。

表 5-1　保护区蚂蚁的个体数量及优势度

物种名称	个体数量/头	百分比/%	优势度
亮腹黑褐蚁 *Formica gagatoides* Ruzsky	4 664	27.7536	A
光亮黑蚁 *Formica candida* Smith	2 886	17.1735	A
棒结红蚁 *Myrmica bactriana* Ruzsky	1 358	8.0809	B
樱花立毛蚁 *Paratrechina sakurae* (Ito)	1 176	6.9979	B
吉市红蚁 *Myrmica jessensis* Forel	1 161	6.9087	B
史密西红蚁 *Myrmica smythiesii* Forel	1 106	6.5814	B
莱曼蚁 *Formica lemani* Bondroit	860	5.1175	B
西藏盘腹蚁 *Aphaenogaster tibetana* Donisthorpe	741	4.4094	B
铺道蚁待定种 *Tetramorium* sp.	561	3.3383	B
四川凹唇蚁 *Formica sentschuensis* Ruzsky	506	3.0110	B
细胸蚁待定种 *Leptothorax* sp.	446	2.6540	B
弓背蚁待定种 *Camponotus* sp.	439	2.6123	B

(续表)

物种名称	个体数量/头	百分比/%	优势度
小红蚁 *Myrmica rubra* (Linnaeus)	427	2.5409	B
深井凹头蚁 *Formica fukaii* Wheeler	309	1.8387	B
红蚁待定种 2 *Myrmica* sp. 2	160	0.9521	C
红蚁待定种 1 *Myrmica* sp. 1	3	0.0179	C
欧斯顿窄结蚁 *Stenamma owstoni* Wheeler	2	0.0119	C
合计	16 805	—	—

备注:优势度依据物种个体数量所占百分比确定:>10%为优势种(A);1%~10%为常见种(B);<1%为稀有种(C)。

四、物种分布格局

1. 水平分布

在 17 个物种之中,西藏盘腹蚁(*Aphaenogaster tibetana* Donisthorpe)和吉市红蚁(*Myrmica jessensis* Forel)分布最广泛,在 9 个调查点均有分布,它们是调查区域内分布最广泛的蚂蚁;其次是光亮黑蚁和亮腹黑褐蚁,它们分布于 8 个调查点;第三是小红蚁(*M. rubra* (Linnaeus))、棒结红蚁(*M. bactriana* Ruzsky)和樱花立毛蚁(*Paratrechina sakurae* (Ito)),它们在 7 个调查点有分布;第四是细胸蚁待定种(*Leptothorax* sp.)、莱曼蚁(*Formica lemani* Bondroit)和弓背蚁待定种(*Camponotus* sp.),它们的分布范围较窄,仅分布于 6 个调查点;第五是铺道蚁待定种(*Tetramorium* sp.)和红蚁待定种 2,它们的分布范围更窄,仅分布于 5 个调查点;第六是欧斯顿窄结蚁、红蚁待定种 1、深井凹头蚁(*Formica fukaii* Wheeler)和四川凹唇蚁(*F. sentschuensis* Ruzsky),它们在该保护区的分布范围最窄,仅分布于 1~2 个调查点(表 5-1)。

在 9 个调查点之中,错高乡的物种最丰富(合计 13 种);仲莎乡、更章乡、八一镇、扎西绕登乡的物种数目次之(均为 11 种);布久乡和里龙乡的物种数目第三(均为 10 种);南伊乡的物种丰富度第四(9 种);工布江达镇的物种最贫乏(7 种)(表 5-2)。

表 5-2　保护区蚂蚁物种的水平分布

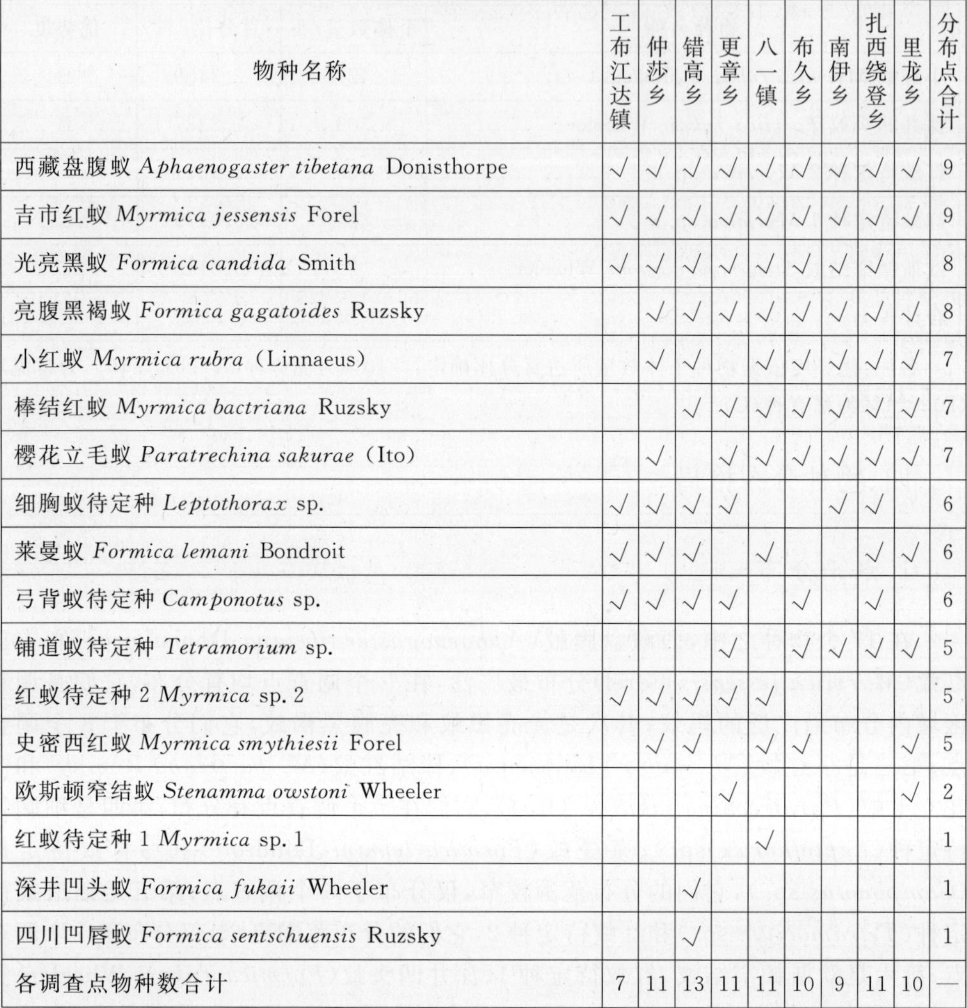

物种名称	工布江达镇	仲莎乡	错高乡	更章乡	八一镇	布久乡	南伊乡	扎西绕登乡	里龙乡	分布点合计
西藏盘腹蚁 *Aphaenogaster tibetana* Donisthorpe	√	√	√	√	√	√	√	√	√	9
吉市红蚁 *Myrmica jessensis* Forel	√	√	√	√	√	√	√	√	√	9
光亮黑蚁 *Formica candida* Smith	√	√	√	√	√	√	√	√		8
亮腹黑褐蚁 *Formica gagatoides* Ruzsky		√	√	√	√	√	√	√	√	8
小红蚁 *Myrmica rubra* (Linnaeus)		√	√		√	√	√	√	√	7
棒结红蚁 *Myrmica bactriana* Ruzsky			√	√	√	√	√	√	√	7
樱花立毛蚁 *Paratrechina sakurae* (Ito)		√		√	√	√	√	√	√	7
细胸蚁待定种 *Leptothorax* sp.	√	√	√	√			√	√		6
莱曼蚁 *Formica lemani* Bondroit	√	√	√		√			√	√	6
弓背蚁待定种 *Camponotus* sp.	√	√	√	√		√		√		6
铺道蚁待定种 *Tetramorium* sp.				√		√	√	√	√	5
红蚁待定种 2 *Myrmica* sp. 2	√	√	√	√	√					5
史密西红蚁 *Myrmica smythiesii* Forel		√	√		√	√			√	5
欧斯顿窄结蚁 *Stenamma owstoni* Wheeler				√					√	2
红蚁待定种 1 *Myrmica* sp. 1					√					1
深井凹头蚁 *Formica fukaii* Wheeler			√							1
四川凹唇蚁 *Formica sentschuensis* Ruzsky			√							1
各调查点物种数合计	7	11	13	11	11	10	9	11	10	—

2. 垂直分布

从物种的垂直分布来看，以光亮黑蚁的垂直分布范围最宽（高差达 1 390m），说明该物种的生态适应幅度最宽；生态适应幅度较宽的物种是小红蚁、棒结红蚁、史密西红蚁、亮腹黑褐蚁，它们的垂直分布高差在 1 090～1 180m 之间；生态适应幅度中等的物种是细胸蚁待定种、西藏盘腹蚁、吉市红蚁、红蚁待定种 2、莱曼蚁，它们的垂直分布高差在 850～950m 之间；生态适应幅度较窄的物种是樱花立毛蚁、弓背蚁待定种，它们的垂直分布高差在 690～740m 之间；生态适应幅度狭窄的物种是铺道蚁待定种，垂直分布高差仅 210m；生态适应幅度最窄的物种是欧斯顿窄结蚁、红蚁待定种 1、深井凹头蚁、四川凹唇蚁，它们的垂直分布高差只有 0～

85m。分布上限超过 4 000m 的物种有小红蚁、棒结红蚁、史密西红蚁、光亮黑蚁、亮腹黑褐蚁 5 种，其中以光亮黑蚁的分布上限最大(4 280m)(表 5-3)。

表 5-3 保护区蚂蚁物种的垂直分布

物种名称	垂直分布范围 /m	垂直高差 /m	生态适应幅度
光亮黑蚁 *Formica candida* Smith	2 890～4 280	1 390	最宽
小红蚁 *Myrmica rubra* (Linnaeus)	2 890～4 070	1 180	较宽
亮腹黑褐蚁 *Formica gagatoides* Ruzsky	2 990～4 150	1 160	较宽
史密西红蚁 *Myrmica smythiesii* Forel	3 035～4 150	1 115	较宽
棒结红蚁 *Myrmica bactriana* Ruzsky	3 035～4 125	1 090	较宽
西藏盘腹蚁 *Aphaenogaster tibetana* Donisthorpe	2 990～3 940	950	中等
细胸蚁待定种 *Leptothorax* sp.	3 020～3 940	920	中等
红蚁待定种 2 *Myrmica* sp. 2	3 020～3 940	920	中等
莱曼蚁 *Formica lemani* Bondroit	3 085～3 940	855	中等
吉市红蚁 *Myrmica jessensis* Forel	2 990～3 840	850	中等
樱花立毛蚁 *Paratrechina sakurae* (Ito)	3 010～3 750	740	较窄
弓背蚁待定种 *Camponotus* sp.	3 060～3 750	690	较窄
铺道蚁待定种 *Tetramorium* sp.	3 010～3 220	210	狭窄
欧斯顿窄结蚁 *Stenamma owstoni* Wheeler	3 085～3 170	85	最窄
四川凹唇蚁 *Formica sentschuensis* Ruzsky	3 470～3 480	10	最窄
红蚁待定种 1 *Myrmica* sp. 1	2 890	0	最窄
深井凹头蚁 *Formica fukaii* Wheeler	3 480	0	最窄

3. 生境选择

在 17 个物种之中，占据生境类型最多的物种是光亮黑蚁和亮腹黑褐蚁(均为 9 类)；占据 7 类生境的物种有西藏盘腹蚁、吉市红蚁、棒结红蚁、史密西红蚁；占据 6 类生境的物种有细胸蚁待定种、樱花立毛蚁、莱曼蚁；占据 5 类生境的物种有小红蚁、红蚁待定种 2、深井凹头蚁、弓背蚁待定种；占据 4 类生境的物种有铺道蚁待定种；占据 3 类生境的物种有四川凹唇蚁；占据 1 类生境的物种有欧斯顿窄结蚁、红蚁待定种 1，它们是生境最单一的物种(表 5-4)。

以桦木林为主要生境的物种是深井凹头蚁；以高山松林为主要生境的物种有铺道蚁待定种和弓背蚁待定种；以针阔混交林为主要生境的物种有细胸蚁待定种、棒结红蚁、亮腹黑褐蚁；以草地为主要生境的物种最丰富，有西藏盘腹蚁、吉市红

蚁、小红蚁、红蚁待定种 2、史密西红蚁、樱花立毛蚁、四川凹唇蚁、莱曼蚁、光亮黑蚁等 9 种(表 5-4)。

在 10 类生境之中，草地的物种数目最丰富(16 种)，灌丛次之(14)，高山栎林和高山松林第三(13 种)，针阔混交林第四(11 种)，桦木林第五(10 种)，云杉林第六(8 种)，冷杉林和高山柳林第七(3 种)，阔叶林的物种数目最少(2 种)(表 5-4)。

表 5-4　保护区蚂蚁的生境比较

物种名称	各类生境中的采集频数										生境类别合计
	冷杉林	云杉林	高山柳林	桦木林	高山栎林	高山松林	针阔混交林	阔叶林	灌丛	草地	
光亮黑蚁 *Formica candida* Smith	0	11	6	15	20	10	2	2	18	89	9
亮腹黑褐蚁 *Formica gagatoides* Ruzsky	3	20	0	3	11	60	82	9	32	52	9
西藏盘腹蚁 *Aphaenogaster tibetana* Donisthorpe	0	2	0	1	5	2	1	0	13	35	7
吉市红蚁 *Myrmica jessensis* Forel	0	1	0	5	3	12	8	0	10	24	7
棒结红蚁 *Myrmica bactriana* Ruzsky	2	1	0	0	4	9	48	0	13	11	7
史密西红蚁 *Myrmica smythiesii* Forel	14	8	6	0	1	0	2	0	12	22	7
细胸蚁待定种 *Leptothorax* sp.	0	0	0	2	6	9	15	0	1	14	6
樱花立毛蚁 *Paratrechina sakurae* (Ito)	0	0	1	0	7	8	18	0	4	19	6
莱曼蚁 *Formica lemani* Bondroit	0	0	0	5	8	6	4	0	16	18	6
小红蚁 *Myrmica rubra* (Linnaeus)	0	4	0	1	0	1	0	0	2	18	5
红蚁待定种 2 *Myrmica* sp. 2	0	2	0	0	3	1	0	0	2	20	5
深井凹头蚁 *Formica fukaii* Wheeler	0	0	0	8	7	0	2	0	2	1	5
弓背蚁待定种 *Camponotus* sp.	0	0	0	7	4	8	0	0	7	1	5
铺道蚁待定种 *Tetramorium* sp.	0	0	0	0	2	12	11	0	0	8	4
四川凹唇蚁 *Formica sentschuensis* Ruzsky	0	0	0	4	0	0	0	0	5	21	3
欧斯顿窄结蚁 *Stenamma owstoni* Wheeler	0	0	0	0	0	2	0	0	0	0	1
红蚁待定种 1 *Myrmica* sp. 1	0	0	0	0	0	0	0	0	0	1	1
各类生境中的物种数目	3	8	3	10	13	13	11	2	14	16	—

4. 微生境分化

在 17 个物种之中，栖息于 6 类微生境的物种有吉市红蚁、棒结红蚁、光亮黑蚁、亮腹黑褐蚁 4 个种，它们是栖息场所最丰富的物种；栖息于 5 类场所的物种有细胸蚁待定种、史密西红蚁和弓背蚁待定种；栖息于 4 类场所的物种有樱花立毛蚁和莱曼蚁;栖息于3类场所的物种有铺道蚁待定种、红蚁待定种2和四川凹唇蚁;栖息于2类场所的物种有西藏盘腹蚁、小红蚁和深井凹头蚁;仅栖息于1类场所的物种有欧斯顿窄结蚁和红蚁待定种1(表5-5)。

以地表活动为主的物种有铺道蚁待定种、细胸蚁待定种、红蚁待定种2;以地表筑巢为主的物种有深井凹头蚁;以石下筑巢为主的物种最丰富,有西藏盘腹蚁、吉市红蚁、小红蚁、红蚁待定种2、棒结红蚁、史密西红蚁、樱花立毛蚁、四川凹唇蚁、莱曼蚁、光亮黑蚁、亮腹黑褐蚁、弓背蚁待定种12个种;在植物上活动的物种有5个,它们属于能上树的蚂蚁;在牛粪下筑巢的物种有3个;在地表筑碎屑巢的物种除了深井凹头蚁,还有四川凹唇蚁(表5-5)。

表5-5 保护区蚂蚁微生境比较

物种名称	各类微生境中的采集频数								栖息场所类别合计
	植物上活动	朽木内筑巢	朽木下筑巢	牛粪下筑巢	地表活动	地表筑巢	石下筑巢	土壤内筑巢	
吉市红蚁 *Myrmica jessensis* Forel		1	3	1	9		47	2	6
棒结红蚁 *Myrmica bactriana* Ruzsky	9	16	16		8		38	2	6
光亮黑蚁 *Formica candida* Smith	7	12	2		24		126	2	6
亮腹黑褐蚁 *Formica gagatoides* Ruzsky	10	37	56	2	30		136		6
细胸蚁待定种 *Leptothorax* sp.		2	1		28		14	2	5
史密西红蚁 *Myrmica smythiesii* Forel	6	11	8		2		37		5
弓背蚁待定种 *Camponotus* sp.		4	2	2	2		17		5
樱花立毛蚁 *Paratrechina sakurae* (Ito)		5	6		11		36		4
莱曼蚁 *Formica lemani* Bondroit	2	2			13		40		4
铺道蚁待定种 *Tetramorium* sp.					18		15	1	3
红蚁待定种2 *Myrmica* sp. 2					13		13	2	3
四川凹唇蚁 *Formica sentschuensis* Ruzsky						8	20	2	3
西藏盘腹蚁 *Aphaenogaster tibetana* Donisthorpe					2		41		2
小红蚁 *Myrmica rubra* (Linnaeus)					9		17		2
深井凹头蚁 *Formica fukaii* Wheeler						19	1		2
欧斯顿窄结蚁 *Stenamma owstoni* Wheeler							2		1
红蚁待定种1 *Myrmica* sp. 1					1				1
各类栖息场所的物种数目	5	9	8	3	14	2	16	7	

在8类栖息场所之中，在石下筑巢的物种最丰富(16种)，在地表活动次之(14种)，在朽木内筑巢第三(9种)，在朽木下筑巢第四(8种)，在土壤内筑巢第五(7种)，在植物上活动第六(5种)，在牛粪下筑巢第七(3种)，在地表筑巢最少(2种)(表5-5)。

五、生物多样性特点

从物种名录来看，西藏工布自然保护区完全缺乏猛蚁亚科(Ponerinae)、粗角蚁亚科(Cerapachyinae)、行军蚁亚科(Dorylinae)、盲蚁亚科(Aenictinae)、细蚁亚科(Leptanillinae)、伪切叶蚁亚科(Pseudomyrmecinae)、臭蚁亚科(Dolichoderinae)等东洋界区系的物种(徐正会，2002)，仅有切叶蚁亚科(Myrmicinae)和蚁亚科(Formicinae)的属种，而且以古北界分布广泛的红蚁属(*Myrmica*)和蚁属(*Formica*)物种为主要成分，分别有6种和5种，二者相加占据了保护区已知物种的64.7%。其余6个属均各有1个物种分布于保护区，这些属均具有广布型特征，其出现于保护区的个别物种均适应于高海拔气候条件，属于古北界区系成分。所以保护区的蚂蚁物种属于古北界区系。

对比北方典型的古北界蚂蚁区系(吴坚和王常禄，1995)，保护区缺乏圆颚蚁属(*Strongylognathus*)、收获蚁属(*Messor*)、悍蚁属(*Polyergus*)、箭蚁属(*Cataglyphis*)、毛蚁属(*Lasius*)等常见的古北界成分。所以保护区的蚂蚁区系又与典型的古北界区系不尽相同，具有南方高海拔山地的区系特点。

从垂直分布范围、生境的适应性、栖息场所的多样化、采获标本的数量四方面看出，吉市红蚁、棒结红蚁、史密西红蚁、光亮黑蚁、亮腹黑褐蚁5个物种是保护区适应性最强、分布范围最广的物种。而欧斯顿窄结蚁、红蚁待定种1、深井凹头蚁、四川凹唇蚁4个物种是该保护区分布范围最狭窄的物种。

在9个调查点之中，错高乡的物种最丰富，仲萨乡、更章乡、八一镇、扎西绕登乡的物种丰富度次之，布久乡和里龙乡排列第三，南伊乡排列第五，工布江达镇的物种最贫乏。这一结果反映出两方面的信息，一方面反映出调查点的生境多样性，另一方面反映出调查点的生境保护状况。错高乡是所有调查点之中生境最丰富、生境保护最好的区域，而工布江达镇则是生境类型较少、人为干扰较重的区域。布久乡的生境类型和人为干扰程度与工布江达镇类似，但是因为布久乡的地理位置偏于南部，海拔相对较低，年有效积温较高，所以拥有更多的蚂蚁物种。

在10类被调查的生境之中，草地的物种最丰富，灌丛次之，高山栎林和高山松林排列第三，针阔混交林排列第四，桦木林排列第五，云杉林排列第六，冷杉林和高山柳林排列第七，阔叶林排列第八。在低海拔地区，树种丰富的森林通常拥有最丰富的物种(徐正会，2002)。而在保护区，缺乏树木的草地和灌丛却拥有更丰富的物种，可见高海拔山地蚂蚁对生境的选择与低海拔地区蚂蚁的选择不尽相同，获取太阳能的热量可能对它们的生存更为必要，因为在没有森林遮蔽的草地和灌丛环境中，地表附近的蚁巢更容易获取热量。此外，在保护区垂直分布相对较低的高山松林、高山栎林、桦木林、针阔混交林也拥有较丰富的物种，而垂直分布相对较高的冷杉林、高山柳林、阔叶林、云杉林则拥有较少的物种。

在8类采集到蚂蚁的栖息场所之中，以石下筑巢的物种最丰富，朽木内、朽木下和土壤内筑巢的物种丰富度适中，而牛粪下和地表筑巢的物种较少。石块在晴朗的白天更容易吸收热量并传递给石下的蚁巢，所以石下筑巢的物种最为丰富。牛粪下巢和地表碎屑巢虽然具有良好的保暖效果，但毕竟是一种临时性场所，容易受到大风和动物的干扰，所以在这两类场所栖息的物种很少。朽木内巢、朽木下巢和土壤巢的优点则介于石下巢与牛粪下巢、地表巢之间。在该保护区有5个能到达植物上觅食的物种，它们是该区域内活动范围最宽的物种。

第二节 其他昆虫

昆虫是动物界最大的类群，据昆虫学家估计，地球上现存昆虫200万～500万种，其中以鞘翅目(Coleoptera)、鳞翅目(Lepidoptera，包括蝶和蛾)、膜翅目(Hymenoptera，包括蜂和蚁)和双翅目(Diptera，包括蝇、蚊和虻)种类最多。昆虫不仅种类多，个体数量也十分惊人，一个蚂蚁群体可多达数10万个个体。昆虫的分布很广，几乎遍及整个地球，从赤道到两极，从海洋、河流到沙漠，高至世界屋脊——珠穆朗玛峰，低至几米深的土壤里，都有昆虫分布。这说明昆虫具有惊人的适应能力，这也是昆虫种类繁多的主要原因之一。

西藏工布自然保护区涉及藏东南地区林芝、米林、朗县、工布江达4县。我们于2008年7～8月对保护区的昆虫进行了较系统的调查，主要对林芝县(八一镇和门巴)、工布江达县(错高乡、县城、仲莎乡结巴村和仲莎乡麦村)、米林县(扎西绕登乡吞布绒村、南伊乡南伊沟、里龙乡巴让村和卧龙乡)和朗县金东乡等地进行了考察。保护区的生态类型主要是草地、灌丛和针叶林，米林卧龙乡属于干热河谷。

一、藏东南昆虫研究历史

对藏东南地区昆虫的调查，1950年前英国人华金栋(Kingdo Ward)、卡伯克(R.J. H. Kaulback)及兴斯顿(R. W. G. Hingston)进入我国西藏地区(包括藏东南)采集了一些昆虫标本。1950年后，中国科学院及其他科研院所和高等学校，相继对西藏和青藏高原地区进行了多次考察，出版了数部专著和相关论文。这些研究成果都或多或少涉及藏东南地区的昆虫，代表性的著作有：《西藏南部的经济昆虫》(王林瑶，1965)、《西藏昆虫》(第一册，第二册)(中国科学院青藏高原综合考察队，1981、1982）、《横断山地区昆虫》（第一册、第二册）（陈世骧，1993）、《西藏南迦巴瓦峰地区昆虫》（中国科学院登山科学考察队，1988）、《西藏夜蛾志》（陈一心等，1991）、《西藏雅鲁藏布江大峡谷昆虫》（杨星科，2004）、《青藏高原的蝗虫》（印象初，1984）、《青藏高原蝇类》（薛万琦和王明福，2007）、《中国西部蚱总科志》（郑哲民，2006），此外，已出版的中国动物志许多卷中均涉及藏东南地区的种类，国内外一些学者发表的论文中也包括该地区的一些昆虫。

二、物种组成与区系

本次对保护区昆虫的调查，主要采用网捕和灯诱的方法。将所采集的标本，临时保存于三角袋和棉层中，一些种类的标本，浸泡于无水酒精中，带回实验室后再做进一步整理。

本次调查所采集的标本，经初步分类后，寄送国内相关专家进行鉴定。所采标本，多数类群鉴定到种或属（少数类群有待进一步的研究）。

综合本次标本的鉴定结果和前人研究的主要文献，本文共记录西藏工布自然保护区昆虫 390 种，隶属于原尾目、蜻蜓目、螳螂目、直翅目、缺翅目、半翅目、缨翅目、脉翅目、鞘翅目、毛翅目、双翅目、蚤目、膜翅目、鳞翅目 14 目 106 科 266 属。昆虫区系以东洋界种和高原高山地域种为主。

表 5-6　保护区昆虫的物种多样性

目	科	属	种	目	科	属	种
原尾目	1	1	1	脉翅目	4	7	10
蜻蜓目	4	6	9	鞘翅目	17	64	110
螳螂目	1	1	1	毛翅目	2	3	3
直翅目	10	14	18	双翅目	8	31	40
缺翅目	1	1	1	蚤目	3	3	3
半翅目	20	36	43	膜翅目	12	17	28
缨翅目	3	4	11	鳞翅目	20	78	112

从昆虫目的数量看，鳞翅目和鞘翅目种类占优势，分别为已知种类的 28.8％和 28.3％，其次是半翅目、双翅目和膜翅目，分别占已知种类的 11.1％、10.3％和 7.2％，原尾目、螳螂目、缺翅目均记录仅 1 科 1 属 1 种，其中有 230 个属为单种属，占已知属的 86.4％，说明保护区昆虫物种多样性较低，而属的多样性较高。

保护区记录物种较多的属主要是鞘翅目象甲科的喜马象属（*Leptomias*）（共记录 16 种）。象甲科均为植食性，危害植物的根、茎、叶、花、果、种子、幼芽和嫩梢等。多数幼虫蛀食植物内部，不仅危害严重，而且难以防治。许多种类是农林和仓库的重要害虫。膜翅目蜜蜂科熊蜂属（共记录 9 种），是膜翅目昆虫中的一个特化分支，是高原上飞翔能力较强的类群。该属对于农林作物、牧草、药用植物以及野生植物的传粉起一定的作用，特别是对牧草的传粉效果显著。

三、新分类单元

采自保护区的昆虫标本，经鉴定发现 7 新种和 1 中国新记录属，其中，直翅目(Orthoptera) 4 新种，刺翼蚱科(Scelimenidae)的黑胫优角蚱 *Eucriotettix nigritibialis* (Zheng 和 Shi，2009)模式标本采自林芝(排龙大峡谷口)；短翼蚱科(Metrodoridae)的藏南波蚱 *Bolivaritettix zangnanensis*(Zheng 和 Shi，2009)，模式标本采自林芝(排龙、东久)等地；蛩螽科(Meconematidae)的吟螽(*Phlugiolopsis* sp.)，标本采自林芝；多裂库螽 *Kuzicus* (*Kuzicus*) *multifidous*(Mao 和 Shi，2009)，模式标本采自林芝等地。

膜翅目(Hymenoptera)泥蜂科(Sphecidae)新种：*Odontopsen shii* Ma，(Li 和 Chen，2010)，该种模式标本采自林芝(鲁朗)，该属是中国新记录属。这是 1 个稀有的类群，之前该属仅报道 1 种(分布于日本)。三室短柄泥蜂属(*Psen*)一新种的模式标本采自林芝与米林；另一新种的模式标本采自林芝(目前尚未发表)。

西藏工布自然保护区所辖范围内，尽管有许多学者研究过，但这次仍发现中国新记录属和数新种，说明该地区生境的特殊性，也说明昆虫对这种特殊环境的适应性，并分化产生了许多新类群。本地区已知种中还有许多特有种，该地区是一个物种分化的中心。

四、资源昆虫

资源昆虫主要包括传粉昆虫、药用昆虫、天敌昆虫和观赏昆虫。

1. 传粉昆虫

膜翅目蜜蜂科熊蜂属是保护区内最主要的传粉昆虫，该属在我国已记载 150 余种，保护区内共记载 9 种，不仅种类较多，且每种种群也较大，是重要的传粉昆虫之一，对于农作物、牧草、药用植物以及野生植物的传粉起一定的作用，特别是对牧草的传粉效果显著。此外，切叶蜂科的一些种类也可为植物进行传粉。

鳞翅目的蝴蝶和蛾类昆虫都有吸食花蜜补充营养的习性，是传粉昆虫的另一个重要组成部分。保护区内共记载鳞翅目昆虫 112 种，其中，蝶类主要对花色艳丽的植物授粉，菊科植物是蝴蝶经常授粉的对象。但由于其在访花时身体与花粉的接触有限，携带的花粉量不及膜翅目的熊蜂多。蛾类昆虫授粉的植物花通常是白色或灰白色，花瓣一般为扁平状。

鞘翅目是保护区内昆虫种类较多的目，共记载 110 多种，其中，金龟子科、叶甲科、隐翅甲科的多数种类具有授粉功能。通常甲虫授粉的植物花朵较大、气味强烈,花粉所处位置易于采食。

此外,双翅目花蝇科和食蚜蝇科等昆虫体表着生有丰富的毛,在采食花粉的过程中,容易携带花粉,也达到了为一些植物传播花粉的目的。

2.药用昆虫

昆虫是中药材的主要来源之一,可入药的昆虫包括昆虫纲的蜉蝣目、蜻蜓目、蜚蠊目、螳螂目、等翅目、直翅目、半翅目、鞘翅目、脉翅目、鳞翅目、双翅目、膜翅目等(陈振耀,2003)。

保护区内最具代表性的药用昆虫是蝙蝠蛾(*Hepialus* sp.)。虽然本次采集的标本中没有蝙蝠蛾科的种类,所查阅的文献也没有明确的分布记载,但是根据当地村民采集虫草的情况推测,保护区分布有蝙蝠蛾科虫草蝠蛾。蝙蝠蛾在完成生活史的过程中,幼虫被中华虫草菌(*Cordyceps sinensis*)寄生后形成虫菌结合体——冬虫夏草。每年夏季5～6月间,虫草菌子实体从被寄生的幼虫头部长出地面。

一些蝶类的幼虫,如短尾金凤蝶(*Papilio annae*),分布于林芝,其幼虫取食茴香可入药,在藏医药典中称为茴香虫。

螳螂目的一些种类的卵鞘均可入药,特别是一些栖息在桑园中,取食桑叶害虫的螳螂,其产在桑树枝条上的卵鞘(桑螵蛸)药效好。

3.天敌昆虫

在高原上由于植被稀疏、矮小,多为裸露的地表,再加上生态系统受到的人为因素干扰较小,使得保护区长期处于一个比较稳定的状态。大量天敌昆虫的存在对于某些害虫的发生、成灾起着抵制作用,对于维持自然界中物种及各类昆虫发生量的平衡起着重要作用。天敌昆虫包括捕食性天敌和寄生性天敌两大类。

捕食性天敌昆虫主要有蜻蜓目、螳螂目、直翅目(一些螽斯)、半翅目、双翅目、鞘翅目、膜翅目等的一些类群。其中,鞘翅目瓢虫(13种)和双翅目的食蚜蝇(7种)是蚜虫的主要天敌,对蚜虫种群数量的控制具有重要的作用。

寄生性天敌昆虫主要有:双翅目的寄蝇科(共计8种),幼虫全部营寄生生活,寄生于昆虫或其他节肢动物体内,直接影响着有害昆虫的生长、发育以及数量消长,尤其是对鳞翅目幼虫的种群数量具有主导作用。寄蝇科昆虫的寄主多为森林害虫,如松毛虫、卷蛾、螟蛾、叶蜂等。此外,其他寄生性类群,如膜翅目的茧蜂、姬蜂等,也对害虫具有一定的抑制作用。

4.观赏昆虫

鳞翅目蝶类在观赏昆虫中最为常见和熟悉,其次是一些颜色鲜艳、姿态优美的蜻蜓和形状奇特的甲虫等。保护区内具有观赏价值的蝴蝶主要为蛱蝶科(12 种)、粉蝶科(10 种)和凤蝶科(1 种)的一些种类。其中,粉蝶科的橙黄豆粉蝶(*Colias fieldii*)、钩粉蝶(*Gonepteryx rhamni*)和东方菜粉蝶(*Pieris canidia*)为保护区内的优势种。

蜻蜓目的一些种类,有的体型较大,体与翅上具鲜艳的彩色斑纹,如碧伟蜓(*Anax parthenope*);有的纤细柔弱,婀娜多姿,如心斑绿蟌(*Enallagma cyathigerum*)等,均具有很高的观赏价值。

甲虫形态千奇百怪,色彩斑斓,不少种类也具有较高的观赏价值,丽金龟科、花金龟科、鳃金龟科、锹甲科等的一些种类具较高的观赏价值和收藏价值。

第三节　鱼类

保护区大部分区域海拔在 3 000m 以上,区内河流属于雅鲁藏布江水系,主要由雅鲁藏布江、尼洋河、巴河以及上述 3 条大河的支流组成。另有错高湖等高山湖泊若干。区内的河流和高山湖泊为鱼类提供了广泛的栖息场所。

一、藏东南鱼类研究历史

历史上有关西藏鱼类的早期文字记述,见于清代古籍《藏记概》(李彩撰和吴丰培,1727,写印本)。书中记载西藏"物产……细鳞鱼"。这可能是有关西藏鱼类的最早文字记载了。

19 世纪以后,随着欧洲人探险活动的不断扩展,一些著名探险家先后涉足西藏,开始了对西藏鱼类的探险考察。最早正式报道西藏鱼类的是 Günther,他在 Catalogue of the Fishes in the British Museum(1868)第七卷中根据 Heslar 在西藏的采集,发现了新属新种 *Gymnocypris dobula* Günther,同时还记述了 3 种条鳅鱼类并有一新种 *Nemachilus ladacensis*。Chaudhuri(1913)对东喜马拉雅雅鲁藏布江下游 Abor 地区鱼类进行了研究,不仅报道了该地区的鱼类区系,还发表了一个新种 *Oreinus molesworthi*。此后,仍有不少外籍学者先后发表了大量有关西藏鱼类的研究报道(Rendahl,1925～1933,1948;Hora,1935,1937;Dwitt,1960;Das,1963;Subla,1964;Menon,1954,1962,1974;Telashima,1990)。

历史上受地域、研究条件、采集手段等限制,中国学者直接深入西藏进行考察的为数不多。20 世纪 50 年代末以前,仅见有伍献文、朱元鼎、方炳文、张春霖、张孝威等我国老一辈鱼类学家对西藏鱼类研究的有关报道。中华人民共和国建立后,有关青藏高原鱼类的调查和研究普遍开展,最主要的是中国科学院所组织的各项大规模综合考察,诸如 1959～1960 年"中国西部地区南水北调综合考察"和"西藏地区综合科学考察”,1966～1968 年“珠穆朗玛峰地区综合科学考察”,1973 年组织的“中国科学院青藏高原综合科学考察”等科考活动,均有鱼类专业人员参加调查和研究,并获得丰硕成果。在 1973、1974 和 1977 年,中科院西北高原生物所分别组织了三次生物科学综合考察,全面地采集西藏怒江水系、雅鲁藏布江水系、印度河水系及内陆诸河流湖泊水系的大量鱼类标本,首次记录和报道了该区印度河上游狮泉河、羌臣摩河、噶尔河、班公湖、玛法木湖、纳木湖、雅鲁藏布江大拐弯及墨脱、察隅等地区的鱼类。

在总结这些成果的基础上,武云飞、吴翠珍完成了《青藏高原鱼类》(四川科学技术出版社,1992),西藏自治区水产局也完成了《西藏鱼类及其资源》(中国农业出版社,1995),共记载西藏全境有鱼类 58 个种和 13 个亚种,隶属于 3 目 5 科 22 属。其中雅鲁藏布江流域共 25 种,隶属于 2 目 2 科 17 属,这些工作为本次调查提供了非常有价值的参考。

二、物种组成及区系

1. 鱼类种类组成

通过本次调查,结合前人在该区域的采集记录,保护区内共有鱼类 14 种,隶属于 2 目 3 科 8 属(详见附录 5)。其中鲤科裂腹鱼亚科种类 6 种,分别为拉萨裂腹鱼 *Schizothorax waltoni* (Regan)、巨须裂腹鱼 *Schizothorax macropogon* (Regan)、异齿裂腹鱼 *Schizothorax o'connori* (Lloyd)、双须叶须鱼 *Plychobarbus dipogon* (Regan)、尖裸鲤 *Oxygymnocypris stewartii* (Lloyd)、拉萨裸裂尻鱼 *Schizopygopsis younghusbandi* Regan,占该区鱼类总种数的 50%;高原鳅科条鳅亚科 4 种,分别为西藏高原鳅 *Triplophysa tibetana* (Regan)、细尾高原鳅 *Triplophysa stenura* (Herzenstein)、东方高原鳅 *Triplophysa orientalis* (Herzenstein)、异尾高原鳅 *Triplophysa stewarti* (Hora),占总种数的 33.33%;鮡科 2 种,为黄斑褶鮡 *Pseudecheneis sulcatus* (McClelland)和黑斑原鮡 *Glyptosternum maculatum* (Regan),占总种数的 16.67%。另有鲤 *Cyprinus carpio*、鲫 *Carassius auratus* 2 种外来种,不记入分析中。

表 5-7 保护区鱼类各目的科、种数统计表

目名	鲤形目	鲇形目	合计
科数	2	1	3
百分比(%)	66.7	33.3	100
种数	10	2	12
百分比(%)	83.33	16.67	100

2. 鱼类区系

根据鱼类起源、地理分布和生物特征，该区鱼类有以下两种成分：

(1)中亚高原鱼类区系复合体

保护区的鱼类区系成分除鮡科种类外全部属于中亚高原鱼类区系复合体，集中分布在中亚高原山区，在我国则主要分布于青藏高原及其边缘地区，它们能适应该处十分严酷的自然环境，由鳅科的条鳅亚科鱼类和鲤科的裂腹鱼亚科组成。保护区内共有10种，占总种数的83.33%。这类鱼主要表现为鳞片很小或退化甚至裸露无鳞，适应于流水生活环境，以底栖生物为主要食物，肉食性鱼类少，脂肪含量高，卵沉性而黏性卵少等。中亚高山鱼类区系复合体的形成受喜马拉雅山脉升起和冰川影响，所有种类均为抗寒性种类。

(2)中印(西南)山地区系

这类鱼类主要分布于南方热带、亚热带的山区河流里，大多具有适应急流生活的能力，保护区有鮡科的黄斑褶鮡和黑斑原鮡，占总种数的16.67%。

3. 区系特点

从该区鱼类的区系成分上来看，保护区鱼类组成较单一，主要由三大类群组成：鲤科的裂腹鱼亚科、鳅科的条鳅亚科和鮡科。其中裂腹鱼类为优势类群，这与整个青藏高原的鱼类组成特点相一致，属典型的高原鱼类。

关于裂腹鱼类的系统发育，曹文宣等(1981)曾进行过深入研究，并依演化程度的差异将其划分为原始、中间和特化三大类群。裂腹鱼亚科随着青藏高原的隆升而出现，并随着高原的急剧抬升而特化。雅鲁藏布江中下游及毗邻水系的裂腹鱼类大体可分为三个类群：第一类群为原始等级，鱼体鳞被覆于全身或局部退化，须2对，此类群有裂腹鱼属的拉萨裂腹鱼、巨须裂腹鱼和异齿裂腹鱼3种；第二类群为特化等级(中间类群)，体鳞局部退化或全部退化，须1对，此类群有叶须鱼属的双须叶须鱼1种；第三类群为高度特化等级，体鳞全部退化，无须，此类群有尖裸鲤属的尖裸鲤及裸裂尻鱼属的拉萨裸裂尻鱼2种。

调查发现的裂腹鱼属主要分布在保护区内雅鲁藏布江和尼洋河干流海拔相对较低的河段(3 200m以下)，其中拉萨裂腹鱼、巨须裂腹鱼、异齿裂腹鱼可分布到3 000～4 500m的区域，这也是该属鱼类现知分布海拔最高的种类。

尖裸鲤属是单型属，为本区所特有，主要分布于雅鲁藏布江中游3 000～4 200m江段。

拉萨裸裂尻鱼是单型种，以河流水环境生活为主，口下位，角质化发达，主要以着生藻类为食，广泛分布于保护区内各干、支流水域。

保护区鳅科条鳅亚科的高原鳅属鱼类比裂腹鱼对高原环境具有更强的适应

性，成为在高原面上分布最广泛、分布海拔最高的类群。原始条鳅类在渐新世以前已经出现，在上新世喜马拉雅山脉急剧抬升以前，它们已广泛分布于亚洲大陆。由于青藏高原的逐步隆升，生活于青藏高原及其邻近地区的有鳞条鳅类逐步演化为现今的无鳞条鳅类——高原鳅属等鱼类。

对于逐步适应高原隆起过程中在高原边缘形成的急流环境生活的一些特化的鮡科鱼类，如原鮡属(*Glyptosternum*)等种类，具有较强的攀附能力，且能适应低温环境，由于具有地质历史意义的地学屏障对它影响不大，因此也成为高原区系组成的一部分。保护区的鮡科鱼类有黄斑褶鮡和黑斑原鮡2种。总的看来，在西藏地区鮡类的分布大大低于裂腹鱼类和高原鳅类，仅黑斑原鮡是鮡科鱼类分布海拔最高的种类，在海拔4200m左右的河段仍有分布。

4.保护、特有鱼类及外来种

雅鲁藏布江和尼洋河流域特殊的地理和生态环境条件造就了鱼类的特异性。保护区境内雅鲁藏布江和尼洋河干、支流分布的12种土著鱼类中，除4种高原鳅分布较为广泛外，其余多为特有鱼类。其中雅鲁藏布江水系中下游特有鱼类7种，即拉萨裂腹鱼、巨须裂腹鱼、异齿裂腹鱼、双须叶须鱼、尖裸鲤、拉萨裸裂尻鱼和黑斑原鮡，占保护区鱼类总种数的58.33%。保护区内没有国家重点保护鱼类分布，有西藏自治区一级保护鱼类1种，即尖裸鲤。

调查发现，保护区雅鲁藏布江和尼洋河干、支流的外来鱼类日益增多。除调查到的鲤、鲫2种外，据渔民反映，目前保护区内水域及其邻近水域还有草鱼 *Ctenopharyngodon idellus* (Cuvier et Valenciennes)、泥鳅 *Misgurnus anguillicaudatus* (Cantor)等，另有人工养殖的鲢 *Hpophthalmichthys molitrix* (Cuvier et Valenciennes)、鳙 *Aristichthys nobilis* (Richardson)等外来种类也可能扩散到临近鱼塘的河流等天然水域中。目前，鲤、鲫等已在雅鲁藏布江和尼洋河形成一定的自然种群。人工养殖品种的引进、活鱼运输的流失是造成外来物种迅速增多的主要原因。此外，笃信藏传佛教的当地群众常在市场购买外来鱼类物种进行放生，无意中也促进了外来物种的增加。

三、生态特性及分布

从鱼类生态类型分析，一般身体裸露无鳞的如尖裸鲤属及裸裂尻鱼属等种类，喜欢在高原宽谷河道的缓流或静水水体中生活。而多数身被细鳞的如裂腹鱼属、叶须鱼属、高原鳅属、原鮡属和鮡属等种类则通常在峡谷河道的急流中生活，它们均为典型的冷水性种类。保护区目前已知有分布的12种本土鱼类中，属缓流水生态型和静水生态型的鱼类2种，占总种数的16.67%；而属河道流水生态型的鱼类有10种，占总种数的83.33%。保护区鱼类的生态学特点表现为流水生态型鱼类所占比例大。

从食性分析结果看，保护区的鱼类多数为以着生藻类、底栖动物为主要食物的杂食性种类，在种类组成中缺少滤食性和草食性的种类，凶猛的肉食性鱼类也仅有尖裸鲤一种。

根据此次调查结果分析，保护区鱼类分布如下：

尼洋河和雅鲁藏布江干流：西藏高原鳅、细尾高原鳅、东方高原鳅、异尾高原鳅、拉萨裂腹鱼、巨须裂腹鱼、异齿裂腹鱼、双须叶须鱼、尖裸鲤、拉萨裸裂尻鱼、黑斑原鮡。

巴松错（错高湖）：拉萨裸裂尻鱼

巴河：拉萨裂腹鱼、拉萨裸裂尻鱼、黑斑原鮡、细尾高原鳅。

仲沙沟：东方高原鳅、拉萨裸裂尻鱼。

里龙乡：细尾高原鳅、异齿裂腹鱼、拉萨裸裂尻鱼。

卧龙乡：细尾高原鳅、巨须裂腹鱼、双须叶须鱼、拉萨裸裂尻鱼。

金东乡：双须叶须鱼、拉萨裸裂尻鱼。

南伊沟：拉萨裸裂尻鱼。

四、珍稀特有鱼类

1. 西藏自治区一级保护鱼类

尖裸鲤 *Oxygymnocypris stewartii*（Lloyd）

别名：斯氏裸鲤鱼。

形态：背鳍条ⅲ，7；臀鳍条ⅲ，5；胸鳍条ⅰ，16～17；腹鳍条ⅰ，8～9。第一鳃弓外鳃耙8～10；内鳃耙10～12。

全长131～420mm，体长105～358mm。体长为体高的5.47（4.77～5.77）倍，为头长的4.39（3.92～5.64）倍，为尾柄长的12.63（10.43～14.4）倍，为肠长的0.92（0.64～1.10）倍；体高为尾柄高的2.31（2.00～2.56）倍；头长为吻长的3.30（3.00～3.70）倍；尾柄长为尾柄高的1.36（1.10～1.80）倍；体重为空壳重的1.12（1.06～1.14）倍。

体修长，略侧扁，吻部尖长。口端位，口裂大，后端止于鼻孔下方或稍后。口前端与眼下缘水平或稍低于眼下缘，上颌稍长于下颌。下颌前缘无锐利角质。上唇较发达，下唇细狭，分左、右两下唇叶。唇后沟中断。无须，背鳍起点位于体中点之后，其至吻端距离明显长于至尾鳍基部距离。腹鳍起点明显位于背鳍起点之前下方。体几乎完全裸露，仅肩带部分有少数不规则鳞片；臀鳞发达，两列，每列为23～28枚，行列前达腹鳍基内侧。

体色：体背部青灰色，头背、体侧具多数不规则斑点，各鳍淡黄，腹银白色。甲

醛浸制后，背侧铅灰，斑点仍明显。

生态：主要以其他鱼类及水生昆虫等为食，多在雅鲁藏布江中游及各大干支流的缓流水处活动，往往和拉萨裸裂尻鱼等小型鱼类协同分布，喜欢活动于急流滩下的缓水区，捕食溯滩鱼类。采集到的最大体长可达600mm以上，体重超过3 500g。繁殖期在3～4月，4月中旬调查期间解剖发现刚产空的雌体，很少发现待产个体，估计大部分个体已经完成繁殖活动，产卵场多为水流湍急的砾石滩。

分布：雅鲁藏布江和尼洋河林芝段。

经济意义：为产地主要经济鱼类之一。尽管数量少于其他几种同域分布的裂腹鱼类，但肉质较好，含脂量高，为人们所喜食。

2.特有鱼类

保护区有中国特有鱼类6种，包括东方高原鳅、拉萨裂腹鱼、巨须裂腹鱼、异齿裂腹鱼、双须叶须鱼(双须重唇鱼)和尖裸鲤；有雅鲁藏布江特有鱼类6种，包括拉萨裂腹鱼、巨须裂腹鱼、异齿裂腹鱼、双须叶须鱼(双须重唇鱼)、尖裸鲤和拉萨裸裂尻鱼。对6种中国特有鱼类描述如下：

(1)东方高原鳅 *Triplophysa orientalis*(Herzenstein)

别名：巩乃斯条鳅

形态：背鳍条iv—7(个别为6和8)；臀鳍ⅲ—5；胸鳍ⅰ—10～12；腹鳍ⅰ—6～8；尾鳍分枝鳍条16根。第1鳃弓内鳃耙9～7；脊椎骨数4+(38～41)枚。

全长60～166mm，体长46～138mm。体长为体高的5.1～8.2倍，为头长的3.9～5.3倍，为尾柄长的3.9～5.7倍。头长为吻长的2.2～2.8倍，为眼径的4.0～7.0倍，为眼间距的3.8～4.0倍。眼间距为眼径的1.1～1.9倍。尾柄长为尾柄高的1.8～2.8倍。

体延长，前躯近圆筒形，后须侧扁、尾柄较高。头钝圆。口下位，弧形。唇厚，多褶皱。下颌匙状，一般不外露。须3对，外吻须达鼻孔或眼前缘，颌须伸达眼后缘。体无鳞，皮肤光滑。侧线完全，较平直。背鳍刺细弱。胸鳍长约为胸腹鳍基距的1/2～3/5。腹鳍起点相对于背鳍起点或稍前，末端伸达肛门或稍超过。尾鳍微凹，上叶稍长。

体色：灰褐色，腹部浅黄。背部在背鳍前、后各有3～4块褐色鞍斑或横斑，体侧多褐色不规则斑点。背、尾鳍和胸鳍背面有小黑点数行。在繁殖季节雄性个体的鳃颊部皮肤增厚，呈绒毛板状，胸鳍外缘各鳍条也明显增厚。

生态：栖息于河流、湖泊和沼泽坑凹浅水处，常以端足类钩虾为食，也摄食少量的硅藻和其他水生昆虫。每年5、6月为繁殖季节。

(2)拉萨裂腹鱼 *Schizothorax waltoni*(Regan)

别名：拉萨弓鱼、贝氏裂腹鱼。

形态：背鳍条ⅲ，8；臀鳍条ⅲ，5；胸鳍条ⅰ，17～18；腹鳍条ⅰ，9。第一鳃弓外鳃耙 20～22，内鳃耙 25～26。鳞式 88((24～27)/(15～19))97。

全长 129～550mm，体长 104～450mm。体长为体高的 5.26(4.52～5.63)倍，为头长的 4.44(4.09～5.16)倍，为体高的 5.26(4.52～5.63)倍，为尾柄长的 7.24(5.92～8.18)倍，为尾柄高的 10.02(9.38～10.42)倍，为肠长的 0.57(0.41～0.93)倍；头长为吻长的 2.37(2.35～2.39)倍，为眼间距的 3.08(3.06～3.11)倍。尾柄长为尾柄高的 1.43(1.11～1.81)倍。体重为空壳重的 1.15(1.12～1.16)倍。

体修长，稍侧扁，头长，吻尖。口下位，马蹄形；吻褶发达；下颌覆有角质，但不是锐利的边缘；唇很发达，下唇分为左、右两叶，两叶常相互接触，或具细小的中间叶。下唇与下颌之间有一条明显的凹沟；唇后沟连续。须 2 对，颌须稍长，其长度大于眼径，吻须末端约到达鼻孔后缘的下方，颌须末端约到达眼球后缘的下方。体被不规则细鳞，身体前部腹侧的鳞片细小，后部鳞片则较大，与侧线鳞相等大小，并排列整齐；胸部自鳃峡以后具有明显的鳞片。背鳍第 3 不分枝鳍条坚硬，其后侧缘的下 3/4 部分具有深的锯齿。腹鳍基部起点位于背鳍起点之前下方。

体色：黄褐色，腹部浅黄色，胸鳍、腹鳍和尾鳍淡红色，背鳍浅灰色。体侧多数有灰色斑点。

生态：常在干流深处活动，常见于卵石为底的河道中，以底栖水生无脊椎动物为主要食物，兼食着生藻类。4～6 月为产卵盛期，产卵场多为粗砾石质的流水长滩。据报道，在尼洋河入雅鲁藏布江汇合口处有繁殖亲鱼集群活动。

分布：雅鲁藏布江、尼洋河及巴河。

经济意义：为产区主要经济鱼类，但近年资源已出现衰退的趋势，应加强对资源开发的管理。

(3)巨须裂腹鱼 *Schizothorax macropogon*(Regan)

别名：巨须弓鱼。

形态：背鳍条ⅲ，8；臀鳍条ⅲ，5；胸鳍条ⅰ，16～17；腹鳍条ⅰ，8～10。第一鳃弓外鳃耙 15～21，内鳃耙 20～24。鳞式 89((35～40)/(22～25))95。

全长 120～410mm，体长 92～333mm。体长为体高的 4.21(3.94～4.58)倍，为头长的 4.69(4.51～4.92)倍，为尾柄长的 6.63(5.26～7.42)倍，为肠长的 0.33(0.29～0.41)倍；体高为尾柄高的 1.84(1.76～1.91)倍；头长为吻长的 2.89(2.61～3.16)倍；尾柄长为尾柄高的 1.18(1.06～1.47)倍。体重为空壳重的 1.08(1.05～1.12)倍。

体延长，稍侧扁；头锥形，吻端略扁平。口下位，弧形；下颌覆有角质，但不成锐利的前缘。左右下唇叶较狭窄，表面有多数小乳突，无中间叶；唇后沟中断。须 2 对，很发达，等长或颌须稍长，吻须末端到达前鳃盖骨或主鳃盖骨的前部，颌须末端到达主鳃盖骨后部或胸鳍基部。全身被细鳞，胸腹部具有鳞片或仅在鳃峡小区裸

露无鳞。背鳍后缘的下 3/4 部分具有深锯齿。背鳍起点至吻端的距离大于至尾鳍基部的距离。腹鳍基部起点位于背鳍起点的前下方。

体色：背部青褐色，腹侧黄褐色，体侧有少数黑色暗斑，腹部浅黄色，尾鳍橘红色；背鳍青灰色。

生态：多于干、支流敞水处活动，水深常在 1m 左右，常为散布有大卵石的沙质泥滩。主要以底栖无脊椎动物和水生昆虫为食，兼食部分着生藻类。5～6 月为繁殖期，产卵场多为水流平急的粗砾石质长滩。

分布：雅鲁藏布江和尼洋河。

经济意义：市场上较常见，为产区主要经济鱼类之一。据报道，以往体重多在 500g/尾以上，体重超过 2kg/尾的个体较常见。但目前体重超过 500g/尾以上的个体已很少见，应注意加强保护。

(4)异齿裂腹鱼 *Schizothorax o'connori* (Lloyd)

别名：欧氏弓鱼、横口四列齿鱼、副裂腹鱼、异齿弓鱼。

形态：背鳍条ⅲ，8；臀鳍条ⅲ，5；胸鳍条ⅰ，16～18；腹鳍条ⅰ，8～10。第一鳃弓外鳃耙 24～33，内鳃耙 35～43。鳞式 90((21～28)/(17～22))112。

全长 145～475mm，体长 117～370mm。体长为体高的 5.21(4.33～5.69)倍，为头长的 5.04(4.62～5.57)倍，为尾柄长的 8.44(5.64～10.71)倍。体高为尾柄高的 1.87(1.67～2.29)倍。头长为吻长的 2.90(2.56～3.33)倍。尾柄长为尾柄高的 1.18(0.88～1.57)倍。体重为空壳重的 1.24(1.06～1.47)倍。

体延长，稍侧高，吻钝圆。口下位，横裂或弓形。下颌前缘具锐利角质，稍隆高；角质腹面狭长形，前后距不及口长。下唇发达，在下颌角质部分之后呈一连续横带或弧形，表面被密集乳突，下唇部中间有皮肤与颏部连接，后缘不能完全游离。唇后沟连续。须 2 对，短于眼径，颌须稍长于吻须。吻须末端达鼻孔后缘下方，颌须末端达眼球中部下方。背鳍最后不分枝鳍条粗硬，后缘每侧有 16～18 枚深锯齿，直达鳍条基部。背鳍起点至吻端的距离长于至尾鳍基部的距离。腹鳍基部起点位于背鳍起点之前下方。尾鳍叉形。体被细鳞，体前部鳞片较侧线鳞细小，排列亦不整齐，后部鳞片与侧线鳞片大小相等。臀鳞沿臀鳍基部达腹臀鳍中间位置，每侧鳞片 20 枚左右。

体色：背侧青灰色，腹部银白色。体侧、背鳍、尾鳍等处分布有黑色斑点。甲醛浸泡后体背部呈灰褐色，腹部灰白色，斑点仍明显。

生态：多于干、支流水质清澈、砾石底质的河道处活动。主要以着生藻类为食，偶食枝角类、底栖动物摇蚊幼虫和其他昆虫。4～5 月为繁殖旺季，产卵场多为 3m 以内水流平急的卵石长滩，卵橘黄色。

分布：雅鲁藏布江和尼洋河。

经济意义：为产区主要经济鱼类之一，市场上较常见，个体较大，500g/尾以上的个体较常见。肉质较差，易腐烂。

(5)双须叶须鱼 *Ptychobarbus dipogon* (Regan)

别名：双须重唇鱼。

形态：背鳍条ⅲ,8；臀鳍条ⅲ,5；胸鳍条ⅰ,17～19；腹鳍条ⅰ,7～9。第一鳃弓鳃耙12～18，内鳃耙17～21。侧线鳞78((15～18)/(9～12))86。

全长150～340mm，体长123～292mm。体长为体高的5.38(4.27～5.96)倍，为头长的4.34(3.87～4.57)倍，为尾柄长的8.23(6.64～9.83)倍，为肠长的0.56(0.49～0.60)倍；体高为尾柄高的2.34(2.07～2.68)倍；头长为吻长的2.56(2.26～3.50)倍；尾柄长为尾柄高的1.55(1.25～2.03)倍；体重为空壳重的1.10(1.04～1.14)倍。

体修长，略侧扁，头锥形，吻突出。口下位，马蹄形。下颌无锐利角质边缘，唇很发达，左右下唇叶在前端连接，连接处后的内侧各自向内卷曲。下唇表面多褶皱，无中间叶；唇后沟连续；口角有须1对，末端达眼球后缘下方。背鳍最后不分枝鳍条软，后缘无锯齿。背鳍起点至吻端距离稍小于至尾鳍基部距离。腹鳍基部起点与背鳍第5～7根分枝鳍条相对。尾鳍叉形。身体背侧被鳞，背鳍前鳞片小而不整齐，体后部鳞片排列整齐且与侧线鳞大小相等。腹鳍基部之前，侧线鳞下方的鳞片向下逐渐变小，胸腹部裸露无鳞，或仅有零星鳞片。

体色：背部青灰色，腹部银白色，体背侧、头及背鳍具有黑色斑点。甲醛浸制后背侧暗灰色，腹部灰白色，黑斑依然明显。

生态：高原底栖性冷水鱼类，多栖居于干、支流砂石底质的洄水或缓流处，主要摄食水生无脊椎动物，兼食各种硅藻。繁殖季节4～6月，产卵场位于砾石质的流水滩。

分布：雅鲁藏布江和尼洋河林芝段。

经济意义：为产区主要经济鱼类之一。尽管产量没有拉萨裸裂尻鱼、异齿裂腹鱼、巨须裂腹鱼等大，但因其肉质较细嫩，肉味鲜美，而为当地群众所喜食。

(6)拉萨裸裂尻鱼(指名亚种) *Schizopygopsis y. younghusbandi* Regan

别名：杨氏裸裂尻鱼。

形态：背鳍条ⅲ,8～9；臀鳍条ⅰ,17～20；腹鳍条ⅰ,8～10；胸鳍条ⅰ,8～20。第一鳃弓外鳃耙7～21(95%以上为10～14)，内鳃耙15～25(90%为18～23)。脊椎骨49～50。

全长105～358mm，体长82～310mm。体长为体高的5.23(4.53～6.18)倍，为头长的4.38(3.60～5.23)倍，为尾柄高的13.35(11.43～15.52)倍。头长为吻长的3.5(3.10～4.29)倍，为眼径的5.39(4.27～6.50)倍，为眼间距的2.92(2.34～3.72)倍。尾柄长为尾柄高的2.07(1.43～2.75)倍。

体长，略侧扁；头锥形，吻钝圆。口下位，横裂或弧形。下颌前缘具锐利角质；

下唇细狭,分左右两下唇叶;唇后沟中断。无须。背鳍最后不分枝鳍条很弱,后缘锯齿不明显。稍大个体背鳍最后不分枝鳍条较光滑,腹鳍起点与背鳍第 4、5 分枝鳍条相对。尾鳍叉形。体几乎完全裸露,除臀鳞外,仅在肩带部有 3~4 行不规则鳞片。臀鳞行列前端多数达到或接近腹鳍基部,部分中断。

体色:身体背部灰褐色或绿褐色,腹部黄或灰白色,体侧具不规则横斑,头背侧多有黑褐色小斑点。

分布:保护区干、支流及高山湖泊皆有分布。

生态:主要以着生藻类、底栖动物为食,喜栖息水流相对较缓河道曲流、洄水湾、深的河槽和深潭以及开阔缓流江段,产卵场多为细沙质的河道曲流与洄水湾。每年 3~4 月为主要产卵季节。

经济意义:该种在西藏南部分布范围广,数量多,个体较大,平均体重多在 300~500g/尾。在各主要产地有重要的渔业价值。

(7)黑斑原鮡 *Glyptosternum maculatum*(Regan)

别名:石扁头、巴格里(藏语音)。

形态:全长 92~214mm,体长 78~186mm。体长为体高的 6.11 倍,为头长的 3.91 倍,为尾柄长的 5.46 倍,为尾柄高的 9.48 倍。头长为吻长的 2.43 倍,为眼径的 24.58 倍,为眼间距的 3.04 倍。尾柄长为尾柄高的 1.74 倍。眼间距为眼径的 8.13 倍。

体延长,前驱平扁,后驱侧扁。头扁平,其宽约与头长相等。眼小,包有透明眼睑,上位。吻圆。口下位,横裂,宽大。上、下颌具齿带,齿尖,呈锥形。上颌齿带一块,原鮡型,两侧向后延伸,成弧状。下颌齿 2 块。鳃孔大,延伸至腹面。须 4 对。鼻须生于两鼻孔之间,后伸达眼前缘。上颌须末端尖细,超过胸鳍基部。外颌须达胸鳍基部或接近。唇具多数小乳突。胸部及鳃部有结节状乳突。背鳍短,具 1 根弱的硬刺及 6 根分枝鳍条;脂鳍低,位于背鳍后方,其长稍超过头长;胸鳍圆,有 1 根光滑的不分枝鳍条,鳍后缘超过背鳍起点,但远离腹鳍起点。腹鳍和胸鳍不分枝鳍条腹面有细纹状皮褶。腹鳍末端超过肛门;但不达臀鳍。臀鳍短,在肛门之后。肛门至腹鳍起点距离约为至臀鳍起点距离的两倍。尾鳍截形。体表无鳞,侧线不明显。

体色:背部和体侧黄绿色或灰绿色,腹部黄白色,体侧有不明显的块斑或黑斑密布。

生态:栖息于砂底,水流缓慢的河流中。主要以水蚯蚓等环节动物和摇蚊幼虫为食。每年 3~5 月产卵于缓流的石缝中或石下。

分布:雅鲁藏布江、尼洋河和巴河。

经济意义:为中、小型经济鱼类,肉质较嫩,肉味鲜美,藏医有药用。个体虽小,但分布广,数量较大,有一定渔业利用价值。

五、保护区鱼类资源及其保护利用

(1)渔业概况

保护区横跨林芝地区工布江达县、林芝县、米林县和朗县4县。上述4县约85%以上的人口都是藏族。

藏区原住民历来笃信藏传佛教，藏族传统文化对自然十分敬畏，将鱼类视为“水中之神”，认为食后会遭殃，但人们很少知道裂腹鱼的成熟性腺具有毒性，食用后会产生严重的中毒反应。在个别地区由于某些特殊原因，对鱼类资源也有利用的情况。

林芝地区是西藏经济最发达的地区，伴随经济的发展，藏族不食鱼的传统逐渐被改变。目前，在保护区范围内各区县的农贸市场都可见到雅鲁藏布江和尼洋河中捕获的野生鱼类。在八一镇、林芝、米林常年均有渔工以捕鱼为生，捕捞网具多为3层刺网。此外，沿江还有不少副业渔民，以垂钓和捕鱼为乐。

(2)鱼类资源及渔获物组成

据2008年7～8月份渔获物统计分析，保护区主要经济鱼类有7种，即裂腹鱼亚科的拉萨裂腹鱼、巨须裂腹鱼、异齿裂腹鱼、双须叶须鱼、拉萨裸裂尻鱼、尖裸鲤以及鮡科的黑斑原鮡。拉萨裸裂尻鱼、拉萨裂腹鱼、巨须裂腹鱼的生物量占绝对优势，占80%，其余种类的渔获量很低，占20%左右。自治区级保护鱼类尖裸鲤为我国特有种，仅分布于西藏雅鲁藏布江流域中游，近年捕鱼强度增强，造成种群数量锐减，应引起有关部门重视；黑斑原鮡的资源量不大，个体仅在50～300g之间，但其肉质细嫩、肉味鲜美，还可入药，价格最高，是较具开发前景的鱼类。

(1)主要经济鱼类

1)裂腹鱼亚科

鲤科的裂腹鱼亚科不但种类多，而且分布广泛。其中，裂腹鱼属和叶须鱼属的种类，除臀鳞以外，体表还被覆有细小的鳞片，食用者一般称其为“细鳞鱼”；裸裂尻鱼属和尖裸鲤属的鱼类，除臀鳞和肩带部分有少数不规则鳞片外，体表鳞片退化，身体裸露，通常称为“无鳞鱼”。它们分布广、数量多，是重要的经济鱼类。

2)鮡科

鮡科鱼类种类也较多，但分布不如裂腹鱼亚科、条鳅亚科鱼类那样广泛，主要分布在尼洋河流域，产量虽不大，但因肉质细嫩，肌间刺少，而深受群众喜爱，有一定渔业价值，尤其是黑斑原鮡，在雅鲁藏布江中游数量较多，商品价值高，为当地重要的渔业对象。

3)条鳅亚科

条鳅亚科的种类也较丰富，而且分布极为广泛。这些鱼类一般说来个体较小(体长多在100～150mm，200mm以上已不多见)，但数量却较大，在分布区往往形

成一定规模的种群，只是由于捕捞较困难，目前渔业利用价值还不高。

(3)主要经济鱼类生境及“三场”

由于受喜马拉雅山脉的阻挡，印度洋西南暖湿气流沿河谷上溯，使林芝地区雅鲁藏布江及尼洋河河谷地带相对温暖湿润，有“西藏小江南”之称。较好的气候和环境条件造就了多样的生境，为鱼类生长发育、繁衍提供了适宜的生境条件。

保护区的主要经济鱼类为6种裂腹鱼类和黑斑原鮡，其中尖裸鲤是西藏珍稀保护鱼类，被列入《中国濒危动物红皮书》，并被定为濒危等级。从这些鱼类的繁殖习性看，裂腹鱼类卵多沉性，需要砾石、沙砾底质，鱼类产卵后，受精卵落入石砾缝中，在流水的不断冲动中顺利孵化。因此，裂腹鱼类的繁殖需要一定的流水条件。具体来说尖裸鲤、拉萨裂腹鱼、异齿裂腹鱼、双须叶须鱼、巨须裂腹鱼多在石砾比较粗大、水流平急的地方繁殖，其产卵场多为水流浅急的卵石长滩，水深多在3m以内；拉萨裸裂尻鱼多在水流较为平缓、沙砾较细小的水域产卵，其产卵场多为河流曲流或洄水湾。黑斑原鮡卵有微弱黏性，也需在砾石堆中孵化，产卵场多位于急流与缓流之间的区域，当地称之为“二道水”。

总的来说，保护区主要经济鱼类对产卵场环境要求并不严格，符合产卵条件的江段分布非常广泛，产卵场分布零散，几乎遍布整个宽谷江段。一般随着温度上升，鱼类从越冬场上溯至浅水区索饵，达到繁殖水温后，即上溯至就近符合条件的水域繁殖，繁殖时虽有集群的习性，但繁殖亲鱼并不集群过大，不会形成特别集中、规模庞大的产卵场。而且，由于宽谷段堆积物深厚，河床并不很稳定，产卵场的位置也不是固定不变的，往往洪水季节过后，河道就会发生改变，到来年鱼类繁殖季节时，原有产卵场由于环境条件改变，鱼类不再来此繁殖，也会形成新的产卵场。

从区系成分上来看，保护区鱼类主要由鲤科的裂腹鱼亚科、鳅科的条鳅亚科中的高原鳅属和鮡科组成，它们均为典型的冷水性种类，长期的生态适应和演化，使其具有抵御极低水温环境的能力，因而能在低温环境中顺利越冬。枯水期水量小，水位低，鱼类进入缓流的深水河槽或深潭中越冬，这些水域多为岩石底质，冬季水体透明度较高，着生藻类等底栖生物较为丰富，为其提供了适宜的越冬场所。预计在保护区内每年3月份后，随着水温升高，河川径流量逐渐增大，鱼类开始“上溯”索饵。区内主要经济鱼类多以着生藻类、底栖动物等为主要食物，浅水区光照条件好，砾石底质适宜着生藻类生长，往往是鱼类索饵的场所。拉萨裂腹鱼、异齿裂腹鱼、巨须裂腹鱼、双须叶须鱼和黑斑原鮡多在水流浅急的砾石滩索饵，而拉萨裸裂尻鱼多在水流平缓的曲流和洄水湾索饵。尖裸鲤为凶猛性鱼类，因此，也多在洄水湾以及急流滩下鱼类较多的深水区捕食，这些水域一方面是溯滩鱼类栖息场所，另一方面也是拉萨裸裂尻鱼等中、小型个体较为集中的水域，其饵料资源丰富，所以尖裸鲤往往与拉萨裸裂尻鱼协同分布。

(4)保护区鱼类资源综合分析

1)鱼类种类组成总体变化不大

保护区雅鲁藏布江和尼洋河干、支流现已知分布有土著鱼类12种,包括被列为西藏一级保护动物和《中国濒危动物红皮书》的尖裸鲤。保护区范围内鱼类种类组成变化不大,各水域均保持较好的鱼类物种多样性。

2)鱼类资源量下降明显

调查区域海拔高,温度低,鱼类生长发育缓慢,一般500g左右个体的鱼类需要7~8年生长,其资源量增长缓慢,很容易由于过度捕捞遭到破坏,而且资源的恢复非常困难。

近年来,由于消费需求量增大,特别是活鱼运输通道的开通,林芝鱼已开始销往一些大城市,市场进一步扩展,刺激了渔民的捕捞积极性,渔民数量增加,捕捞技术和工具不断改进,捕捞强度迅速增加。保护区捕捞的渔产品不管多少,几乎不愁销路。据渔民反映,近三年渔产量下降了约50%,但价格上升,收入倒没有下降。捕捞主要集中在人口集中和经济相对发达的地区,如林芝、工布江达等。

保护区渔获物在20世纪70年代末平均个体重在500~1 000g/尾。本次统计分析的结果表明,渔获物平均个体重在150~800g/尾,渔获物个体小型化趋势较为明显。特别是鮡科的黑斑原鮡,资源量下降很快,黑斑原鮡原来在林芝还有一定产量,现在已很难捕到,主要分布河段缩小为尼洋河支流巴河及其汇口河段,当地市场价已经上涨到300元/kg,而且经常有价无货。

3)外来物种入侵加速

调查发现了鲤、鲫2种外来种,据当地渔民反映,目前雅鲁藏布江中游还有草鱼、泥鳅等外来种,人工养殖的鲢、鳙等种类也可能从沿河的鱼塘扩散到天然水域中。目前,适应性较强的鲤、鲫等种类已经在保护区内的林芝县形成了自然种群,外来种已经占当地鱼类物种数的一定数量,外来种入侵的现象已经非常严重。

4)鱼类资源保护压力增大

林芝地区是西藏的风景旅游胜地,近年来大力发展旅游业,随着旅游业的不断发展,流动人口增多,并且仍将持续增加。加上西部开发政策的实施,工农业生产将会有较大发展,水质环境的压力增大。

5)鱼类资源需要在保护的基础上合理利用

鱼类资源是保护区生物多样性的重要组成部分,保护鱼类资源对维持区内的生物多样性具有重要意义。同时,鱼类资源也是人类可利用的可再生资源,适度的利用能提高水体生物生产力,而且对鱼类种群的自我发展也是有益的。因此,为有效地保护区内的鱼类资源,应严格控制保护区周边地区经营与鱼类有关的餐饮业。同时,严格执法,对各种非法捕鱼及在禁渔期捕鱼的活动严加制止。

第四节　两栖爬行动物

一、藏东南两栖和爬行类研究历史

关于西藏两栖爬行动物的考察，自 19 世纪以来就先后有报道。最早的考察者有 Gray(1844)、David(1872)、Blanfor(1876)、Bedriage(1898)等，之后又有 Boulenger(1905)、Annandale(1912)、Despex(1913)、Procter(1922)等。记载最多的要数 Annandale(1912)，其所记载的两栖爬行动物中有 25 种分布于墨脱南部。

1950 年后，中国科学院于 1972 年专门制订了《青藏高原 1973～1980 年综合科学考察规划》，要求对整个青藏高原进行比较全面的考察。随后，1973 年由中国科学院成都生物研究所和西北高原生物研究所组成的西藏考察队对西藏的两栖爬行动物进行了第一次大规模的考察，此次考察历时大约 4 年。此后，1982～1983 年中国科学院成都生物研究所赵尔宓和李胜全又对南迦巴瓦地区进行了两栖爬行动物考察，共采集到 500 余号标本。1998 年中国科学院昆明动物研究所饶定齐参加雅鲁藏布江漂流探险队，对西藏的两栖爬行动物进行了考察。2004 年沈阳师范大学两栖爬行动物多样性研究课题组对西藏东部和南部进行了考察。2007 年北京大学组织专家对藏东南地区开展了生物多样性快速评估，涉及两栖和爬行类。这一系列的考察活动，产生了许多重要的论文和成果，对全面了解和研究西藏的两栖爬行动物提供了丰富的资料。

二、物种组成及区系

此次调查共采集到两栖爬行动物标本 200 余号，经鉴定分属于 8 种，其中两栖动物 1 种，爬行动物 7 种。参考已有的考察报道，本次调查的区域内另有 2 种两栖动物和 1 种蜥蜴没有采集到标本。因此，到目前为止，调查范围内共有两栖爬行动物 11 种，其中两栖动物 3 种，爬行动物 8 种(详见附录 6)。分述如下：

1. 察隅烙铁头蛇 *Ovophis monticola* (Jiang,1977)

头呈三角形，与颈区分明显，躯体较粗短，尾短。头背都是小鳞。尾下鳞大多数为单行，仅个别成对。左右眶上鳞相隔 8～9 枚小鳞；颊鳞 1 枚，介于鼻鳞与上枚窝上鳞之间；眼小，瞳孔直立椭圆形；眶后鳞 2 枚，位于眼后上角，眶后下鳞为数枚较小鳞片，自眼后下角沿眼下延伸至眼前下角与窝下鳞相接。上唇鳞 9 枚，第一枚较小，与鼻鳞以鳞沟完全分开；第二枚高，入颊窝构成颊窝前鳞；第三枚最大；第四枚位于眼正下方，与眶下鳞相隔 2 行小鳞；其余数枚较低而略长。下唇鳞 10，前 2 枚接颔片；颔片 1 对，其后尚有 5 对小鳞，对称排列，背鳞 25—23—19，中段中央 21 行具棱。腹鳞 173～177。肛鳞完整。尾下鳞 53～58。头背及头侧黑褐色，正背有两行略成方形的、左右交错排列的深棕色或黑褐色大斑。腹面黄白色，散有深棕色细点，在每一腹鳞上往往集结成若干粗大斑块，各腹鳞的斑块前后交织成网纹。可能以小型兽类为食。产卵繁殖。

察隅烙铁头蛇是我国学者江耀明依据察隅标本命名，最先被作为山烙铁头蛇的一亚种 *Trimeresurus monticola zayuensis*（= *Ovophis monticola zayuensis*）（赵尔宓和江耀明，1977）。赵尔宓（1995）认为它具有很多特征与山烙铁头蛇指名亚种差别较大，从而将察隅亚种上升为种。最近，Malhotra et al.（in press）基于形态分析和分子系统学研究，提出察隅烙铁头蛇是一个有效种，山烙铁头蛇贡山亚种实为察隅烙铁头蛇的同物异名。

在西藏，该蛇采集于 1 500m 以上的林地以及耕地。

目前在西藏仅发现于察隅、林芝及墨脱。国内也分布于云南（贡山）。

2. 颈槽蛇 *Rhabdophis nuchalis*（Boulenger，1891）

通体背面橄榄绿，杂以绛红，鳞间皮肤黑色；躯尾腹面砖灰色。背鳞中度起棱。外翻半阴茎“Y”型，通体被刺，刺小而硬，钩形。精沟向心式，到两叶顶。该特征与张服基等的描述基本一致。上唇鳞 6，第 3、4 枚与眼眶接触，下唇鳞 8，个别一侧为 9，眶后鳞 3，眶前鳞 1，颊鳞 1。颞鳞 1＋1/1＋2。腹鳞 148～154，尾下鳞 52～57 对，肛鳞完整或者分裂。背鳞 15－15－15。头体长 400～560mm，尾长 100～143mm。

生活于 1 500m 以上的山区，林地、路边、草丛石堆、耕作地等地均有发现。集于林芝县鲁郎镇林区道路上。

主要分布于林芝和察隅。国内还分布于四川、广西、湖北、陕西、甘肃、贵州、山西、云南。

3. 黑线乌梢蛇 *Zaocys nigromarginatus*（Blyth，1854）

大形无毒蛇，通身绿色，体后段有 4 条黑色纵线达尾尖。头背黄绿色无斑，上唇缘及口角黄色，腹面浅黄绿色。全长可达 2m 以上。眼大，瞳孔圆形；颊鳞 1；眶前鳞 1，另有眶前下鳞 1，眶后鳞 2；颞鳞 2＋2；上唇鳞 3－2－3 式；下唇鳞 10，前 5 枚接前颔片；颔片 2 对，前对小于后对，前对左右相接，后对后半或三分之一为小鳞相隔。背鳞 16－14－14 行，中央 6 行棱强；腹鳞雄 189～195、雌 201～205；肛鳞二分；尾下鳞雄 131～138 对，雌性 106～124 对。

主要活动于海拔 1 500m 以上的农耕地和林区。

西藏分布于墨脱、察隅、林芝。国内还见于四川、云南。国外分布于印度、尼泊尔、锡金、缅甸、泰国、越南、马来西亚、印度尼西亚、菲律宾。

4. 大眼斜鳞蛇指名亚种 *Pseudoxenodon macrops macrops* (Blyth, 1854)

本次调查仅获得1号标本。以下描述主要依据赵尔宓等(1999)。

头长椭圆形,头颈区分明显。眼大,吻钝,体全长可达1 000mm左右。颊鳞1;眶前鳞1,眶后鳞3;颞鳞2+2;上唇鳞8,3-2-3式;下唇鳞8~9,第一对在颏鳞后相接,前5或4对接前颔片;颔片2对。背鳞19-17-15行,除最外行外其余均具棱,脊鳞两侧各数行鳞窄长,斜向排列;腹鳞170~172;肛鳞二分;尾下鳞73对。上颌齿每侧19~22+2枚,最后2枚较大。该种不同地区的色斑变化较大。指名亚种的特征是头背黄褐无斑,头腹白色无斑;上、下唇黄白色;部分鳞沟色黑。体尾背面鳞片棕褐,各鳞边缘或局部或黑或白或红,织成复杂的花纹,颈背一般都有一个粗大的黑色箭斑,其后是正背数十条略带白色的横斑。腹面白色,每一腹鳞不规则散布着或长或短的黄褐色斑,相互组合成大黄褐色斑。

食物以蛙类为主。卵生繁殖。

本亚种在西藏的墨脱和林芝有分布记录。国内尚分布于四川和云南。国外分布于缅甸、尼泊尔、泰国、越南、印度东北部（阿萨姆、大吉岭)。

5. 温泉蛇 *Thermophis baileyi*(Wall,1907)

中等大小,无毒蛇,体全长雄性达715mm,雌性达863mm。头颈区分明显,头背灰绿色,躯干及尾背面橄榄绿色,有三行暗褐色块斑,当中一行最大。腹面浅黄色。背鳞两外侧缘灰绿,构成数条深浅相间的细纵纹。眼后有一灰色浅纹起自下枚眶后鳞,经第7、8两上唇鳞上缘斜向口角,向后延伸与体侧纵纹相连。

吻鳞略呈三角形,背面可见;瞳孔圆形;眶前膦2,个别为1;眶后鳞3或2;颊鳞2+3,个别2+2;上唇鳞3-2-3;下唇鳞8-12。前额鳞较大,扩展至头两侧,或纵分为二,或与颊鳞愈合;颊鳞变异较大,为0-2枚。背鳞19-19-17,雄性均具棱,雌性最外一行平滑。腹鳞雄性206~210(平均209),雌性207~217(平均216),肛鳞二分;尾下鳞单行或成对,雄性108~118(平均112),雌性101~109(平均105)。

该蛇为西藏高原特有蛇类,分布于海拔4 000m左右。2004年刘少英和赵尔宓报道在四川理塘发现温泉蛇。之后郭鹏等(2009)结合形态比较和分子系统学研究结果,认为分布于四川理塘的种群有别于西藏种群,从而将四川种群命名为新种,四川温泉蛇(*Thermophis zhaoermii*)。该种在西藏高原成斑块分布,原被认为仅分布于拉萨、江孜、墨竹工卡等少数几个温泉附近。最近的研究表明,该蛇在西藏有非常广泛的分布,远不止之前所发现的几个分布点(Dorge et al., 2007)。在工布江达县，我们也在靠近河边的灌木和乱石中发现该种蛇类，而此处并无温泉，因而，是否该蛇仅局限分布于温泉附近还有待于进一步考证。西藏温泉蛇主要以高山蛙和鱼类为食。繁殖情况不详，文献记载一雌蛇怀卵6枚，卵径12mm×27mm。估计可能是卵胎生，直接产出仔蛇，并有可能是隔年繁殖一次。垂直分布范围3 960～4 800m。

分子系统学研究表明，该种蛇为目前主要分布于美洲的Xenodontine亚科蛇类在亚洲的孑遗物种。因此该种在研究蛇类的起源、进化和生物地理上具有非常重要的学术价值。

6. 拉萨岩蜥 *Laudakia sacra*（Smith，1935）

以下描述参考赵尔宓等（1999）。

雄性最大体全长达354mm，雌性达301mm。

身体壮实，背腹扁平。头略呈三角形，头长大于头宽；鼻孔较大，卵圆形，位于靠近吻端的两侧；眼大小适中，瞳孔圆形；鼓膜几与眼径等大，位于表面，圆形。吻鳞宽大于高；头背鳞片大小不一，吻背与枕背的鳞片较大而且隆起或者起棱，眶背中央者较大而且平滑。顶眼不明显，呈一小白点。头侧鼻鳞卵圆形，前端较窄，与吻鳞及第一上唇鳞相切，鼻孔位于鼻鳞中央，开口向外侧；上下眼睑被覆小鳞，眼睑游离缘鳞略呈锯齿状，眼下方有一行弧形排列的起棱鳞片；眼后颞部鳞片较大且具棱。鼓膜上缘有一行较大棱鳞，与其上方相邻的颞部鳞片几等大，鼓膜前缘小角有2枚锥鳞。上下唇鳞8～11枚。无喉囊，有明显的肩褶，褶缘有数枚较大的刺鳞。颈背中央有一行低矮的刺鳞，形成颈鬣。躯干背面脊区鳞片较大而具棱，鳞棱相连呈纵行单不斜向中线；脊区两侧背鳞渐小，过度至体侧均匀一致的粒鳞。雄性有肛前及腹部胼胝鳞。四肢较为发达，前后肢贴体相向时指趾超越甚多，后肢贴体前伸达腋下或肩前；四肢背面被覆强烈起棱鳞片，股后缘细鳞间杂以刺鳞。尾圆柱形，基部较扁平，尾基以后被覆强烈起棱的大鳞片，排列成环，尾腹每3环组成一节。

生活于裸露的岩石和石墙上，白天活动，人接近时昂首注视，受到追捕时迅速躲入石缝中。杂食性，卵生。

西藏特有。目前已知分布范围大致在拉萨以东、南迦巴瓦上以西，包括林芝、米林、郎县。

7. 吴氏岩蜥 *Laudakia wuii*（Zhao，1998）

以下描述参见赵尔宓等（1999）。

身体壮，背腹扁平。头略呈三角形，头长大于头宽；鼻孔较大，恰在吻鳞之下，卵圆形；眼大小适中，瞳孔圆形；鼓膜位于表面，膜径稍小于眼径，椭圆形。头背鳞片大小不一。鼻孔位于鼻鳞中央，开口向外侧；上下眼睑被覆小鳞；眼后颞部鳞片稍大而微棱。鼓膜上缘有一行较大棱鳞，远大于其上方相邻的颞部鳞片，鼓膜前缘有一竖行较大鳞片，其中最下一枚特大呈锥形。上下唇鳞每侧 8～11 枚。无喉囊，有不太发达的肩褶，肩褶前端有 1～2 枚略大的刺鳞。颈背中央有一行刺鳞，形成颈鬣。躯干背面脊区鳞片略大而具棱，鳞棱相连成纵行而不斜向中线；脊区两侧鳞片立即过渡为体侧的细鳞。四肢适中，前后肢贴体相向时指趾超越甚多，后肢贴体前端达腋下或肩前；四肢背面被覆强烈起棱鳞片，上臂外侧鳞棱尤强，骨后缘细鳞间杂以刺鳞。尾圆柱形，基部较扁平，尾基以后被覆强烈起棱的大鳞片，排列成环，尾腹每 3 环成一节。

生活于裸露的岩石和石墙上，白天活动，人接近时昂首注视，受到追捕时迅速躲入石缝中。杂食性，卵生。

西藏特有，在波密、墨脱、林芝等地均有分布。

8. 西藏沙蜥 *Phrynocephalus theobaldi*（Blyth，1863）

此次考察没有采集到该种，以下描述主要依据胡淑琴(1987)。

背面灰色，具带黑色或浅色镶黑边的小眼状斑；间杂的黑色锥鳞丛，在背部两侧略成两纵行。四肢和尾背具黑斑点或黑横斑；腹面白色，常有黑斑点。雄性咽部、腹中线及尾下黑色；雌性尾末端线面橘黄色。

吻端向外倾斜，鼻鳞较大，鼻鳞开口向前外侧，两鼻鳞间相隔 1～3 枚鳞；前额突出，具扩大而突出的鳞片，枕部鳞片较大；有 2～4 行扩大的鳞片与下唇鳞平行排列。背脊部鳞片扩大，扁平而略呈覆瓦状排列，两侧鳞较小，呈颗粒状；胸部鳞片小而平滑，不突出，显著小于腹部鳞片，腹部鳞片几等大，平滑。四肢表面鳞片平滑；指趾较短，具有起棱的指趾下瓣，第三、四趾外侧具微弱而显著的锯齿缘；后肢贴体前伸达腋下或肩前。尾基部背腹扁平，尾成圆柱形，末端钝，其上覆以平滑鳞片。

生活于荒漠或半荒漠地带，多见于长有旱生灌丛的沙地中。以小型昆虫及其幼虫为主要食物，兼食少量植物的叶和花。卵胎生。

分布于拉萨、日喀则、米林、朗县等地。

9. 高山蛙 *Nanorana parkeri*(Stejneger，1927)

头宽略大于头长，吻端钝圆，略突出于下唇；吻棱钝，鼻间距大于眼间距而小于上下眼睑宽；瞳孔圆形，无鼓膜及鼓环；一般无犁骨齿，即使有也较为细弱；舌椭圆形，后端缺刻大。前肢短，前臂及手长不及体长一半；指较长而浑圆，指端略圆；第一、三指几等长，长于第二、四指；关节下瘤小，但明显；内掌突显著，外掌突小或不明显。后肢较短，胫跗关节前达肩部或颞部，左右跟部仅相遇或略重叠；足长大于胫长；趾端略尖细，第三、五趾几等长，达第四趾第二关节下瘤；趾间蹼较发达，除第二、三、四趾内侧以缘膜达趾端外，蹼均达趾端，蹼缘缺刻较深；外侧蹠间具微蹼；关节下瘤小而清晰，内蹠突小，有游离刃，无外蹠突。皮肤粗糙，头部较光滑，仅两眼前角间有一突起灰白色点，上眼睑有分散的小刺疣，背部有长短不一的窄长疣粒，断续排列成较为规则的有 6～10 行，上面一般有密集的小白刺；腹面皮肤光滑，仅肛周缘有浅色小疣，繁殖期雄蛙胸部有一对密集的小刺团。生活时背面多为橄榄棕色，其上有深棕或者黑褐色的斑纹，一般与纵行的小白刺相吻合；腹面土黄色或者灰白色。雄性前肢粗壮，第一、二指上有显著的棕黑色婚垫，胸部有一团"八"字形的棕色小刺团，无声囊和雄性腺。

栖息于青藏高原 2 850～4 700m 的湖泊、水塘、沼泽地带及山溪、河流附近。

10. 林芝齿突蟾 *Scutiger nyingchiensis* (Fei, 1977)

此次调查没有采集到林芝齿突蟾，以下描述依据胡淑琴等(1987)。

体型窄长；雄性体长最大达 64mm，雌性达 69.6mm；头长略小于头宽；头较扁平，吻端钝圆，吻棱显著，鼻孔位于吻眼之间，瞳孔纵置；颞褶厚而隆起，无骨膜；内鼻孔大，无犁骨齿；舌大，梨形，后端微缺，咽鼓管孔小。前肢较长而粗壮，前臂及手长几为体长之半。指段较细略成球形；第一、二指几等长，略短于第四指；无关节瘤；掌突二，平扁，内者大，外者小。胫跗关节前达肩前部，胫比足短；左右跟部不相遇，趾较宽扁，具缘膜，第一、二趾外侧半蹼，第三趾外侧及第五趾内侧蹼约为趾长的 1/3，第四趾约为 1/5 蹼；趾末节细，趾端钝圆；蹠趾腹面光滑，内蹠突窄长，无外蹠突。皮肤粗糙，背部满布长短大疣。一般背中线疣较短圆，背两侧疣较长，隐约成行，其上有大黑刺 1～7 枚。头背面较光滑或有扁平小疣，疣上多无细刺；头侧和下唇缘有小黑刺；四肢背面有大小刺疣，尤以胫部较多；上臂疣大而扁平，满布细密小刺；雌性疣上无刺。腹面光滑；前肢及股部腹面有浅色疣；肛周围及股后浅色疣粒较多，肛两侧斜上方各有一大疣，无股后腺。雄蟾胸腺一对，一般相距较远，胸侧腋腺略小，胸腺大，腺体上都有细密棕黑色刺。生活时背面暗灰橄榄色，吻棱、颞褶下方及两眼间的三角斑褐黑色，有的不显。体侧色略浅，前臂及胫部黑褐色横斑不规则。胸腹部黄色带绿。

卵群多呈"凹"字形，有卵 1 000 枚左右；动物极浅灰白色，植物极乳白色。蝌蚪体型中等大小。

栖息于海拔 2 730～4 500m 的山区较平缓流溪内石下，有的栖息于倒木下。

西藏特有，分布于林芝、波密、米林和朗县。

11. 西藏齿突蟾 *Scutiger boulengeri* (Bedriaga, 1898)

此次调查没有采集到西藏齿突蟾，以下描述依据胡淑琴等(1987)。

体长而扁；雄性体长 48.3～58.9mm，雌性 56.3～67.7mm；头长略小于头宽，约为体长的 1/3；头较扁平，吻端圆，吻棱不显，鼻孔位于吻眼之间，眼大小适中；无鼓膜；舌长梨形，后端游离，多无缺刻，咽鼓管孔小。前臂及手长不到体长之半。指细长，第一、二指几等长，略短于第四指，指端球状；关节瘤不明显；掌突二，平扁。后肢短，左右跟部不相遇，胫长为尾体长的38%左右，足比胫长；趾端球状，无关节下瘤；第一趾外侧蹼达趾端，第二趾外侧2/3蹼，第三趾外侧及第五趾内侧趾蹼达1/2或略超过，第四趾1/3至1/2蹼。皮肤粗糙。头部较为光滑，雄性背部布满大小刺疣，上下唇缘、上眼睑、颞褶及其下方有分散的小黑刺；四肢背面刺疣较小，而上臂刺疣较大，肛部周围有较大的扁平疣。雌性各部游粒无刺。雄蟾胸腺一对，胸侧腋腺略小；雌性腋腺大而无刺。无股后腺。生活时背面灰橄榄色，一般两眼间有一褐色三角斑；四肢背面无横纹或很不显著；瞳孔纵置，周围金黄色，有棕色小点。

卵群呈团块状，有卵380枚左右；卵径3mm左右；动物极浅紫灰色，植物极乳白色。蝌蚪体型中等大小，唇齿式变化较大。

生活在2 700～5 100m的小山溪或泉水流溪尽源处石下或者石头间隙内，或在大中型流溪缓流处岸边石下，以及海拔高达5 000m左右的古冰川湖边，所在环境一般植被稀少。

广泛分布于西藏中部、东部、东南部和南部。

上述物种主要采集于保护区内或文献记载在保护区内有分布。此外，根据文献记载和我们的调查，在保护区周边地区还存在一些物种，包括莱花原矛头蝮、缅北原矛头蝮、南峰锦蛇。估计这些物种在保护区内也应有分布。

三、国家重点保护及珍稀濒危物种

在上述11种两栖爬行动物中，有6种属于中国特有物种，它们是：西藏齿突蟾、林芝齿突蟾、拉萨岩蜥、吴氏岩蜥、察隅烙铁头蛇、西藏温泉蛇。除高山蛙外，其余10种均被列入《中国物种红色名录》(汪松和解焱，2004)：西藏齿突蟾、林芝齿突蟾、拉萨岩蜥、吴氏岩蜥、察隅烙铁头蛇、西藏温泉蛇、颈槽蛇、大眼斜鳞蛇、黑线乌梢蛇、西藏沙蜥。黑线乌梢蛇和西藏温泉蛇被列入《中国濒危动物红皮书——两栖类和爬行类》(赵尔宓等，1998)。另外，西藏温泉蛇被IUCN RL 2003年列入易危。

四、生态和保护

根据此次采集并结合已有的调查来看，研究区域内的两栖爬行动物主要以爬行动物为主，占已知种类的73%，而两栖动物仅占27%。这种分布状况与调查区域内的生态环境具有直接的关系。区域内主要为高山峡谷，溪沟、池塘等较少，虽然有河沟，但水流湍急，不适宜于大多数两栖动物生存。因此，该区域内的两栖动物种类仅有3种，明显比其余地方的物种多样性低。在我们所调查的区域，高山蛙是一优势物种，不仅分布范围广，而且种群数量大。该种主要栖息于海拔2 850～4 700m的湖泊、水塘、沼泽地带以及山溪和河流附近。在调查期间，我们在其栖息环境中随处可以见到大量的蝌蚪和其成体。

在此次调查中我们发现，以色季拉山为界，在山的东面，爬行动物种类明显增加，主要表现在蛇类种类的增加，共有4种蛇类在此区域分布。而在山的西面，仅有西藏温泉蛇分布。另外，在色季拉山的东面和西面还分别分布有种群数量较大的两种爬行动物，即拉萨岩蜥（*Laudakia sacra*）和吴氏岩蜥（*Laudakia wuii*）。两种蜥蜴的生态环境相似，主要分布于海拔2 100～4 100m之间，多于晴天上午10时后出洞，在悬崖峭壁或石块表面碎石间活动，人接近则昂首注视，追捕时，则寻机躲入附近的石缝中。拉萨岩蜥主要分布在色季拉山的西面，在米林、朗县等一带的沿河山坡、灌丛和乱石中活动。而吴氏岩蜥主要分布在色季拉山的东面（包括易贡），在雅鲁藏布沿河的乱石中数量较多。在朗县和米林一带，有居民捕捉作为药物。

在考察范围内，居住的主要是藏族居民，他们与生俱来对蛇、蛙惧怕，特别是有不杀生的信念，使得他们一般不捕杀蛇蛙，更不会食用蛇类。同时这个地区目前均属于保护区范围，环境保护相对较好，就目前的情况而言还不足以对物种的生存环境和生物多样性造成危害。

第五节　鸟类

一、藏东南鸟类考察历史

历史上，西藏地区颇得动物学家、博物学家关注。西藏地区在地理上的特殊性决定了其境内鸟类物种的多样性、独特性和区系的复杂性。在1950年以前，由于种种原因，西藏地区的鸟类调查由西方人主导。这一时期前往西藏考察的西方科学家，大多只涉足藏南一带，并发表了不少论文（Bailey，1914，1915；Hingston，1927；Battye，1935；Kinnear，1938，1940；Maclaren，1947；Ludlow，1927～1951等）。这些报道涉及了雅鲁藏布江流域、亚东到江孜一线、珠穆朗玛峰周边、藏东南波密、康马、拉萨等地。在此基础上，Vaurie（1972）编写了《Tibet and its birds》一书，对西藏自治区、青海以及毗邻地区的鸟类进行了小结。

另外，尚有一些主要在横断山区从事考察活动的西方博物学家，也曾经从四川、云南方向进入藏东南地区进行过考察，如1896～1901年和1911～1939年，沃德（美）曾经先后16次赴横断山区，其中多次涉足藏东南地区；1901～1939年，Fremsted（英）多次赴滇西、滇西北及藏东南。

我国对西藏鸟类的调查是在1950年后，自1959年开始，国家就组织科学考察队对青藏高原进行多学科的科学考察，这其中也包括鸟类调查。在1977年以前，共计组织涉及鸟类调查的考察活动 13 次，其中共有 7 次涉及藏南、藏东南地区。情况如下：

1960 年到 1961 年，中国科学院西藏综合科学考察队，考察路线涉及林芝、波密。

1966 年到 1967 年，中国科学院西藏科学考察队，考察路线涉及樟木、聂拉木。

1973 年，中国科学院青藏高原综合科学考察队，考察路线涉及波密、察隅、林芝。

1973 年，西藏考察队，考察路线涉及察隅、林芝、墨脱、芒康。

1975 年，中国科学院青藏高原综合科学考察队，考察路线涉及亚东、聂拉木。

1976 年，中国科学院青藏高原综合科学考察队（昌都分队），考察路线涉及芒康。

1977 年，西藏鸟类补点考察，考察路线涉及亚东、墨脱、然乌、芒康。

期间，也涉及了保护区工布江达县、林芝县，发表论文《西藏东南部地区的鸟类》（李德浩等，1978）。

此外，在 1979 年至 1982 年期间，西北高原生物所也在藏东南地区进行过鸟类调查。中国老一辈科研工作者如沈孝宙、张遒治、钱燕文、冯祚建、马莱龄、李德浩、王祖祥、江智华、梁军、王子玉、卢汰春等参加了野外考察，老一辈鸟类学家郑作新、杨岚等从事了大量标本鉴定工作。在以上工作的基础上，出版了《西藏鸟类志》（中国科学院青藏高原综合科学考察队，1983），列有西藏鸟类 473 种，另 98 亚种，分别隶属于 19 目 57 科，包括 2 个新亚种、8 个种和 50 个亚种的西藏自治区新记录，及 2 个种和 27 个亚种的国内新记录。中国科学院青藏高原综合科学考察队在 1981～1985 年对横断山地区鸟类的调查，也包括了对藏东南芒康等地鸟类的考察。历次考察情况如下：

1982 年 5 月～9 月，中科院昆明动物所，考察路线涉及左贡、芒康。

1983 年 6 月～9 月，中科院动物研究所，考察路线涉及芒康、察瓦龙。

在以上工作的基础上，出版了《横断山区鸟类》（唐瞻珠等，1986），列有横断山区鸟类 585 种，另 55 亚种，分别隶属于 19 目 61 科。《横断山区鸟类》中对藏东南地区鸟类的论述，是对《西藏鸟类志》的补充，丰富了学术界对这一地区鸟类多样性的认识。

在以上工作之外，中国科学院还在 20 世纪 90 年代初组织了对雅鲁藏布江大拐弯地区的综合科学考察；组织了对南迦巴瓦峰的综合考察，出版了《南迦巴瓦峰登山科学考察丛书》（中国科学院登山科学考察队，1993），对保护区及周边区域的鸟类也进行了调查。

西藏自治区的高等教育和相关基础科学研究工作在建国后实现了长足发展。80 年代以来，自治区各级单位同国内其他科研院校一道，对区内的鸟类也进行了一些考察工作。其中涉及藏东藏南地区的工作包括西藏师范学院在保护区内米林县的鸟类调查（刘少初，1983）；1986 年至 1991 年西藏林业勘查研究所等单位开展的西藏鸟类考察；1990 年以来西藏自治区高原生物研究所组织的雅鲁藏布江中游河谷谷地越冬黑颈鹤(*Grus nigricollis*)研究(仓曲卓玛等,1994);西藏林业局对西藏野生鸟兽资源评估(朴仁珠等,1992);西藏农牧学院农学系对西藏珍稀野生动物资源与分布的研究(王建林,1997);2002年西藏自治区计委也主持了西藏自治区藏西藏南资源综合调查等。

《中国鸟类野外手册》(马敬能,2000)和《中国鸟类分类与分布名录》(郑光美,2005),对西藏地区的鸟类分布情况也有所涉及。

自20世纪90年代末以来,每年有越来越多的国内外观鸟者也进入到西藏地区从事观鸟旅游活动。旅行路线大多在鸟类资源丰富、自然条件较好的藏东南地区。观鸟活动的开展亦为西藏地区的鸟类调查提供了持续的动力,也使得越来越多的鸟类年度动态信息能够被搜集和关注。

2007年9～11月和2008年5～6月,由CEPF资助,北京大学熊猫与野生动物保护研究中心主持的西藏东南部地区的生物多样性快速评估,涉及了林芝、波密、察隅、墨脱4县,进一步丰富了该区的鸟类多样性信息。

二、物种组成及区系

2007年至2009年,我们共分3次对保护区及周边地区的鸟类资源进行了调查。主要采取样线调查、样方调查和访问调查相结合的方式,对保护区内不同区域、不同生境、不同海拔带的鸟类多样性、群落结构及居留情况进行了调查。调查路线主要涉及保护区内雅鲁藏布江及尼洋河水系,林芝鲁朗一色季拉山、八一镇、东久乡、布久乡,工布江达县错高乡、仲莎乡及县城附近,米林县南伊乡、里龙乡、卧龙镇、扎西绕登乡、米瑞乡、朗县的金东乡等地。

1.种类

通过野外实地调查,结合历史资料,确认保护区共有鸟类220种。

根据《中国鸟类分类与分布名录》(郑光美,2005)所用分类体系,保护区的220种鸟类分属于14目48科,详见附录7。其中非雀形目鸟类84种,占总种数的37.27%,雀形目鸟类156种,占62.73%。各目、科所含种类及比例见表5-8。

从物种的居留类型来看,保护区有留鸟131种,占总种数的59.55%;夏候鸟46种,占20.91%;冬候鸟22种,占10%;旅鸟21种,占9.55%。保护区鸟类以留鸟为主,约占总种数的2/3,夏候鸟、冬候鸟和旅鸟所占比例较小。这种居留类型结构体现了保护区内的鸟类是以长期居留在该区域的留鸟为主,夏候鸟、冬候鸟、旅鸟季节性进入该保护区内繁殖、越冬或迁徙时经过该区域作短暂的停留休息和食物补充。

表 5-8 保护区鸟类各目的科、种所占比例

目	所含科数	科数比例(%)	所含种数	种数比例(%)
鹳鹏目 Ciconiiformes	1	2.04	1	0.45
雁形目 Anseriformes	1	2.04	13	5.91
隼形目 Falconiformes	3	6.12	17	7.73
鸡形目 Galliformes	1	2.04	10	4.55
鹤形目 Gruiformes	2	4.08	2	0.91
鸻形目 Charadariiformes	5	10.20	17	7.73
鸽形目 Columbiformes	1	2.04	4	1.82
鹦形目 Psittaciformes	1	2.04	2	0.91
鹃形目 Cuculiformes	1	2.04	3	1.36
鸮形目 Strigiformes	1	2.04	2	0.91
雨燕目 Apodiformes	1	2.04	2	0.91
戴胜目 Upupiformers	1	2.04	1	0.45
䴕形目 Piciformes	1	2.04	8	3.64
雀形目 Emberizidae	29	59.18	138	62.73

从鸟类目级分类阶元看，以雀形目鸟类占绝对优势，含 29 科 138 种，占科的 59.18%，占种的 62.73%；鸻形目次之，含 5 科 17 种，占科的 10.2%，占种的 7.73%；隼形目 3 科 17 种，占科的 6.12%，占种的 7.73%。另外，雁形目 1 科 13 种，占科的 2.04%，占种的 5.91%；鸡形目 1 科 10 种，占科的 2.04%，占种的 4.55%；䴕形目 1 科 8 种，占科的 2.04%，占种的 3.64%；鹤形目 2 科 2 种，占科的 4.08%，占种的 0.91%；其他的目都只含 1 科，种类也很少。详见表 5-9。

表 5-9 保护区鸟类各科所含种数及所占比例

科 名	种 数	所占比例(%)
鸬鹚科	1	0.45
鸭科	13	5.91
鹗科	1	0.45
鹰科	12	5.45
隼科	4	1.82
雉科	10	4.55
鹤科	1	0.45

（续表）

科名	种数	所占比例（%）
秧鸡科	1	0.45
鹮嘴鹬科	1	0.45
鸻科	5	2.27
鹬科	8	3.64
鸥科	2	0.91
燕鸥科	1	0.45
鸠鸽科	4	1.82
鹦鹉科	2	0.91
杜鹃科	3	1.36
鸱鸮科	2	0.91
雨燕科	2	0.91
戴胜科	1	0.45
啄木鸟科	8	3.64
百灵科	3	1.36
燕科	3	1.36
鹡鸰科	6	2.73
山椒鸟科	2	0.91
鹎科	1	0.45
伯劳科	1	0.45
卷尾科	1	0.45
鸦科	11	5.00
河乌科	2	0.91
鹪鹩科	1	0.45
岩鹨科	3	1.36
鸫科	24	10.91
鹟科	6	2.73
扇尾鹟科	1	0.45
画眉科	19	8.64
鸦雀科	2	0.91
莺科	17	7.73

(续表)

科 名	种 数	所占比例(%)
戴菊科	1	0.45
绣眼鸟科	2	0.91
长尾山雀科	1	0.45
山雀科	6	2.73
鳾科	1	0.45
旋壁雀科	1	0.45
旋木雀科	2	0.91
花蜜鸟科	1	0.45
雀科	3	1.36
梅花雀科	1	0.45
燕雀科	15	6.82
鹀科	1	0.45

从科一级分类阶元看，鸫科鸟类种类最多，为 24 种，所占比例为 10.91%；画眉科次之 19 种，所占比例为 8.64%；莺科 17 种，所占比例为 7.73%；燕雀科 15 种，占 6.82%。这四科共 75 种，占保护区鸟类总种数的 1/3 左右，在该区鸟类组成中占据重要位置。其余 45 科，占保护区鸟类总种数的 2/3 左右。

调查确认保护区有鸟类 220 种，野外观察到 156 种，占 70.9%。值得注意的是，在获见的鸟类中，许多鸟类仅观察到 1～2 次，说明保护区内大部分鸟类的种群数量较小。

另外，部分种类种群数量大。在调查中，优势种经常都能见到，如灰腹噪鹛(*Garrulax henrici*)、灰背伯劳(*Lanius tephronotus*)、戴胜(*Upupa epops*)、白鹡鸰(*Motacilla alba*)、红尾水鸲(*Phoenicurus fuliginosus*)、白顶溪鸲(*Chaimarrornis leucocephalus*)、红嘴山鸦(*Pyrrhocorax pyrrhocorax*)、大嘴乌鸦(*Corvus macrorhynchos*)、白颈鸫(*Turdus albocinctus*)、大山雀(*Parus major*)、普通鳾(*Sitta europaea*)、麻雀(*Passer montanus*)、普通朱雀(*Carpodacus erythrinus*)、红眉朱雀(*C. pulcherrimus*)、白眉朱雀(*C. thura*)、灰眉岩鹀(*Emberiza godlewskii*)、黑鸢(*Milvus migrans*)、藏马鸡(*Crossoptilon harmani*)、大紫胸鹦鹉(*Psittacula derbiana*)、高原山鹑(*Perdix hodgsoniae*)、血雉(*Ithaginis cruentus*)、岩鸽(*Columba rupestris*)、白腰雨燕(*Apus pacificus*)、黑喉红尾鸲(*Phoenicurus hodgsoni*)、橙斑翅柳莺(*Phylloscopus pulcher*)、冠纹柳莺(*Phylloscopus reguloides*)、山斑鸠(*Streptopelia orientalis*)、灰林鵖(*Saxicola ferrea*)等。特别是灰腹噪鹛、灰背伯劳，几乎在所有调查的样线上都观察到较大的种群数量。概括起来，鸫科、燕雀科、

山雀科、雀科、莺科、鹰科、雉科、鸠鸽科、百灵科、鹡鸰科、鸫科、雨燕科等类群的鸟类容易观察到。

2.区系

根据《中国动物地理》(张荣祖,1999),保护区动物地理群处于亚热带森林、林灌、草地、农田动物群和高山森林草原、草甸草原、寒漠动物群的交汇处。

从鸟类的区系成分看,保护区有东洋界型、古北界型和广布型3种。其中东洋界型鸟类103种,占保护区鸟类总种数的46.82%;古北界鸟类89种,占40.45%,广布型鸟类28种,占12.73%(详见表5-10)。

表5-10 保护区鸟类区系成分与居留状况

区系	种数	百分比(%)	当地繁殖鸟(种)				非当地繁殖鸟(种)	
			种数	百分比(%)	留鸟	夏候鸟	冬候鸟	旅鸟
东洋界型	103	46.82	101	57.07	80	21	0	2
古北界型	89	40.45	55	31.07	37	18	19	15
广布型	28	12.73	21	11.86	14	7	3	4
总计	220	100	177	100	131	46	22	21

从鸟类的分布区类型来看,有全北型27种,中亚型2种,古北型34种,东北型8种,季风型2种,高地型16种,喜马拉雅—横断山区型73种,南中国型9种,东洋型21种,不易归类型28种(表5-11)。

表5-11 鸟类各分布型数量及比例

分布型	各分布型的鸟种数(个)	各分布型种类占总鸟种数的比例(%)
全北型	27	12.27
中亚型	2	0.91
古北型	34	15.45
东北型	8	3.64
季风型	2	0.91
高地型	16	7.27
喜马拉雅—横断山区型	73	33.18
南中国型	9	4.09
东洋型	21	9.55
不易归类型	28	12.73

由表5-11可以看出,在所有分布型中,东洋界的喜马拉雅—横断山区型73种

为最多，占保护区目前已知有分布的鸟类总种数的33.18%，古北界的古北型34种次之，占15.45%，不易归类型28种居第三，占12.73%，古北界的全北型27种居第四，占12.27%，东洋型21种居第五，占9.55%。其他类型种类相对较少。从分布型看，保护区的喜马拉雅一横断山区型占绝对优势，这与保护区地处喜马拉雅山脉东缘与横断山脉交汇的地段这样的地理位置是相吻合的。从区系成分看，东洋界和古北界种类比例接近，符合保护区地处东洋界和古北界两界交汇处的地理特征，同时，分布型有10种，具有区系复杂、分布型较多、南北成分交错混杂明显的特点。

三、分布

根据保护区地形和植被状况以及鸟类的分布特点，将保护区鸟类生境类型划分为水域、溪流及河滩地、农田一人居区、灌丛和灌草丛、阔叶林、针叶林、高山草甸等类型。

对野外实际调查到的156种鸟类的生境分布进行了统计，结果如下：

(1)水域、溪流及河滩地：主要包括保护区内的雅鲁藏布江和尼洋河流域及高山湖泊、溪流及沼泽地，该生境调查到鸟类约64种。以非雀形目鸭科、鸻科、鹬科、鸥科和雀形目鹡鸰科、河乌科、鸫科的种类为主。常见的种类有：白鹡鸰、赤麻鸭(*Tadorna ferruginea*)、绿头鸭(*Anas platyrhynchos*)、普通秋沙鸭(*Mergus merganser*)、剑鸻(*Charadrius hiaticula*)、沙锥属鸟类(*Gallinago* spp.)、鹬属鸟类(*Tringa* spp.)、河乌(*Cinclus cinclus*)、北红尾鸲(*Phoenicurus auroreus*)、红尾水鸲、白顶溪鸲、白腰雨燕、黑喉红尾鸲等。冬春季节调查发现，在工布江达县和林芝县境内的河谷地带、河流、水库、河滩、沼泽等地，以及周边收获后的青稞地和小麦地，有少量分散的黑颈鹤在此越冬，也偶见国家Ⅱ级重点保护鸟类鹗(*Pandion haliaetus*)在水边活动，或在河流、湖泊等鱼类丰富的水面上盘旋抓鱼。

(2)农耕一人居区：农耕一人居区主要分布在保护区海拔相对较低的河谷区，包括农作物、果园、房舍院落等，调查到的鸟类有48种。常见种类为麻雀、灰眉岩鹀、山斑鸠(*Streptopelia orientalis*)、戴胜、灰背伯劳、喜鹊(*Pica pica*)、红嘴山鸦、黄嘴山鸦(*Pyrrhocorax graculus*)、棕胸岩鹨(*Prunella strophiata*)、大嘴乌鸦、灰腹噪鹛、黑头金翅雀(*Carduelis ambigua*)、烟腹毛脚燕(*Delichon dasypus*)等。国家重点保护鸟类黑鸢、高山兀鹫(*Gyps himalayensis*)在该生境比较容易见到，苍鹰(*Accipiter gentilis*)、燕隼(*Falco subbuteo*)、黑颈鹤、大紫胸鹦鹉在该区域季节性见到。

(3)阔叶林：包括山杨、白桦、川滇高山栎林等落叶及常绿硬叶阔叶林等，该生境调查到的鸟类约65种。常见种有点斑林鸽(*Columba hodgsonii*)、山斑鸠、大鹰鹃(*Cuculus sparverioides*)、大杜鹃(*C. canorus*)、长尾山椒鸟(*Pericrocotus ethologus*

gus)、黄腹扇尾鹟(*Rhipidura hypoxantha*)、乌嘴柳莺(*Phylloscopus magnirostris*)、金眶鹟莺(*seicercus buerkii*)、蓝喉太阳鸟(*Aethopyga gouldiae*)、黄颈拟蜡嘴雀(*Mycerobas affinis*)。国家重点保护鸟类灰林鸮(*Strix aluco*)、绯胸鹦鹉(*Psittacula alexandri*)、大紫胸鹦鹉、雀鹰(*Accipiter nisus*)等有时见于阔叶林中。

(4)针叶林及林下灌丛:包括落叶松林、云杉、冷杉林、圆柏林、温性松林等类型,调查到的鸟类有73种。常见的有蚁䴕(*Jynx torquilla*)、灰头绿啄木鸟(*Picus canus*)、黑啄木鸟(*Dryocopus martius*)、松鸦(*Garrulus glandarius*)、星鸦(*Nucifraga caryocatactes*)、橙斑翅柳莺(*Phylloscopus pulcher*)、黄腹柳莺(*P. affinis*)、黄腰柳莺(*P. proregulus*)、冠纹柳莺、普通䴓、旋木雀(*Certhia familiaris*)、大嘴乌鸦、白眉朱雀等。国家重点保护鸟类血雉、四川雉鹑(*Tetraophasis szechenyii*)、金雕(*Aquila chrysaetos*)、松雀鹰(*Accipiter virgatus*)、雀鹰、普通鵟(*Buteo buteo*)、勺鸡(*Pucrasia macrolopha*)、藏马鸡、灰林鸮、雕鸮(*Bubo bubo*)等有时见于针叶林中。

(5)灌丛和灌草丛:包括河谷落叶阔叶灌丛、常绿针叶革叶灌丛等,调查到的鸟类有67种。常见种有戴胜、小云雀(*Alauda gulgula*)、林岭雀(*Leucosticte nimoricola*)、黑短脚鹎(*Hypsipetes leucocephalus*)、灰背伯劳、鹪鹩(*Troglodytes troglodytes*)、灰林鵖、小斑姬鹟(*Ficedula westermanni*)、橙翅噪鹛(*Garrulax elliotii*)、白颊噪鹛(*Garrulax sannio*)、大噪鹛(*G. maximus*)、锈脸钩嘴鹛(*Pomatorhinus erythrogenys*)、灰腹噪鹛、红胁绣眼鸟(*Zosterops erythropleurus*)、大山雀(*Parus major*)、灰头灰雀(*Pyrrhula erythaca*)等。国家重点保护鸟类白腹锦鸡(*Chrysolophus amherstiae*)、四川雉鹑、苍鹰、普通鵟等可见于灌丛和灌草丛中。

(6)高山草甸及高山稀疏植被:包括禾草灌草丛、高山流石滩稀疏植被、杂草草甸、嵩草草甸,调查到的鸟类有58种。常见种有大短趾百灵(*Calandrella brachydactyla*)、角百灵(*Eremophila alpestris*)、黄头鹡鸰(*Motacilla citreola*)、黄鹡鸰(*M. flava*)、灰鹡鸰(*M. cinerea*)、红嘴山鸦、黄嘴山鸦、渡鸦(*Corvus corax*)、大嘴乌鸦、寒鸦(*C. monedula*)、赭红尾鸲(*Phoenicurus ochruros*)、棕背黑头鸫(*Turdus kessleri*)、戴菊(*Regulus regulus*)、白腰雪雀(*onychostruthus taczanowskii*)、林岭雀(*Leucosticte nemoricola*)。国家重点保护鸟类胡兀鹫(*Gypaetus barbatus*)、高山兀鹫、秃鹫(*Aegypius monachus*)、普通鵟、大鵟、金雕、藏雪鸡(*Tetraogallus tibetanus*)、四川雉鹑等可见于该类生境中。

总体来看,由于植被条件巨大差异和人类活动干扰的程度不同,鸟类的种类和数量分布极不均匀。除了猛禽的活动范围广泛外,其他类群跟生境状况的关系极大。除在雅鲁藏布江沿岸和尼洋河河谷水鸟和水禽种类和数量较多,容易观察到外,其他区域水鸟和水禽的种类和数量都很少。在公路沿线鸟类的种类和数量都较少。在海拔较高的草甸和纯林中(如纯的高山松林、纯的冷云杉林内),鸟类种类

也较少。

四、国家重点保护及珍稀特有鸟类

(1)国家重点保护鸟类及分布

通过实地调查、文献记录以及访问,在保护区内共有国家Ⅰ、Ⅱ级重点保护鸟类29种,其中国家Ⅰ级重点保护鸟类4种,国家Ⅱ级重点保护鸟类25种(其分布见附图5)。

保护区内国家Ⅰ级重点保护鸟类有4种,分别为胡兀鹫、金雕、四川雉鹑和黑颈鹤,占全国Ⅰ级重点保护鸟类总种数的7.32%,占西藏自治区有分布的国家Ⅰ级重点保护鸟类总种数的23.5%。

保护区内国家Ⅱ级重点保护鸟类有25种,分别为鹗、黑鸢、高山兀鹫、秃鹫、松雀鹰、雀鹰、苍鹰、普通鵟、大鵟(*B. hemilasius*)、毛脚鵟(*B. lagopus*)、棕尾鵟(*B. rufinus*)、红隼(*Falco tinnunculus*)、灰背隼(*F. columbarius*)、猎隼(*F. cherrug*)、燕隼、藏雪鸡、血雉、勺鸡、藏马鸡、白腹锦鸡、大紫胸鹦鹉、绯胸鹦鹉、雕鸮、灰林鸮和红腹角雉(*Tragopan temminckii*),占全国Ⅱ级重点保护鸟类总种数的14.06%,占西藏自治区有分布的国家Ⅱ级重点保护鸟类总种数的50.98%。详见表5-12。

表5-12 国家Ⅰ、Ⅱ级重点保护鸟类组成表

中文名	保护等级	海拔范围(m)	栖息生境
胡兀鹫	Ⅰ	3 000～5 200	草甸、高山、岩石或悬崖
四川雉鹑	Ⅰ	2 800～4 500	夏季多在针叶林、高山杜鹃灌丛和林线以上的岩石苔原地带,冬季可到混交林和林缘地带活动。
金雕	Ⅰ	2 600～5 500	草原、荒漠、河谷、高山针叶林
黑颈鹤	Ⅰ	3 500～5 200	高原草甸沼泽以及湖滨沼泽和河谷沼泽地带
鹗	Ⅱ	2 400～4 000	江河、湖泊、河塘以及沼泽地带
黑鸢	Ⅱ	3 000～5 200	农田—农居区、高山草甸、灌丛
高山兀鹫	Ⅱ	3 500～6 000	高山、草原、河谷
秃鹫	Ⅱ	3 000～6 000	草原、高山、河谷
松雀鹰	Ⅱ	2 500～4 500	山地针、阔混交林或稀疏林间的灌木丛
雀鹰	Ⅱ	2 500～4 400	针叶林、混交林、阔叶林等山地森林和林缘地带
苍鹰	Ⅱ	2 400～4 200	疏林、林缘和灌丛地带,次生林中也较常见
普通鵟	Ⅱ	2 400～6 000	森林、农居区、高山灌丛
大鵟	Ⅱ	4 000～5 200	山地、草原地带
毛脚鵟	Ⅱ	3 000～4 200	高原、草地或林缘地带

（续表）

中文名	保护等级	海拔范围(m)	栖息生境
棕尾鵟	Ⅱ	2 600～3 800	荒漠、半荒漠、草原、平原和山地平原
红隼	Ⅱ	3 000～4 300	山地森林、森林苔原、丘陵、草甸、旷野、农田和村庄附近
灰背隼	Ⅱ	3 000～4 000	开阔的丘陵、森林平地、苔原地带
燕隼	Ⅱ	2 600～4 000	开阔地带的稀疏林区
猎隼	Ⅱ	2 400～5 000	开阔地、荒漠
藏雪鸡	Ⅱ	3 500～5 500	裸岩和灌丛草甸带
血雉	Ⅱ	2 500～4 200	高寒山地森林及灌丛、针阔混交林中
勺鸡	Ⅱ	2 400～3 500	高山针阔叶混交林、多岩林地，常为松林及杜鹃林
藏马鸡	Ⅱ	3 000～4 300	高山和亚高山针叶林和针阔叶混交林带、杜鹃灌丛、高山灌丛和草甸
白腹锦鸡	Ⅱ	2 400～3 600	有林山坡的低矮树丛及次生林
大紫胸鹦鹉	Ⅱ	2 400～3 600	山地常绿阔叶林、混交林、针叶林及沟谷地中
绯胸鹦鹉	Ⅱ	2 400～3 800	山地常绿阔叶林、混交林、针叶林及沟谷地中
雕鸮	Ⅱ	2 500～4 800	山地林间、草原
灰林鸮	Ⅱ	3 000～3 500	落叶阔叶林、针阔叶混交林、落叶疏林，有时会在针叶林中，较喜欢近水源的地方
红腹角雉	Ⅱ	2 200～3 200	山地森林、灌丛、竹林等生境

在保护区内有分布的国家重点保护鸟类中，因各自要求的具体生境条件不同，表现出明显的区域差异，大致可以归纳为以下 3 种类型：

1)广泛分布种：在保护区的分布非常广泛，几乎能遍及全区的有黑鸢、高山兀鹫、普通鵟、大鵟、金雕、藏马鸡、血雉等猛禽类和雉类，这与它们本身的习性和自然分布区很广泛是相关的。藏马鸡仅分布于我国四川西部、青海南部、西藏东部和云南西北部，是我国特产鸟类，但在保护区内分布较广。

2)局部分布种：这些种类常常是特定条件下的产物，一般只分布于某一有限的范围内，属于此类的有秃鹫、勺鸡、红腹角雉、藏雪鸡及鸮形目的种类。

3)分布区边缘型种类：属于这种类型的有白腹锦鸡、四川雉鹑、松雀鹰等。

有些重点保护鸟类在保护区内种群数量小，很稀有；有些种类受到栖息环境的限制，比较脆弱。

1)稀有种类:

属于该种类型的鸟类有秃鹫、毛脚鵟、鹗、雕鸮和猎隼等。

秃鹫:全球性近危(Collar et al., 1994),罕见,但在分布区的北部较常见。繁殖在新疆西部喀什及天山、青海南部及东部、甘肃、宁夏、内蒙古西部、四川北部。于西藏南部、华中、华东、东南及中国台湾地区有零星出现。在保护区内罕见。

鹗:鹗在我国仅产指名亚种,分布几乎遍及全国各地。其中在黑龙江、吉林、辽宁、内蒙古、新疆、甘肃、宁夏、西藏为夏候鸟。其迁徙时间大致为春季,于3月上旬到达东北繁殖地,9月中旬离开繁殖地往南迁徙。在保护区内稀有,夏候鸟,罕见。

猎隼:该物种的模式产地在印度Umba。亚种 *milvipes* 繁殖于新疆阿尔泰山及喀什地区、西藏、青海、四川北部、甘肃及内蒙古呼伦池;越冬在中部及西藏南部;在保护区内为不常见冬候鸟。

雕鸮:雕鸮有7个亚种分布于中国。西藏亚种为中国的特产亚种,分布于四川西北部、云南西北部、西藏南部,以及青海的中部和南部。在保护区分布广泛,但数量稀少。

2)脆弱的种类:

属于该种类型的鸟类包括勺鸡、白腹锦鸡、黑颈鹤、绯胸鹦鹉等。它们的现状有两种可能:一是分布区域很局限,有的仅有一两个分布点,但个体数量较多;二是有较多的分布点,但每个分布点的个体数量却有限。这些鸟类只要能保持目前的状态,在不遭受重大自然或人为破坏的前提下,其种群将能得到保存和延续;反之,则种群数量将下降,甚至可能从保护区消失。

勺鸡:广布于西藏东南部的中部地区。勺鸡虽然在保护区的分布范围较大,但分布区不连续,每地的数量都不多。

白腹锦鸡:全球性近危(Collar et al., 1994)。为保护区内山林的非常见鸟,栖息地破坏、过度捕猎是主要的致危因素。

黑颈鹤:全球性易危(Collar et al., 1994)。为主要分布于中国的鸟类,边缘性见于不丹和印度。中国青海、四川、甘肃、新疆、西藏、云南和贵州共7个省区有分布,栖息地破坏、丧失和冬季缺少食物以及捕猎,使黑颈鹤种群受到严重威胁。保护区内的林芝、工布江达县为其越冬地之一,保护区内种群数量稀少。

绯胸鹦鹉:野生的绯胸鹦鹉在我国终年留居于西藏东南部的朗县、米林、云南的西南部至东南部、广西的西部和南部,以及香港和海南岛等地,是我国鹦鹉中野外数量最多、较为常见的一种,在保护区朗县、米林可见,但由于它所栖息的森林环境日益遭到破坏,再加上过度捕猎,数量已有明显下降,亟待加强对它的保护工作。

(2)中国特产鸟类

按照《中国鸟类分类与分布名录》(郑光美,2005)对中国特有鸟种的划分,保护区有中国特产鸟6种,分别是:四川雉鹑、藏马鸡、大噪鹛、橙翅噪鹛、灰腹噪鹛和凤头雀莺(*Leptopoecile elegans*),占中国特产鸟总种数 71 种的 8.45%。详见表 5-13。

表 5-13 保护区有分布的中国特产鸟类

种 名	分布海拔(m)	分布的主要生境
四川雉鹑	2 800～4 500	夏季多在针叶林、高山杜鹃灌丛和林线以上的岩石苔原地带,冬季可到混交林和林缘地带活动。
藏马鸡	3 000～4 300	高山和亚高山针叶林和针阔叶混交林带、杜鹃灌丛、高山灌丛和草甸
大噪鹛	2 600～4 115	亚高山和高山森林灌丛及其林缘地带
橙翅噪鹛	2 600～4 800	开阔次生林及灌丛的林下植被及竹丛中
灰腹噪鹛	2 800～4 600	森林及多灌丛的河谷
凤头雀莺	2 800～4 300	夏季栖于冷杉林及林线以上的灌丛,可至海拔 4 300m。冬季下至海拔 2 800～3 900m 的亚高山林带。

(3)列入 CTIES 名录的物种

在保护区有分布的 220 种鸟类中,列入 CTIES(中华人民共和国濒危物种进出口管理办公室等,2007)保护名录中的有 25 种。其中列入附录Ⅰ的有 3 种:黑颈鹤、藏马鸡和藏雪鸡;列入附录Ⅱ的有 22 种,它们是:黑鸢、胡兀鹫、高山兀鹫、秃鹫、松雀鹰、雀鹰、苍鹰、普通鵟、大鵟、毛脚鵟、棕尾鵟、金雕、红隼、灰背隼、燕隼、猎隼、血雉、大紫胸鹦鹉、绯胸鹦鹉、雕鸮、灰林鸮。

(4)列入 IUCN 名录的物种

在保护区有分布的 220 种鸟类中,列入 IUCN(汪松等,2004)名录的有 5 种。其中,列入 VU(易危)的有 2 种,即:黑颈鹤、黑胸歌鸲(*Luscinia pectoralis*);列入 LR/nt(低危/接近受危)的有 2 种:秃鹫和藏马鸡;列入 LR/nt,VU(低危/接近受危,几近符合易危)的有 1 种:大草鹛(*Babax waddelli*)。

(5)列入濒危物种红色名录的物种

在保护区有分布的 220 种鸟类中,列入中国珍稀濒危动物红皮书(郑光美等,1998)的有 13 种。其中,列入 V(易危)的有 8 种:胡兀鹫、秃鹫、金雕、猎隼、四川雉鹑、血雉、白腹锦鸡和红腹角雉;列入 E(濒危)的有 1 种:即黑颈鹤;列入 R(稀有)的有 4 种:鹗、棕尾鵟、高山兀鹫、雪鹑(*Lerwa lerwa*)。

第六节　兽类

一、藏东南兽类研究历史

1950年前，国内没有动物学工作者开展过保护区及其附近区域的兽类学调查，只有一些国外探险队作过简单的调查。我国对该区域的研究是在1950年后才逐渐开展起来的。20世纪60年代初，中国科学院组织西藏科学考察队，对西藏南部区域开展过调查，但没有包括保护区所在县。涉及保护区的考察有2次，一次是1973年由冯祚建、江智华、郑昌琳、蔡桂全等率领的中国科学院青藏高原综合科学考察队和西藏生物考察队在藏南开展的考察工作，涉及保护区所在的林芝县和米林县；另一次是1977年，由蔡桂全、张遒治率领的西藏动物考察队在拉萨至藏南地区开展的考察，涉及保护区所在的朗县和米林县。这些考察成果于1986年，由冯祚建、蔡桂全和郑昌琳等总结在《西藏哺乳类》一书中。该书是西藏哺乳动物调查的汇总，共记载西藏全境哺乳动物126种，隶属于8目21科67属。其中记录于保护区及其附近地区的有54种，隶属于6目14科，但真正记录于保护区的不多。尽管如此，这些工作也为本次调查提供了非常好的参考。

二、物种组成及区系

1.种类

2007年至2009年，我们分3次对保护区的兽类多样性进行了调查。共布设大型兽类调查样线162条，小型兽类调查样方44个。小型兽类调查共布设鼠夹4 117夹次，采集小型兽类标本401份。

经对标本鉴定、样线上发现痕迹点识别、访问信息的分析及资料查阅，确认保护区共有兽类69种，分属7目，18科。确认有分布的69种兽类中，鼩型目1科9种；翼手目1科1种；灵长目1科2种；食肉目5科24种；偶蹄目4科14种；啮齿目4科15种；兔型目2科4种。可见，食肉目种类最多，占保护区目前已知有分布的兽类总种数的34.78%；其次是啮齿类和偶蹄类，分别占21.75%和20.29%。另外，本次调查还确认有哺乳动物一个新种(另文发表)，由于还没有正式发表，因此，没有统计在内。

2. 区系

在中国动物地理区划上，保护区位于古北界青藏区青海藏南亚区和东洋界西南区喜马拉雅亚区，横跨古北界和东洋界两界。从动物区系来看，在保护区目前已知有分布的69种兽类中，古北界种类有27种，占39.13%；东洋界种类有41种，占59.42%；广布种1种，占1.45%。

古北界种类包括6种分布型：

古北型：10种，包括狼（*Canis lupus*）、石貂（*Maates foina*）、黄鼬（*Mustela sibirica*）、艾鼬（*Mustela eversmanni*）、狗獾（*Meles meles*）、水獭（*Lutra lutra*）、豹（*Panthera pardus*）、野猪（*Sus scrofa*）、巢鼠（*Micromys minutus*）和褐家鼠（*Rattus norvegicus*）；

高地型：10种，包括藏狐（*Vulpes ferrilata*）、雪豹（*Panthera uncia*）、白唇鹿（*Cervus albirostris*）、马麝（*Moschus chrysogaster*）、藏原羚（*Procapra picticaudata*）、岩羊（*Pseudois nayaur*）、喜马拉雅旱獭（*Marmota himalayana*）、藏仓鼠（*Cricetulus kamensis*）、库蒙高山䶄（*Alticola stracheyi*）和灰尾兔（*Lepus oiostolus*）；

全北型：3种，包括赤狐（*Vulpes vulpes*）、棕熊（*Ursus arctos*）和猞猁（*Felis lynx*）；

东北—华北型：1种，大林姬鼠（*Apodemus peninsulae*）；

东北型：1种，巨爪鼩鼱（*Soriculus nigrescens*）；

中亚型：1种，兔狲（*Felis manul*）。

37种东洋界种类包括4种分布型。其中最多的是喜马拉雅—横断山区型，其次是东洋型。

喜马拉雅—横断山区型：18种，包括山地纹背鼩鼱（*Sorex bedfordiae*）、帕米尔鼩鼱（*Sorex buchariensis*）、褐腹长尾鼩（*Episoriculus caudatus*）、灰褐长尾鼩（*Episoriculus macrurus*）、甘肃小缺齿鼩（*Chodsigoa lamula*）、灰腹水鼩（*Chimarogale styani*）、蹼足鼩（*Nectogale elegans*）、褐（黑）麝（*Moschus fuscus*）、小熊猫（*Ailurus fulgens*）、扭角羚（*Budorcas taxicolor*）、赤斑羚（*Naemorhedus cranbrooki*）、橙腹长吻松鼠（*Dremomys lokriah*）、灰腹鼠（*Niviventer eha*）、四川田鼠（*Volemys millicens*）、锡金松田鼠（*Neodon sikimensis*）、灰鼠兔（*Ochotona roylei*）、灰颈鼠兔（*Ochotona forresti*）、藏鼠兔（*Ochotona thibetana*）；

东洋型：18种，包括猕猴（*Macaca mulatta*）、熊猴（*Macaca assamensis*）、豺（*Cuon alpinus*）、黄喉貂（*Martes flavigula*）、猪獾（*Arctonyx collaris*）、小爪水獭（*Aonyx cinerea*）、大灵猫（*Viverra zibetha*）、小灵猫（*Viverricula indica*）、果子狸（*Paguma larvata*）、金猫（*Catopuma temmincki*）、豹猫（*Prionailurus bengalen-*

sis)、菲氏麂(*Muntiacus feae*)、鬣羚(*Capricornis sumatraensis*)、棕鼯鼠(*Petaurista petaurista*)、大足鼠(*Rattus nitidus*)、社鼠(*Niviventer confucianus*)、川西白腹鼠(*N. excelsior*)和锡金小鼠(*Mus pahari*);

南中国型:3种,包括喜马拉雅水鼩(*Chimarrogale himalayicus*)、林麝(*Moschus berezovskii*)和毛冠鹿(*Elaphodus cephalophus*);

季风型:3种,包括金管鼻蝠(*Murina aurata*)、黑熊(*Selenarctos thibetanus*)和斑羚(*Naemorhedus griseus*);

广布型:1种,即香鼬(*Mustela altaica*)。

三、分布

1.大型兽类

(1)水平分布

保护区面积大,生境类型多样,野生动物种类丰富,但是保护区兽类的分布并不均匀,生境类型的多样性以及海拔的巨大差异决定了动物分布的非均一性。动物分布相对集中的区域是植被覆盖较好的森林地带,而草甸、灌丛生境分布的动物物种则较为单一。保护区内大中型兽类分布比较集中的区域包括林芝县鲁朗—色季拉山区域、东久乡的东久河谷区域、工布江达县的仲莎乡区域、错高乡及南伊乡、扎西绕登乡、卧龙镇和里龙乡等的原始森林区域以及金东乡的森林和灌丛草甸区等区域。从物种的水平分布看(结合野外实际调查和访问),猕猴和白唇鹿主要分布于工布江达县的仲莎乡范围内;熊猴分布于林芝县的东久河谷以及色季拉山等区域;狼在保护区内分布较为广泛,尤以工布江达县较为常见,受人类活动等的影响,其在上述地区分布海拔偏高;赤狐、藏狐和豺三种犬科动物在保护区范围内分布较广,保护区的绝大部分区域均有分布,其中,藏狐种群数量较大,其他两种种群数量相对较小;香鼬在工布江达县仲莎乡、更章沟等区域有分布;黄喉貂在林芝县鲁朗—色季拉山区域有分布;黄鼬、猪獾和狗獾在保护区内广泛分布;水獭和小爪水獭主要分布于保护区雅鲁藏布江及尼洋河主河道及巴河等主要支流;小熊猫分布于米林县南伊乡原始针叶林及林芝县鲁朗—色季拉山;兔狲、猞猁在区内工布江达县仲莎乡、林芝县百巴镇及朗县金东乡等区域高山草甸和灌丛带有分布;据访问,工布江达县仲莎乡及林芝县色季拉山区域有豹分布;访问获知,雪豹主要分布于工布江达县北部、米林县南部区域及林芝、米林和工布江达三县交界区域;据资料记载,保护区内米林县境内有虎分布,但调查期间未见虎活动痕迹,周边社区群众反映最近十多年内未见有虎活动,因此虎是否有分布尚需进一步确认;大灵猫和小灵猫分布于林芝布久乡、鲁朗—色季拉山及米林县南伊乡、卧龙镇、里龙乡和扎西绕登乡等区域的原始森林;野猪在朗县金东乡范围内有分布;林麝和马麝在区内分布广泛；菲氏麂主要分布于林芝县东久河谷；扭角羚分布于林芝仲莎乡和米林县机场附近邦宗沟；鬣羚在朗县金东乡有分布，调查期间发现大量痕迹；斑羚主要分布于工布江达县附近拉康洼沟及临近仲莎乡等区域；赤斑羚分布于米林县机场附近邦宗沟、工布江达县拉康洼沟、仲莎乡及林芝县东久河谷；岩羊分布广泛，区内各县高海拔区域均有分布，有一定种群数量；藏原羚在区内主要分布于朗县金东乡、米林县扎西绕登乡；灰尾兔在保护区内广泛分布。

(2)生态分布

保护区地带性植被属于亚热带植被带，由于保护区内地形地貌复杂，海拔跨幅大(2 910～6 630m)，气候变化程度大，导致了该区域内植被类型呈现出明显差异，在小范围内植被的变化要比纬向地带性和经向地带性带来的结果更为明显。保护区植被垂直分布规律一般为：3 000m 以下地区主要是亚热带山地灌丛(包含多种灌木杂生灌丛、干旱河谷刺灌丛)。该区域也是保护区人口最密集，人类活动最强烈的区域，所以该区域内分布的大中型兽类种类很少，主要包括黄鼬和果子狸等；海拔 3 000～3 500m 为亚热带常绿、落叶阔叶灌丛，亚热带落叶阔叶林。该区域人类活动也非常强烈，所以该区域内分布的大中型兽类种类很少，主要包括野猪、猪獾、猕猴、熊猴、黄鼬、果子狸等；海拔 3 500～4 200m 为亚高山针叶林带。该区段生境状况良好，人类干扰活动相对较轻，大型兽类活动较为频繁，除岩羊、藏原羚和雪豹等外，其余在保护区内有分布的大中型兽类都主要活动在这一区域内；海拔 4 200～4 600m为高山革叶灌丛。该区分布的大中型兽类主要有狗獾、马麝、棕熊、藏原羚、岩羊和灰尾兔等；海拔 4 600m 以上为高山草甸和高山流石滩植被。该区段分布的大中型兽类主要是岩羊、狼、藏狐、雪豹和灰尾兔等。

此外，在尼洋河和雅鲁藏布江海拔 3 000m 以下的河段分布有水獭；在 3 000m 以上河段及巴河等区域分布有小爪水獭。

2. 小型兽类

本文所指小型兽类包括鼩形目、翼手目和啮齿目的全部物种以及兔形目鼠兔科的全部物种。

(1)垂直分布

为了便于对保护区小型兽类分布随海拔变化规律进行分析，我们把整个保护区划分为以下 5 个海拔段，海拔间隔约为 300m。调查期间，我们在每个海拔段平均布夹，每个海拔段实际捕获或调查发现的小型兽类种类如下：

海拔 2 900～3 300m：分布的小型兽类有巨爪鼩鼱、小纹背鼩鼱、巢鼠、褐家鼠、社鼠、川西白腹鼠、灰腹鼠、龙姬鼠、大耳姬鼠、大林姬鼠、藏仓鼠、锡金松田鼠、库蒙高山䶄、灰鼠兔和藏鼠兔 15 种；

海拔 3 300～3 600m：分布的小型兽类包括巨爪鼩鼱、巢鼠、龙姬鼠、大耳姬鼠、

藏仓鼠、锡金松田鼠、社鼠、川西白腹鼠、灰腹鼠、喜马拉雅旱獭和藏鼠兔11种；

海拔3 600～3 900m：分布的小型兽类包括巨爪鼩鼱、小纹背鼩鼱、龙姬鼠、大林姬鼠、大耳姬鼠、灰腹鼠、川西白腹鼠、锡金松田鼠、喜马拉雅旱獭和灰鼠兔10种小型兽类；

海拔3 900～4 200m：分布的小型兽类包括喜马拉雅旱獭、锡金松田鼠和灰腹鼠3种小型兽类。

海拔4 200～4 500m，分布的小型兽类包括巨爪鼩鼱、小纹背鼩鼱、龙姬鼠、大耳姬鼠、锡金松田鼠、喜马拉雅旱獭和灰鼠兔7种小型兽类。

海拔4 500m以上，分布的小型兽类主要是锡金松田鼠、喜马拉雅旱獭和灰鼠兔3种。

从上述各个海拔段物种分布可以看出，随着海拔的升高，小型兽类物种多样性总体上呈现明显的递减趋势。

(2)生境分布

为了便于统计，我们把保护区小型兽类的生境类型归纳为常绿阔叶林、落叶阔叶林、针阔叶混交林、针叶林、灌丛、草甸、农田—居民点以及水域8大类生境类型。调查期间，我们在各类生境中平均布夹，各生境中捕获或调查发现的小型兽类种类如下：

常绿阔叶林生境：分布的小型兽类有巨爪鼩鼱、巢鼠、褐家鼠、社鼠、川西白腹鼠、龙姬鼠、大林姬鼠、大耳姬鼠、锡金松田鼠、藏仓鼠10种；

落叶阔叶林生境：分布有小纹背鼩鼱、龙姬鼠、大耳姬鼠、灰腹鼠、藏仓鼠、藏鼠兔6种；

针阔叶混交林生境：分布的小型兽类有小纹背鼩鼱、巨爪鼩鼱、巢鼠、龙姬鼠、大耳姬鼠、大林姬鼠、社鼠、川西白腹鼠、灰腹鼠、锡金松田鼠、灰鼠兔11种；

针叶林生境：分布的小型兽类有巨爪鼩鼱、龙姬鼠、大耳姬鼠、大林姬鼠、灰腹鼠、锡金松田鼠、灰鼠兔7种；

灌丛生境：分布的小型兽类有巨爪鼩鼱、小纹背鼩鼱、喜马拉雅旱獭、巢鼠、龙姬鼠、大耳姬鼠、大林姬鼠、库蒙高山䶄、锡金松田鼠、藏仓鼠、灰鼠兔、藏鼠兔12种；

草甸生境：分布的小型兽类有喜马拉雅旱獭、灰鼠兔和藏鼠兔3种；

农田—居民点生境：分布的小型兽类有褐家鼠、大足鼠、社鼠、巢鼠、龙姬鼠、大耳姬鼠6种；

水域生境：分布的小型兽类有喜马拉雅水鼩、灰腹水鼩和蹼足鼩3种。

从上述各生境小型兽类种类统计可以看出，在灌丛、常绿阔叶林和针阔混交林中分布的兽类物种最为丰富，草甸环境和水域环境由于生境单一，分布的小型兽类物种最少。

四、国家重点保护及珍稀特有兽类

保护区目前确认有分布的 69 种兽类中，有国家Ⅰ级重点保护兽类 9 种，它们是熊猴、豹、雪豹、白唇鹿、林麝、马麝、褐(黑)麝、扭角羚和赤斑羚；国家Ⅱ级保护兽类 18 种，它们是猕猴、豺、黑熊、棕熊、小熊猫、石貂、黄喉貂、水獭、小爪水獭、大灵猫、小灵猫、兔狲、猞猁、金猫、藏原羚、鬣羚、斑羚和岩羊(其分布见附图 6)。国家Ⅰ、Ⅱ级保护兽类总计达到 27 种之多，占总种数的 39.13%。

保护区有中国特有兽类 6 种，占保护区已知有分布的 69 种兽类的8.70%，包括林麝、马麝、褐(黑)麝、白唇鹿、四川田鼠和藏鼠兔；另外有 16 种兽类是主要分布于我国的兽类，占 23.19%，包括山地纹背鼩鼱、帕米尔鼩鼱、小熊猫、雪豹、毛冠鹿、藏原羚、扭角羚、鬣羚、岩羊、喜马拉雅旱獭、大林姬鼠、灰腹鼠、藏仓鼠、锡金松田鼠、灰尾兔和灰鼠兔。

在保护区目前已知有分布的 69 种兽类中，属于 CTIES(2007)附录Ⅰ的有 9 种，占总种数的 13.04%，包括小熊猫、棕熊、黑熊、水獭、金猫、豹、雪豹、鬣羚和斑羚，属于附录Ⅱ的有 10 种，占 14.49%，包括猕猴、熊猴、狼、小爪水獭、兔狲、猞猁、豹猫、林麝、马麝和扭角羚；属于附录Ⅲ的有 5 种，占 7.25%，包括石貂、香鼬、大灵猫、小灵猫和果子狸。

综上可见，保护区兽类的珍稀性非常明显，保护区有极高的保护价值。

五、值得关注的兽类

在保护区有分布的 69 种兽类中，我们发现了 3 种西藏自治区兽类新记录，它们是小纹背鼩鼱(*Sorex bedfordiae*)、小长尾鼩鼱(*Episoriculus macrurus*)和小缺齿鼩鼱(*Chodsigoa lamula*)。另外，保护区有分布的四川田鼠(*Volemys millicens*)与模式标本特征不符，有待深入研究。

(1)小纹背鼩鼱(*Sorex bedfordiae*)

标本采自米林县南伊乡，通过埋桶法捕获标本数量较多，为食虫类的优势种。

通体棕色，体背暗深棕色调，腹面与体背色泽基本一致，较淡，毛基灰色；尾明显二色，上面深暗棕色，尾中部以后呈烤焦样的黑色，下面浅棕色，偏黄白色，尾裸露无毛，四足淡棕色。体背中央有一宽 4.22～13.56mm，起于眼后部，止于尾基部黑色纵走条纹，条纹明显可见。标本的头体长显著小于采于四川的纹背鼩鼱(*Sorex cylindricauda*)，而与采于四川的小纹背鼩鼱量度相符(R. S. Hoffmann, 1987)，前者的尾长明显短于体长，约为体长的 80%。本次采集的标本尾长为头体长的 91.8%，大于甘肃、云南、缅甸(83%～86%)而与四川(90%～98%)采集的标本较符合(R. S. Hoffmann, 1987)。

头骨细长，上颌单尖齿 5 枚，由前至后逐渐减小，5 枚单尖齿侧面观可见。齿

尖呈橙棕色(仅上下颌的单尖齿齿尖,臼齿仅齿尖少部分染色)。

小纹背鼩鼱在西藏的发现证实了 Hofferman(R. S. Hofferman,1987)的猜测。同域伴生的有巨爪鼩鼱、田鼠类及姬鼠类物种。国内分布于四川、云南、甘肃、陕西和青海。国外分布于尼泊尔和缅甸(张荣祖等,1997)。

(2)小长尾鼩鼱(*Episoriculus macrurus*),又叫灰褐长尾鼩。

体型中等,体背灰褐色,体侧色泽较浅,逐渐转向腹面淡灰色,毛尖淡黄色。四足背淡棕色,后足相对较长。尾上下二色,上面灰黑色,下面污白色,尾尖端具短毛,尾长与体长之比约 154%,略小于采于四川美姑、峨眉的两个标本(*Soriculus leucops*)(尾长与体长比值 160%)(彭鸿绶等,1962)。根据 Hofferman 描述(Hofferman,1987),我们采集的标本与上述采自美姑、峨眉的两号标本应为一个物种 *Episoriculus macrurus*。

头骨中等大小,短宽。单尖齿共 4 枚,第 1 至第 3 单尖齿自前至后依次减小,第 4 枚(P^3)十分小,位于犬齿(第 3 单尖齿)与 P4(大前臼齿)之间的内侧,侧面观不能见。

国内分布于四川、云南(张荣祖等,1997)。

(3)四川田鼠(*Volemys millicens*)

四川田鼠模式标本采集于四川汶川,主要鉴定特征为:尾长大于体长之半(模式标本为体长的 59%);第 2 上臼齿有一个十分发达的后内角;第 1 上臼齿有 4 个交错排列的封闭三角形;第 1 下臼齿有 4 个交错的封闭三角形。我们在保护区采集了四川田鼠 10 余号,其头骨特征和记载的四川田鼠模式标本基本一致。

与记载的四川田鼠模式产地标本的区别在于:①保护区标本的尾长平均不及体长一半(平均为 44%),只有 2 号标本尾长超过体长一半。而模式产地的四川田鼠标本的尾长为体长的 60%左右(共计 6 号标本);②保护区标本的第 1 下臼齿不稳定,封闭三角形的数量 2~4 个。而四川田鼠模式产地标本的第 1 下臼齿有 4 个稳定的封闭三角形。

在《西藏哺乳类》(冯祚建等,1986)中,同样记述了四川田鼠(共计 9 号标本,其中 4 号幼体),经比对,该书中记载的种类和我们采集的种类一致。鉴于保护区标本和记载的四川田鼠模式标本有上述两点重大区别,我们又没有采集到四川田鼠模式产地标本,我们认为,保护区标本是否为四川田鼠有待进一步研究。

第六章　生态系统

保护区位于西藏自治区的东南部，雅鲁藏布江和尼洋河在保护区内交汇，是西藏林芝地区森林生态系统集中分布的区域。保护区面积广大，海拔高差悬殊，沟谷交错，复杂的地形和气候条件为生物提供了多样的生境，也使保护区保持了较高的生态系统多样性。保护区的生态系统包括森林、灌丛、草地、湿地、旅游等类型。

第一节　生态系统类型

一、森林生态系统

森林生态系统是保护区最主要的生态系统类型，经卫星图片解译植被图计算，保护区森林生态系统面积约为 10 359.84km²，占保护区总面积的 48.06%。森林分布海拔 2 910～4 200(4 600)m，广泛分布于保护区。受保护区水平地带性和地形因素的制约，森林分布的垂直带谱明显，类型复杂多样，既有针叶林、针阔混交林，也有落叶阔叶林和常绿阔叶林。组成森林生态系统的群落类型主要有西藏红杉林、急尖长苞冷杉林、喜马拉雅冷杉林、林芝云杉林、垂枝柏林、大果圆柏林、云南铁杉＋川滇高山栎混交林、高山松林、乔松林、巨柏疏林、白桦林、糙皮桦林、山杨林、尼泊尔桤木林、川滇高山栎林等。这些群落有不同的海拔、土壤和其他环境条件，可以为各类动物提供栖息地、食物和隐蔽场所。保护区森林生态系统中分布的典型动物物种有野猪、猪獾、黄鼬、果子狸、山地纹背鼩鼱、猕猴、熊猴、黑熊、大灵猫、小灵猫、豹、金猫、毛冠鹿以及大部分鸟类和啮齿类动物等。

保护区内，森林的分布海拔相对较低，气温相对较高，是保护区生产力最高的生态系统。同时，森林生态系统对于维持保护区内水循环的稳定，维持氮、钙、磷等物质循环的稳定也有十分重要的意义。因此，森林是保护区最重要的生态系统。保护区是目前我国面积最大保存最完好的原始天然林生态系统所在地(王健，2004)。同时，森林生态系统也是保护区的主要保护对象之一。

二、灌丛生态系统

经卫星图片解译植被图计算，保护区灌丛生态系统面积约为 2 504.44km^2，占保护区总面积的 11.62%。组成保护区灌丛生态系统的群落主要有三种类型，第一种是分布于林线之上的高山灌丛群落；第二种是山地阳坡、半阳坡及砍伐迹地上分布的山地灌丛群落；第三种是主要沿河流沟谷分布的灌丛群落。

在高山及山原的林线之上，分布着典型的高山灌丛群落，这些灌丛群落常与海拔更高的草甸生态系统相接，分布上限可达 4 800m。高山灌丛群落的类型又可以有滇藏方枝柏灌丛、香柏灌丛、高山柏灌丛、雪层杜鹃灌丛、刚毛杜鹃灌丛、髯花杜鹃灌丛、钟花杜鹃灌丛、毛冠杜鹃灌丛、鳞腺杜鹃灌丛、扫帚岩须灌丛、金露梅灌丛、窄叶鲜卑花灌丛、青藏垫柳灌丛等更细分的类型。因为常与放牧活动的主要发生地高山草甸交错分布，也易受到放牧活动的影响。

在保护区内的山地阳坡、半阳坡及砍伐迹地上分布着各类山地灌丛，主要种类有变色锦鸡儿灌丛、西南野丁香灌丛、砂生槐灌丛、绢毛蔷薇灌丛、峨眉蔷薇灌丛、陕甘花楸灌丛、变绿小檗灌丛、小叶栒子灌丛、钝叶栒子灌丛、毛叶绣线菊灌丛、楔叶绣线菊灌丛、高丛珍珠梅灌丛等。

在海拔较低处，沿沟谷溪流多分布着以云南沙棘、小苞水柏枝为主的灌丛。尼洋河两侧及河滩处也多水柏枝灌丛。在雅鲁藏布江和尼洋河部分区域河谷还分布有干旱河谷灌丛。

灌丛生态系统是保护区生物量和生产力相对较高的生态系统，对保护区生态系统的稳定也有重要作用。由于灌丛生态系统的结构特征，成为了白腹锦鸡、四川雉鹑、苍鹰、普通鵟及数十种小型鸟类和狗獾、马麝、棕熊、藏原羚、岩羊和灰尾兔及许多中小型兽类的良好栖息地。

三、草地生态系统

经卫星图片解译植被图计算，保护区草地生态系统面积约为 3 430.86km^2，占保护区总面积的 15.91%。保护区的草地生态系统主要有三种类型，一种是主要分布于林线以上的高山草甸，一种是分布于林间的亚高山草甸、杂类草草甸，还有一种是干旱河谷草丛。

高山草甸主要分布于海拔 4 600m 以上，是保护区草地生态系统的主要类型，在色季拉山、米林和林芝交界区域以及工布江达县北部等区域都有大面积分布。主要以矮嵩草草甸、喜马拉雅嵩草草甸、高山嵩草草甸、珠芽蓼草甸、圆穗蓼草甸等群落为优势。这些植物耐寒性普通较强，多数植物花期很长，植株普遍矮小（有的成为垫状），有利于越过高原严冬以及适应高海拔短暂而变化极大的生长季节。

在海拔较低处的林间空地分布有各类杂草类草甸，多为森林砍伐后在迹地生长起来的次生草地（潘刚、郭泉水，2001）。如毛莲蒿草甸、西南鸢尾草甸、白草草甸等。

在金东附近至米林县以西的雅鲁藏布江河谷和尼洋河下游河谷还分布有干旱河谷（灌）草丛，以卵萼花锚、甘青青兰、毛叶老牛筋、杂配藜、加地肋柱花、长叶瓦莲、雅谷火绒草、短颖鹅观草、细茎蓼、直立点地梅、疏花早熟禾、白草、西藏丝瓣芹等耐干旱的种类为优势种，有些区域间杂巨柏疏林。这类生态系统抗干扰性差，比较脆弱。

由于草地生态系统无法为大型动物提供隐蔽场所，所以分布的动物种类相对较少，主要是一些鹟科、鸦科的鸟类、猛禽类和狼、岩羊、藏狐、棕熊、马麝、喜马拉雅旱獭、各种鼠兔和灰尾兔，以及高山草甸中的雪豹等少数种类。

草地生态系统特别是高山草甸生态系统是保护区内放牧活动的主要发生地，由于高寒草地植物生长缓慢，一旦遭到破坏恢复很慢，因此要注意防止过度放牧。保护区的草地生态系统中生长着虫草、贝母、黄芪、党参、当归、大黄等中药材，容易受到挖药活动的影响。鲁朗等地草地生态系统的“花海”还成为主要的旅游观光对象，易受旅游活动影响。

四、湿地生态系统

经卫星图片解译植被图计算，保护区湿地生态系统面积约为384.75km²，占保护区总面积的1.78%。保护区内湿地生态系统类型较为多样，主要包括河流湿地生态系统、湖泊湿地生态系统、沼泽湿地生态系统和人工湿地生态系统四大类，其中以河流湿地生态系统和湖泊湿地生态系统为主，各生态系统类型介绍如下：

1. 河流湿地生态系统

保护区内的河流生态系统是鱼类、两栖类和水鸟的重要栖息地，在保护区生态系统水循环中的作用也是别的生态系统无法替代的。

保护区内的河流生态系统属于雅鲁藏布江水系，主要由雅鲁藏布江、尼洋河和巴河等组成。其中雅鲁藏布江的年径流量达到1 380亿m^3，平均流量达到4 425m^3/s；雅鲁藏布江北侧最大支流尼洋河的年径流量达到220亿m^3，平均流量达到538m^3/s；尼洋河最大支流巴河的平均流量也达到178.8m^3/s（林芝地方志编纂委员会，2006）。除了这些大江大河外，保护区内还分布有很多雅鲁藏布江水系大大小小的支流，这些河流生态系统具有较高的连通性，其连通性对于维持河流生态系统正常的生态功能有着重要的意义。

尼洋河和雅鲁藏布江海拔3 000m以下的河段分布有水獭，3 000m以上河段及巴河等区域分布有小爪水獭。

2.湖泊生态系统

保护区内共有大小湖泊约1 760个,其中面积在$1km^2$以上的湖泊有18个。最大的错高湖(巴松错)面积约$26.5km^2$,位于工布江达县境内,是西藏东部最大的淡水堰塞湖之一,湖面全长15km,宽3km,湖水平均深度在60m以上(林芝地方志编纂委员会,2006)。在保护区的中部和北部湖泊分布比较密集。调查期间测定的保护区内的湖泊pH值都为5.5～6.0,呈弱酸性。湖泊水质好,透明度高,水温较低。

湖泊生态系统的主要成分有生产者浮游植物、消费者浮游动物、其他无脊椎动物、鱼类和微生物等。保护区湖泊中分布的植物有浮叶眼子菜、金鱼藻、黑藻等,还分布有拉萨裸裂尻鱼等鱼类。湖泊生态系统大多因断裂、沉陷、崩塌等原因截断沟谷形成,水源是降水和融雪。这类生态系统最重要的非生物因子是水体的温度和化学成分(刘少英等,2007)。而此类生态系统也常常成为观光的主要对象,容易受到旅游活动的影响。

3.沼泽湿地生态系统

保护区的沼泽湿地分布范围较广。在布久沟、新错、巴松错附近、尼洋河谷等地都分布有典型的沼泽湿地,其优势种为杉叶藻,除建群种外可见少量浮叶眼子菜、扇叶水毛茛等。沼泽湿地中主要分布着高山蛙、细尾高原鳅及水鸟等动物。

4.人工湿地生态系统

此外,在尼洋河与雅鲁藏布江汇口附近还分布有大片淡水养殖池塘,属于人工湿地类型。主要养殖的种类包括鲢和鳙2种鱼类。

湿地生态系统被称为地球之肾,是独特的多功能生态系统。它是生物多样性的储存库,特别是作为一些高原珍稀鱼类珍稀水禽的栖息地、繁殖地和越冬场,有着重要意义,具有调节气候、蓄洪防旱、净化环境的功能。虽然保护区湿地生态系统的面积相对来说很小,却对整个保护区具有重要意义。

五、旅游生态系统

旅游业作为一种产业,它的各个组成部分的有机结合,形成了旅游生态系统,旅游生态系统有其特定的结构和功能(刘少英等,2007)。

保护区位于有“西藏江南”之称的林芝地区,仅2005年林芝地区接待中外游客就达43万人次。保护区旅游生态系统的主要成分包括旅游目的地的生物多样性、文化多样性、社会和经济等成分以及人(游客、旅游管理者、旅游经营者、其他相关人员和他们的社会经济活动）。保护区内有丰富独特的生物多样性和文化多样性旅游资源，包括高山生态景观、高原生物多样性、别具韵味的民族风情等，如4A级景区巴松错色季拉山的原始森林和杜鹃花、鲁朗花海、南伊沟景区、尼洋河与雅鲁藏布江汇口、林芝县达孜乡的邦纳村的千年古桑树、林芝县巴结村的巨柏林、本日神泉、喇嘛岭寺、列山古墓群、秀巴古堡群等，在保护区内的工布江达县仲莎乡林则村还开展了对野生猕猴群的招引，藏、汉、回、怒、门巴、珞巴、独龙、纳西、土家、傈僳等十多个民族独特的民俗也吸引了众多的游客（林芝地方志编纂委员会，2006；张敏等，2004；林玲，2002）。

旅游生态系统是一类十分特殊的生态系统，它既含有自然生态系统的一些成分，也含有人类生态系统的主要成分。按照现有产业生态学理论，旅游业应该作为一种产业纳入产业生态学的范畴，从而用产业生态学的方法对旅游生态系统的特征、结构和功能等进行研究，最大限度地减少旅游对环境的不利影响，以实现生态旅游的可持续发展。

六、其他生态系统

除了以上几种主要的生态系统，保护区还有其他类型的生态系统分布。

流石滩裸岩是一类独特的荒漠生态系统，分布于保护区海拔4 600m以上的山脊、山顶。基底以岩石为主，土壤、生物量极少，生产力极低，其上生长着稀疏、垫状或莲座状、低矮的具有明显生理性旱生、耐寒特征的植物，也是虫草、雪莲和红景天等药用植物的主要产地。同时，流石滩裸岩还是岩羊等大型兽类的栖息地，这类生态系统的健康对保护这些大型珍稀动物有很重要的意义。

保护区内的冰川生态系统主要分布在岗底斯山脉和喜马拉雅山脉的高海拔阴坡半阴坡处。冰川中的生物以耐寒的生物类群特别是耐寒的微生物为主，形成一个以微生物为主要生命形式的相对简单的生态系统。随着海拔高度的增加，冰川上呈现出冰、雪冰和雪环境三种明显不同的生态条件，冰川微生物数量分布不仅受到冰川上的水热、光照和营养状况的影响，还与降雪的沉积作用有关。冰川相当于一个巨大的白色固体水库，在水循环中起到了非常重要的作用。

在卧龙附近与金东之间的雅鲁藏布江河岸有大片连续的沙地，与其中分布的砂生槐、变色锦鸡儿、西南野丁香以及许多昆虫等生物组成了沙地生态系统，具有典型的旱生特征。

保护区内的农业生态系统一般伴随人的聚居地分布，种植的主要作物有小麦、青稞、豌豆、油菜、玉米、水稻、鸡爪谷、小米、棉花、荞麦、蔬菜等，还种植有苹果、桃等果树。养殖的动物有牛、羊、家鸡、藏香猪等（林芝地方志编纂委员会，2006）。这类生态系统是生产力相对较高的地方。传统农业不使用化肥、农药和除草剂，没有养殖速肥的肉鸡、家鱼。近年来农用化学产品的使用越来越普遍，肉鸡、鲢、鳙等家养动物养殖也愈加普遍，既使农药、化肥产生污染的威胁增大，又使当地家畜遗传多样性受到威胁。

保护区内分布的村镇等形成了聚居地生态系统，多沿道路、沟谷分布，是受人干扰最显著的生态系统之一，是人造的景观斑块类型，具有典型的不稳定性。

第二节　生态系统功能

一、能量流动

1. 太阳能输入是自然生态系统能量输入的主要来源

保护区面积宽广，达 21 558.16km²，涉及林芝地区 4 个县，最高海拔 6 630m，最低海拔 2 910m，相对高差大，地形复杂，决定保护区生物分布和数量最重要的两大非生物环境因子——温度和水分在不同区域也有不同的特征。林芝地区北部高山组成巨大屏障阻挡了北方寒流的南下，南部开口，特别是雅鲁藏布江峡谷成为孟加拉湾暖湿气流北上的通道，外加高原整体“热岛效应”的作用，总的区域性气候表现为热量充足，降水丰沛，具有典型的海洋性气候特征，区域内气候类型丰富，以高原温带半湿润季风气候为主(林芝地方志编纂委员会，2006)。保护区内的气候带包括山地温带半湿润气候带、山地寒温气候带、高山寒冷气候带、高山寒冻风化带和高山冰雪带。

太阳能输入是保护区自然生态系统能量输入的主要来源。据测定，林芝地区气温与同纬度高原其他地区相比偏高，气温年、日差均较其他地区小，各地年平均气温在 6℃～17℃之间。境内水汽充沛，雨季开始早结束晚，持续时间长，降水多。受地形影响，各地有较大差异，位于雅鲁藏布江谷地的西部较干旱，降水量不足 500mm，大部分地区年平均降水量在 500～1 000mm(林芝地方志编纂委员会，2006)。一般随着海拔的升高，气温下降，热量下降，降水量增加。保护区较高的热量条件决定了较高的生产力，这是保护区生态系统能量的重要特征。如肖文发等(2003)在林芝县的研究表明，林芝云杉光合作用的生产率相对青藏高原特殊的地理位置来说是比较高的。

根据 Holieth 生物生产力的两个经验公式：

$$P_t = 3000 / (1 + e^{1.315 - 0.119t})$$

$$P_p = 3000 (1 - e^{-0.000664 p})$$

其中，P_t 是用年平均气温(t，℃)估计的热量生产力[(单位：g/(m² · a))，P_p 是用年降水量(p，mm)估计的水分生产力[单位：g/(m² · a)]。

保护区内海拔不同的地方，气温差异较大，年平均气温在6℃～17℃，平均年平均气温为8.7℃，则保护区的热量自然生产力为1 062～2 009g/(m^2·a)，平均1 291g/(m^2·a)；由于地形变化大，降水量的地区差异也大，年平均降水量在500～1 000mm，平均年平均降水量为650mm左右（王明玉等，2007；林芝地方志编纂委员会，2006），则保护区的水分自然生产力为848～1 456g/(m^2·a)，平均1 052g/(m^2·a)。

由保护区的水分跟生物的耐受下限更接近可知，生产力是由降水而不是气温决定的，因此，保护区生态系统的自然生产力为848～14 566g/(m^2·a)，平均1 052g/(m^2·a)。整个保护区内自然生产力的主要限制因子是降水。刘晓宏等(2002)用西藏林芝冷杉树轮稳定碳同位素对气候的响应得出了类似结论："温度对年轮生长的影响小于降水和相对湿度的影响"。

2. 生产与消费的关系

保护区内色季拉山、错高乡、东久乡等地是目前我国原始天然林生态系统面积最大、保存最完好的少数几个区域之一。这些原始林多属过熟林，处于该地区森林群落演替顶极。高大的云冷杉种群的生产基本上用于维持它们呼吸所需的能量。生产与消费基本平衡是这类森林生态系统的基本特征。

由于林芝地区在1951年就开始进行采伐和木材经营，并在现在保护区内的更章、岗嘎、鲁朗、东久等地集中兴办过林场，所以保护区内次生林和人工林的比例较大。这部分森林正处于群落演替的早中期，生产远大于消费，正是生物量积累的时期。天然更新的迹地可能形成杨桦林或以桦木等为主的针阔混交林。桦木树高和胸径的生长旺盛期都在10～100年，而材积生长最旺盛的阶段在90～120年。保护区的人工林以林芝云杉为主，其生长主要受光照和温度的影响。

3. 生物量与生产力状况

于2008年7～8月对保护区内的部分典型植物群落地上部分生物量进行了调查，其中灌木、草本植物群落采用收获量法调查，结果如表6-1。

表 6-1　保护区灌木、草本植物群落地上部分生物量调查结果

编号	群落类型	地点	海拔(m)	坡向	主要植物种类	生物量 (g/m²)
1	次生草地	更章沟	3 285	西	西南委陵菜、禾草、鼠尾草、银莲花	49
2	栎林下草地	鲁朗	3 500	东	珠芽蓼、蕨、半边莲、虎耳草	3
3	栎林下草地	鲁朗	3 535	东	鹅绒委陵菜、珠芽蓼、爵床、婆婆纳	10
4	高山灌丛	色季拉西坡	4 335	东偏北	紫丁杜鹃、点地梅、珠芽蓼、岩须	212
5	高山灌丛	色季拉西坡	4 333	东	紫丁杜鹃、嵩草、珠芽蓼、苔草	160
6	湿地	布久沟	2 986	/	灯心草、水毛茛、獐牙菜	73
7	湿地	错高—新错	3 818	/	五福花、驴蹄草、苔草、嵩草、马先蒿	131
8	高山草甸	错高—新错	3 822	/	苔草、报春、梅花草、翠雀、马先蒿	111
9	冷杉林下草地	新错	3 830	/	银莲花、禾草、星叶草、毛建草、变豆菜、东方草莓	23
10	河谷灌丛	错高	3 500	南	蔷薇、柳、小檗、沙棘、接骨草	329
11	次生灌丛	仲莎沟	3 806	西	小檗、匍匐栒子、绣线菊、蔷薇、嵩草	290
12	红桦林下灌丛	仲莎吉普村	3 800	北偏东	杜鹃、小檗、红桦幼苗、杨幼苗、绣线菊、沿阶草	472
13	河谷灌丛	扎西绕登吞布绒	3 215	/	小檗、栎、锦鸡儿、忍冬、栒子、草莓、鼠尾草、毛建草、银莲花、荨麻	353
14	冷杉—红桦林下灌丛	吞布绒对坡	3 360	北	箭竹、杜鹃、忍冬、冷杉幼苗、菝葜、茶藨子、悬钩子、苔藓、沿阶草	1 230

（续表）

编号	群落类型	地点	海拔(m)	坡向	主要植物种类	生物量(g/m^2)
15	高山松—栎林下草地	吞布绒后坡	3 255	南	茅、羊茅、蕨、独活、香青、黄芪、蓼、柴胡、大戟	19
16	红桦林下灌丛	里龙巴让村对坡	3 410	北	忍冬、杜鹃、山杨幼苗、小檗、冷杉幼苗、苔藓、蕨、苦买菜、草莓、禾草、虎耳草	527
17	冷杉—红杉林下地被层	巴让村对坡	2 482	北	苔藓	440
18	冷杉—红杉林下灌丛	巴让村对坡	2 482	北	蔷薇、杜鹃、冷杉幼苗、忍冬、花楸、苔藓、蕨、禾草	836
19	冷杉—红桦林下灌丛	巴让村对沟	3 430	北	杜鹃、忍冬、菝葜、苔藓、蕨、山酢浆草、淫羊藿	632
20	干旱河谷灌草丛	卧龙沟口	3 150	南	砂生槐、蒿、金丝梅、小角柱花、隔山消、早熟禾、西南委陵菜、茜草	160
21	栎林下灌丛	卧龙沟	3 220	/	山蚂蟥、忍冬、小檗、野丁香、蕨、蒿	78
22	高山松林下灌丛	卧龙沟	3 262	北偏西	高山松幼苗、枸子、栎、锦鸡儿、忍冬、蔷薇、鼠尾草、米口袋、草莓、白背灯草	439
23	沙地植被	卧龙雅鲁藏布江边	3 015	/	砂生槐、栉叶蒿、禾草、虫实	27
24	沙地植被	卧龙江边	3 030	/	冰川棘豆、虫实	0.01
25	沙地植被	卧龙江边	3 025	/	栉叶蒿、禾草、麻花头	2.46
26	红杉—柏林下灌丛	金东	3 960	北偏西	柏幼苗、小檗、柳、忍冬、杜鹃、茶藨子、红桦幼苗、禾草、苔草、橐吾、珠芽蓼	114
27	柏林下草地	金东	3 950	北	禾草、苔草、橐吾、珠芽蓼、鼠尾草	42

（续表）

编号	群落类型	地点	海拔(m)	坡向	主要植物种类	生物量(g/m^2)
28	干旱河谷灌草丛	金东	3 406	西偏北	蒿、小角柱花、唇形科、禾草、米口袋、黄精	272
29	云杉林下灌丛	金东	3 535	北	小檗、栒子、茶藨子、忍冬、蔷薇、绣线菊、苔藓、橐吾、紫菀、禾草、黄芪、蕨	323
30	云杉—杨林下灌丛	金东	3 515	北偏东	栒子、蔷薇、绣线菊、茶藨子、铁线莲、紫菀、禾草、鼠尾草、蕨	48
31	干旱河谷灌草丛	林芝—米瑞尼洋河谷	2 960	北	栉叶蒿、牛尾蒿、苦蒿、紫菀、禾草、微孔草、蓼、苔草	48

罗天祥等(1999)以 18 种群落类型的实测数据和 1 013 块森林测树样地的估算数据为基础，估计青藏高原亚高山暗针叶林生物量一般在 $300t/hm^2$ 以上，最高可达 $1\ 600t/hm^2$，根茎比 0.1～0.2，生产量 $8～13t/hm^2 \cdot a$；高山灌丛类型生物量为 $20～40t/hm^2$，根茎比 0.4～0.8，生产量 $4～7t/hm \cdot a$；高寒草甸生物量一般为 $20～60t/hm^2$，沼泽草甸高达 $100t/hm^2$ 以上，根茎比 8～20，生产量 $4～9t/hm^2 \cdot a$；高原冬小麦和春小麦年生物产量高达 $26～30t/hm^2$，根茎比约 0.06。在垂直分异方面，随着海拔升高，生物量呈递增趋势，在一定海拔高度达最大，海拔继续升高生物量则迅速下降；而生产量随海拔升高一般呈递减趋势，反映出热量条件随海拔升高而递减的限制作用。

4. 人类生态系统能量来源依赖于辅助能的输入

保护区生态系统中生物多样性部分的能量来源于太阳能，人类生态系统能量的来源除太阳能外还有大量系统外输入的辅助能。保护区生态系统能量流动的一大特征是，系统外输入的辅助能在维持生态系统正常的能量输入和输出的平衡中，起着举足轻重的作用。

保护区人类生态系统特别是旅游生态系统、聚居地生态系统和农业生态系统的能量来源，除了保护区内电站提供的电能、作为燃料砍伐的木材、自己生产的粮食外，基本上是系统外以化石燃料、粮食等物质形式输入的辅助能量。系统外输入的电能、化石燃料、粮食、化肥、农作物种子等物质，包含有大量的能量，这些辅助能量使居民能够维持正常的生产生活，使游客能够正常进入和离开景区，有正常的吃、住、行、观赏风景、通讯，以及其他正常的旅游活动。因此，由于旅游生态系统、聚居地生态系统和农业生态系统的存在，保护区人类生态系统在很大程度上依赖着系统外辅助能的输入，这是保护区生态系统能量流动的一大特征。

二、物质循环

1.森林生态系统在水循环中起着重要作用

保护区的森林面积达到10 359.84km^2，大面积的森林在水循环中有着十分重要的作用。森林的林冠有明显的截留降水作用。据观测，冷云杉林的林冠截留量随降水量的增加而增加，截留系数随降水量的增大而减小。一年内截留系数的幅度为21.8%～66.1%，年平均截留系数约为32.7%(《四川森林》编辑委员会，1992)。说明该生态系统有强大的截留降水作用，故其涵养水源的作用十分明显。

林地也有拦蓄降水的作用，其中的枯枝落叶和苔藓层有良好的蓄水性能，是稳定渗流与径流的重要因素。据观测，冷云杉林中的枯枝落叶和苔藓层把林地降水的99%拦蓄起来，使林地最大地表径流不到1%，并以5mm/min的渗透速度，将林地70%左右的降水量以土壤径流的形式滋补河川(《四川森林》编辑委员会，1992)，在水循环中起到了重要的作用。

据刘永春(1985)对林芝地区冷云杉箭竹林的研究，森林被称为巨大的蓄水库，与组成森林的植物叶量具有高的持水性分不开。杜鹃叶浸水48小时的持水量是它的干重的253%，藓类则达到1 328%，吸水速率极快，这一性质对高原森林土壤特殊的成土过程及植物生长都起着决定作用。

2.降水中的矿物质大部分进入生态系统内参与循环

物质通过大气降水进入生态系统参与循环，是保护区森林生态系统物质输入的主要途径，这是因为通过降水输入的营养元素，大部分能为生物直接吸收利用。降水中含有钙、钾、镁、氮和磷等各种矿物质元素。

大气降水通过林冠层后其矿物质总含量逐渐增加，生态系统中的部分矿物质元素进入土壤径流成为输出。

3.表层枯枝落叶层是主要的营养元素库

动植物残体的形成和分解是生态系统内物质循环的一个重要环节，而地表的枯枝落叶层就是主要的营养元素库。

枯枝落叶主要以腐殖质的形式存在，凋落物最多的季节为生长季初和生长季末。在没有人为干扰的原始林中，发育到顶极且处于相对稳定的生态系统内，枯枝落叶中的矿物质是土壤中营养元素的主要来源。这些营养元素只有在小型无脊椎动物和微生物作用下，才能分解为可溶于水的化合物，从而参与生态系统内的物质循环。

王建林等（1998）对林芝云杉林 3 年的测定结果表明，其年均凋落量为 3 843.23kg/hm^2 · a，其中枯叶量占 70.52%，枯枝、杂物各占 14.33%和 15.14%。凋落物中主要营养元素的含量为 100.65kg/hm^2 · a。一年中出现两个凋落高峰期，分别在雨季之初（4、5 月）和雨季之末（9、10 月），旱季（11、12、1 和 2 月）的凋落物量最低。林芝云杉林年均凋落物中含有的主要营养元素 N、P、K、Ca 和 Mg 的量分别为 57.28hm^2 · a、3.16hm^2 · a、15.73hm^2 · a、13.19hm^2 · a 和 11.29 kg/hm^2 · a。

据刘永春（1985）对林芝地区森林枯枝落叶层蓄积量的研究，不同类型各亚层的蓄积量分配比例是不一致的，总的看来，粗腐殖质层蓄积量＞半分解物层蓄积量＞活藓地被物蓄积量，其中前者蓄积量占 50%以上。此层蓄积量大，营养元素含量多，经淋溶补充到土壤中去，对物质循环有着重要意义。

4. 维持社会经济成分功能的物质循环特征

保护区生态系统既有维持自然成分功能的正常物质循环，又有维持社会经济成分功能的物质循环。维持自然成分功能的正常物质循环包括水、氮、钙、磷等元素的循环，它们或是在动植物、微生物内部循环，或是在无生命的环境与生物之间循环。在没有人为过度干扰的情况下，系统的物质输入和系统的物质输出是基本平衡的。而维持社会经济成分功能的物质循环与上述循环的特征有本质的不同，表现在两个方面：一方面是系统外大量的物质输入维持着保护区生态系统正常的物质循环，包括交通工具使用的汽油、柴油、煤和其他燃料，人食宿生活需要的食物、日用品，旅游景点和聚居地基本建设需要的水泥、砖、钢材、其他装饰材料等；另一方面是保护区旅游生态系统、聚居地生态系统内的大量物质以污染物的形式输出。这是保护区生态系统功能的另一大特征。

第三节　影响生态系统稳定的因素

一、自然因素

影响保护区生态系统稳定的自然因素有森林大火、严重干旱、严重水灾、地震等灾变过程。

林火会快速改变原有生境，火既烧毁了生物群落，同时也为土壤提供了新的养分，促进了生物的生长。但严重的森林大火会直接烧毁森林和草地，使野生动物特别是体弱多病的动物大批死亡，其余动物虽可通过迁移躲避，但会造成动物种群数量的下降与物种的减少；使土地表面受到侵蚀，改变土壤的结构与化学成分，降低土壤吸水与保水能力，高温还会使大量的养分丧失，特别是氮和硫。林芝地区的森林大火占全自治区森林火灾的85%以上，多集中在气候干燥、降水稀少、风速较大的冬春季节，保护区涉及的林芝、米林、工布江达、朗县林火多集中在3～5月。1981年6月19～25日，现在保护区范围内的米林县卧龙乡林邛公路163km处，因雷击引发特大林火，过火面积4 945亩（林芝地方志编纂委员会，2006），对生态系统产生了很大影响。

据《林芝地方志》记载，林芝地区的大旱年在20世纪50年代出现过一次，60年代出现过两次，70年代出现三次，80年代出现过两次，平均约5年一遇。保护区西部的工布江达、朗县区域出现干旱的几率较大，米林区域出现干旱的几率较小，曾经典型的干旱年有1953年、1967年、1971年、1981年、1992年等。严重干旱使植物出苗困难、生长发育受阻、导致植株矮小、生产量下降，并且使牧草推迟返青，有可能使草食动物食物减少，影响生态系统的稳定。

严重的水灾会对保护区生态系统的稳定产生影响，还有可能引发泥石流。林芝地区的洪涝灾害频繁发生，是地区危害最严重的自然灾害。20世纪60年代，林芝县出现了两次洪涝。80年代以来，全地区洪涝较频繁，且许多年为大洪涝年。1998年7月下旬至9月初，林芝县累计降雨量达到603.4mm，8月米林县总降水量达到300.7mm，引起山洪、泥石流暴发，村舍、农业、公路多处被冲毁，对自然生态系统的稳定影响也很大（林芝地方志编纂委员会，2006）。

在林芝县附近，自1845年以来共发生M≥4.7级地震36次，其中M≥7级地震1次，6～6.9级地震4次，5～5.9级地震22次，4.7～4.9级地震8次（林芝地方志编纂委员会，2006）。较大的地震和滑坡、泥石流等地质灾害对生态系统的稳定影响较大。

另外，严重的霜冻、冰雹、降雪等也会对保护区生态系统特别是农业生态系统和草地生态系统的稳定产生影响。

由于自然生态系统在亿万年的进化过程中形成了抵抗自然干扰的机制，所以自然界的干扰对生态系统的破坏通常可经由群落的自然演替等机制得以恢复。

二、人为干扰

人为干扰对生态系统的破坏是急性的，同时有的干扰又是地球历史上从未有过的，这些干扰比自然干扰复杂得多，生态系统没有足够时间能够通过进化形成对人类急性干扰和从未有过的干扰的应对机制。

保护区内常见的人为干扰有采集、放牧、采薪、砍伐和旅游。

保护区内的食用菌和药材种类多，产量大，采集活动所得收入占居民经济收入的比重较大，保护区内的采集活动多发，调查中就曾碰到大批居民上山采集灵芝。林芝地区是自治区重要的食用菌产区之一，保护区内的食用菌种类有猴头、木耳、金耳、松茸、牛肝菌、肉齿菌等，其中松茸分布广、产量大。林芝地区还是自治区重要药材产区之一，常见药材有虫草、贝母、大黄、雪莲、黄芪、党参、小檗、当归、防风、柴胡等。为了缓解采集活动对保护区生态系统的压力，一方面需要积极寻求替代经济产业，以减轻保护区内及周边居民对保护区自然资源的依赖；另一方面，应该将目前的无序采集逐步引导为科学的有计划采集或种植，使保护区的自然资源实现可持续利用。

保护区内的放牧活动广泛发生，牲畜以牛、羊、猪为主。保护区的高山亚高山草甸，是放牧活动的主要发生地，由于所处海拔较高，草地上植物生长缓慢，被牛羊啃食后需要较长时间才能恢复，如果过度放牧，会造成草地生态系统的退化并将难于恢复。保护区内的尼洋河下游河谷、米林县西部和朗县境内雅鲁藏布江河谷分布的干旱河谷灌草丛，也常见放牧活动发生，因为这类生态系统比较脆弱，也易受到放牧活动影响。另外，在保护区内的湿地、次生草地、河滩地等，也多见放牧活动，应加强管理，避免过度放牧。

砍伐也是一类较为常见的人为干扰，调查中在保护区内的115沟、更章沟、布久沟、仲莎沟、扎西绕登等地多次遇见，有时是成车木材往外运送。森林被砍伐后，阴坡可能形成杨桦次生林，最终可能发育成亚高山暗针叶林。而阳坡等缺水生境则难以恢复，最终可能变成灌丛草甸。一些坡度较陡的生境，森林砍伐后易造成水土流失，涵养水源能力下降，不适宜森林生长，从而使水土流失进一步加剧，形成恶性循环，使生境恶化，对生态系统造成严重破坏。对保护区内居民为获得燃料进行的木柴砍伐，应加强管理和引导，通过捡拾枯枝、种植薪柴林或实行以电代柴等方式减少或逐步替代；对居民自建房用材砍伐，应严格限制；对大规模的木材砍伐，则应完全禁止。

保护区内开展的旅游活动也可能对生态系统的稳定产生影响。游客活动及噪音可能惊吓野生动物，使它们离开现有的栖息地，可能改变动物群落结构。游客也可能带来外来生物，造成生物入侵的威胁。游客带来的食物，可能成为动物食物来源，影响野生动物行为或分布格局。游客中素质较差者，可能采摘植物，追逐和惊吓动物，喂养动物，影响动植物的正常生活，存在动物患病的危险。不经处理排放游客生活废水、固体垃圾等污染物，或游客乱扔垃圾，可能直接导致一些生物的死亡，同时还可能使野生动植物患病，降低其生存能力，也可能使河水富营养化，影响水生生物生存，改变水生生物群落结构。这些风险都需要保护区加以注意，对旅游活动进行规范和管理，应根据景区生物多样性特征，采用合适的旅游方式，减少对生态系统结构和功能的改变。

卫敏等(2008)分析西藏林芝地区近40年以来气候变化趋势的结果表明，气温呈逐渐变暖、降水量逐年增多的趋势，造成气候变化的主要因素为森林资源消退、旅游人数剧增、全球温室效应等。这样的结果也反映了人为干扰对生态系统中气候因子的影响。

保护区面积宽广，区内居民众多，且多旅游景区，一些人为干扰或是因为当地群众多年的生产生活方式，或是跟当地经济密切相关，难以完全避免。有些人为干扰可能造成严重后果，如林芝地区森林大火 90%以上属人为活动造成（林芝地方志编纂委员会，2006）。为了不对保护区生态系统稳定性造成破坏，应该对采集、放牧、砍伐、旅游等活动加强管理，加以规范和引导，做到可持续发展。

第七章 景观生态体系

景观生态学中的景观,不仅是我们平常意义上在一个地方肉眼观察到的地貌、地形和植被,更主要的是指一个特定空间范围内所有生物、非生物环境、社会、经济等因素的总和。根据 Forman(1995)提出的景观生态学等级理论,一个景观或者景观生态体系是由不同的生态系统组成的,工布自然保护区的各类生态系统组成了一个在更大空间尺度上的景观生态体系。

徐济德等(2004a,2004b)对整个西藏林芝地区的景观格局与空间异质性作了定量描述,并对该地区在 1991～2000 年 10 年间的景观动态进行了分析。保护区景观生态体系的特征与林芝地区的特征相比,表现出一些不同的特点。

对保护区景观生态体系的分析利用 ArcView GIS 3.2a 和 FRAGSTATS 3.3 进行。

第一节 景观要素组成结构

一、要素类型划分

景观是具有空间异质性的区域,它由许多大小不一、相互作用的生态系统按照一定的规律组成,组成景观的生态系统或生境斑块也被称为景观要素(邬建国,2000;傅伯杰等,2001;肖笃宁等,2003)。按照景观生态分类原则,以解译的植被图为基础,结合保护区的土地利用、人类活动等情况进行景观要素类型的划分,将保护区景观要素划分为 3 级类型,详见表 7-1。

表 7-1　工布自然保护区 3 级景观要素类型划分

1 级类型	2 级类型	3 级类型
自然景观	森林	针叶林
		针阔混交林
		阔叶林
	灌丛	灌丛
		灌丛＋草甸
	草地	草甸
	流石滩	流石滩稀疏植被
	难利用地	沙地
		滩涂及裸地
		冰川
	水域	河流
		湖泊
经营景观	种植地	农田
		果园
人工景观	道路和住区	道路
		聚居地

1 级类型主要按照人类影响强度划分。2 级类型为保护区景观分析的主要尺度。因为组成同一 2 级类型的一些景观要素具有不同的斑块特征和空间分布格局，比如河流与湖泊、道路与聚居地等，所以进一步划分了出了 3 级类型。

二、基质

从景观生态学结构与功能相匹配的观点出发，结构是否合理决定了景观功能状况的优劣。其中基质是景观的背景地域，是一种重要的景观元素类型，在很大程度上决定了景观的性质，对景观的动态起着主导作用。判定基质有 3 个标准，即相对面积要大、连通程度要高、具有动态控制能力。

对景观基质的判断采用传统生态学中计算植被重要值的方法，决定某一斑块在景观中的优势，也叫优势度值。优势度值由 3 种参数计算而出，即密度(R_d)、频率(R_f)和景观比例(L_p)。这 3 个参数对基质判定中的前 2 个标准有较好的反映，对第 3 个标准的表达不够明确，但依据景观中基质的判定步骤，当前两个标准的判定比较明确时，可以认为其中相对面积大，连通程度高的斑块类型，即为我们寻找

的具有生境质量调控能力的基质。

为了计算某类要素的优势度值，首先计算它们的密度、频率和景观比例：

设要素类型数为 n，N_i 为第 i 类要素的数目，则第 i 类要素的密度

$$R_d = N_i/\Sigma N_i$$

设 S_i 为第 i 类要素出现的样方数，S 为样方总数，则第 i 类要素出现的频率

$$R_f = S_i/S$$

设 A_i 为第 i 类要素的面积，A 为景观总面积，则第 i 类斑块的景观比例

$$L_p = A_i/A$$

于是，第 i 类要素的优势度值

$$D_o=[(R_d+R_f)/2+L_p]/2$$

对保护区各类景观要素优势度值的计算结果见表 7-2、7-3。

表 7-2　各 2 级要素类型的优势度值

斑块类型	R_d(%)	R_f(%)	L_p(%)	D_o(%)
森林	17.11	89.23	47.71	50.44
灌丛	14.47	37.87	12.79	19.48
草地	23.37	29.12	15.80	21.02
流石滩	4.12	11.23	6.82	7.24
难利用地	8.82	56.23	14.83	23.68
水域	2.36	16.23	0.76	5.03
种植地	5.65	3.87	1.02	2.89
道路和住区	24.10	18.12	0.27	10.69

表 7-2 的结果显示，保护区各类 2 级要素类型的优势度值相比，森林的优势度值占绝对优势达到 50.44%，在保护区的景观结构中占有明显的优势，符合基质的标准，是保护区内景观生态体系质量的控制性组分。因为保护区内高海拔处冰川裸岩分布较广，所以难利用地的优势度值达到 23.68%。草地和灌丛也在保护区景观生态体系中占重要地位。总体来看，保护区的景观要素以自然景观占绝对优势，人工景观的优势度也达到 10%左右。

表 7-3　各 3 级要素类型的优势度值

斑块类型	R_d(%)	R_f(%)	L_p(%)	D_o(%)
针叶林	3.87	72.58	30.25	34.24
针阔混交林	9.06	5.32	1.50	4.34
阔叶林	4.17	11.32	15.97	11.86

（续表）

斑块类型	R_d(%)	R_f(%)	L_p(%)	D_o(%)
灌丛	7.14	21.56	7.29	10.82
灌丛+草甸	7.33	14.85	5.50	8.30
草甸	23.37	26.72	15.80	20.42
流石滩稀疏植被	4.12	12.59	6.82	7.58
沙地	0.19	3.12	0.06	0.86
滩涂及裸地	1.71	5.79	0.71	2.23
冰川	6.92	43.46	14.06	19.63
河流	0.49	12.93	0.47	3.59
湖泊	1.88	2.01	0.29	1.12
农田	3.73	2.56	0.85	2.00
果园	1.92	2.11	0.17	1.09
道路	3.44	13.45	0.20	4.32
聚居地	20.66	4.12	0.07	6.23

表7-3的结果显示，保护区的森林中，针叶林占绝对优势达到34.24%；难利用地以冰川为主；水域中，河流连通程度高，其优势度值高于湖泊；种植地以农田占优势。

与整个林芝地区各景观要素类型优势度（徐济德等，2004a）比较，保护区森林特别是针叶林、灌丛和草地的优势度远大于林芝地区的总体水平，难利用地的优势度也远大于林芝地区难利用地和荒地的优势度总和，而种植地的优势度则远小于于林芝地区的总体水平。

三、廊道

保护区景观生态体系中的廊道主要是河流和道路。

河流从成因和起源上属于环境资源类要素，因此被归类为自然景观下的水体类型。保护区内的河流属于雅鲁藏布江水系，主要有雅鲁藏布江、尼洋河和巴河，还分布有很多雅鲁藏布江水系大大小小的支流，这些河流生态系统具有很高的连通性，其连通功能、屏障功能、生境功能、源汇功能对于维持各类景观功能有着重要的意义。

道路从成因和起源上属于引进类要素，因此被归类为人工景观类型。保护区内的道路有318国道、306省道，还有多条县级、乡村级公路。这些道路起着连通各个住区与景点的作用，对景观内特别是人工景观和经营景观内的能量流动和物

质循环有着重要意义；另一方面，道路导致景观的破碎化和异质性程度增加，使自然景观内的能量流动、物质循环受到不同程度的阻隔，动植物的基因交流受到阻碍，动物迁移扩散受到影响。

保护区内的林带、树篱、输电线路等也是景观生态体系中的廊道，但其在景观结构和功能中的重要性远不如河流和廊道。河流在景观中的优势度值为 3.59%，道路则达到 4.32%。

第二节　景观要素斑块特征

一、景观要素规模特征

斑块规模是景观中环境资源特征、干扰状况和群落演替共同作用的结果，在一定程度上可以反映景观动态发展史，对景观结构和功能产生直接影响（郭晋平，2001）。对反映保护区景观要素规模特征的各指标的计算结果见表 7-4、7-5。

表 7-4　各 2 级要素类型的规模特征

	周长（km）	块数（个）	块数比例（%）	面积（hm^2）	面积比例（%）	平均面积（hm^2）	面积标准差（hm^2）	变异系数（%）
森林	17 694.49	702	17.11	1 001 697.88	47.71	1 426.92	13 695.13	959.77
灌丛	7 861.60	594	14.47	268 482.25	12.79	451.99	1 820.04	402.67
草地	9 615.40	959	23.37	331 729.42	15.80	345.91	1 727.80	499.49
流石滩	3 993.89	169	4.12	143 103.68	6.82	846.77	2 449.89	289.32
难利用地	6 134.68	362	8.82	311 453.25	14.83	860.37	5 820.65	676.53
水域	1 807.05	97	2.36	16 017.32	0.76	165.13	1 927.34	1 167.19
种植地	1 087.93	232	5.65	21 479.69	1.02	92.58	164.31	177.47
道路和住区	7 016.17	989	24.10	5 581.71	0.27	5.64	43.15	763.03

各 2 级要素类型中，森林的平均规模最大，远超过其他类型，达到 1 426.92 hm^2，周长也最长；流石滩和难利用地的平均规模虽然远小于森林，却远大于森林以外的其他类型；种植地平均规模较小；道路和住区的平均规模远小于各自然景观类型，块数却最多，表现出破碎化的特征。各要素类型的面积变异系数都很大，说明同一要素类型的不同斑块大小差异大，其中种植地斑块大小相对最整齐，水域斑块大小相差最大，森林斑块也有很大差异（不同级别的景观分布见附图 7、附图 8）。

表 7-5　各 3 级要素类型的规模特征

	周长(km)	块数(个)	块数比例(%)	面积(hm^2)	面积比例(%)	平均面积(hm^2)	面积标准差(hm^2)	变异系数(%)
针叶林	9 961.79	159	3.87	635 055.80	30.25	3 994.06	26 581.95	665.54
针阔混交林	1 548.73	372	9.06	31 388.89	1.50	84.38	350.45	415.33
阔叶林	6 183.97	171	4.17	335 253.18	15.97	1 960.54	10 117.04	516.03
灌丛	4 452.79	293	7.14	152 965.53	7.29	522.07	1 967.67	376.90
灌丛+草甸	3 408.81	301	7.33	115 516.71	5.50	383.78	1 660.96	432.79
草甸	9 615.40	959	23.37	331 729.42	15.80	345.91	1 727.80	499.49
流石滩稀疏植被	3 993.89	169	4.12	143 103.68	6.82	846.77	2 449.89	289.32
沙地	45.39	8	0.19	1 275.48	0.06	159.43	245.89	154.23
滩涂及裸地	591.25	70	1.71	14 975.36	0.71	213.93	670.24	313.29
冰川	5 498.04	284	6.92	295 202.41	14.06	1 039.45	6 551.61	630.30
河流	1 560.58	20	0.49	9 920.44	0.47	496.02	2 123.63	428.13
湖泊	247.05	77	1.88	6 096.88	0.29	79.18	308.13	389.16
农田	851.12	153	3.73	17 870.06	0.85	116.80	192.62	164.92
果园	236.81	79	1.92	3 609.63	0.17	45.69	63.98	140.04
道路	6 367.78	141	3.44	4 162.84	0.20	29.52	53.73	181.99
聚居地	684.58	848	20.66	1 430.07	0.07	0.39	0.44	485.65

表 7-5 显示，森林的各类型中，针叶林的平均规模最大；难利用地各类型中，冰川的平均规模达到 1 039.45 hm^2，沙地和滩涂及裸地的平均规模却分别只有 159.43 hm^2 和 213.93 hm^2；水域的 2 种类型相比，湖泊的平均规模远小于河流；种植地的 2 种类型相比，农田的平均规模大于果园；聚居地的平均规模远小于其他各要素类型。

整个保护区景观生态体系中的景观要素总数为 4 104 个，平均面积为 511.59 hm^2，而林芝地区的平均面积为 446 hm^2(徐济德等，2004a)，表明保护区的景观要素平均规模大于林芝地区的总体水平。保护区针叶林和阔叶林的平均规模远大于林芝地区水平，针阔混交林的平均规模却小于林芝地区水平；林芝地区难利用地的平均规模远大于保护区的水平，可能跟林芝地区包括了南迦巴瓦的大片冰川有关；保护区内聚居地的平均规模则远小于林芝地区的总体水平。

二、景观要素粒级结构

将保护区景观生态体系内各景观要素按照粒级大小分为小斑块、中斑块、大斑块、超大斑块和巨斑块,以便对其大小组成结构状况进行分析。粒级的划分标准见表 7-6。

表 7-6　景观要素规模等级标准

斑块规模名称	小斑块	中斑块	大斑块	超大斑块	巨斑块
斑块规模范围/hm^2	(0,10)	[10,50)	[50,100)	[100,200)	[200,+∞)

分别统计不同粒级的景观要素的斑块数量比例和面积比例,分析其粒级结构,结果见表 7-7～7-10。

表 7-7　各 2 级要素类型粒级结构(数量比例:%)

	小斑块	中斑块	大斑块	超大斑块	巨斑块
森林	25.93	36.04	10.97	9.12	17.95
灌丛	5.56	27.10	16.84	20.71	29.80
草地	6.26	28.99	18.56	19.29	26.90
流石滩	14.79	23.08	15.38	13.61	33.14
难利用地	31.22	29.85	11.88	8.87	18.18
水域	34.02	43.30	12.37	6.19	4.12
种植地	18.10	34.91	19.83	16.81	10.34
道路和住区	90.19	6.98	2.12	0.61	0.10
景观总体	33.63	25.12	12.26	11.65	17.35

注:总和不等于 100 而在 100±0.01 范围内是各项分值四舍五入取舍产生的误差,可以忽略,后同

从景观生态体系总体的数量比例来看,以小斑块为主占 33.63%,中斑块次之占 25.12%,大斑块、超大斑块和巨斑块分别占 12.26%、11.65%和 17.35%。自然景观中的森林、难利用地和水域在数量上都以中小斑块为主,而灌丛、草地和流石滩则以巨斑块和中斑块数量为多;经营景观在数量上以中斑块为主;人工景观在数量上则是以小斑块占绝对优势(不同级别的景观优势度见表 7-8)。

表 7-8　各 2 级要素类型粒级结构(面积比例:%)

	小斑块	中斑块	大斑块	超大斑块	巨斑块
森林	0.10	0.59	0.55	0.87	97.89
灌丛	0.08	1.71	2.69	6.28	89.24
草地	0.11	2.38	3.85	7.99	85.68

（续表）

	小斑块	中斑块	大斑块	超大斑块	巨斑块
流石滩	0.09	0.70	1.35	2.30	95.56
难利用地	0.20	0.86	0.99	1.44	96.51
水域	0.79	5.96	5.40	5.56	82.29
种植地	1.16	9.22	14.47	24.86	50.29
道路和住区	19.03	31.88	23.90	15.12	10.08
景观总体	0.18	1.27	1.71	3.19	93.65

从景观生态体系总体的面积比例来看，以巨斑块占绝对优势，达到93.65%，超大斑块次之，占3.19%，随着斑块粒级的减小所占面积比例也减少。自然景观中的各类型在面积上都以巨斑块占绝对优势；经营景观中巨斑块达到面积比例的一半；人工景观在面积上则是以中斑块为主，大斑块次之。

表7-9　各3级要素类型粒级结构(数量比例:%)

	小斑块	中斑块	大斑块	超大斑块	巨斑块
针叶林	20.75	25.16	17.61	10.06	26.42
针阔混交林	34.68	44.09	7.53	7.26	6.45
阔叶林	11.70	28.65	12.28	12.28	35.09
灌丛	9.22	26.62	18.77	17.06	28.33
灌丛+草甸	1.99	27.57	14.95	24.25	31.23
草甸	6.26	28.99	18.56	19.29	26.90
流石滩稀疏植被	14.79	23.08	15.38	13.61	33.14
沙地	62.50	0.00	0.00	12.50	25.00
滩涂及裸地	20.00	31.43	20.00	14.29	14.29
冰川	33.10	30.28	10.21	7.39	19.01
河流	80.00	5.00	10.00	0.00	5.00
湖泊	22.08	53.25	12.99	7.79	3.90
农田	13.07	30.72	22.22	20.26	13.73
果园	27.85	43.04	15.19	10.13	3.80
道路	42.55	39.72	14.18	2.84	0.71
聚居地	98.11	1.53	0.12	0.24	0.00

从数量比例来看，森林中的阔叶林以巨斑块为主，中斑块次之；难利用地中的

沙地以小斑块占绝对优势，滩涂及裸地以中斑块为主，小斑块和大斑块次之且数量相等；水域中的河流以小斑块占绝对优势，湖泊则以中斑块占优势，小斑块次之；聚居地没有达到巨斑块等级的斑块。其余各3级要素类型各粒级的数量比例特征跟相应的2级要素类型相同。

表7-10　各3级要素类型粒级结构(面积比例:%)

	小斑块	中斑块	大斑块	超大斑块	巨斑块
针叶林	0.02	0.17	0.33	0.33	99.15
针阔混交林	2.39	11.10	6.16	11.63	68.72
阔叶林	0.03	0.40	0.46	0.87	98.24
灌丛	0.11	1.41	2.55	4.51	91.42
灌丛＋草甸	0.02	2.10	2.88	8.62	86.37
草甸	0.11	2.38	3.85	7.99	85.68
流石滩稀疏植被	0.09	0.70	1.35	2.30	95.56
沙地	1.33	0.00	0.00	11.94	86.74
滩涂及裸地	0.38	3.85	6.70	9.48	79.59
冰川	0.18	0.71	0.70	0.99	97.41
河流	0.17	0.26	1.27	0.00	98.31
湖泊	1.79	15.25	12.12	14.62	56.22
农田	0.61	6.59	13.43	23.74	55.64
果园	3.91	22.26	19.63	30.41	23.80
道路	5.96	36.79	30.86	12.85	13.54
聚居地	57.07	17.58	3.65	21.70	0.00

人工景观中的聚居地在面积上以小斑块占绝对优势，没有达到巨斑块等级的聚居地。其余各3级要素类型各粒级的面积比例特征几乎都跟相应的2级要素类型相同。

林芝地区自然景观以巨斑块占优势，半自然景观和管理景观以中到大斑块为主(徐济德等，2004b)。而综上所述，保护区自然景观在面积上以巨斑块占绝对优势，在数量上森林、难利用地和水域则以中小斑块为主，灌丛、草地和流石滩以巨斑块和中斑块数量为多；经营景观中巨斑块达到面积比例的一半，在数量上则以中斑块为主；人工景观在面积上以中斑块为主，大斑块次之，在数量上则是以小斑块占绝对优势。

三、景观要素形状特征

景观要素的形状对景观功能如生物的扩散和觅食、景观生态体系中的能量流动和物质循环等具有重要作用。采用斑块形状指数和分维数对保护区景观要素的形状特征进行分析，结果见表 7-11。

表 7-11　各景观要素类型的形状特征

<table>
<tr><th>2 级要素类型</th><th>形状指数</th><th>排序</th><th>分维数</th><th>排序</th><th>3 级要素类型</th><th>形状指数</th><th>排序</th><th>分维数</th><th>排序</th></tr>
<tr><td rowspan="3">森林</td><td rowspan="3">13.3413</td><td rowspan="3">3</td><td rowspan="3">1.5840</td><td rowspan="3">7</td><td>针叶林</td><td>15.7599</td><td>3</td><td>1.5353</td><td>13</td></tr>
<tr><td>针阔混交林</td><td>3.0530</td><td>11</td><td>1.6908</td><td>4</td></tr>
<tr><td>阔叶林</td><td>9.7231</td><td>4</td><td>1.5386</td><td>12</td></tr>
<tr><td rowspan="2">灌丛</td><td rowspan="2">4.4317</td><td rowspan="2">6</td><td rowspan="2">1.6427</td><td rowspan="2">5</td><td>灌丛</td><td>4.8709</td><td>7</td><td>1.6137</td><td>8</td></tr>
<tr><td>灌丛＋草甸</td><td>3.8501</td><td>9</td><td>1.6022</td><td>9</td></tr>
<tr><td>草地</td><td>3.8925</td><td>7</td><td>1.6495</td><td>4</td><td>草甸</td><td>3.8925</td><td>8</td><td>1.6495</td><td>6</td></tr>
<tr><td>流石滩</td><td>5.1626</td><td>5</td><td>1.5985</td><td>6</td><td>流石滩稀疏植被</td><td>5.1626</td><td>6</td><td>1.5985</td><td>10</td></tr>
<tr><td rowspan="3">难利用地</td><td rowspan="3">7.4781</td><td rowspan="3">4</td><td rowspan="3">1.5507</td><td rowspan="3">8</td><td>沙地</td><td>2.0129</td><td>12</td><td>1.0451</td><td>16</td></tr>
<tr><td>滩涂及裸地</td><td>3.1878</td><td>10</td><td>1.5561</td><td>11</td></tr>
<tr><td>冰川</td><td>7.7194</td><td>5</td><td>1.5337</td><td>14</td></tr>
<tr><td rowspan="2">水域</td><td rowspan="2">39.4432</td><td rowspan="2">1</td><td rowspan="2">1.9758</td><td rowspan="2">2</td><td>河流</td><td>42.3483</td><td>1</td><td>1.9178</td><td>3</td></tr>
<tr><td>湖泊</td><td>1.6158</td><td>14</td><td>1.4717</td><td>15</td></tr>
<tr><td rowspan="2">种植地</td><td rowspan="2">1.9376</td><td rowspan="2">8</td><td rowspan="2">1.6787</td><td rowspan="2">3</td><td>农田</td><td>2.0054</td><td>13</td><td>1.6436</td><td>7</td></tr>
<tr><td>果园</td><td>1.6019</td><td>15</td><td>1.6632</td><td>5</td></tr>
<tr><td rowspan="2">道路和住区</td><td rowspan="2">32.6531</td><td rowspan="2">2</td><td rowspan="2">1.9921</td><td rowspan="2">1</td><td>道路</td><td>36.8597</td><td>2</td><td>1.9652</td><td>1</td></tr>
<tr><td>聚居地</td><td>1.2398</td><td>16</td><td>1.9402</td><td>2</td></tr>
<tr><td>景观总体</td><td>9.3078</td><td>—</td><td>1.6951</td><td>—</td><td></td><td></td><td></td><td></td><td></td></tr>
</table>

斑块形状指数通过计算某一斑块形状与相同面积的正方形之间的偏离程度来测量其形状的复杂程度，当斑块形状为正方形时取最小值 1，斑块的形状越复杂或越扁长取值越大。保护区河流廊道的形状最复杂扁长，道路次之，因此这两种类型的形状指数最大；大多数自然景观中的类型受地形及周围植被分布的限制，形状较复杂，湖泊形状则相对较规则和收敛；经营景观受到人为影响较大，形状相对趋于规则；人工景观中的聚居地则是所有要素类型中形状最规则的。

描述斑块几何形状的复杂程度，一般欧几里德几何形状的分维为 1，具有复杂

边界的斑块的分维则大于1小于2。对林芝地区的景观格局分析显示，水域、难利用地、牧地斑块分维数最高，林地中的针叶林和灌木林斑块分维数次之，这与人为的外界干扰采伐和自身内源演替密切相关(徐济德等，2004a)。而保护区景观生态体系中的斑块分维数则以道路和住区、水域、种植地最高，草地、灌丛次之，跟人为干扰由强变弱有关；森林的分维数相对较低，显示保护区内的采伐等人为干扰低于林芝地区的总体水平。

第三节　景观异质性

一、斑块密度和边缘密度

斑块密度可以反映景观总体的斑块分化程度，其值越大，表示景观异质性越高；按要素类型分别统计时，可以反映其生境破碎化程度。边缘密度度量各要素边缘的复杂程度，可反映异质斑块之间能量、物质、物种及其他信息交换的潜力及相互影响的强度，也可反映景观总体的复杂程度。保护区各景观要素类型的斑块密度和边缘密度计算结果见表7-12。

表7-12　各景观要素类型的斑块密度和边缘密度

2级要素类型	斑块密度(个/km^2)	排序	边缘密度(m/hm^2)	排序	3级要素类型	斑块密度(个/km^2)	排序	边缘密度(m/hm^2)	排序
森林	0.0701	8	17.6645	8	针叶林	0.0250	16	15.6865	16
					针阔混交林	1.1851	5	49.3402	5
					阔叶林	0.0510	15	18.4457	15
灌丛	0.2212	5	29.2816	4	灌丛	0.1915	12	29.1098	11
					灌丛+草甸	0.2606	10	29.5092	10
草地	0.2891	4	28.9857	5	草甸	0.2891	9	28.9857	12
流石滩	0.1181	6	27.9091	6	流石滩稀疏植被	0.1181	13	27.9091	13
难利用地	0.1162	7	19.6969	7	沙地	0.6272	7	35.5874	9
					滩涂及裸地	0.4674	8	39.4813	8
					冰川	0.0962	14	18.6246	14

（续表）

2级要素类型	斑块密度（个/km²）	排序	边缘密度（m/hm²）	排序	3级要素类型	斑块密度（个/km²）	排序	边缘密度（m/hm²）	排序
水域	0.6056	3	112.8545	2	河流	0.2016	11	157.3094	3
					湖泊	1.2629	4	40.5204	7
种植地	1.0801	2	50.6492	3	农田	0.8562	6	47.6283	6
					果园	2.1886	3	65.6049	4
道路和住区	17.6831	1	1 260.9464	1	道路	3.3871	2	1529.6721	1
					聚居地	59.2977	1	478.7046	2
景观总体	0.1955	—	26.3141	—					

保护区的各景观要素类型中，人工景观特别是聚居地的斑块密度最大，远超过景观总体水平，受到的人为干扰最强，破碎化程度最高；人为影响较大的经营景观斑块密度次之，果园的分布受到地形跟周边植被影响，破碎化程度高于农田；自然景观的斑块密度小于经营景观和人工景观，其中湖泊受地形限制斑块密度较大、斑块小且分散，森林特别是针叶林斑块密度最小、破碎化程度最低。

保护区各景观要素边缘密度的特征跟斑块密度的特征基本相似，但道路和河流因其狭长的形状而有较高的边缘密度。各要素边缘的复杂程度跟受干扰的程度有关。

林芝地区林地破碎度较低，灌木林地、牧地次之，居民用地的分离度、破碎度最高（徐济德等，2004a）。保护区的此类特征跟林芝地区基本一致。

二、景观多样性

多样性指数可以反映景观的多样性程度，而均匀度则反映不同景观要素类型的分配均匀程度。多样性越高，即景观的异质性程度越高。保护区景观生态体系各景观要素类型的多样性指数和均匀度计算结果见表7-13。

表7-13　各景观要素类型的多样性指数和均匀度

2级要素类型	多样性指数	排序	均匀度	排序	3级要素类型	多样性指数	排序	均匀度	排序
森林	0.3531	1	0.7118	8	针叶林	0.3617	1	0.8626	16
					针阔混交林	0.0628	8	3.0318	9
					阔叶林	0.2929	2	1.3234	15

(续表)

<table>
<tr><th>2级要素类型</th><th>多样性指数</th><th>排序</th><th>均匀度</th><th>排序</th><th>3级要素类型</th><th>多样性指数</th><th>排序</th><th>均匀度</th><th>排序</th></tr>
<tr><td rowspan="2">灌丛</td><td rowspan="2">0.2630</td><td rowspan="2">4</td><td rowspan="2">1.9781</td><td rowspan="2">5</td><td>灌丛</td><td>0.1908</td><td>5</td><td>1.8894</td><td>12</td></tr>
<tr><td>灌丛＋草甸</td><td>0.1596</td><td>7</td><td>2.0920</td><td>10</td></tr>
<tr><td>草地</td><td>0.2915</td><td>2</td><td>1.7747</td><td>7</td><td>草甸</td><td>0.2915</td><td>3</td><td>1.3310</td><td>14</td></tr>
<tr><td>流石滩</td><td>0.1831</td><td>5</td><td>2.5833</td><td>4</td><td>流石滩稀疏植被</td><td>0.1831</td><td>6</td><td>1.9375</td><td>11</td></tr>
<tr><td rowspan="3">难利用地</td><td rowspan="3">0.2831</td><td rowspan="3">3</td><td rowspan="3">1.8353</td><td rowspan="3">6</td><td>沙地</td><td>0.0045</td><td>15</td><td>5.3424</td><td>1</td></tr>
<tr><td>滩涂及裸地</td><td>0.0353</td><td>10</td><td>3.5657</td><td>7</td></tr>
<tr><td>冰川</td><td>0.2758</td><td>4</td><td>1.4152</td><td>13</td></tr>
<tr><td rowspan="2">水域</td><td rowspan="2">0.0372</td><td rowspan="2">7</td><td rowspan="2">4.6895</td><td rowspan="2">2</td><td>河流</td><td>0.0253</td><td>11</td><td>3.8627</td><td>6</td></tr>
<tr><td>湖泊</td><td>0.0170</td><td>12</td><td>4.2139</td><td>5</td></tr>
<tr><td rowspan="2">种植地</td><td rowspan="2">0.0469</td><td rowspan="2">6</td><td rowspan="2">4.4073</td><td rowspan="2">3</td><td>农田</td><td>0.0406</td><td>9</td><td>3.4382</td><td>8</td></tr>
<tr><td>果园</td><td>0.0109</td><td>14</td><td>4.5920</td><td>3</td></tr>
<tr><td rowspan="2">道路和住区</td><td rowspan="2">0.0158</td><td rowspan="2">8</td><td rowspan="2">5.7015</td><td rowspan="2">1</td><td>道路</td><td>0.0123</td><td>13</td><td>4.4892</td><td>4</td></tr>
<tr><td>聚居地</td><td>0.0050</td><td>16</td><td>5.2599</td><td>2</td></tr>
<tr><td>景观总体</td><td>1.4736</td><td>—</td><td>23.6815</td><td>—</td><td colspan="5"></td></tr>
</table>

表7-13的结果显示，保护区的各景观要素类型中，森林的多样性最高，草地、难利用地和灌丛的多样性次之，水域和经营景观的多样性较低，人工景观特别是聚居地的多样性最低，这跟林芝地区景观多样性特征相似。

保护区各景观要素类型的均匀度排序跟多样性排序几乎正好相反，显示人为影响小的自然景观多样性相对较高、均匀度相对较低，而人为影响较大的经营景观和人工景观多样性相对较低、均匀度相对较高。

三、景观破碎化程度

破碎化指数反映了景观中斑块的破碎化程度，也是对景观异质性的一种反映。对保护区各景观要素类型破碎化指数的计算结果见表7-14。

表 7-14 各景观要素类型的破碎化指数

2 级要素类型	破碎化指数	排序	3 级要素类型	破碎化指数	排序
森林	0.7724	8	针叶林	0.9085	16
			针阔混交林	0.9998	1
			阔叶林	0.9745	15
灌丛	0.9836	5	灌丛	0.9947	10
			灌丛＋草甸	0.9970	7
草地	0.9750	7	草甸	0.9750	14
流石滩	0.9954	4	流石滩稀疏植被	0.9954	8
难利用地	0.9780	6	沙地	0.9966	6
			滩涂及裸地	0.9949	9
			冰川	0.9802	13
水域	0.9994	3	河流	0.9978	5
			湖泊	0.9916	12
种植地	0.9998	2	农田	0.9928	11
			果园	0.9997	2
道路和住区	0.9999	1	道路	0.9996	3
			聚居地	0.9995	4
景观总体	0.7042	—			

保护区的各景观要素类型中，人工景观的破碎化程度最高，经营景观次之，森林景观受到干扰相对较小、破碎化程度最低，难利用地特别是冰川因为难以利用而少受干扰，其破碎化程度也较低。

第四节　景观要素空间分布格局

一、最小距离指数

最小距离指数是一个相对指标，具有确定景观斑块分布是否服从随机分布的作用，其取值范围为 0～2.149。值为 0 时，格局为完全聚集分布；值为 1 时，则格局为随机分布；取值为 2.149 时，格局为完全规则分布（郭晋平，2000；徐济德等，2004b）。保护区各景观要素类型最小距离指数的计算结果见表 7-15。

表 7-15 各景观要素类型的最小距离指数

2 级要素类型	最小距离指数	排序	3 级要素类型	最小距离指数	排序
森林	1.009	3	针叶林	0.5058	15
			针阔混交林	1.0596	5
			阔叶林	0.5593	12
灌丛	0.8732	4	灌丛	0.6811	8
			灌丛+草甸	0.8326	7
草地	1.1001	2	草甸	1.1001	4
流石滩	0.5126	8	流石滩稀疏植被	0.5126	14
难利用地	0.7691	6	沙地	0.663	10
			滩涂及裸地	0.6318	11
			冰川	0.6632	9
水域	0.8135	5	河流	0.2447	16
			湖泊	1.6859	3
种植地	0.6092	7	农田	0.539	13
			果园	0.9381	6
道路和住区	2.0493	1	道路	2.0355	2
			聚居地	2.0831	1

表 7-15 的结果显示，保护区人工景观中的道路和聚居地都趋于规则分布，这也是人工景观分布格局上的特点；经营景观中的果园趋于随机分布，而农田则有趋于聚集分布的趋势；自然景观中，湖泊的分布格局介于随机分布与规则分布之间，草地和森林中的针阔混交林表现出随机分布的特点，其余要素类型的分布格局介于随机分布与聚集分布之间，河流聚集的趋势最为强烈。

二、同质景观要素间的空间关系

用联系度指数来反映同质景观要素间的空间关系，其值较大时，说明同类景观要素之间相互联系的潜力大。保护区各景观要素类型的联系度指数计算结果见表 7-16。

表 7-16 各景观要素类型的联系度指数

2级要素类型	联系度指数	排序	3级要素类型	联系度指数	排序
森林	99.5500	1	针叶林	98.9053	1
			针阔混交林	64.4570	8
			阔叶林	95.3433	2
灌丛	87.1531	3	灌丛	85.4691	5
			灌丛+草甸	80.8269	7
草地	86.1349	4	草甸	86.1349	4
流石滩	84.8553	5	流石滩稀疏植被	84.9087	6
难利用地	91.6436	2	沙地	52.4639	11
			滩涂及裸地	55.6612	10
			冰川	92.1778	3
水域	40.6432	7	河流	24.3475	14
			湖泊	59.6097	9
种植地	41.0556	6	农田	39.8445	12
			果园	28.0636	13
道路和住区	3.9297	8	道路	1.7332	16
			聚居地	8.6183	15

保护区的各类自然景观中，森林的联系度最高，难利用地特别是冰川次之，灌丛、草地、流石滩的联系度都相对较高，水域特别是河流的联系度相对最低；经营景观的联系度低于自然景观的总体水平，其中农田的联系度高于果园；人工景观的联系度远低于自然景观和经营景观，而道路的联系度又远低于聚居地。从表 7-16 结果可以看出，受人为影响较大的景观要素类型和形状扁长的景观要素类型表现出联系度偏低的趋势。

三、异质景观要素间的空间关系

聚集度指数反映景观中不同斑块类型的非随机性或聚集程度，其取值小时，景观多由许多小斑块组成，具有较大的随机特征；而当其值较大时，景观则表现出斑块聚集而形成少数大斑块的趋势。

表 7-17 各景观要素类型的聚集度指数

2级要素类型	聚集度指数	排序	3级要素类型	聚集度指数	排序
森林	74.7368	1	针叶林	73.1963	1
			针阔混交林	31.6045	9
			阔叶林	65.2420	2
灌丛	50.5553	3	灌丛	48.2558	6
			灌丛+草甸	49.3126	5
草地	50.5158	4	草甸	50.5158	4
流石滩	47.8617	5	流石滩稀疏植被	47.8617	7
难利用地	60.3526	2	沙地	27.7778	10
			滩涂及裸地	26.9036	11
			冰川	61.6358	3
水域	23.0769	7	河流	12.4183	14
			湖泊	42.2680	8
种植地	24.5856	6	农田	24.1722	12
			果园	20.0000	13
道路和住区	2.2472	8	道路	1.6667	16
			聚居地	4.1667	15
景观总体	62.8317	—			

表 7-17 的结果显示，保护区景观总体空间分布格局表现出斑块聚集而形成少数大斑块的趋势。各景观要素类型相比，森林特别是针叶林聚集成大斑块的趋势最强烈；其次是难利用地特别是冰川；灌丛、草地、流石滩和水域中的湖泊也能聚集成较大的自然斑块；农田和果园 2 类经营景观的聚集程度小于除河流外的自然景观，但远大于人工景观；人工景观则由许多离散的小斑块组成，随机性较大。

徐济德等(2004b)对整个西藏林芝地区在 1991～2000 年 10 年间的景观动态的分析发现，多样性指数和均匀性指数呈上升趋势，景观内斑块的空间分布趋于均匀，景观破碎化程度趋于增加，斑块总数在增加。火干扰、森林采伐与毁林开荒是景观生态变化的关键性驱动力。总的来看，保护区景观生态体系的特征与林芝地区的总体情况相差不大，但也表现出一些不同的特点。

第八章　文化多样性

第一节　文化多样性和生物多样性的关系

广义地来讲，文化多样性是生物多样性的一个组成部分。“正如遗传和物种多样性一样，人类文化（游牧生活和移动耕作）的一些特征表现出人们在特殊环境下生存的策略。同时，与生物多样性的其他方面一样，文化多样性有助于人们适应不断变化的外界条件。文化多样性表现在语言、宗教信仰、土地管理实践、艺术、音乐、社会结构、作物选择、膳食以及无数其他人类社会特征多样性上”（世界资源研究所，1992）。

人类像动物一样，为了生存和繁衍，必须要适应自己的环境，从而产生了适应环境的生物学特征。人类还是社会性较强的动物，具有超越任何生物的高度发达的智力。人类依靠自己超强的智力和社会性，在地球上的每个角落定居下来。地球上的环境千差万别，人类为适应不同的环境，形成了丰富多彩的文化多样性，人类文化多样性与生物学特征一样，是进化过程中适应环境的产物。

保护区内的世居民族有藏族、门巴族和珞巴族。该区域是西藏土著居民中最古老的发祥地之一。

门巴族自称门巴，意思是“门”地方的人，门泛指西藏南部喜马拉雅山区地势较低的地方。他们有语言，无文字。语言属汉藏语系藏缅语族。因长期和藏族交往，会说藏语，通用藏语和藏文。

珞巴是藏族对居住在广大珞瑜地区人的习惯称呼，意思是南方人。他们同样有语言，无文字，过去还刻木结绳记事。

考古在保护区所在区域发现了多处新石器时代遗物。藏文古籍记载，直贡赞普之子布德贡结等曾在工布、娘布、波布一带活动。那时，有了耕犁农业和畜牧业，并且已经烧木为炭、熬皮制胶和冶炼矿石，物质文化已发展到相当程度。史学家认为这个时期大体上相当于新石器时期或金石并用时期，父系氏族社会已经确立。

2000 年 5 月和 7 月，在八一镇以西 18km 修建援藏项目养鱼场取土放炸药时，发现了吐蕃部落时期或前吐蕃王朝时期的墓葬，出土了不少陶器，其中有装饰着绳纹的夹砂灰陶及一件残断的陶质网坠器，全部为手制。考古界过去认为林芝地区的陶器“均为平底”（李永宪，1994），然而在该墓地目前发现的陶器中恰恰不见平底器，而全部为圆底器。该墓地中还有带器盖的壶，这种器型不仅在林芝地区，而且在西藏地区也是首次发现。陶质网坠饰是该区先民生计方式的证据。网坠并非从墓葬中出土，而是在墓葬附近的探方清理出土的。它不仅说明这一地区的早期人类过着渔猎生活，而且墓地所处的河流一级台地上也曾经是人类经常活动的遗址。其他陶器说明渔猎只是先民维持生计的一种方式，他们也同时有园圃式农业的耕作活动，在生产力十分低下的情况下，满足了族群的生存和繁衍（夏格旺堆和李林辉，2006）。当时的藏族先民，生活在雅鲁藏布江和尼洋河畔，捕鱼为生是很自然的事情。考古学的最新成果，从历史的角度说明了保护区所在地早期文化的多样性。

工布藏族在适应藏东南雅鲁藏布江和尼洋河流域环境的过程中，加上社会历史方面的复杂原因，形成了自己独特而丰富的文化多样性，人们常常把它称作“工布文化”，即在泛称工布的地区内，无论是衣食住行、生产生活，还是宗教、文娱和节庆等各方面都反映出许多地域特点。工布在日常生活中已经成为一个形容词，用来修饰与工布人生产和生活有关的事物，如工布帽、工布箭舞、工布箭歌，并且由于交通不便和其他因素，泛工布区源于古代甚至远古时代的文化多样性保存得较为完整。

西藏本地原始宗教是苯教。后来佛教从印度进入西藏，此后吸收了高原原始苯教的成分，将西藏苯教的神祇收为佛教的护法神，并大量采用苯教的宗教活动形式，使藏传佛教与外地佛教差别较大。形式上体现了苯教的特点，内容上主要是印度西传佛教的经典（刘伟，2008）。西藏人信教者众多，他们的文化和民族风俗受宗教影响较大。

下面从农业、饮食、服饰、建筑、历法、年节、舞蹈、体育、医药、绘画、民俗和环境保护等方面，叙述工布人在适应环境的过程中所形成的文化多样性的一些内容。

第二节　保护区及其周边地区农业文明

1974 年底至 1975 年春，考古人员在尼洋河边的台地上发现了一批新石器时代人类遗骨和墓葬（王恒杰，1975）。该遗址在林芝县东南，从云星乡到红光乡沿尼洋河的一级台地上，遗址和遗迹分布在林芝县下尼洋河西岸至与雅鲁藏布江汇合处及其下游沿江一带，断断续续都有分布。发掘中不止一处发现有长方形的石凿，石凿形制和石质相同、大小类似。结合在工布地区发现的其他石刀、石凿、石斧和陶器，表明该遗址的主人当时已经从事刀耕火种的农业，并且大约已经定居。在林芝还发掘出箭头和渔网的网坠，说明遗址的主人在雅鲁藏布江、尼洋河和被这些河流袭夺的古湖泊既从事农业，还从事渔猎。工布人和他们创造的工布文化，在西藏东南有相当的代表性（王恒杰，1983）。

后来中科院青藏高原科学考察队也考察了林芝盆地，发现古湖相沉积物和尼洋河阶地堆积物，其中含有许多哺乳类动物化石和植物化石。综合分析自然科学和人文科学的调查结果，包括人类遗骨、石器、陶片和哺乳动物骨骼，可以肯定工布地区是青藏高原一个重要的古人类活动遗址。早在 5 000～8 000 年前，生活在温暖、湿润的工布地区尼洋河两岸的先民，适应当时的自然环境，使用石刀、盘状器、凿、网坠和各种陶器等生产工具和生活用具，靠狩猎、捕鱼或耕作，或者采集野果来维持他们的生存和繁衍(陈万勇，1980)。

保护区在印度洋暖湿气流作用下，形成了高原温带半湿润季风气候类型，雨量充沛，各条支沟汇集了集水区的降水，进入雅鲁藏布江和尼洋河两条大江。保护区气候温暖湿润，河谷水草丰茂，土地肥沃。数千年里，孕育了发达的农业。西藏以牧业著称，而保护区因为最高和最低海拔差别大，地形复杂，河谷宜农，中山以上宜牧。

早期的农业，没有铜器和铁器，而是使用石、木等制作生产工具。五十年代生活在门隅、珞隅、察隅的登巴、门巴、珞巴等民族还保留了使用石器、毛器、木器、竹器的习俗，有着石器、毛器、木器、竹器等时代向铁器时代过渡的痕迹。这个现象可以作为工布地区早期农耕阶段也使用石器和木器的佐证(张亚生，2000)，也说明了工布地区先民如何适应雅鲁藏布江和尼洋河两河流域的环境，发展自己的农业。

早期的工布地区，没有开矿、冶炼，铁器缺乏。而本地森林茂盛，林木资源丰富，就地取材，选料方便，工布先民普遍使用木质农具。三十年前，工布地区有的地方仍保留了使用青冈木砍制的木犁、木质掘锹以及木锄等习俗。

因为冬季气候温暖，河谷地区冬季种植冬小麦较为普遍。当地农户还有在林地内放养小猪的习惯，于是培育出了有名的藏香猪。

门巴族则主要从事农业，种植玉米、水稻、鸡爪谷为主，还有小米、荞麦、青稞、棉花。兼营牧业和狩猎。手工生产石锅、藤器、竹器、铁器、银器、织布。山陡，平地少，刀耕火种。在向阳的山腰坡地上，考虑草木的生长，尽量在草多大树少的地方开垦土地。刀耕火种时，首先在选定地块四周作标记，然后用刀、斧头将地块内的草、树砍倒，第二年春天，将砍倒的树草烧荒，就可下种。秋收时，每人背一个竹筐摘麦穗。种玉米时，用尖木棍在地上戳洞下种，后盖土掩埋。小麦、青稞、荞麦皆撒播。

水田都是梯田，引山涧水灌溉。冬季农闲，男人大多数上山打猎。他们使用弓箭，或在野兽活动区域或洞穴附近挖几米的大坑，底插数十根尖桩。也有人使用绳套套兔子、野鸡。狩猎是门巴肉食和现金的主要来源。

珞巴人也以农为主，兼营林业和副业。耕作方法简单，农作物有玉米、鸡爪谷、旱稻、荞麦、水稻。方法是先烧荒，一、二天下种，用尖木棒挖出小洞，再放入二、三粒玉米。藏历 9 月玉米成熟，他们将玉米穗存放在有多层架的草棚风干，然后背回家。他们使用移栽法种植鸡爪谷,2 月育秧,选好地翻耕并用木耙平整,撒播谷种,苗高 10 多厘米时移栽。用小刀收割,每天背回家。

牧业家庭饲养为主,也有牧场。白天老幼看管,晚上赶回家挤奶、喂料。

狩猎是主要副业,显示珞巴人生产力仍然低下。狩猎方法是弓箭或下套。弓用竹板制成,无装饰。竹杆作箭杆,植物叶作羽,箭头铁制。猎大兽常用毒箭,毒来自"阿磨草",毒箭射中熊、豹,见血不出百步即丧命。后来年轻人射箭则为娱乐了。在野兽经常活动的地方设围场、下套、设陷阱(安竹签)。围场根据经验设定。猎手熟悉兽类活动规律,认识足迹。知道春天打野猪,春季雪融化时打林麝和扭角羚,7、8 月打熊和斑羚。妇女以纺织为主要副业,羊毛和山羊毛从藏族换来。手工捻搓,用木棍和木板组成的腰机纺织,织物主要有男人穿的大坎肩,妇女的筒裙、裹腿、腿带。男女均会竹编,先将竹在水中浸泡,后用小刀劈或木槌砸成竹篾,削去内皮,进行编织。编竹笼、竹席、鱼笼、竹绳、簸箕、竹筐、竹筛。藏族喜欢珞巴竹器。

农业生产力水平较低,还得靠狩猎、纺织和竹编获得多一些的收入。无论从狩猎用的工具,到用毒箭,及熟悉动物的活动规律和足迹看,还是从纺织和竹编看,珞巴人的生活与他们环境中的动植物有着密不可分的关系。

第三节　饮食

藏族人、门巴族人或者是珞巴族人的饮食,无一不与其生活环境有关。

工布藏族主食和其他藏区类似,以糌粑为主。但河谷地区农业发达,种植冬小麦和荞麦,于是主食又有小麦粉烤饼和荞麦面饼,这和许多藏区的主食又有差异。他们作荞麦面饼,先将荞麦磨成粉,用滤子过滤出精细的荞麦面。然后将荞麦面与水拌成糊状,在铁锅或石板上烤熟,有时在热饼上抹酥油、撒白糖,或与酸奶同吃。副食有牛肉、猪肉、羊肉、酥油、奶渣、酸奶和蔬菜、菌类。饮料有酥油茶、清茶、自酿白酒和青稞酒。工布藏族还喜食猪肉,平时将猪肉晒干,在火上烤熟后食用。他们也喜欢辣椒,每顿不离(林芝地方志编纂委员会,2006)。

门巴人以玉米、大米、鸡爪谷[注:鸡爪谷是西藏特有农作物,粟米的一种,又名穇子(*Eleusine coracana* Gaertn.)、龙爪稷、鸭脚粟。属禾本科穇属,一年生草本植物。穗部呈爪状,种子珠形,红褐色。依据穗部形状可分为两种类型,一种是在成熟阶段,小穗分枝卷曲度大,彼此排列紧密,籽粒较大,颖壳短,成熟早。另一种小穗分枝直立,彼此排列疏松,颖壳长,籽粒较小,成熟期比卷曲型晚。西藏鸡爪谷多分布在海拔 2 500m 以下暖湿地带,包括墨脱、察隅、错那、波密、吉隆、林芝、定结、聂拉木等县的低谷地区]为主食。门巴人还有用鸡爪谷酿酒的习俗。他们把玉米磨成米粒大小,与大米同煮,与汤或茶同食,也吃烤玉米。他们喜欢蔬菜、野菜和肉食。春夏季节吃辣椒、黄瓜、菜豆、四季豆、茄子、竹笋和菌类，冬季吃白菜、萝卜、南瓜、干菜。菜一般用水煮，加上肉、辣椒、花椒、大蒜和黄豆酱。

珞巴人以玉米面和鸡爪谷粉做的面团为主食。作法是先将水烧开，边撒面边搅拌，颜色变黄后手抓食。喜欢石板上烙的荞麦饼。妇女不吃山羊肉和鸡肉，喜欢用地老鼠肉招待贵客。喜饮酒。

第三节　服饰

西藏服饰的地理分区与语言地理分区类似。根据1988年1月用藏汉英三种文字出版的《藏族服饰艺术》(安旭，1988)，藏族的语言可以按地域划分成三大方言区，即卫藏方言、康方言和安多方言。类似地，藏族服饰也可以按地域划分成三大类，即卫藏服饰类、康区服饰类和安多服饰类，相应地可以叫卫藏服饰、康服饰或康区服饰、安多服饰。每类中又列为若干型。

藏民族学家认为这种划分基本上抓住了服饰文化的基本特征。三大类服饰的特点，可以分别用细腻、粗犷和繁复三个词来概括。这些特点是三大区域自然和社会历史各方面因素作用的产物(姚兆麟，1990)。卫藏服饰流行于藏南河谷区，以农业为主，手工业较为发达，人口密度相对较高，各种文化荟萃。康服饰在处于横断山脉的川西与滇西北、青海玉树、藏北和藏东等牧业或半农半牧区流行。历史上居民流动性较强，定居农业发展较晚。安多服饰在甘肃和青海相邻区域和青海湖周围流行，同样也在传统的畜牧业经济地区流行。

工布服饰属于卫藏服饰，最典型的特征是无论男女、老幼和职业，都喜欢穿"古休"(也译作古秀)。夏天穿的"古休"以氆氇缝制，冬天用毛皮制作。

氆氇系藏语译音，是一种手工纺织的厚毛织品，保暖性能好，且结实耐用，是藏族农区或半农半牧区制作衣服的主要原料。氆氇的纺织多为家庭完成。先将羊毛洗净晾干，用刷子刷松软，理成条状，捻成细线后在自制的简易织机上织成。织成的氆氇可染成黑色、棕色、花色等，也可不染而保持原色。氆氇幅宽约20cm，以卷计，一卷氆氇一般可以做一件藏袍。过去西藏还有生产氆氇和织毯的手工作坊。

"古休"无领无袖，用氆氇拼缝成略短于两个身长的片状物，中间挖一圆领，无缝接。穿时将头伸出圆领，前后覆盖胸背并束腰带。工布人常用紫红色氆氇缝制古休，用核桃青皮汁染成(雅鲁藏布江和尼洋河河谷区域的核桃树很多)，不易退色。

女装"古休"略宽于肩，最下方垂至踝部。其领口、袖口、下摆镶有缎边，镶的层数越多越富有，一般是奇数，特别富有的镶到13层。豪华的冬装古休为猴皮外铺一层绸缎，也有人直接用狐狸皮、猴皮、熊皮或狼皮不铺绸缎。

男装双肩部各宽一幅约七寸，披盖臂膀，穿时前后提高至膝，胸背形成兜状。

一般人家都缝制分别在劳作、平时和节日穿着的三种不同的"古休"（陈立明和曹晓燕，2003）。劳作时穿的"古休"用经久耐磨的小牛皮或山羊皮制成。工布妇女多在林中劳作或背柴、背物，皮"古休"更耐用；平时所穿的"古休"多用氆氇缝制，前摆、后摆和腰部用彩线织锦或用缎料作角饰，称为"卓添"，美观大方；节日工布妇女的"古休"以上等氆氇或缎子做衬里，边镶水獭皮，腰间用紫色缎子装饰，前后、下摆用紫色锦缎镶边，腰部用黄白缎子装饰，再佩戴银、铜分节镂花腰带。以前妇女节日穿着多张猴皮拼缝的猴皮"古休"，做工考究，里为猩红色，外配深烟色、蓝色锦缎为面，或者用牛绒细氆氇作面。冬季把猴皮"古休"穿在中层，里层穿长袍如羊羔皮袍，外罩氆氇"古休"，还要露出猴皮"古休"的边，以显示华贵。在野生动物比较多的过去，这种"古休"也非常昂贵，常常是姑娘出嫁时必备的嫁妆。兽皮"古休"显示的是美观和富有。

现在工布人穿着比过去随意，常在"古休"内穿藏袍或短衣。劳动常穿山羊皮缝制的短古休，晴天毛向里，皮板向外，便于背石头、木材或土肥时起保护劳动者背部的作用。雨天穿时毛向外，则可以防雨。四川凉山彝族自治州部分地区生活的彝族也有这个习惯，只是他们做成坎肩而不是"古休"。山羊皮"古休"显示的是实用。

工布人还穿衬衣、束腰带（羌果）。腰带有的用纯银镀金或黄金打制，刻有飞龙、团龙浮雕。腰带在两个腰窝处有环扣，便于系挂腰饰。男女都戴帽子，以保护头部。男帽用毡子制作，为略高的盔状帽，有沿能避雨。羊毛毡是畜牧业后期的产品。工布女帽有两种，一种圆筒形，边镶彩缎，饰有起伏的三角纹。另一种上部圆筒形，燕尾形帽沿，仍镶彩缎边。各地燕尾形帽沿朝向不同，巴河以东的工布妇女帽的燕尾朝向左或右，巴河以西的工布妇女帽的燕尾朝向后面。还有人说是燕尾朝向左或右表示未婚，上了年纪的妇女带圆筒帽，实际现在已经没有严格差别（西藏人文地理编辑部，2009）。

男式藏鞋有"那祖"（尖头鞋）和"达松"（骑士彩鞋）两种，女鞋和男鞋大体相同，不同的是款式、鞋面和鞋腰图案。

工布人还要佩戴耳环、项链、手镯、戒指、腰饰银盒和腰链等首饰。妇女在节日时戴的耳环为黄金镶绿松石、红珊瑚和宝石，平时带用红绳穿的绿松石耳环。项链有的用红线串珍珠、天珠、玛瑙、珊瑚和绿松石等做成，越富有的人带的圈数越多。手镯银制或为绿松石串，也有纯银打制并包金。戒指则是纯银作底镶宝石。腰饰是银盒，过去的银盒分两半，一半装火镰，一半装针线。腰链是银链串银花，多条银链缀成挂饰，中间嵌描花银盒，底部缀红丝线穗和如意佩环，两边穗子系在一起。用鹿皮绳把腰饰系在腰带上。

尽管藏区流行的藏袍早已传到工布地区，但只有出远门的老人、头人和商人穿，绝大多数工布人都穿“古休”。有人认为“古休”是工布先民古老服饰的延续。两河流域温暖而湿润，森林密布，野兽多。远古时期工布人在较长历史时期内以狩猎为生（直到1980年代这里还是麝香、熊胆和兽皮等主产区之一）。丰富的兽类资源提供了方便的御寒材料。把两张兽皮在两肩处简单缝合，就是“古休”，还可保护肩背，使人免受雨水侵扰（姚兆麟，1990）。

门巴人衣着简单，男女均穿手工织的条纹棉布服装，男上穿短袖白衬衫，下穿长裤。女穿棉花布裙和无袖上衣，戴手镯、耳环和串珠。男子腰挂月亮形弯刀，既是装饰，也是工具（林芝地方志编撰委员会，2006）。

珞巴男人穿羊毛织的长到腹部的坎肩，戴熊皮帽，或戴藤条制有檐圆盔。女穿圆领窄袖短衫，下身紧身筒裙过膝，小腿扎绑腿。男女均喜戴饰物。男帽后有防刀箭的长方形熊皮，穿野山羊皮或毛织方背心，或穿氆氇袍。肩挎弓箭和箭筒，腰佩大刀和小刀，衣服内有野牛皮作的护身皮甲。过去下身不穿裤，赤脚，用皮带或布条系于生殖器前后遮羞。留长发，耳挂串珠，颈系项链，戴银、铜、玉手镯。随身不离烟袋。

珞巴女人上身穿无袖窄领衫，外披小牛皮，下为黑灰色羊毛自织筒裙，无帽，留长发，耳挂串珠，颈带十几至几十串项链。手臂戴满手镯。腰间带海贝、小刀和烟斗。背后背一走路就响的圆铜牌。节日着盛装，佩戴所有装饰品。（林芝地方志编撰委员会，2006）。

第四节　建筑

工布地区的建筑与其他藏区类似，其中有苯教的元素。

早期苯教建筑是藏族传统建筑的重要组成部分。苯教建筑是在修建原始祭坛和法堂基础上开始的，最早法堂很简陋，常常设在帐篷中，用石块砌成圆形、方形或排成直线，往往有一块或三块较高矗立着的石柱。吐蕃王朝后有了“修行处”的建筑物。后来出现了苯教寺庙建筑，一些历史悠久的苯教寺庙至今尚存。寺庙一般远离村庄和闹市区，由僧房、大经堂、修行处、护法殿、藏经殿、厨房、旅店和寺寨等构成。规模宏大，错落有致。

工布藏族住宅讲究自然条件和风水。一般住宅选择位置朝阳背阴、离水较近、地势较凸起的地方，门朝向东或东南（林芝地方志编撰委员会，2006）。

建筑有土木、土石结构，也有单一木质结构。石建筑是西藏最主要的结构形式。藏东南丰富的森林，为建筑提供了木材。两河流域裸露的岩石及风化物遍布，为建筑物提供了廉价而经久耐用的材料。除了石木外，还使用了河谷冲积平原细腻的黏土。

房屋结构型式为“柱网承重结构”，类似于内地的抬梁式木结构，居室平面以方柱形网组合成方形或长方形（张国云，1999）。墙体材料有碎石、片石、卵石、木板、竹篱、柳条篱。楼顶防水材料用薄板木材，将长条板子整齐地倾斜排列在楼顶上，用石块压住，作为建筑封顶，技术虽然简单，但经济实惠，有的上面压石块以求稳定。新修房屋材料加工、砌石技术、装修等都有很大提高。新修房屋更多的是使用金属板屋面，砖红色或绿色的屋面，令人赏心悦目（次多，2004）。

民居多为两层。底层做库房、圈养牲畜或放较重杂物，上层为客厅、厨房等，屋顶人字形房顶下用于装精细饲料或晾干的桃。底层一般无窗，即使有窗也很小，房屋中间架设宽大的木质楼梯，可通到天窗。

二层楼房间楼梯对面（即底层门的顶部也是整个房屋的中心）为“葛托”，供一家之主入住。右边为厨房（塔布参），厨房门对面是连接火塘的炉灶，炉灶一般靠墙，分上下两层，一层为灶，一层放锅。炉灶两眼，右灶眼烧茶，左灶眼做饭。炉灶左边放置藏柜和碗架。水缸和较大生活用具在厨房左边。厨房右边靠墙放置藏床，床上铺软垫和卡垫，客人白天可坐，晚上是一般家庭成员的卧室。主人座位一般在炉灶右旁。厨房后面是小仓库，放糌粑、面粉、肉和酥油。楼梯顶右边为客厅或经堂。屋内柱子和大小两级墙壁上画各种图案，装饰华丽，放有高档藏柜。富裕家庭单设经堂，经堂后面作老年人、年轻夫妇或客人卧室（林芝地方志编撰委员会，2006）。

门巴族的房屋为两层栏杆式竹木结构建筑，位置背山面河，绿树掩映。滴漏6柱或8柱，离地面1.5～2m。底层无围，上层是住宅和仓库，用木板间隔开，条件差的人用竹隔屋。屋顶铺木板或茅草。富裕人家房屋为三层木楼。室内分4个部分，灶在进门左侧，做酒用，平时不住人；第二间是卧室；进门右侧一间接待主要客人和亲朋好友用，叫“饶色”，有时用于宗教活动；第四间在主室南侧，有长形木板隔架，放灶具。新房竣工时，要举行“旺久钦布”（生殖器）仪式，把木质的男性生殖器挂在房梁上，它既是万能的，又是神秘的，它是女性的神灵、生命的源泉、幸福的守护（林芝地方志编撰委员会，2006）。

珞巴人的房屋为竹木结构或木结构。竹木结构房屋圆形或长方形。周围用数根木棍竖立为墙，屋顶用竹篾捆木棍再铺竹席或茅草。木结构房屋长方形或方形，常建在平坦的地方。四周用圆桦木层层叠起作墙，屋顶较平缓，铺薄木板，并压石头。住房面向大山，无窗，屋内有长夜不熄灭的火塘。室内阴暗，几乎没有陈设（林芝地方志编撰委员会，2006）。

第五节　历法

西藏的天文历算有悠久的历史，来源于丰富的历史和漫长岁月积累的经验，以它为基础出版的历书甚至发行到尼泊尔和不丹。它还受到黄河古文明的影响，同时也受到西亚、南亚和东南亚的影响。由于佛教来自印度，印度的《时论历》也影响了西藏的历算(黄明信和陈久金，1981)。日本的山口瑞风在《西藏的历学》中写道，“藏历有两种；一种是公元1027年为纪元元年，一直延续到今天。另一种是在这以前使用的。”

实际上，我们可以认为西藏还有一种原始的、与生物多样性有关系的历，有人把它叫做“物候历”或“自然历”(阿旺次仁，1988)。

西藏的先民长期观察日、月、星辰，观察青藏高原上动植物的物候变化，形成了具有选择特色的、与生物多样性有关的“物候历”。一条西藏古谚说“观察亲鸟和植物是珞门法，观察星和雪是藏北法，观察日、月运行是苯象法，观察山、虎、牲畜是岗卓法”。这里的珞门即保护区南部。

这个谚语形象地总结了如何观察日常生活中的日、月、星辰、动植物来确定藏历，物候历不像天文历，需要高深的天文学和历算知识才能获得。在人类对自然认识十分肤浅的古代，观察每天都能见到的日、月、星辰、动植物来解决历法问题，显示了西藏先民的智慧。藏北海拔高，观察星星容易，看星星可预知天气变化。半牧区的牧民观察高山和湖泊，可以得知月日。如羊卓玉错湖畔的人们至今仍仔细观察该湖结冰和解冻的时间。正常年藏历的12月15日结冰，1月15日解冻。该时间提前或推迟，气候就会反常。

五世达赖后的摄政者第巴·桑杰嘉措在他1687年著的《白琉璃》中写到：“大致节气为：冬至后1个月零7天乌鸦筑巢，此后1个月零8天始见野鸭、雁等，此后15天就春分，地面渐暖，鹨也飞抵西藏，此后21天水鸥到来，天气日益暖，此后7天适播种；春分后过3个月到夏至；此后2个月鸟终鸣。再过30天秋分，此后过21日天渐变冷，此后渐渐显冬季观候，……”。他提出的这些物候，被广泛地写入各种藏历，直至今天的西藏历书。从冬天开始观察，而且是观察鸟在一年四季中的筑巢、鸣叫、迁飞等行为，说明藏历为利用动物活动来作为历法的参考，进行了大量的鸟类行为观察，并总结出了一系列与鸟类生存和繁殖有关的行为发生的季节，行为发生的时间甚至准确到天。现在的西藏历书仍有以物候定农牧时间的，如工布地区大部分地区在桃花开放时就开始春耕。

藏历在藏文中写作“bod kyi lo tho”，译成汉语是《西藏历书》。它不仅是藏族文化的遗产，也是生活在工布地区的门巴族、珞巴族和许多古代部族的文化遗产(阿旺次仁，1988)。

今天我们知道，动植物的各种形态、生理和行为特征，如植物的形态、发芽、开花、结果、落叶、繁殖体的扩散，以及动物的形态、生境选择、觅食、生殖、保卫领域、逃避天敌、迁徙和扩散行为，是动植物通过长期进化形成的对环境的适应。由于地球自转形成天，围绕太阳公转形成年。天复一天，年复一年，地球时间有日周期和年周期。在地球上生活的动植物适应其环境，也形成了它们生理和行为的日周期和年周期。动植物不断地从它们的栖息地接受环境信息，环境信息作为信号，可以启动动植物相应的生理活动和行为。于是动植物的生理和行为与环境之间有必然的关联，用动植物的物候来作为判断历时的依据，正是利用这种关联。

第六节　年节

年节是每个民族发展到一定阶段形成的，它一方面标志这个民族对于自然规律的认识水平，另一方面又可以呈现民族文化的精粹。

公元 14 世纪以后，西藏以时轮历的原理、方法和基本数据为基础的西藏浦派理算占据了主导地位，各教派的主要寺庙都依此编制历书。随着佛教特别是格鲁教派的发展，这种历算学在全藏区基本统一。但是，藏区过去许多地方并不与拉萨同时过新年，其中就有工布地区。工布新年(藏语叫工布洛萨)在藏历 10 月初 1。

以 10 月 1 日作为工布新年的起源，有多种说法，其中一种较为可信的说法是吐蕃赤祖德赞(815～838 年)年间，工布王阿育结布应赞普之约，出兵到拉萨协助征讨。因为时已过秋，阿育结布为了鼓舞士兵，提出出征前提前过年，让士兵痛痛快快吃好、玩好，然后义无反顾地去打仗。实际上，新年日期的形成可以从工布地区的农业耕作周期中找到证据。

工布地区基础海拔在 3 000m 左右，气候温暖潮湿，早熟作物藏历 7 月成熟，8 月初陆续收割，9 月把粮食晒干，收获季节 9 月结束，12 月下旬开始翻地，1 月初春播。其间，10 月 1 日正是庆祝丰收的好日子。因此年节的决定，实际上与农业生物的生长周期密切相关(姚兆麟，1994)。

为过新年，9 月下旬工布地区藏族居民各户开始准备新年用品，包括充足的木柴(核桃木、海棠木)，砍好作犁的木料，杀猪、酿青稞酒、炸卡赛等供品做小吃。

9 月 29 日晚，每家都用 9 种原料(小麦粉、豌豆、奶酪、肉类)煮粥，粥里还要放入辣椒、盐、羊毛和木炭，把象征佛经的物品用面团裹起来，再放到粥中煮。吃到什么物品，就说他有某种特点，或者来年有什么运气。年饭是全家团聚的时刻。傍晚还要“赶鬼”。人们举着松枝火把，跑进每间屋子，从怀里抓出早准备好的拇指大的黑白石子朝角落里砸去，不停地喊叫“鬼，快滚出去！等着瞧！”有的人家还朝火把上泼烧酒，有酒的火把火焰熊熊，嘶嘶发声，使赶鬼仪式更有气势。当他们认为所有的“鬼”逃出房子后，就用松枝和旺波树把门挡严实，以免“鬼”再回来，好愉快地过新年(姚兆麟，1994)。

工布人除夕要打扫房屋，往墙上抹象征吉祥的面粉和糌粑，在屋里屋外摆放吉祥图案。晚上送神，把过年的糌粑团、桃子、核桃、酥油、奶渣、人参果、青稞酒等，端端正正地摆在木盘里，或放在长长的木板上。茶和酒装在核桃壳内，准备停当，主人把狗唤来，很有礼貌地说三次“舒服的狗，快乐的狗，请进餐吧！”。据说有经验的狗会显得非常庄重，先嗅嗅食物，然后决定吃点什么。如果狗乱叫，打翻食物，掀倒茶酒，主人就认为不吉利，便把狗轰走。他们认为狗吃什么、不吃什么，都是神的指使，全家人诚惶诚恐地注视狗的动作，吃糌粑或饼子，预示粮食丰收；狗若先吃肉，则来年六畜不旺、会闹瘟疫兆。狗吃饱了，人再围着火塘，烤着青冈柴火，吃年饭，喝着青稞酒、酥油茶，吃一种特殊的食品——结达。结达是用酥油、牛奶、面粉、红糖或白糖做成的圆面团，戳在尖木棍上，在火里烤，熟一个吃一个，味道香甜，风味独特。年夜饭一定要吃饱，胀得肚子鼓鼓的。据说半夜里鬼还来背人，不吃饱，身子骨轻，说不定会被鬼背跑了。

10月初1即一年中的第一天，早晨每家都去打新水、烧新枝，祈求一年粮满仓、果满枝。一起吃小麦舂烂后煮的粥（珠图），以图口福（卡珠）。鸡叫头遍，工布人都要出门，放火药枪，迎接新年的到来。主妇们赶紧背起水桶，带着青稞酒和祭神用的糌粑团“措”，去水源处背水，在水边煨桑，让条条青烟召唤神灵。回家路上，不管遇到什么人，都不能回头，不能讲话。否则水桶中的“央”（神气）就会消散。

早上妇女们一起敬土地神。敬土地神时，家中的主妇给每人的额头点上小块酥油，表示吉祥的祝福。祭土地神要在地中间插上五彩松枝、青稞，供放油饼、干肉、果品等，还要煨桑烧香。人们用特殊的调子高喊三声“洛雅拉姆，洛雅拉姆（意为丰收女神），请用餐吧！”祭拜完土地神后，妇女们排着长队高歌敬神曲返回村寨。男人们则会一起去敬山神，然后席地聚餐饮酒，互相祝福新年。村民们最后集中在村中心的场地上欢歌起舞，向村神表示敬意。年长的人受到村民的尊敬，他们常常担任领舞的角色。当天家里都要煮羊头，喝青稞酒、干奶酪和面粉煮的粥（炝锅）。

初2各家开始走亲访友。以后各天开始聚会、赛马、射响箭、跳工布箭舞以及进行游艺比赛。新年前5天都是聚会、唱歌、喝酒，把自己最好的节日衣服穿出来。妇女尤其讲究，头戴镶着金色绸缎镶边、有珠宝装饰的工布小帽，身穿猴皮古休，带着珍珠、玛瑙、绿松石、红珊瑚等金玉饰品。男子穿着新古休、小牛皮古休，穿着金色绸缎镶边的工布靴。

藏历8月10日，工布人还要过藏历马年，该节规模大、善男信女多、持续时间之长，藏族地区也少见。相传工布地区的宝石被丁青地方的人买去后，工布便年年灾荒，瘟疫流行。在某年藏历8月10日娘布鲁酥招神节，宝石突然从丁青飞回了工布，从此这个节便没有断过了。藏历10月15日过与苯教信仰有关的“路绥”节，到时要在苯日神山下面跳“恰巴切”（一种与苯教信仰有关的舞蹈）。（http://www.gbjd.gov.cn/Content/msfq/200812/14－4141.html）。

第七节　舞蹈

纵观中国各民族的歌舞，有一个特点，凡是在交通不便、人口密度小、自然生态系统保留较为完整的地区，都有自己独具特色的、反映该民族生存环境的歌舞。我国各个少数民族地区，不仅都有自己的民族歌舞，而且同一个民族在不同地区的歌舞，也都具有自己的特色。其原因之一是，在人烟稀少的地区，歌舞是人们交往和娱乐的重要方式，而交通不便又使他们的歌舞较少受到外来文化的侵蚀，更可能保持其原汁原味。这些舞蹈大多以反映日常生活和生产为主，于是势必在舞蹈的内容和形式上加入许多人们如何适应当地自然环境和生物多样性的元素。

工布地区的舞蹈主要有“博”、““达谐”、“阿卓”和“波果”等（林芝地方志编撰委员会，2006）。

藏语“博”是一种自娱的圆圈形民间歌舞，地域不同，风格也有差异，一般在节庆、婚礼或朋友相聚时表演。人群团聚，分班唱和，沿圈走动，唱歌跳舞。查、蹭、顿、踏步为博的主要形态特征（丁玲辉，2006）。

影响较大的有工布江达县错高乡的“错高博”、林芝县东久乡的“鲁朗博”和米瑞乡的“米瑞博”。错高乡藏历元月初1跳“博”时，人们穿着盛装，带上自己酿的藏白酒、青稞酒和油火果，互敬哈达，祝福吉祥如意。人多时数百人一起起舞，十分壮观。鲁朗的“博”是藏历10月过工布年跳的集体舞。人们也要带上自己的青稞酒、藏白酒、奶渣和其他食物，集中在当地人称为“拉热”（平坝）的地方，先烧香拜佛，然后表演。米瑞跳“博”藏历初三下午开始，人们带上青稞酒、供佛物品，背着经书转田地并烧香拜佛，然后回到本村“玉热”（打麦场）表演博舞。林芝和米林的“博”节奏上的特点是把强拍悬空虚踏，重音相反落到弱拍上。人们用舞蹈来表示他们生存环境的特点，歌舞声中似乎感到舞者是在铺满树叶的地上欢跳，甚至听到“沙沙”声，音乐旋律带有林区湿润的空气、山间的涓流、杜鹃花的芳馨（林芝地方志编撰委员会，2006）。

从以上几个地方的“博”舞的时间、形式、内容和效果，无不反映了各地工布人自己生活的那个环境，环境中的动植物，表达了人们盼望生存环境良好、风调雨顺、渴望丰收的愿望。

藏语“达谐”指箭歌，工布箭舞在工布地区广为流传。射箭是以远古时期狩猎为生时产生的谋生方式，遍布森林的工布地区，箭歌清新、流畅，具有林区的风格特色，《北京的金山上》即改编自一首箭歌（林芝地方志编撰委员会，2006）。

箭舞起源于工布王阿杰吉布年代，至今已有1300多年的历史。为了使射箭活动更加热烈、为响箭射手们加油助威，在射箭活动时集体唱工布箭歌，跳工布箭舞。

舞蹈时，男右女左，排列在靶场两侧，轮到本村箭手比赛时，他们齐声歌唱起箭歌，伴以节奏强劲的工布箭舞，热烈而欢快，把比赛推向高潮，很像橄榄球和篮球比赛场间拉拉队舞蹈的作用。

林芝县米瑞乡较好地保留了跳“工布箭舞”的传统。米瑞乡15至16岁以上可表演工布箭舞的人数就达500多。全乡共有19个村。村村都有自己的工布箭舞队，每逢重大节日和喜庆活动都要进行响箭比赛和箭舞表演。

藏语“阿卓”是名叫“艺差”的男演员表演的鼓舞，起源于工布地区，是西藏最古老的歌舞形式之一，故又叫“工布卓巴”。“工布卓巴”生动地表现了藏族先民对自己生存环境中兽的了解、对动物的热爱和审美情趣。它大量模拟兽的动作，跳起来好像百兽起舞。该舞后来渐渐流传各地，得到了广大藏族人民的偏爱，成为各种盛大仪式上必有的表演节目之一。它的原始名称除了在有些文字记录中称“工布卓巴”之外，民间都以各自部落或乡村地名而命名，称为某某卓舞、某某卓巴、某某阿卓（边多，2006）。

工布卓巴舞出现于新石器或石铁混合使用时期，是以模拟野牛形态为主要内容的音乐舞蹈。那个时代表演都要戴各种兽皮。后来渐渐地演变成不披兽皮，只以模拟野兽姿态动作为主要表现形式的艺术作品。藏族先民用自己独特的舞蹈表演艺术，表现了远古时期的狩猎生活，描绘了各种动物间进行感情交流的方式。表演者包括一名老猎人和十多个舞者。老人戴着猎人面具，表演过程中起着领舞和组织者的作用。其他表演者头戴古代工布圆形彩帽，腰挂圆形腰鼓，边击鼓边翩翩起舞。工布卓巴舞的基本表演形式一直保留到现在。

百兽起舞的结构形式与原始苯教的基本思想存在着十分密切的关系。舞蹈的第一段叫“平整净地”，内容是祭神驱鬼，表现了苯教“以万物有灵，灵魂不灭与上祀天神，下镇鬼怪，中兴人宅为核心思想”。第二段模拟动物的形态和动作，一般叫“卓”，包括雪狮骄步舞、雄鹰展翅飞翔舞、鱼儿在湖中游玩舞、花鹿在冰河上起舞、乌鸦行走舞和野马奔驰舞等组成。第三段是为生，称为“吉祥”（林芝地方志编撰委员会，2006）。舞蹈中有雪狮、雄鹰、鱼、鹿、乌鸦和野马等动物，藏族先民只有对动物形态和行为进行了细致入微的观察，才有可能创造出惟妙惟肖的模仿野生动物的舞蹈。这是舞蹈艺术源于生活，高于生活的生动例子。

到了公元8世纪，吐蕃藏王赤松德赞时期，印度佛教传入西藏，经僧人们的作用，佛教渗透到深受苯教影响的传统文化中，原有的卓舞艺术，加入了宣传佛教思想的内容，阿卓舞演变成了舞蹈与说唱相结合的一种艺术。阿卓舞经过后来不断的丰富，在第三段“尾声”中，加进了高歌与狂舞，最后把表演的气氛推向高潮。舞蹈的基本内容仍然是百兽起舞，歌唱了在蓝天展翅飞翔的雄鹰，赞美了在雪山上雄壮威武的雪狮，歌唱了在绿色草地上奔驰的鹿群；模仿了在大海湖泊中漫游的鱼儿。高亢明亮的歌声，唱出一曲曲波澜起伏的旋律；粗犷豪放的动作，将整个节目推向高潮，给观众留下的是永远难忘的吉祥圆满的美好印象（林芝地方志编撰委员会，2006）。

林芝县米瑞乡还流传一种“波仁霞布卓”的舞蹈，“波仁”即鸽子，“霞布卓”即舞蹈，也就是鸽舞。鸽舞是少数民间艺人才会的一种舞蹈，过节时表演，象征吉祥如意。舞蹈的动作和歌词密切配合。唱到鸽子在高空飞翔时，舞者作“双开式”，表示在高空飞翔；唱到鸽子在低空回旋时，舞者就胸前划手，以表各自的低空回旋；唱到鸽子左右旋转时，舞者作“双山膀”拧身左右转动，表示左右飞旋。艺人们细致地观察了鸽子的各种动作，才创造出了鸽舞。鸽舞反映了工布人熟知鸽的飞翔行为，以及对鸟类和自然的热爱。

还有一种流传于米林县扎西绕登乡、名叫“玛恰霞布卓”的舞蹈，“玛恰”即孔雀，“玛恰霞布卓”就是孔雀舞，在年节时跳（林芝地方志编撰委员会，2006）。孔雀舞无伴奏，跳时基本在原地。它的动作简单，但与歌词协调一致，如唱“孔雀你从何方来？孔雀我从东方来”时，表演者作飞翔动作；唱“孔雀你如何饮水？孔雀我这样饮水”时，表演者八字站立，双手向后方伸出、全蹲，用嘴把地上的木碗衔起来。孔雀舞的基本动作有“一步一跺”、“八字全蹲”、“孔雀饮水”和“孔雀飞翔”等。和鸽子舞一样，人们对孔雀的动作和其他行为有了入微的观察，才可能编出这样生动的舞蹈。孔雀舞同样反映了工布人对鸟类和自然的热爱。

“波果”流行在朗县金东乡和洞嘎乡，是一种圆圈舞。

第八节　体育

工布人常年生活在大山、密林和草原中，这些环境为他们的传统体育提供了独具特色的运动形式、器材和场地。早期的体育活动都与劳动和寺庙的法事活动紧密相关。生产中开荒要清除地里的石头，放牧要奔跑追逐牲口，狩猎要投掷、射击、捕捉动物（雷巍，2009）。于是产生了跳绳、神舞、抱石头、摔跤、赛马、马术表演、射箭、射远、跳远、大象拔河、刀术、跳高等一系列传统体育项目（林芝地方志编撰委员会，2006），它们都来源于生产和日常生活，随社会的发展，成为了农牧民经常性的健身和娱乐活动。

工布地区各类运动中，最有名的莫过于射箭了。从藏历10月初2开始，男子开始跑马射箭，其中一种叫响箭（碧秀）。响箭还流行于加查和珞瑜地区。这些地区山大林密，为了狩猎时在深山密林中互相联络的需要，发明了响箭。后来成为工布年节的主要活动之一。过去尼洋河流域有不少制作这种弓箭的作坊，米林县扎西绕登乡生产的弓箭质量最好（丁玲辉，2006）。

射响箭要的基本装备有弓、箭、靶和弓架。弓用长约1.2m、宽约6cm、厚0.7cm

的两条来自墨脱的竹片胶黏而成，弦为牛筋，坚韧而有弹性。箭长约87cm，杆粗约9mm，尾部镶有羽毛。柳木箭尖，上粗下细，重约50g。头部为四眼内空的菱形，小孔直径约1cm，底部约3cm。箭离弦因空气震荡而发声。靶由靶围（夏巴）和靶心（本）两部分组成。较好的靶围用鹿皮制作，上有手工缝制的精美图案。靶心皮革制作，由三个同心圆组成，直径18～20cm。外面两个较大的圆形成环状，中间的环黑色，最外面的环白色。中心最小的圆（玛尔帝）为红色。红心和黑圈被射中时会脱落。弓架供放弓箭用，还起固定射手和靶的距离的作用（http://www.gbjd.gov.cn/Content/msfq/200812/14－4142.html）。也有用木料制作靶的，这时靶中心就是一个可以移动的活塞，射手将活塞射出即得分。

比赛场地长37～40m，宽25～30m。射手到靶的距离常常是20m。按传统，靶向南，可能和当地的风向有关。比赛时，选手们在中间排成一排，男女歌舞队分列左右（男右、女左）。比赛正式开始前，箭手和歌舞队就要齐唱旋律优美、使人振奋的《工布箭歌》。比赛中，男女歌舞队不停地唱欢迎光临的箭歌，跳《工布箭舞》。射箭时，射手右手大拇指、食指和中指带麝皮指套，左手大拇指带象牙戒指，防止射箭时被弦搽伤。

观众既看赛箭，又看歌舞。在工布和珞瑜流行的箭歌歌词唱道（丁玲辉，2006）：

珞瑜山上的竹林，请借给我一根金竹；
崖峰顶上的雄鹰，请借给我一片鹰羽；
藏北旷野上的野牛，请借给我一跳牛筋；
中原汉地的线铺，请借给我一束丝线；
库加地区的铁匠，请借给我一个箭镞；
雅砻柳林的布谷，请借给我动听的歌喉。
削尖珞瑜的金竹，黏上轻盈的鹰羽，
绷紧野牛的牛筋，缠绕中原的丝线，
嵌上库加的箭镞，金箭带着布谷鸟的歌声，
射中了目标，目标！

这首歌唱到了金竹、雄鹰、野牛、布谷鸟等几种动植物，它以欢快的节奏，由衷地表达了工布人热爱生活和对大自然的感激之情。

比赛形式有团体赛和个人赛，规则严格。每次比赛有十轮至十五轮，每轮每人射两箭。第一轮从队列左边的选手开始，第二轮从队列右边的选手开始，以此类推至比赛结束。比赛时箭中玛尔帝得2分，射中黑圈得1分。一轮中两箭都射中加一箭，再射中继续加箭。箭手前面左边弓架放有8颗圆形石子，得1分箭手自已从左边石子中拿1颗放到右边。只有正在比赛的选手在比赛场，他人进入或横穿比赛场地，会被认为是对人不尊重，将受大家责骂。对获胜者一般奖给钢针和青稞酒。只要射中一箭，众人便向他敬一杯美酒，比赛获胜了献一条洁白的哈达，以欢呼声来祝贺，以歌声来赞扬。

工布人传统的体育活动还有摔跤、抱石头、砍树，这都是男人的活动。女子除了为勇士和箭手们唱歌助兴外，还聚在一起玩各种游戏。

抱石头源于开荒，后成为力量的比赛。早期不分重量和级别，不论抱石头或抱沙袋，石头或沙袋都重约300斤，椭圆形石头要抹上酥油。比赛者不分年龄、体重，只要把重物举到肩上即行。后来，比赛规则改为把石头抱到肩的高度再扔出去，以扔的远近确定名次；或者抱石头至肩的高度，以走的圈数判胜负。

现在把石头分为150、200、250、300斤4个重量级，石头不涂酥油，从轻到重依次抱。以重量、高度、时间和动作利索程度排名次。

第九节　医药

藏药是世界传统药学宝库中的主要组成部分之一，西藏的野生动植物是藏药的重要原料之一。

据藏医药文献记载，公元前几个世纪，生活在青藏高原的藏族先民就知道用酥油止血、酒糟疗伤、柏枝艾蒿烟熏防瘟等简单疗法。公元前3世纪就懂得了"有毒就有药"的道理，一如我们今天说的"是药必有副作用"。在漫长的岁月里，藏族先民利用本地的动植物和矿物作为经验药物治病，日积月累，逐渐筛选了藏药（楞本嘉和拉茂措，1998）。

苯教早在公元前6世纪就已经有了自己独特的药理和医疗术体系。据记载，苯教祖师东巴辛饶曾给弟子传授了"医疗术"和"药理"两种医学理论。后来发展到21 000多种医疗术。归纳起来，有问诊、望诊、触诊和解剖四种诊断法。在确诊后，用食物、行为、药物和理疗四种方式配合治疗。具体治疗方法多种多样，内治法以服药为主，并用对抗疗法。外治法有放血疗法，拔火罐、艾灸、冷热餐敷、按摩擦身、熏蒸疗法，药水浴等。药物分为贵重药、石类药、土类药、黏液类药、动物类药和灌木类药等八种（诺布旺丹，2002）。

公元7世纪的药学典籍《月王药诊》记录了药物580余种，其中植物就有440余种，动物有60余种。

公元9世纪，藏医药理论的主要奠基人宇妥·宁玛云丹贡布的著名藏医药专著《四部医典》共收载药物1 002种，方剂443个。他划分的8大类药物中就有树类、草木类和动物类。1835年，著名藏药学家帝玛尔·丹增彭措完成了藏药学权威专著《晶珠本草》，收载药物2 290种，其中植物药1 006种，动物药448种，矿物药840种。内容丰富、考证全面、订立确切，其内容和价值可与李时珍的《本草纲目》媲美。

青藏高原地域辽阔，地形复杂，垂直高差悬殊，气候多样，孕育了极为丰富的生物多样性，多种多样的野生动植物为藏药提供了极为丰富的资源。有人估计，经鉴定整理的藏药植物有 191 科 692 属 2085 种（青海高原生物研究所植物研究室，1978），藏药另有野生动物 57 科 116 属 175 种。

工布地区包含了藏区大部分的海拔、地形和气候带，其丰富的生物多样性是藏药不可或缺的资源。这为藏药的产生和发展提供了基本的物质基础。

第十节　绘画

苯教的美术渗透着藏人原始、朴素的审美情趣。首先有纯民间形式的传统，如藏历新年，家家户户都要在新年的供品中准备青稞苗、表示吉祥的“切玛”斗和羊头塑品，造型考究、真实生动、极具装饰性。有的塑品羊的鼻、耳、角、眼的刻画十分生动和极富质感，毛的细微表现都很精致。我们走进任何一座苯教寺庙都可看到雕梁画栋，处处都可以看到“唐卡”（Thang－ga）画和“壁画”艺术作品，这是苯教寺庙中带宗教色彩的艺术形式。这些作品充分展现了古代藏族原始文化的诸多方面（诺布旺丹，2002）。

唐卡类似于汉族地区的卷轴画，多画于布或纸上，也有画于牛、羊、鹿皮上的作品，还有刺绣、织锦、缂丝和贴花作品。唐卡要用绸缎缝制装裱，上端横轴有细绳便于悬挂，下轴两端饰有精美轴头。画面上覆有薄丝绢及双条彩带。适合草原上逐水草而居的游牧生活，满足了游牧生活的人的宗教信仰的需要。唐卡用料考究，颜料为天然矿物、植物原料，色泽艳丽，经久不退。唐卡题材涉及西藏宗教、历史、文化、艺术、科学和技术等，内容既有多姿多态的佛像，也有藏族历史和民俗，还有天文、历算、藏医、藏药和人体解剖图，用绘画的方式反映了该民族对其生存环境中生物多样性的认知。唐卡构图严谨、均衡、丰满、多变，画法主要有工笔重彩与白描为主。最早的唐卡是 11 世纪的作品，现存萨迦寺（刘隽，2010）。

唐卡绘画全部用天然颜料。西藏有极为丰富的矿藏和植物物种多样性，为唐卡绘画提供了众多的颜料来源，保证了唐卡绘画的发展。最近，西藏的专家发掘并恢复生产出了 40 多种唐卡矿植物颜料，更多的品种仍在研究中。

大部分藏传植物颜料，色泽纯正，耐光耐热，色彩寿命长。据史料记载：“花青色产于察隅地区，是由一种‘欧然草’加工而成，欧然草经采集后，在阴凉处晾干保存，当需要时，用适量开水浸泡后即可使用；胭脂色出自门隅地区的一种黄色树木之皮，传统加工方法是将树皮捣碎后与‘许康草’一起包在纱布内，在罐中加水煎熬，待胭脂包熬出后，将汁液一点一滴地慢慢注入瓷碗内，置于微火上使水分蒸发后，再将残留物捏成丸粒保存。许康草产于不丹巴珠地区，是一种叶子呈黄色的植物，采后在阴凉处晾干保存，可用上述方法制成丸粒备用"（藏传颜料研究课题组，1999）。虽然无法确认这里"欧然草"、"黄色树木"、"许康草"等的科、属，但它们无疑是植物。

常常使用的植物颜料有野菊花、绿绒蒿、高山蓼、牛蒡子、黄花、飞燕草、报春花、扁豆花、避阳草、青莲花、油松、樱桃果、胭脂、欧然草、许康草、花青、黄莲花、小粟花、藏红花、茜草、黄连、杜仲、龙胆、姜黄、大黄及一些海藻类寄生物。上述植物大多也是药用植物，作为藏药使用。

其中，野菊花可能是菊科植物野菊（*Chrysanthemum indicum* L.）、北野菊（*C. boreale* Mak.）或岩香菊[C. *lavandulaefolium* (*Fisch.*) Mak.]的头状花序。

绿绒蒿是罂粟科中绿绒蒿属（*Meconopsis* Vig.）植物的泛称，全世界一共有49种，1种产于西欧，其余48种均产于东亚的中国——喜马拉雅地区，作为染料的应该是其中的一种或几种。

高山蓼可能为蓼科蓼属的阿扬蓼（*Polygonum ajanense* Grig.）或高山蓼（*Polygonum alpinum* All.）。

牛蒡子可能是菊科二年生草本植物牛蒡（*Arctium lappa* L.）的干燥成熟果实。

黄花可能为百合科萱草属（*Hemerocallis* sp.）的多年生草本宿根植物的花蕾。

飞燕草可能是毛茛科翠雀属多年生草本植物（*Delphinium grandiflorum*）

报春花为报春花科报春花属（*Primula* sp.）的植物。该属植物全球有500余种，分布于北半球，中国有293种21亚种18变种，作为颜料使用可能是其中的一种或几种。

扁豆花可能是豆科植物扁豆（*Dolichos lablab* L.）的花。

青莲花，又名枣雪莲、优钵罗花（佛教的命名），可能是菊科凤毛菊属（*Saussurea* sp.）中的一种或几种。

油松是松科松属的（*Pinus tabulaeformis* Carr.），制作颜料时，使用其松脂。

黄莲花可能是报春花科珍珠菜属的（*Lysimachia davurica* Ledeb.）

藏红花（*Crocus sativus* Linn.）属鸢尾科番红花属，又称番红花、西红花，既是多年生花卉，也是一种常见的香料。原生西南亚，最早由希腊人人工栽培。主要分布在欧洲、地中海及中亚等地，明朝时传入中国。中国浙江等地有种植。名贵中药材，具有强大的生理活性，其柱头在亚洲和欧洲作为药用。

茜草是茜草科茜草属（*Rubia* sp.）中的一种或几种。

黄连是毛茛科植物黄连属中的黄连（*Coptis chinensis* Franch.）、三角叶黄连（*Coptis deltoidea* C. Y. Cheng et Hsiao）或云连（*Coptis teeta* Wall.）的干燥根茎。

杜仲是杜仲科杜仲属植物杜仲（*Eucommia ulmoides* Oliver）的干燥树皮。

龙胆是龙胆科龙胆属(*Gentiana* sp.)中的一种或几种。

姜黄是姜科姜黄属植物 *Curcuma longa* L. 的干燥根茎。

大黄是蓼科大黄属的植物掌叶大黄(*Rheum palmatum* L.)、鸡爪大黄(*Rheum tanguticum Maxim*. Ex Rngel.)或药用大黄(*Rheum officinale* Baill.)。

欧然草、许康草、避阳草、樱桃果、花青和小粟花等是俗名,尚无法识别其科、属和种。

植物色的加工工艺较为简单,主要经过采集、精选、清洗、浸泡、熬煮(或加碱)、蒸发、制丸等工序,其中熬煮和蒸发是关键的工序。植物颜料如胭脂、花青、许康草、草绿色、黄连花、小蘖花等,通常用来绘制水、石、云、花、宝、宝房、肉色等(张健,2010)。

西藏还有其他形式的绘画,比如坛城画、孜各利画、头神画、萨拉南夏游戏图、壁画以及无宗教色彩的绘画。坛城画与唐卡类似,构图以几何图形为主,坛城是指佛的宫殿;孜各利画是一种袖珍画片,尺寸小,内容多描绘各种神灵,有时也画一些诸如佛塔之类的神器;头神画经常用作书籍插图,一般夹在书籍的中间或放在页边上;萨拉南夏游戏图棋盘指带有画像的棋盘;壁画画在墙上,非常普及,主要是宗教题材,在寺院、庙宇、宫殿、私人住宅、工棚、驿站以及各类客店可见。以上 5 种大多表现宗教主题。还有一些非宗教主题的绘画,题材有历史、史诗英雄格萨尔、传说故事、花卉、植物和其他一些世俗内容。

第十一节　民俗与环境保护

万物有灵论,是原始宗教普遍具有的一种观念(尕藏加,1998)。佛教进入西藏以前,本土的苯教对大自然中的天地山川、日月星辰等都很崇拜,吐蕃王朝建立以后,继承了这种宗教特色。

原始苯教属自然宗教类,它的两大特点是"万物有灵"和"以人为中心"(拉巴次仁,2006)。据《旧唐书·吐蕃传》记载,吐蕃王朝在举行会盟大典时,即"令巫者告于天地、山川、日月星辰之神"。苯教对动物的崇拜尤其是对羊的崇拜具有原始图腾崇拜的某些特点。在敦煌古藏文写卷中说"羊比人更聪明,羊比人更有法力",甚至把羊颂扬为"没有父亲的人的父亲,没有母亲的人的母亲"(格勒,2004)。

西藏也是个泛神的地区。藏传佛教神祇众多,有的来自印度教以及印度和尼泊尔佛教体系中的佛教人物,更多的来自西藏本土宗教的神,这些神大都以动物、自然界的山、水、湖、风、雪、冰雹等形象出现。天上有风神、雷神、冰雹神,地上有山神、水神、家宅神,农区有谷神、土地神,直接反映了西藏人对所生活的高山、河流、湖泊、草原和土地的爱护和崇拜(刘伟,2008)。向自然诸神祈祷,便是崇敬自然的体现。

苯教的教义中并没有直接提出环境保护的概念，但在其原始崇拜的观念与行为规范中，却蕴含保护山林、河流和湖泊的基本意识。

西藏各地包括工布地区，到处都可见到神山、神湖、神树、神石。在藏族先民眼中，万物有灵。正如一首民歌唱道，“住在雪峰上的山神，住在江河里的水神，住在峭壁上的崖神，还有斧头把子那么小的树上，住着树神呵”，“有好处要报答，我们知道，有东西要奉还，我们知道，请保护我们，请庇佑我们，神呵”（廖东凡，1991）。歌词表达了一种祈求，祈求强大的自然赐予自己好运。不能随意亵渎山上的石头、河湖中的水，也不能伤害山中的一草一木和野生动物。

山神崇拜在藏族先民的宗教信仰中格外突出，甚至可以说，山神崇拜是藏族原始崇拜的基础。山峰高大雄伟和难以接近使其十分神秘，直入云霄的高峰又常常被先民们看成是通往上天之路而备受崇拜。还有先民们对河神、泉神、湖神的崇拜，对水神的崇拜丰富多彩，最常见的表达方式就是祭湖、绕湖（李晓丽，2001）。崇敬自然与自然神灵，有固定的崇拜仪式与习俗，并成为稳定的民俗文化习惯，深深地埋藏在藏民族心中。

一般说来，向自然神和自然崇敬和祈求的主要仪式有拉泽祭祀、祭祀神湖与神泉、桑烟祭祀、朝拜神山、拣石垒堆、转嘛呢堆、刻嘛呢石、磕长头和年节（南文渊，1988）。

在山的主峰、形状奇特的山峰、山口或三岔路口，用石块垒起石堆，石堆上用木框制成方形，上面插满柳条，柳条上系挂各色小旗帜、幡幢、羊毛和经文，有的放置野牛头，即是祭神山的拉泽祭台。任何人经过都要拣起周围石块往石堆上放。这里也是祭神山的地方，神山附近部落全体人员都要向拉泽挂五彩经幡或经文纸、羊毛，然后焚烧香纸，敬献哈达及各种食物，并脱帽祈祷，念诵经文，绕石旋转高呼“拉索”，将印有风马与经文的白纸片撒向山顶各处，让其纷纷飘散在山上，以使山神能骑上风马。这种祭祀活动增强了人们爱护神山的意识。

人们在神湖或神泉边周围柳枝上挂上羊毛、经文布条，然后焚烧香草香木，吹号诵经，鞠躬磕头；祭祀神湖时将装有金银、玛瑙及果品、食物的吉祥布袋投入湖中，或在木盆里焚烧香草，然后将其放入湖中飘去。

煨桑时将香柴、柏枝、野蒿、杜松、冬青子等能发出香味的草木燃焚，再加上少许酥油炒面、乳块、冰糖等，洒滴少许清水或青稞酒。无论祭神山、神湖，还是家中祭灶神、门神，都要煨桑。平时每天早晚也要在住处煨桑一次，祭祀各路神灵。

藏族人走路或骑马都将捡石头作为虔诚的宗教义务，将拣起的石头在河滩堆成一堆堆“嘛呢堆”，人们绕它旋转。任何人到嘛呢堆前都要按顺时针方向旋转一圈或三圈。许多“嘛呢堆”的石块上，都刻有“六字真言”，或佛教经文。

磕长头是藏民族最普遍、最广泛的一种宗教礼仪。在寺院、经堂门前、神山神湖周围、朝圣途中、家里，双手在头际并拢又举向脖项、胸部，再下跪着地，双手向前平推，五体趴在地上。磕长头最初表现的是对大自然热爱之情，后来成为崇敬自然及神灵的方式。

信奉佛教和苯教的藏族人每年都朝拜神山，人们到本地神山山顶或拉泽所在山巅，燃起柏树叶松枝，加上炒面、酥油。然后吹响海螺（如今也放鞭炮），放风马。各家各户也煨桑、磕头，向天地祈祷，向神山草地祝愿，表达藏族人对神和自然的感激之情。

藏族人在生产活动与生活中，也会触犯自然，开垦土地破坏植被，狩猎就会杀生，龙神、年神、女神、药神及其他无数的守护神都会动怒，并以各种灾难来惩罚人类的罪过，于是出现与主管自然界各种神协商的仪式。他们认为向自然的各守护神举行事先请示、事后赎罪可以躲避灾难。

最常见的协商方式是诵经。春耕、从冬草场迁往夏草场前夕，请喇嘛诵经。秋季庄稼丰收了，人们又要举行仪式向神灵表示感激之情。当人们出征、狩猎归来或有其他行为触犯、污染了神山神水或土地，则要举行赎罪仪式。这些仪式客观上使人们的生产和生活敬畏自然，不过度利用自然资源。

藏族人对生物多样性的保护处处是以禁忌的方式实现的。

苯教教义对民俗中的禁忌行为有非常重要的影响。藏族忌食鱼类，忌在神山神水砍伐、狩猎、捕鱼等。鱼与苯教中的“鲁”神有关，苯教把如青蛙、鱼和蛇之类归于苯教神灵谱系中的“鲁”神系统，认为它们是“鲁”神的变体和化身，居住在下界的湖泊、河水和密林中，因而既不能触动，更不能捕杀。苯教还认为，它们是土地和雨水的主宰，因此严禁人们随意挖掘湖边、泉旁和神山中的草木。

藏传佛教则明确地规定禁杀生。佛教传入吐蕃后，民间禁忌从禁杀青蛙、鱼和蛇延伸到一切生命。

这些禁忌与藏族严酷的生存环境有关。在青藏高原严酷的环境中，如果只是一味向自然索取，过度利用生物多样性资源，资源将会枯竭，环境将会恶化，最终不适合人居住。数千年来这样的教训数不胜数，禁忌正是总结了这类经验和教训，形成了类似于习惯法的乡规民约。无论其是如何产生的，结果总是保护了生物多样性和自己的生存环境（伦珠旺姆和昂巴，2003）。

从理性的角度看，这当然不是自觉的意识。藏族先民生活在高山密林、茫茫草原，生产力和生产技术低下，难于抗拒洪水、干旱、暴风雨雪等自然灾害。要保证自己族群的生存和繁衍，必须要爱护自然、敬畏自然。亵渎或不尊敬高山、森林和动植物，会因导致自然灾害而受惩罚。尽管不是自觉地保护行动，但仍然起到了保护自然、保护生物多样性的作用。

第九章 生物多样性现状和保护建议

工布自然保护区地理位置特殊，处于号称"世界第三极"的青藏高原和南亚次大陆的结合部，地质结构年轻又古老。其动植物区系既有年轻成分，又有古老成分。区内原始生态系统保存完整，植被垂直带谱明显，生物多样性丰富。分布于区内的物种既是研究区系演化的良好材料，也是研究物种和区系对气候条件响应的重要对象。其生物多样性既是支撑区域可持续发展的基础，也是维系区域生态安全的保证。但由于该区基础海拔高，环境条件相对恶劣，系统如果遭到破坏就很难恢复。而且，由于人口增长和社会经济发展的需要，保护区的部分区域已经面临较为严重的干扰和破坏。因此，保护区生物多样性保护不但意义非常重大，而且也非常迫切。

第一节 物种多样性及保护

保护区物种多样性较高，包括大型真菌 15 目 53 科 436 种；藻类 5 门，28 科，189 种及变种；维管束植物 1 676 种，其中蕨类植物 21 科 37 属 95 种，裸子植物有 3 科 19 种，被子植物 99 科 1 562 种。

动物方面，保护区有昆虫 406 种，其中蚂蚁 2 亚科 17 种，其他昆虫类 14 目 106 科 389 种；有脊椎动物 316 种，其中兽类 7 目 18 科 69 种；鸟类 14 目 48 科 220 种；爬行类 1 目 2 科 3 种；两栖类 2 目 3 科 10 种；鱼类 2 目 3 科 14 种。

在有分布的这些动植物物种中，本次调查共发现藏东南藻类植物新分布 17 种；西藏自治区维管植物新分布科 1 个，保护区维管束植物新分布共 170 种；动物方面，调查发现新种 13 个，其中 5 个蚂蚁新种，7 个其他昆虫新种，1 个兽类新种；共发现西藏自治区动物新记录 9 种，包括 3 种分布于保护区内的小型兽类新记录，6 种蚂蚁新记录；此外，还发现蚂蚁中国新记录 1 种，其他昆虫中国新记录属 1 属。这些新物种和新分布对于研究保护区动植物区系的演化有重要意义。关于新种，有的是以前存在没有发现的，有的是随着环境变迁，物种分化达到一定程度而在最近才演化而成的；对于新分布也一样，有的是以前就有分布而没有发现的，有的是随着环境的变化从其他地方扩散而来的。例如，密集微囊藻、粗大微囊藻、显著双星藻、菊尔水绵等均是本次发现的藏东南新分布，它们均是中污带或寡污带的指示种。这些物种是原来就分布于该区域，还是因为该区域存在一定程度的污染后才分布到该区域呢？推测后者的可能性较大！维管束植物、动物中也有类似情况，如一些植物、蚂蚁、其他昆虫、3 种新分布兽类，它们很多仅记录于四川、云南或东南亚，或者仅记录于西藏南部的波密、察隅等地，在保护区发现很可能是随着气候变迁而逐步扩散到本区域定居的种类。因此，这些新物种和新分布对于研究区域动植物的演化、物种形成的驱动力和分布区的变化等方面有重要意义。

保护区内值得重点关注的另一类物种是国家重点保护动植物。调查表明，保护区有国家重点保护植物 5 种，其中，属于国家Ⅰ级保护的植物有 1 种，为巨柏；属于国家Ⅱ级保护的植物有 4 种，包括松茸、冬虫夏草、金荞麦、山莨菪。保护区有国家Ⅰ级重点保护动物 13 种，它们是胡兀鹫、金雕、四川雉鹑、黑颈鹤、熊猴、豹、雪豹、白唇鹿、林麝、马麝、褐(黑)麝、扭角羚和赤斑羚；国家Ⅱ级重点保护动物 43 种，它们是鹗、黑鸢、高山兀鹫、秃鹫、松雀鹰、雀鹰、苍鹰、普通鵟、大鵟、毛脚鵟、棕尾鵟、红隼、灰背隼、燕隼、猎隼、藏雪鸡、血雉、勺鸡、藏马鸡、白腹锦鸡、大紫胸鹦鹉、绯胸鹦鹉、雕鸮、灰林鸮、红腹角雉、猕猴、豺、黑熊、棕熊、小熊猫、石貂、黄喉貂、水獭、小爪水獭、大灵猫、小灵猫、兔狲、猞猁、金猫、藏原羚、鬣羚、斑羚和岩羊。国家重点保护物种要么是具有重要科学研究价值或经济价值的物种，如松茸、冬虫夏草、金荞麦、几种麝、几种鹿等都是有重要经济价值的物种；要么是生态系统是否完整的指示物种，如金雕、金猫、雪豹、豹等处于食物链顶端的物种，其分布和数量直接反映该区域生态系统结构的完整性和复杂性；要么就是分布区极其狭窄的物种，如巨柏、赤斑羚等。

在工布自然保护区内，松茸、冬虫夏草、金雕、四川雉鹑、白唇鹿、林麝、马麝、褐(黑)麝、扭角羚、黑鸢、高山兀鹫、秃鹫、雀鹰、普通鵟、大鵟、红隼、藏雪鸡、血雉、勺鸡、藏马鸡、白腹锦鸡、大紫胸鹦鹉、猕猴、棕熊、小熊猫、黄喉貂、兔狲、猞猁、金猫、鬣羚、斑羚和岩羊等种群数量均较大，值得重点保护。

除此之外，还有一些具有重要科学研究意义的物种，包括西藏温泉蛇、四川田鼠、几种鼠兔等。温泉蛇对研究青藏高原的地史演化、高原抬升过程中动物区系的演化、动物对高原环境的适应等均有重要研究意义。四川田鼠和几种鼠兔在兽类系统学研究中是非常难得的材料。

但是，由于有很多村镇在保护区内，保护区内固定居民较多，这些物种也面临着一系列的干扰。首先，虫草和松茸是该区域内居民的重要经济来源，随着价格的提升，采集强度越来越大，对资源造成了很大的压力。

其次，调查发现，区域内居民有狩猎习惯，主要偷猎对象是赤斑羚、鬣羚、白唇鹿、林麝、水鹿等偶蹄类。尤其赤斑羚不仅肉味鲜美，更重要的是毛皮颜色为棕红色，皮板柔软耐用，毛色美丽有光泽。两张皮就能做一件十分漂亮的工布“日盖古

秀”,既能防雨,又能御寒。因此,赤斑羚是当地居民最喜欢偷猎的对象。据调查,1980年代,西藏每年有200只以上的赤斑羚被猎杀。主要偷猎期是12月至翌年3月,高山上降雪以后,赤斑羚多转移到海拔较低的常绿阔叶林内。此时又是该地区的旱季,在有水的地方很容易见到赤斑羚,猎人们伺机大量捕杀,成为赤斑羚厄运时期。由于文化的差异,狩猎活动较频繁的包括门巴族、珞巴族和部分藏族居民。特别是近年来随着狩猎工具和方式的不断改进,现在已不用土枪而更换为猎枪和响声小、命中率高的小口径步枪,一旦遇到猎物,猎捕成功的机会愈来愈高。此外还用钢丝套等狩猎器械,致使赤斑羚活动中随时有生命危险。

调查得知,赤斑羚在保护区内主要分布于林芝县的东久河谷、米林县机场附近的邦宗沟、工布江达县的拉康洼沟和仲莎沟等局部区域,其中以东久河谷分布最多。据初步估计,保护区内赤斑羚数量在800只左右,种群数量相对较少,若不加强保护将有灭绝危险。

大紫胸鹦鹉在保护区内分布广泛,近年旅游业发展日益活跃,外来人口数量明显增长,由此带来的消费观念和取向变化也会给当地鸟类多样性带来影响。一个例子就是大紫胸鹦鹉的笼养、贸易。大紫胸鹦鹉属于国家Ⅱ级保护动物,是亚洲栖息地海拔最高的鹦鹉。在调查期间,我们看到这种鸟是保护区内村镇里最常见的笼养鸟,且很多饲养者的目的就是为了将其出售给过客。虽然该鸟在当地野外尚有一定数量,但这样的贸易势头应得到遏制。否则,随着人、物流的持续加快,保护区具有经济价值的鸟种,包括各种噪鹛、画眉类等也可能受到贸易威胁。

其三,保护区内目前有318国道、306省道,县级及乡村级公路更多,拟建的川藏铁路还要从保护区穿过;旅游方面,有巴松错国家森林公园、色季拉国家森林公园,一般的景点更多;有百巴、金东、里龙、南伊、布久等10余个乡镇;雅鲁藏布江、尼洋河、巴河等保护区内的主要河流均已建或规划了多个水电站。这些基础设施建设对保护区不同生态系统造成了一定程度的割裂,并导致生境的缩小破碎化,能量流动、物质循环受到不同程度的阻隔,动植物的基因交流受到阻碍,动物运动受到影响,动物种群将会变得更小,灭绝概率更大。这一趋势将随着社会经济的发展而加剧。旅游和人口增长还将加剧环境的污染,使各类生态系统受到破坏。因此,加大保护区执法力度,合理规划,严格进行保护区内各种工程的环境影响评价,对保护区内生物多样性的保护至关重要。

第二节　群落多样性及保护

保护区所在区域是青藏高原上的一个自然区域——藏东川西山地针叶林地

带。受季风环流的制约，保护区具有冬季干燥、夏季多雨的气候特点。是整个青藏高原最湿润的一个自然地带，生长着各种类型的森林，而与高原西北部寒冷干旱的高寒半荒漠与荒漠地带形成极其鲜明的对照（郑度和杨勤业，1985）。保护区自然环境条件独特，群落类型多样，垂直分异明显，从低到高包括的群落类型包括干旱河谷灌丛、落叶阔叶林、落叶阔叶灌丛、温性针阔叶混交林、暖性针叶林、温性针叶林、寒温性针叶林、硬叶常绿阔叶林、常绿革叶灌丛、常绿针叶灌丛、草原、高山流石滩、草甸和冰川等。

此外保护区内还有湖泊、沼泽、河流、鱼塘为表征的湿地动植物群落、农田动植物群落、居民区动植物群落。

不同群落有不同的分布范围和海拔段，其中的动植物种类和丰富度也相差甚远。海拔 3 000m 以下为亚热带山地灌丛，包含的群落类型有砂生槐、杉叶藻、川滇高山栎、高丛珍珠梅、沙棘、高山松林、西南野丁香、小苞水柏枝、毛莲蒿 9 种。人工栽培群落有核桃－桑树群落、苹果群落、青稞—春小麦－芜青－油菜田群落、春小麦－豌豆－油菜田群落 4 种。这些群落几乎全部是次生和人工群落，受人类干扰大，因此，该海拔段植物群落类型较少，物种多样性较低。但是，干旱河谷灌丛群落是青藏高原东南部高山峡谷地区独特的区域性植被。该植被类型是晚始新世我国南方经中亚直至西欧干旱带耐干旱环境植物区系演化的遗迹，对于研究青藏高原隆起对本区山地自然生态系统演化和分布的作用具有重要价值。

从生物多样性来看，低海拔自然群落中，分布的小型兽类有巨爪鼩鼱、小纹背鼩鼱、巢鼠、褐家鼠、社鼠、川西白腹鼠、灰腹鼠、龙姬鼠、大耳姬鼠、大林姬鼠、藏仓鼠、锡金松田鼠、库蒙高山䶄、灰鼠兔和藏鼠兔等；大中型兽类仅有黄鼬和果子狸等少数几种。在农田群落中，分布的小型兽类有褐家鼠、社鼠、川西白腹鼠、龙姬鼠、大耳姬鼠、大林姬鼠等；大中型兽类也仅有黄鼬和果子狸等少数几种。而在低海拔灌丛及农田－居民区分布的鸟类种类也不多，且多是对人类干扰有较强适应能力的常见种类，包括麻雀、灰眉岩鹀、山斑鸠、戴胜、灰背伯劳、喜鹊、红嘴山鸦、黄嘴山鸦、大嘴乌鸦、灰腹噪鹛、黑头金翅雀、烟腹毛脚燕等。黑鸢、高山兀鹫等偶尔到该类型生境觅食，苍鹰、燕隼、黑颈鹤、大紫胸鹦鹉在该区域季节性偶尔停息。从物种的分布状况也说明，低海拔区域生物多样性并不丰富，但黑颈鹤、大紫胸鹦鹉等国家保护动物在该区域还是偶尔有活动。

因此，尽管低海拔区域的群落类型和生物多样性均不高，但仍然具有较大的保护价值。一些不合理的资源利用方式，如薪炭采集、高毒农药、化肥的使用等，应该进行规范和加强管理。

海拔 3 000～3 500m 为亚热带常绿、落叶阔叶灌丛，亚热带落叶阔叶林。群落类型有糙皮桦、白桦、钝叶栒子、楔叶绣线菊、峨眉蔷薇、腺叶绢毛蔷薇、西藏红杉、小叶栒子、林芝云杉、山杨、巨柏、西南鸢尾、高丛珍珠梅、沙棘、高山松、砂生槐、西南野丁香、核桃+桑树、小苞水柏枝、毛莲蒿、杉叶藻等21种。这些群落绝大多数是次生林，受人类干扰相对较大。在该区域分布的大中型兽类种类很少，主要包括野猪、猪獾、猕猴、熊猴、黄鼬、果子狸等；分布的小型兽类则较丰富，包括巨爪鼩鼱、巢鼠、龙姬鼠、大耳姬鼠、藏仓鼠、锡金松田鼠、社鼠、川西白腹鼠、灰腹鼠、喜马拉雅旱獭和藏鼠兔等。在该海拔段分布的鸟类种类约有65种，常见种有点斑林鸽、山斑鸠、大鹰鹃、大杜鹃、长尾山椒鸟、黄腹扇尾鹟、乌嘴柳莺、金眶鹟莺、蓝喉太阳鸟、黄颈拟蜡嘴雀。国家重点保护鸟类灰林鸮、绯胸鹦鹉、大紫胸鹦鹉、雀鹰等有时见于阔叶林中。

总体来看，虽然该海拔段群落多样性、植物和脊椎动物物种多样性和珍稀性较低，但也有一些值得保护的物种分布，且该海拔段蚂蚁的物种多样性最高，尤其是次生草甸生境中更丰富。因此，加强该海拔段群落类型和生物多样性的保护仍然有重要意义。该区域的主要干扰是薪材采集、放牧、林木采伐、道路和水电设施修建等，应加强管理和工程的环境影响评价工作。

海拔3 500～4 200m为亚高山针叶林带，群落类型有金露梅、毛叶绣线菊、长芒草、鳞腺杜鹃、滇藏方枝柏、扫帚岩须、变绿小檗、垂枝柏、急尖长苞冷杉、川滇高山栎、长芒草、鳞腺杜鹃、峨眉蔷薇、腺叶绢毛蔷薇、糙皮桦、白桦、钝叶栒子、楔叶绣线菊、林芝云杉、高丛珍珠梅20种。该区段生境状况良好，群落结构较复杂，人类干扰活动相对较轻，大型兽类活动较为频繁，除岩羊、藏原羚和雪豹等外，其余在保护区内有分布的大型兽类都主要活动在这一区域内。分布的小型兽类包括巨爪鼩鼱、小纹背鼩鼱、龙姬鼠、大林姬鼠、大耳姬鼠、灰腹鼠、川西白腹鼠、锡金松田鼠、喜马拉雅旱獭和灰鼠兔等。针叶林及林下灌丛中分布的鸟类约有73种，常见的有蚁䴕、灰头绿啄木鸟、黑啄木鸟、松鸦、星鸦、橙斑翅柳莺、冠纹柳莺、黄腹柳莺、黄腰柳莺、普通䴓、旋木雀、大嘴乌鸦、白眉朱雀等。国家重点保护鸟类血雉、四川雉鹑、金雕、松雀鹰、雀鹰、普通鵟、勺鸡、藏马鸡、灰林鸮、雕鸮等在针叶林中较常见。由于该海拔段植被覆盖度高，地表接受太阳辐射较少，温度较低，蚂蚁和其他昆虫均较少。

该海拔段是动植物物种最丰富的区域，大多数珍稀濒危物种均在该海拔段均有分布，因此，是需要重点保护的区域。该区域的主要干扰是药材和松茸采集及偷猎，也存在一些采伐活动，应该加强执法。

海拔4 200～4 600m为高山革叶灌丛，群落类型有圆穗蓼、矮生嵩草、高山嵩草、青藏垫柳、毛冠杜鹃、髯花杜鹃、金露梅、扫帚岩须、小叶栒子、毛叶绣线菊、急尖长苞冷杉、川滇高山栎、长芒草、鳞腺杜鹃、峨眉蔷薇15种。该区分布的大中型兽类主要有狗獾、马麝、棕熊、藏原羚、岩羊和灰尾兔等；分布的小型兽类包括巨爪鼩鼱、小纹背鼩鼱、龙姬鼠、大耳姬鼠、锡金松田鼠、喜马拉雅旱獭和灰鼠兔等。分布的鸟类约有67种。常见种有戴胜、小云雀、林岭雀、灰背伯劳、鹪鹩、灰林䳭、小斑姬鹟、橙翅噪鹛、大噪鹛、锈脸钩嘴鹛、灰腹噪鹛、红胁绣眼鸟、大山雀、灰头灰雀等。国家重点保护鸟类白腹锦鸡、四川雉鹑、苍鹰、普通𫛭等可见于灌丛和灌草丛中。该海拔段基本没有蚂蚁，其他昆虫也较少。

总体来看，该海拔段气温低，群落和物种多样性相对较低，但群落相对原始，受人类干扰较轻，是许多重要物种的主要栖息地，值得重点保护。更为重要的是，该海拔段的很多群落均是长期演化形成的特有动植物群落，一旦受到破坏将很难恢复。该海拔段的主要干扰是虫草采集、放牧等，应该加强规范。

海拔 4 600m 以上为高山草甸和高山流石滩植被，群落类型有毛冠杜鹃、圆穗蓼、矮生嵩草、高山嵩草、青藏垫柳、髯花杜鹃、金露梅 7 种，冰川多分布在海拔 5 000m以上的区域。该海拔段的植物群落较少，植物物种多样性低，生境类型单一。分布的动物也是耐寒种类，大中型兽类主要有岩羊、狼、藏狐、雪豹和灰尾兔等。分布的小型兽类主要有锡金松田鼠、喜马拉雅旱獭和灰鼠兔 3 种。分布的鸟类约有 58 种。常见种有大短趾百灵、角百灵、黄头鹡鸰、黄鹡鸰、灰鹡鸰、红嘴山鸦、黄嘴山鸦、渡鸦、大嘴乌鸦、寒鸦、赭红尾鸲、棕背黑头鸫、戴菊、白腰雪雀、林岭雀。国家重点保护鸟类胡兀鹫、高山兀鹫、秃鹫、普通𫛭、大𫛭、金雕、藏雪鸡、四川雉鹑等可见于该类生境中。该海拔段是植被分布的上限，是一些特有物种的唯一栖息地，如雪豹、藏狐、岩羊、赭红尾鸲、棕背黑头鸫、白腰雪雀、林岭雀、胡兀鹫、高山兀鹫、秃鹫、藏雪鸡、四川雉鹑等主要活动于该海拔段。因此，该海拔段也是值得重点保护的区域。该区域的干扰也主要是虫草采集、放牧等。

水生动植物群落在保护区分布广泛、海拔跨度大、类型多样，包括河流、沼泽、湖泊、人工养殖鱼塘等。在河流浅水区、人工养殖鱼塘及湖泊岸带，分布的主要植物群落是浮叶眼子菜群落。沼泽往往和河流、湖泊相嵌分布，在水流缓慢、基质有较厚淤泥的区域常常发育成沼泽。沼泽植物群落主要为杉叶藻群落。

经卫星图片解译植被图计算，保护区湿地总面积约 384.75km^2，占保护区总面积的 1.78%。保护区湿地类型以青藏高原湖泊湿地和河流湿地为特色，其他还包括沼泽湿地以及淡水养殖池塘等人工湿地类型。

保护区河流众多，主要河流有著名的雅鲁藏布江、尼洋河及其支流，均属雅鲁藏布江水系。保护区河流湿地总面积约为 187.01km^2，占保护区自然湿地总面积的 48.61%。区内这些河流生态系统具有较高的连通性，其连通性对于维持河流生态系统正常的生态功能有着重要的意义，在保护区生态系统水循环中的作用也是别的生态系统无法替代的。河流是鱼类、两栖类和水鸟的主要栖息地，保护区内有分布的鱼类和两栖类几乎全部能在河流生态系统中找到。

保护区湖泊数量极多，共有大小湖泊约 1 760 个，湖泊湿地总面积约为 167.08km^2，占保护区湿地总面积的 43.43%，其中面积在 1km^2 以上的湖泊有 18 个，最大的错高湖(巴松错)面积约 26.5km^2，位于工布江达县境内，是西藏东部最大的淡水堰塞湖之一，湖面全长 15km，宽 3km，湖水平均深度 60m 以上。在保护区的中部和北部湖泊分布比较密集。调查期间测定的保护区内的湖泊 pH 值都为 5.5～6.0，呈弱酸性。湖泊水质好，透明度高，水温较低。湖泊生态系统中分布的植物有浮叶眼子菜、金鱼藻、黑藻等，还分布有异尾高原鳅、东方高原鳅、拉萨裸裂尻鱼等鱼类。

在布久沟、新错、巴松错附近、尼洋河谷等地都分布有典型的沼泽湿地，其优势种为杉叶藻，除建群种外可见少量浮叶眼子菜、扇叶水毛茛等。

此外，在保护区的尼洋河与雅鲁藏布江汇口附近还分布有大片淡水养殖池塘，属于人工湿地类型，主要养殖鲢和鳙 2 种家鱼。

据调查，在尼洋河和雅鲁藏布江海拔 3 000m 以下的河段分布有水獭；在 3000m 以上河段及巴河等区域分布有小爪水獭。在水域、溪流及河滩地生境分布栖息的鸟类约有 64 种。水域、溪流及河滩地生境主要包括保护区内的雅鲁藏布江和尼洋河流域及高山湖泊、溪流及沼泽地。以非雀形目鸭科、鸻科、鹬科、鸥科和雀形目鹡鸰科、河乌科、鸫科的种类为主。常见的种类有：白鹡鸰（*Motacilla alba*）、赤麻鸭（*Tadorna ferruginea*）、绿头鸭、普通秋沙鸭、剑鸻（*Charadrius hiaticula*）、沙锥属鸟类（*Gallinago* spp.）、鹬属鸟类（*Tringa* spp.）、河乌、北红尾鸲（*Phoenicurus auroreus*）、红尾水鸲（*Phoenicurus fuliginosus*）、白顶溪鸲（*Chaimarrornis leucocephalus*）等。冬季调查发现，黑颈鹤在工布江达县和林芝县境内的河谷地带、河流、水库、河滩、沼泽等地，以及周边收获后的青稞地和小麦地活动越冬。国家Ⅱ级保护鸟类鹗栖息在水边，在河流、湖泊鱼类丰富的水面上盘旋抓鱼，但少见。

湿地是一种重要的自然资源，也是一类独特的生态系统。在世界自然资源保护联盟、联合国环境规划署和世界自然基金会共同编制的世界自然保护大纲中，湿地与森林、海洋并称为全球三大生态系统，具有涵养水源、净化水质、调蓄洪水、调节气候和维护生物多样性等重要生态功能。保护区内的湿地生态系统不但维系着我国藏南地区的生态安全和可持续发展，对下游印度、孟加拉、缅甸、老挝等国的生态安全也有重要意义，因此，工布自然保护区湿地生物群落及其生态功能的保护具有国际意义。

第三节　景观多样性及保护

从景观生态学角度看，工布自然保护区内有森林、灌丛、草地、河流、湖泊、农田等景观要素类型。其中，森林是控制性组分，达到了基质标准。另外，灌丛和草地这两类景观要素的优势度也较明显。这三类自然景观要素构成了工布自然保护区的重要景观类型，也是动植物多样性最高的景观类型。由于道路、河流的分割，保护区森林、灌丛和草地形成不同的斑块，在不同的斑块中，动植物多样性差别很大。调查表明，在以下一些区域中动植物多样性较高，是值得高度关注和重点保护的区域。

(1)林芝县115沟

该区域生境多样性较高，不同类型景观镶嵌分布，主要景观斑块类型是森林和灌丛，其间有湖泊、沟谷和草甸等类型。在115沟山顶的高山湖泊里可以观察到小群的普通秋沙鸭、赤麻鸭和斑头雁(*Anser indicus*)等水禽。在冷云杉林、次生的灌草丛和阔叶林、溪沟，都可以观察到不同类群的鸟种。该区域较易观察到大紫胸鹦鹉、黑鸢、普通鵟、血雉、藏马鸡等珍稀保护鸟类。兽类方面，社鼠、川西白腹鼠等小型兽类种群数量较大。大型兽类有国家重点保护动物林麝、马麝、水鹿等。

(2)林芝县更章沟

该区域的主要景观斑块类型为森林，沟谷多为成熟的次生阔叶林，坡上部是以林芝云杉为建群种的针叶林。该区域动物组成较为丰富，鸟类的红胁绣眼鸟、大山雀、灰腹噪鹛、白颈鸫、长尾山椒鸟、暗绿柳莺(*Phylloscopus trochiloides*)、冠纹柳莺、黄腹柳莺、普通䴓、白腰雨燕、灰背伯劳都比较容易见到，种群数量较大。小型兽类主要有锡金松田鼠、灰腹鼠、灰鼠兔、大耳鼠兔等，大中型兽类有豹猫、黄鼬等。该区域也是蚂蚁最丰富的地方，有西藏盘腹蚁、吉市红蚁、光亮黑蚁、棒结红蚁、欧斯顿窄结蚁等11种，其中有4个新种。

(3)色季拉山

沿318国道，可到达色季拉山垭口，海拔4 728m左右。主要景观斑块类型为灌丛，以杜鹃灌丛、绢毛蔷薇和小叶栒子为建群种，夹杂草地和裸岩。在该区域容易观察到大短趾百灵、角百灵、小云雀、赭红尾鸲、大嘴乌鸦、红嘴山鸦、白眉朱雀、棕背黑头鸫、矛纹草鹛(*Babax lanceolatus*)、高山岭雀(*Leucosticte brandti*)、林岭雀、普通朱雀等鸟类。分布的小型兽类包括巨爪鼩鼱、大林姬鼠、灰鼠兔、灰腹鼠、锡金松田鼠、喜马拉雅旱獭等，其中锡金松田鼠和灰腹鼠种群数量很大。分布的大型兽类包括斑羚、狼、鬣羚、豹猫等。

(4)东久河谷

东久河谷景观斑块类型主要为湿地和针叶林，夹杂有农田一居民区人工景观。这里植被覆盖度高，分布的鸟类多为森林、次生灌丛及河谷鸟类。易见大紫胸鹦鹉、橙斑翅柳莺、西南冠纹柳莺、方尾鹟、松鸦、星鸦、长尾山椒鸟、大嘴乌鸦、绿背山雀、红尾水鸲、白顶溪鸲、灰林鵖、紫啸鸫和白鹡鸰。春秋季节大紫胸鹦鹉沿河谷迁徙，可见上千只的种群，是观鸟的好去处。分布的小型兽类包括灰腹鼠、褐腹长尾鼩、大林姬鼠，大林姬鼠数量大。分布的大中型兽类包括鬣羚、斑羚、黄喉貂、赤斑羚、岩羊、马麝、林麝和豹猫等。

(5)错高乡

错高乡有著名的旅游景点——错高湖，藏语“错高”意为“绿色的水”，是红教著名神湖。湖长约12km，最深处超过60m，湖面海拔3 700m，总面积26.5km^2。湖边有浅滩、湖中有孤岛，湖边及山坡多为落叶阔叶灌林，随着海拔的升高，有针叶林分布。

错高湖的水鸟比较丰富，很容易见到普通鸬鹚、红胁蓝尾鸲、黑喉红尾鸲、北红尾鸲、红腹红尾鸲、蓝额红尾鸲、红尾水鸲、白鹡鸰，可以季节性地见到雁鸭类、鸻类、鸥类；保护鸟类高山兀鹫、大紫胸鹦鹉分布较广。分布的小型兽类包括大林姬鼠、锡金松田鼠、帕米尔鼩鼱、灰腹鼠、川西白腹鼠；大中型兽类包括鬣羚、斑羚、猕猴等，其中猕猴种群数量大，常见100多只的大群。

(6)结巴村和仲莎沟

在结巴村村庄附近以及沿仲莎沟区域，景观斑块类型以河谷水域、农田、次生灌丛、次生阔叶林为主，容易观察到红眉朱雀、普通朱雀、红嘴山鸦、大草鹛、大噪鹛、山斑鸠、灰腹噪鹛、灰眉岩鹀、雪鸽、藏马鸡，有时还会发现四川雉鹑的踪迹。该区域蚂蚁类昆虫较多，和更章乡一样，也有11种，包括西藏盘腹蚁、吉市红蚁、光亮黑蚁、史密西红蚁等11种，其中有新种3个。分布的小型兽类包括川西白腹鼠、大林姬鼠、巨爪鼩鼱等。

(7)米林县扎西绕登沟和里弄沟

扎西绕登沟和里弄沟景观斑块类型丰富，针阔叶混交林比较茂密，次生灌丛、高山松和冷云杉林交错、农田农居相嵌分布。短嘴山椒鸟(*Pericrocotus brevirostris*)、多种啄木鸟(*Picoides* spp.)、普通䴓、山雀类、柳莺类、朱雀类、大紫胸鹦鹉、鸦科、鹟科以及鸫科鸟类比较丰富。分布的小型兽类包括巨爪鼩鼱、锡金松田鼠、大林姬鼠、山地纹背鼩鼱等，锡金松田鼠数量多。分布的大中型兽类包括斑羚、鬣羚、豹猫、黄鼬、猪獾、黑熊等。该区域蚂蚁类昆虫也较丰富，包括西藏盘腹蚁、吉市红蚁、光亮黑蚁、樱花立毛蚁等11种，包含3个新种。

(8)米林县南伊乡

在南伊乡附近的雅鲁藏布江江边，景观斑块类型有宽阔的河流、河漫滩、江中孤岛，江边地势平坦、农田肥沃，水鸟很丰富。中高山有成片的阔叶林、针阔叶混交林。在江中及河漫滩，普通秋沙鸭、白腰雨燕、扇尾沙锥(*Gallinago gallinago*)、剑鸻、林鹬(*Tringa glareola*)、白腰草鹬(*T. ochropus*)、普通燕鸥(*Sterna hirundo*)、白鹡鸰、鹮嘴鹬(*Ibidorhyncha struthersii*)、矶鹬(*Actitis hypoleucos*)、红尾水鸲、白顶溪鸲等水鸟在调查中容易观察到，且都有一定的种群数量。分布的小型兽类包括巨爪鼩鼱、山地纹背鼩鼱、灰腹鼠、锡金松田鼠、川西白腹鼠，这些小型兽类种群数量均较大。分布的大中型兽类包括鬣羚、狼、斑羚和豹猫等。该区域有蚂蚁类昆虫9种，包括西藏盘腹蚁、吉市红蚁、光亮黑蚁、樱花立毛蚁等，其中有2个新种。

(9)米林县卧龙镇和里龙乡

卧龙镇和里龙乡的景观斑块类型以河谷为主,包括多种灌丛及农耕地,山坡中上部有成片冷云杉林,少量的阔叶林。卧龙镇可见渔鸥、烟腹毛脚燕、短嘴山椒鸟、喜鹊、大草鹛、栗臀䴓、旋木雀、点斑林鸽,这些鸟种在其他区域少见。另外,山雀类也比较丰富,常见黑眉长尾山雀、黑冠山雀、褐冠山雀、大山雀。里龙乡常见雀鹰、白腰雨燕、黄腹扇尾鹟、大噪鹛、灰腹噪鹛、灰背伯劳、黑卷尾、黑喉红尾鸲、白颈鸫、红嘴山鸦、大嘴乌鸦,朱雀类比较丰富,如普通朱雀、红眉朱雀、白眉朱雀常见。分布的小型兽类包括大爪长尾鼩鼱、社鼠、大林姬鼠、藏仓鼠、巢鼠、川西白腹鼠等。大林姬鼠和川西白腹鼠数量多。

(10)朗县金东乡金东沟

金东沟河谷景观多为水域及次生灌丛,山坡有成片的山杨、白桦林等次生阔叶林。该景观类型中红交嘴雀(*Loxia curvirostra*)、白点翅拟蜡嘴雀(*Mycerobas carnipes*)、锈胸蓝姬鹟(*Ficedula hodgsonii*)、金雕、黄腹扇尾鹟、褐头山雀(*Parus songarus*)、黑冠山雀(*P. rubidiventris*)、大杜鹃、旋木雀、岩燕(*Ptyonoprogne rupestris*)等在保护区其他区域难以观察到的鸟类在这里很容易见到。小型兽类包括藏仓鼠、藏鼠兔、库蒙高山䶄、大林姬鼠;其中大林姬鼠、藏鼠兔、藏仓鼠数量多,库蒙高山䶄数量稀少。没有大型兽类的适宜生境,其数量稀少。

参考文献

[1]Bailey, F. M. Exploration on the Tsangbo or upper *Brahmaputra*[J]. Geogr. Journ, 1914,44:341～364.

[2]Bailey, F. M. Notes from southern Tibet[J]. Journ. Bombay Nat. Hist. Soc,1915,24:72～78

[3]Battye, R. K. M. Notes on some birds observed between Yatung and Gyantse[J]. Journ. Bombay Nat. Hist. Soc,1935,38:406～408

[4]Bey-Bienko, G. Ya. Results of Chinese-Soviet zoological-Botanical expeditions to South-Western China 1955-1956[J]. Entomologicheskoe Obozrenie, Moscow,1957,36:401～417.

[5]Bey-Bienko, G. Ya. New or less-known Tettigonioidea (Orthoptera) from Szechuan and Yunnan Results of Chinese-Soviet Zoological-Botanical expeditions to South-Western China 1955-1957[J]. Trudy Zoologitscheskogo Instituta Akad. Nauk SSSR, Moscow, 1962,20:111～138.

[6]Bingham, C. T. The fauna of British India, including Ceylon and Burma. Hymenopetra, Vol. II. *Ants* and *Cuckoo*-wasps[M]. London: Taylor and Francis,1903:1～506.

[7]Bolton, B. The ant tribe Tetramoriini (Hymenoptera: Formicidae) constituent genera, review of smaller genera and revision of Triglyphothrix Forel[J]. Bulletin of the British Museum (Natural History) Entomology, 1976,34(5):281～379.

[8]Bratz S, et al. Conservation Biological Diversity-A Strategy for Protected Area in the Asia Pacific Region[M]. Washington D C: the World Bank,1992:5～56.

[9]Collingwood, C. A. Formicidae (Hymenoptera: Aculeata) form Nepal[J]. Ergebnisse des Forschungsunternehmens Nepal Himalaya Khumbu Himal,1970(3):371～388.

[10]Collingwood, C. A. Himalayan ants of the genus Lasius (Hymanoptera: Formicidae) [J]. Systematic Entomology,1982(7):283～296.

[11]Dlussky, G. M. Ants of the genus *Formica*1 L. of Mongolia and northeast Tibet[J]. Annales Zoologici,1965,23:15～43.

[12]Donisthorpe, H. The Formicidae (Hymenopetra) taken by Major R. W. G. Hingston, M. C., I. M. S. (ret.), on the Mount Everest Expedition, 1924[J]. Annals and Magazine of Natural History,1929,10(4): 444～449.

[13]Dorge, T. et al. The ecological specialist, *Thermophis baileyi* (Wall, 1907)—new records, distribution and biogeographic conclusions[J]. Herpetological bulletin ,2007,101:8～12.

[14]Dubois, M. B. A revision of the ant genus *Stenamma* in the Palaearctic and Oriental regions[J]. Sociobiology, 1998 ,32(2): 193～403.

[15]Eidmann, H. Zur Okologie und Zoogeographie der Ameisenfauna von Westchina und Tibet. Wissenschaftliche Ergebnisse der 2. Brooke Dolan-Expedition 1934-1935[J]. Zeitschrift fur Morphologie und Okologie die Tiere, 1941,38: 1～43.

[16]Eidmann, H. Zur Kenntnis der Ameisenfauna des Nanga Parbat[J]. Zoologische Jahrbucher Abteilung fur Systematik, Okologie und Geographie der Tiere,1942,75:239～266.

[17]Forel, A. Les fourmis de l'Himalaya[J]. Bulletin de la Societe Vaudoise des Sciences Naturelles, 1906,42:79～94.

[18]Forman, R. T. T. Land Mosaics: The Ecology of Landscapes and Regions. Cambridge: 1995. Cambridge University Press.

[19]Gorochov, A. V. A contribution to the knowledge of the tribe Meconematini (Orthoptera: Tettigoniidae)[J]. Zoosystematica Rossica, 1993,2 (1), 63～92.

[20]Gorochov, A. V. New and little known Meconematinae of the tribes Meconematini and Phlugidini (Orthoptera:Tettigoniidae)[J]. Zoosystematica Rossica, 1998,7(1),101～131.

[21]Gorochov, A. V. , Liu, C. X, Kang, L. Studies on the tribe Meconematini (Orthoptera: Tettigoniidae: Meconematinae) from China[J]. Oriental Insects, 2005,39:63～88.

[22]Hingston, R. W. G. Bird notes from the Mount Everest Expedition of 1924[J]. Journ. Bombay Nat. Hist. Soc. 1927,32:320～329.

[23]Imai, H. T. , Kihara, A. , Kondoh, M. , et al. Ants of Japan[M]. Tokyo: Gakken, 2003:1～224.

[24]Ingrisch, S. , Shishodia, M. S. New taxa and distribution records of Tettigoniidae from India (Orthoptera: Ensifera)[J]. Mitteilungen der M' chner entomologischen Gesellschaft, 2000,90:5～37.

[25]Ingrisch, S. Two new species of Xiphidiopsini (Orthoptera: Tettidoniidae: Meconematinae) from Sumatra in the collection of the museo civico di storia naturale 'G. Doriana', Genova [J]. Doriana, 2006, 7(348):1～8.

[26]Helfert, B. Two new species of Meconematinae (Ensifera: Tettigoniidae) from Thailand[J]. Zeitschrift der Arbeitsgemeinschaft österreichischer Entomologen, 2006,58:53～60.

[27]Karny, H. H. Revisio Conocephalidarum[J]. Abh. k. . k. zool. -bot. Ges. Wien, 1907(4):1～113.

[28]Kinner, N. B. A new babbler from S. E. Tibet[J]. Bull. Brit. Orn. Cl. 1938,58:67～77

[29]Kinner, N. B. New races of rose-finch, Suthora and nuthatch collected by Messrs. Ludlow and Sheriff in southeast Tibet[J]. Bull. Brit. Orn. Cl,1938,60:56～57;74

[30]Kohout, R. J. Polyrhachis lama, a new ant from the Tibetan Plateau (Formicidae: Formicinae)[J]. Memoirs of the Queensland Museum, 1994, 35:137～138.

[31]Ludlow, F. 1927～1928. Birds of the Gyantse neighbourhood, southern Tibet[J]. Ibis1928(3):644～659; (4):51～73,211～232.

[32]Ludlow, F. The birds of south-eastern Tibet[J]. Ibis,1944,86:43～86,348～389.

[33]Ludlow, F. The birds of Lhasa[J]. Ibis,1950,92:34～45.

[34]Ludlow, F. The birds of Kongbo and Pome, South-east Tibet[J]. Ibis, 1951,93(4): 547～578.

[35]Maclaren, P. I. R. Notes on the birds of the Gyantse road, southern Tibet, May 1946. Journ[J]. Bombay Nat. Hist. Soc. 1947,47:301～308.

[36]Mao Shao-Li, Huang Yuan et Shi Fu-Ming. Review of the genus *Kuzicus Gorochov*, 1993 (Orthoptera: Tettigoniidae:Meconematinae) from China[J]. Zootaxa, 2009,2137: 35～42.

[37]Mayr, G. Insecta in itinere Cl. Przewalksii in Asia centrali novissime lecta. 17. Formiciden aus Tibet[J]. Trudy Russkago Entomologicheskago Obshchestva, 1890,24: 278～280.

[38]Menozzi, C. Formiche dell'Himalaya e del Karakorum[J]. Atti Soc. Ital. Sc. Nat., 1939,78: 285～345.

[39]Pitkin, L. M. A revision of the Pacific species of *Conocephalus Thunberg* (Orthoptera; Tettigoniidae)[J]. Bull. Brit. Mus. Hist. (Ent.), 1980,41(5):315～355.

[40]Radchenko, A. A review of the ant genera *Leptothorax* mayr and *Temnothorax* mayr (Hymenoptera, Formicidae) of the eastern Palaearctic[J]. Acta Zoologica Academiae Scientiarum Hungaricae,2004,50(2):109～137.

[41]Radchenko, A. G. and Elmes, G. W. Ten new species of *Myrmica* (Hymenoptera, Formicidae) from the Himalaya[J]. Vestnik Zoologii, 1999,33(3): 27～46.

[42]Ragge, D. R. A revision of the genus Ducetia Stal (Orthoptera: Tettigoniidae)[J]. Bull. Brit. Mus. Hist. (Ent.), 1961,10:171～208.

[43]RAO, DQ.,ZHAO, EM. A new record from China-*Protobothrops kaulbacki* (Reptilia, Serpentes, Viperidae)[J]. Acta Zootaxonomica Sinica,2005,30:209～211.

[44]Redtenbacher, J. Monographie der Conocephaliden. Verh. k.. k. zool.-bot. Ges[J]. Wein,1891, 41:315～562.

[45]Richard Primack 著,季维智主编.保护生物学基础[M].北京:中国林业出版社,2000: 29～196.

[46]Ruzsky, M. Uber die Ameisen Tibets und der sudlichen Gobi (nach dem von Oberst P. K. Kozlov gesammelten Material)[J]. Ann. Zool. Mus. Acad. Petrograd, 1914,19: 418～444.

[47] Sänger, K., Helfert, B. Additional notes on the genus *Kuzicus Gorochov* 1993 (Meconematinae: Tettigoniidae: Ensifera) from Thailand[J]. Zeitschrift der Arbeitsgemeinschaft österreichischer Entomologen, 2006,58:61－65.

[48]Tinkham, E. R. New species and records of Chinese Tettigoniidae from the Heude Museum, Shanghai[J]. Notes D'Entomologie Chinoise,1943,10(2), 33～66.

[49]Tinkham, E. R. Twelve new species of Chinese leaf-katydids of the genus Xiphidiopsis [J]. Proceedings of the United States National Museum, 1944, 94:505－527.

[50] Tinkham, E. R. Four new Chinese species of *Xiphidiopsis* (Orthoptera: Tettigonioidea)[J]. Transactions of the American Entomological Society, 1956,82:1～16.

[51]Vaurie, C. Tibet and its birds[M]. London:H. F. G. Witherby Limited,1972:1～334.

[52]Weber, N. A. A revision of the North American ants of the genus *Myrmica latreille* with a synopsis of the Palearctic species. I[J]. Annals of the Entomological Society of America,

1947,40：437～474.

[53]Weber，N. A. A revision of the North American ants of the genus *Myrmica latreille* with a synopsis of the Palearctic species. II[J]. Annals Entomological Society of America，1948，41：267～308.

[54]Weber，N. A. A revision of the North American ants of the genus *Myrmica latreille* with a synopsis of the Palearctic species. III[J]. Annals Entomological Society of America，1950,43：189～226.

[55]Wille，N. Algen aus Zentralasien，in sven Hedin，Southern Tibet[M]. V. Stockholm. 1922.

[56]阿旺次仁.古代物候观测与西藏历法[J].中国藏学，1988(1)：149～155.

[57]安旭.藏族服饰艺术[M].天津：南开大学出版社，1988.

[58]薛跃规，杜泽乡，李凤英，等.广西珍稀濒危药用植物区系特征研究[J].广西师范大学学报(自然科学版)，1997，15(4)：81～85.

[59]边多.西藏音乐史话[M].北京：中国藏学出版社，2006.

[60]蔡理芸，詹心如，等.青藏高原蚤目志[M].西安：陕西科技出版社，1997.

[61]仓曲卓玛.西藏黑颈鹤越冬数量统计[J].西藏科技，1994，65：12～13.

[62]柴勇，彭建松，张国学.西藏色季拉山种子植物区系分析[J].云南林业科技，2003(3)：36～47.

[63]陈端.西藏巨柏的研究现状与前景[J].西藏科技，1995(2)：7～11.

[64]陈立明，曹晓燕.西藏民俗文化[M].北京：中国藏学出版社，2003.

[65]陈灵芝.中国的生物多样性：现状与保护对策[M].北京：科学技术出版社，1993.

[66]陈世骧.中国经济昆虫志(第一册)：鞘翅目，天牛科[M].北京：科学出版社，1959.

[67]陈世骧.横断山昆虫(第一册)[M].北京：科学出版社，1992.

[68]陈世骧.横断山昆虫(第二册)[M].北京：科学出版社，1992.

[69]陈万勇.西藏林芝盆地新生代晚期的自然环境[J].古脊椎动物与古人类，1980(1)：52～58.

[70]陈一心.中国动物志：昆虫纲，第十六卷，鳞翅目，夜蛾科[M].北京，科学出版社，1999.

[71]陈振耀.昆虫世界与人类社会[M].广州：中山大学出版社，2003.

[72]次多.西藏民居建筑刍议[J].中国藏学，2004(1)：80～82.

[73]丁玲辉.西藏的传统民族体育[M].拉萨：西藏人民出版社，2006.

[74]范滋德.中国常见蝇类检索表[M].北京：科学出版社，1992.

[75]范滋德，等.中国经济昆虫志(第三十七册)：双翅目，花蝇科[M].北京：科学出版社，1988.

[76]范滋德，等.中国动物志：昆虫纲，第六卷，双翅目，丽蝇科[M].北京：科学出版社，1997.

[77]方承莱.中国动物志：昆虫纲，第十九卷，鳞翅目，灯蛾科[M].北京：科学出版社，2000.

[78]方精云，沈泽昊，崔海亭.试论山地的生态特征及山地生态学的研究内容[J].生物多样性，2004，12(1)：10～19.

[79]傅伯杰，陈利顶，马克明，王仰麟，等.景观生态学原理及应用.北京：科学出版社，2000.

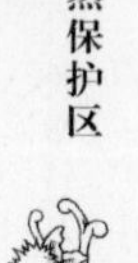

[80]傅立国.中国植物红皮书(第一册)[M].北京:科学出版社,1991.

[81]尕藏加.万物有灵论与藏族人对森林树木的保护[J].西藏研究,1998(2):57～59.

[82]格勒.拜访苯教故地[J].中国西藏,2004(5):40～41.

[83]郭晋平.森林景观生态研究.北京:北京大学出版社,2001.

[84]葛钟麟.中国经济昆虫志(第十册):同翅目,叶蝉科[M].北京:科学出版社,1966.

[85]工布江达政府网 http://www.gbjd.gov.cn/Content/msfq/200812/14－4139.html

[86]工布江达政府网 http://www.gbjd.gov.cn/Content/msfq/200812/14－4141.html

[87]工布江达政府网 http://www.gbjd.gov.cn/Content/msfq/200812/14－4142.html

[88]龚洵,肖调江,顾志建,等.黄牡丹八个居群的 Giemsa C－带比较研究[J].云南植物研究,1999,21(4):477～482.

[89]郭鹏,黄松,符建荣,刘少英.西藏蛇类两新记录[J].四川动物,2008,27(4):658～659.

[90]国家环保局,中国科学院植物研究所.中国珍稀濒危植物[M].上海:上海教育出版社,1989.

[91]韩运发.中国经济昆虫志(第五十五册):缨翅目[M].北京:科学出版社,1997.

[92]郝日明.试论中国种子植物特有属的分布区类型[J].植物分类学报,1997,35(6):500～510.

[93]何俊华,陈学新,马云.中国经济昆虫志(第五十一册),膜翅目,姬蜂科[M].北京:科学出版社,1996.

[94]何俊华,陈学新等.中国动物志:昆虫纲,膜翅目,茧蜂科(一)[M].北京:科学出版社,1996.

[95]侯学煜.中国植被分区的原则、依据和系统单位[J].植物生态学于地植物学丛刊,1964,2(2):153～179.

[96]胡淑琴(主编).西藏两栖爬行动物.北京:科学出版社.1987.

[97]黄大卫.中国经济昆虫志(第四十一册):膜翅目,金小蜂科(一)[M].北京:科学出版社,1993.

[98]黄复生,刘举鹏,等.西藏蝗虫起源与进化研究[J].西藏农业科技,1999,21(2):1～40.

[99]黄复生,宋志顺,等.西藏东南部边缘地区昆虫多样性的特点[J].西南农业学报,2006,19(2):314～322.

[100]黄复生.中国缺翅目昆虫[J].昆虫分类学报,1974,17(4):423～427.

[101]黄复生.西藏南迦巴瓦峰地区昆虫[M].北京:科学出版社,1988.

[102]黄复生.西南武陵山地区昆虫[M].北京:科学出版社,1992.

[103]黄明信,陈久金.藏历原理研究[J].西藏研究,1981,00:51～64

[104]霍科科,任国栋,郑哲民.秦巴山区蚜蝇区系分类(昆虫纲:双翅目)[M].北京:中国农业科学技术出版社,2007.

[105]蒋书楠,陈力.中国动物志:昆虫纲,第二十一卷,鞘翅目,天牛科,花天牛亚科[M].北京:科学出版社,2001.

[106]蒋书楠,蒲富基,华立中.中国经济昆虫志(第三十五册):鞘翅目,天牛科(三)[M].北京:科学出版社,1985.

[107]金振洲.云南急尖长苞冷杉林的地植物学初步研究[J].植物生态学与地植物学丛刊,

1981,5(4):267～268.

[108]拉巴次仁.藏族先民的原始信仰——略谈藏族苯教文化的形成及发展[J].西藏大学学报,2006(3):76～80.

[109]兰小中,廖志华,王景升.西藏高原濒危植物西藏巨柏光合作用日进程[J].生态学报,2005,25(12):3172～3175.

[110]雷巍.藏民族传统体育文化特性研究[J].西藏研究,2009(3):116～120.

[111]楞本嘉,拉茂措.试论中国藏药的开发与研究[J].中国民族医药杂志,1998(1):43～44.

[112]李渤生,张金炜,王金亭,等.西藏高山冰缘植被的初步研究[J].植物学报,1981,23(2):132～139.

[113]李渤生,张经炜,王金亭,等.西藏的高山座垫植被[J].植物学报,1985,27(3):311～317.

[114]李鸿昌,夏凯龄.中国动物志:昆虫纲,第四十三卷,直翅目,蝗总科,斑腿蝗科[M].北京:科学出版社,2006.

[115]李惠欣.河北衡水湖自然保护区种子植物区系初步研究[D].石家庄:河北师范大学,2005.

[116]李建立,李丕鹏.西藏慈巴沟国家级自然保护区及其两栖爬行动物[J].四川动物,2005,24(3):260～262.

[117]李丕鹏,陆宇燕,李建立,等.西藏两栖爬行动物考察报告[J].四川动物,2005,24(3):245～249.

[118]李铁生.中国经济昆虫志(第三十册):膜翅目,胡蜂总科[M].北京:科学出版社,1985.

[119]李文华,韩裕丰.西藏的森林[J].自然资源,1977(2):10～28.

[120]李渤生,赵尔宓,李胜全.南迦巴瓦峰地区生物(第九章):南迦地区两栖爬行动物区系[M].北京:科学出版社,1995:258～274.

[121]李锡文,李捷.横断山脉地区种子植物区系的初步研究[J].云南植物研究,1993,15(3):217～231.

[122]李锡文.中国种子植物区系统计分析[J].云南植物研究,1996,18(4):363～384.

[123]李晓丽.原始崇拜及环境保护在藏族民歌中的体现[J].西藏艺术研究,2001(2):84～87.

[124]李尧英,魏印心,施之新,等.西藏藻类[M].北京:科学出版社,1992.

[125]李德浩,王祖祥,江智华.西藏东南部地区的鸟类[J].动物学报,1978,24(3):231～250.

[126]李尧英.西藏蓝藻门新植物[J].植物分类学报,1984,22(2):164～174.

[127]李永宪.西藏新石器时代考古学文化的几个问题[C]//四川大学历史系编:中国西南的古代交通与文化.成都:四川大学出版社,1994:275～298.

[128]李忠超,王小兰,葛学军.濒危药用植物桃儿七的生物学特性及其保育措施[J].广西植物,2005,25(2):179～185.

[129]梁铬球,郑哲民.中国动物志:昆虫纲,第十二卷,直翅目,蚱总科[M].北京:科学出版社,1998.

[130]廖东凡.雪城西藏风情录[M].北京:燕山出版社,1991.

[131]林玲.西藏林芝地区生态旅游资源开发问题探讨[J].西藏科技,2002(4):13~16.

[132]林芝地方志编纂委员会.林芝地区志[M].拉萨:中国藏学出版社,2006.

[133]凌瑞芬.中国滇藏地区菲隐翅虫属分类研究(鞘翅目:隐翅虫科:隐翅虫亚科)[D].上海:上海师范大学,2008.

[134]刘崇乐.中国经济昆虫志(第五册):鞘翅目,瓢虫科[M].北京,科学出版社,1963.

[135]刘隽.唐卡绘画艺术源流及其特征[J].美术界,2010(10):79.

[136]刘少初.西藏米林县鸟类资源初报[J].自然资源研究,1983(4).

[137]刘少英,曾宗永,章小平.九寨沟自然保护区的生物多样性[M].成都:四川科学技术出版社,2007

[138]刘慎谔.中国北部及西部植物地理概论[J].国立北平研究院植物学研究所丛刊,1934,2(9):423~451.

[139]刘伟.简论西藏泛神的信仰[J].中国藏学,2008(4):115~125.

[140]刘晓宏,秦大河,邵雪梅,等.西藏林芝地区近350年来降水变化及突变分析[J].冰川冻土.2003,25(4):375~379.

[141]刘晓宏,秦大河,邵雪梅,等.西藏林芝冷杉树轮稳定碳同位素对气候的响应[J].冰川冻土.2002,24(5):574~578.

[142]刘永春.西藏林芝林区森林土壤水分及有机物质状况的定位研究[J].东北林学院学报.1985,13(1):37~46.

[143]柳支英.中国动物志:昆虫纲,第一卷,蚤目[M].北京,科学出版社,1986.

[144]娄治平,马克平,佟凤勤.生物多样性保护与持续利用研究[J].世界科技研究与发展,1996(5):52~55.

[145]伦珠旺姆,昂巴.神灵世界的生存法则——解读藏族禁忌[J].西藏研究,2003(4):87~93.

[146]罗大庆,郭泉水,薛会英,等.西藏色季拉山冷杉原始林林隙更新研究[J].林业科学研究,2002,15(5):564~569.

[147]罗建,边巴多吉,郑维列.西藏米拉山区种子植物区系研究[J].南京林业大学学报(自然科学版),2003,27(6):18~22.

[148]罗天祥,李文华,罗辑等.青藏高原主要植被类型生物生产量的比较研究[J].生态学报,1999,19(6):823~831.

[149]马春林.基于植被指数NDVI的遥感信息提取[J].信息科技,2008(10):114~120.

[150]马敬能,菲利普斯,何芬奇,等.中国鸟类野外手册[M].长沙:湖南教育出版社,2000.

[151]马克平,钱迎倩.生物多样性保护及其研究进展[J].应用与环境生物学报,1998,4(1):95~99.

[152]马克平.试论生物多样性的概念[J].生物多样性,1993,1(1):20~22.

[153]南文渊.藏族传统文化中协调人与自然关系的几种方式[J].中国藏学,1988(1):10~15.

[154]倪志诚.西藏南迦巴瓦峰地区维管束植物区系[M].北京:北京科学技术出版社,1992.

[155]倪志诚主编.西藏经济植物[M].北京:北京科学技术出版社,1990.

[156]诺布旺丹.藏族原始文化:苯教[J].西藏民俗,2002(1):40～42.

[157]潘刚,郭泉水.米林亚高山森林采伐迹地类型及更新技术研究[J].林业科技通讯,2001(11):27～30.

[158]潘刚,西藏雅鲁藏布江柏木生长特征研究[J].动植物研究,2008(7):72～74.

[159]潘锦堂,张盍曾,刘尚武.西藏阿里地区动植物考察报告[M].北京:科学出版社,1979.

[160]潘晓玲.新疆种子植物科的区系地理成分分析[J].植物研究,1997,17(4):397～402.

[161]庞雄飞,毛金龙.中国经济昆虫志(第十四册):鞘翅目,瓢甲科(二)[M].北京:科学出版社,1979.

[162]彭培好.藏南红景天植物的生态学研究(D).北京:中科院植物所,1992.

[163]蒲富基.中国经济昆虫志(第十九册):鞘翅目,天牛科(二)[M].北京:科学出版社,1980.

[164]朴仁珠,刘务林.西藏野生鸟兽资源评估[J].西藏科技,1992,58(4).

[165]戚鹏程.白水江国家级自然保护区植物区系的垂直分异规律研究[D].兰州:西北师范大学,2005:1～4.

[166]秦仁昌.中国蕨类分类系统[J].植物分类学报,1978,16(3,4):1～19,16～37.

[167]青海高原生物研究所植物研究室.青藏高原药物图鉴[M].青海人民出版社,1978.

[168]饶定齐.西藏两栖爬行动物多样性的补充调查及现状[J].四川动物,2000,19(3):107～111.

[169]饶钦止.西藏南部地区藻类[J].海洋与湖沼,1964,6(2):169～192.

[170]任树芝.中国动物志:昆虫纲,第十三卷,半翅目,姬蝽科[M].北京:科学出版社,1998.

[171]施之新.西藏裸藻的若干新种[J].植物分类学报,1984,22:259～268.

[172]世界资源研究所,世界保护联盟联合国,环境规划署.全球生物多样性策略[M].北京:中国标准出版社,1992:2.

[173]隋敬之,孙洪国.中国习见蜻蜓[M].北京:农业出版社,1986.

[174]孙航,周浙昆,俞宏渊.喜马拉雅东部雅鲁藏布江大峡弯河谷地区植被组成特点[J].云南植物研究,1997,19(1):57～66.

[175]孙航.北极－第三纪成分在喜马拉雅－横断山的发展及演化[J].云南植物研究,2002,24(6):671～688.

[176]黄复生,唐觉,李参.西藏昆虫:膜翅目,蚁科[M].北京:科学出版社,1982:371～374.

[177]陈世骧,唐觉,李参.横断山区昆虫(第2册):膜翅目,蚁科[M].北京:科学出版社,1993:1 371～1 374.

[178]唐瞻珠主编.横断山区鸟类[M].北京:科学出版社,1996.

[179]田立新,等.中国经济昆虫志(第四十九册):毛翅目(一)[M].北京:科学出版社,1996.

[180]汪松,解焱.中国物种红色名录第一卷[M].北京:高等教育出版社,2004.

[181]王保海,袁维红,等.西藏昆虫区系及其演化[M].郑州:河南科学技术出版社,1992.

[182]王荷生,张镱锂.中国种子植物特有属的生物多样性和特征[J].云南植物研究,1994,16(136):209～220.

[183]王荷生,张镱锂.中国种子植物特有科属的分布型[J].地理学报,1994,49(5):403～417.

[184]王荷生.植物区系地理[M].北京:科学出版社,1992:1～9.

[185]王恒杰.西藏自治区林芝县发现的新石器时代遗址[J].考古,1975(5):310～315.

[186]王恒杰.西藏林芝地区的古人类骨骸和墓葬[J].西藏研究.1983,2:112～114.

[187]王建林.西藏珍稀野生动物资源与分布的研究[J].生物多样性,1997,5(4):271～276

[188]王健.保护区森林生态系统功能及保护对策[J].林业调查规划.2004,29(3):27～29.

[189]王金亭,李渤生,陈伟烈,等.西藏高原草原植被的基本特征[J].植物学报,1980,22(2):161～169.

[190]王景升,李衡.西藏巨柏人工苗生长研究[J].西藏科技,2005(3):47～49.

[191]王敏.中国灰蝶志[M].郑州:河南科学技术出版社,2002.

[192]王明玉,舒立福,王景升,等.西藏东南部森林可燃物特点及气候变化对森林火灾的影响[J].火灾科学,2007,16(1):15～20.

[193]王人潮,史舟,胡月明.浙江红壤资源信息系统的研制与应用.北京:中国农业出版社,1999:260～267.

[194]王天齐.中国螳螂目分类概要[M].上海:上海科学技术文献出版社,1993.

[195]卫敏,刘智能,琼达.西藏林芝地区气候变化趋势与森林资源消退关系研究[J].林业调查规划,2008,33(1):37～40.

[196]魏印心.西藏裸新绿藻[J].植物分类学报,1984,22(4):321～336.

[197]吴坚,王常禄.中国蚂蚁[M].北京:中国林业出版社,1995:1～182.

[198]吴燕如,周勤.中国经济昆虫志(第五十三册),膜翅目,泥蜂科[M].北京:科学出版社,1996.

[199]吴燕如.中国经济昆虫志(第九册),膜翅目,蜜蜂总科[M].北京:科学出版社,1965.

[200]吴燕如.中国动物志:昆虫纲,第二十卷,膜翅目,准蜂科,蜜蜂科[M].北京:科学出版社,2000.

[201]吴祎,索朗平措.林芝地区的自然保护区[J].中国西藏,林芝专号:12～14.

[202]吴玉虎.青藏高原维管植物及其生态地理分布[M].北京:科学出版社,2008.

[203]吴征镒,周浙昆,李德铢,等.世界种子植物科的分布区类型系统[J].云南植物研究,2003,25(3):245～257.

[204]吴征镒,路安民,汤彦承,等.中国被子植物科属综论[M].北京:科学出版社,2003.

[205]吴征镒,周浙昆,孙航,等.种子植物分布区类型及其起源和分化[M].昆明:云南科技出版社,2006.

[206]吴征镒.中国植物区系的分区问题[J].云南植物研究,1979,1(1):1～20.

[207]吴征镒.中国植被[M].北京:科学出版社,1978.

[208]吴征镒.中国植物区系的热带亲缘[J].科学通报,1965(1):25～33.

[209]吴征镒.中国种子植物属的分布区类型[J].云南植物研究,1991,增刊IV:1～139.

[210]吴征镒.西藏植物志1—5卷[M].北京:科学出版社出版,1983.

[211]邬建国.景观生态学——格局、过程、尺度与等级.2000.北京:高等教育出版社.

[212]武春生.中国动物志:昆虫纲,第七卷,鳞翅目[M].祝蛾科.北京:科学出版社,1997.

[213]武春生.中国动物志:昆虫纲,第二十五卷,鳞翅目[M],凤蝶科.北京:科学出版社,2001:1～367.

[214]西藏人文地理编辑部.西藏人文地理[J].西藏人文地理,2009(1):18.

[215]夏格旺堆,李林辉.西藏林芝地区林芝村古墓葬调查简报[J].西藏大学学报,2006(2):44～47.

[216]夏凯龄,等.中国动物志:昆虫纲,第四卷,直翅目:蝗总科:癞蝗科 瘤锥蝗科 锥头蝗科[M].北京:科学出版社,1994.

[217]萧采瑜.中国蝽类昆虫鉴定手册(半翅目:异翅亚目)(第一册)[M].北京:科学出版社,1977:1～330.

[218]肖笃宁,李秀珍,高峻,常禹,李团胜.景观生态学.北京:科学出版社,2003.

[219]肖文发,韩景军,郭志华,等.西藏林芝云杉针叶净光合速率对环境因子的响应[J].林业科学研究,2003,16(3):299～305.

[220]徐济德,郎奎建.西藏林芝地区景观生态格局分析[J].林业资源管理,2004a,(5):53～57.

[221]徐济德,郎奎建.西藏林芝地区景观动态研究[J].林业资源管理,2004b,(6):52～57.

[222]徐正会.西双版纳自然保护区蚁科昆虫生物多样性研究[M].昆明:云南科技出版社,2002:1～181.

[223]薛大勇,朱弘复,等.中国动物志:昆虫纲,第十五卷,鳞翅目,尺蛾科[M].北京:科学出版社,1999.

[224]薛万琦,王明福.青藏高原蝇类[M].北京:科学出版社,2006.

[225]薛万琦,赵建铭.中国蝇类(上,下册)[M].沈阳:辽宁科学技术出版社,1996.

[226]杨大荣,李朝达,舒畅,杨跃雄.中国蝠蛾属昆虫的种类和地理分布研究[J].昆虫学报,1996,39(4):413～421.

[227]杨惟义.中国经济昆虫志(第二册),半翅目,蝽科[M].北京:科学出版社,1962.

[228]杨星科.西藏雅鲁藏布大峡谷昆虫[M].北京:中国科学技术出版社,2004.

[229]姚兆麟.从藏历年、工布年的异同看西藏年节之演变[J].西藏艺术研究,1994(3):75～77.

[230]姚兆麟.藏族文化研究的新贡献—评《藏族服饰艺术》兼述工布"古休"的渊源[J].西藏研究,1990(2):145～150.

[231]殷惠芬,黄复生,李兆麟.中国经济昆虫志(第二十九册):鞘翅目,小蠹科[M].北京:科学出版社,1984.

[232]尹文英.中国动物志:无脊椎动物,第十八卷,原尾纲[M].北京:科学出版社,1999.

[233]印象初.青藏高原的蝗虫[M].北京:科学出版社,1984.

[234]应俊生,洪德元.西藏波密古乡地区的主要植物群落及其垂直分布[J].植物分类学报,1978,16(1):48－60.

[235]应俊生,张志松.中国植物区系的特有现象——特有属研究[J].植物分类学报,1984,22(4):259～268.

[236]游先祥.遥感原理及在资源环境中的应用[M].北京:中国林业出版社,2003.

[237]袁锋,周尧.中国动物志:昆虫纲,第二十八卷,同翅目,角蝉总科,犁胸角蝉科,角蝉科[M].北京:科学出版社,2002.

[238]藏传颜料研究课题组.藏族传统绘画颜料的历史及工艺研究[J].中国藏学,1999(4):117～127.

[239]张国强,罗大庆,王景升.西藏濒危植物巨柏的生物学与生态学特性研究[J].林业科枝,2006,31(2):4～5.

[240]张国云.西藏民居风格[J].西藏民俗,1999(1):39

[241]张宏达.地球植物区系分区提纲[J].中山大学学报(自然科学版),1994,33(3):73～80.

[242]张健.论唐卡颜料的制作工艺[J].艺术百家,2010(5):187～188.

[243]张金炜,王金亭.西藏中部的植被[M].北京:科学出版社,1966.

[244]张金炜,王金亭.西藏中部地区高级植被分类单位的划分[C]//中国植物学会.中国植物学会三十周年年会论文摘要汇编.北京:中国科学技术出版社,1963:303.

[245]张金炜.羌塘高原东南部草原的基本特点及其地带性意义[J].植物生态学与地植物学丛刊,1963(1):131～140.

[246]张经炜,王金亭,陈伟烈,等.试论青藏高原植被的纬向地带性[J].中国科学,1980,11(11):1 090～1 098.

[247]张敏,方怀龙,龙章雄.西藏林芝地区旅游产品开发[J].西藏科技.2004(12):14～19.

[248]张荣祖.中国动物地理[M].北京:科学出版社,1999.

[249]张新时.西藏植被的高原地带性[J].植物学报,1978,20(2):140～149.

[250]张亚生.西藏农耕文化[J].西藏民俗,2000(4):48～50

[251]章士美,等.中国经济昆虫志(第五十册):半翅目(二)[M].北京:科学出版社,1995.

[252]章士美,等.中国经济昆虫志(第三十一册),半翅目(一)[M].北京,科学出版社,1985.

[253]赵尔宓.四川爬行动物原色图鉴[M].北京:中国林业出版社,2002.

[254]赵尔宓,杨大同.横断山区两栖爬行动物[M].北京:科学出版社,1997.

[255]赵尔宓.中国蛇类[M].合肥:安徽科学技术出版社,2006.

[256]赵建铭,梁恩义,等.中国动物志:昆虫纲,第二十三卷,双翅目,寄蝇科(一)[M].北京:科学出版社,2001.

[257]赵魁义.西藏高原沼泽植被的基本特征[J].地理科学,1982,2(1):73～82.

[258]赵英时.遥感应用分析原理与方法[M].北京:科学出版社,2002.

[259]郑度,陈伟烈.东喜马拉雅植被垂直带的初步研究[J].植物学报,1981,23(3):228－234.

[260]郑光美,丁平,张正旺,等.中国鸟类分类与分布名录[M].北京:科学出版社,2005.

[261]郑光美,王歧山.中国濒危动物红皮书——鸟类[M].北京:科学出版社,1998.

[262]郑万均,傅立国,诚静容.中国裸子植物[J].植物分类学报,1975,13(4):56～90.

[263]郑哲民,夏凯龄.中国动物志:昆虫纲,直翅目,蝗总科,斑翅蝗科,网翅蝗科[M].北京:科学出版社,1998.

[264]郑哲民.云贵川陕宁地区的蝗虫[M].北京:科学出版社,1985.

[265]郑哲民.蝗虫分类学[M].西安:陕西师范大学出版社,1993.

[266]郑哲民.中国西部蚱总科志[M].北京:科学出版社,2005.

[267]中国科学院登山科学考察队.南迦巴瓦峰登山科学考察丛书[M],北京:科学出版社.1993.

[268]中国科学院青藏高原综合科学考察队.西藏昆虫(第一册)[M].北京:科学出版社,1981.

[269]中国科学院青藏高原综合科学考察队.西藏昆虫(第二册)[M].北京:科学出版社,1982.

[270]中国科学院植物研究所.西藏植被[M].北京:科学出版社,1988.?

[271]中华人民共和国濒危物种进出口管理办公室,中华人民共和国濒危物种科学委员会编印.濒危野生动植物种国际贸易公约[S].2007

[272]中国科学院青藏高原综合科学考察队.西藏鸟类志[M].北京:科学出版社,1983.

[273]中华人民共和国林业部.国家重点保护野生植物名录(第一批)[J].植物杂志,1999(05).

[274]杨星科,周善义.西藏雅鲁藏布大峡谷昆虫:膜翅目蚁科[M].北京:中国科学技术出版社,2004:115～120.

[275]周尧.中国蝶类志[M].郑州:河南科学技术出版社,1994.

[276]周尧.中国蝴蝶分类与鉴定[M].郑州:河南科学技术出版社,1998.

[277]周尧.中国蝴蝶原色图鉴[M].郑州:河南科学技术出版社,1999.

[278]周尧.路进生,等.中国经济昆虫志(第三十六册):同翅目,蜡蝉总科[M].北京:科学出版社,1985.

[279]朱弘复,王林瑶.中国动物志:昆虫纲,第三卷,鳞翅目,圆钩蛾科,钩蛾科[M].北京:科学出版社,1991.

[280]朱弘复,王林瑶.中国动物志:昆虫纲,第五卷,鳞翅目,蚕蛾科,大蚕蛾科,网蛾科[M].北京:科学出版社,1996.

[281]朱弘复,等.中国动物志:昆虫纲,第十一卷,鳞翅目,天蛾科[M].北京:科学出版社,1997.

[282]朱华.中国植物区系研究文献中存在的几个问题[J].云南植物研究,2007,29(5):489～491.

[283]邹新慧,何平,陈建民,等.云南省珍稀濒危植物及国家保护植物区系成分分析[J].西南师范大学学报(自然科学版),2002,27(6):940～941.

[284]祖元刚,张文辉,等.濒危植物裂叶沙参保护生物学[M].北京:科学出版社,1999.

附录1　西藏工布自然保护区大型真菌名录

名称		食用菌	药用菌		毒菌	木腐菌	菌根菌
纲、目、科、属、种(中文名)	拉丁名		药用	抗癌			
担子菌亚门	Basidiomycotina						
一、层菌纲	Hymenomycetes						
(一)、伞菌目	Agaricales						
1. 蜡伞科	Hygrophoraceae						
(1)蜡伞属	*Hygrophorus*						
美味蜡伞	*H. agathosmus*	●					▲
金蜡伞	*H. aureus*	●					
褐盖蜡伞	*H. camarophyllus*	●					
蜡伞	*H. ceraceus*	●					
金粒蜡伞	*H. chrysodon*	●					
变黑蜡伞	*H. conicus*					■	
白蜡伞	*H. eburnesus*	●					▲
柠檬黄蜡伞	*H. lucorum*	●					▲
云杉白蜡伞	*H. piceae*						
粉红蜡伞	*H. pudorinus*						
红菇蜡伞	*H. russula*	●			■	▲	
单色蜡伞	*H. unicolor*						
(2)湿伞属	*Hygrocybe*						
粉灰紫湿伞	*H. calytraeformis*	●					
鸡油湿伞	*H. cantharellus*	●					▲
绯红湿伞	*H. coccinea*	●					
小红湿伞	*H. miniata*	●					
红湿伞	*H. puniceus*	●					
朱黄湿伞	*H. suzukansis*						

（续表）

名称		食用菌	药用菌		毒菌	木腐菌	菌根菌
纲、目、科、属、种（中文名）	拉丁名		药用	抗癌			
亚球孢湿伞	*H. subglobispora*	●					
(3)拱顶菇属	*Camarophyllus*						
雪白拱顶菇	*C. niveus*	●					
洁白拱顶菇	*C. virginea*	●					▲
2.侧耳科	Pleurotaceae						
(1)香菇属	*Lentinus*						
香菇	*L. edodes*	●	☆	★		■	
豹皮香菇	*L. lepideus*	●	☆	★		■	
近裸香菇	*L. subnudus*	●				■	
(2)革耳属	*Panus*						
革耳	*P. rudis*	●		★		■	
紫革耳	*P. torulosus*	●	☆	★		■	
(3)侧耳属	*Pleurotus*						
鹅色侧耳	*P. anserinus*					■	
金顶侧耳	*P. citrinopileatus*	●	☆			■	
腐木生侧耳	*P. lignatilis*	●				■	
侧耳	*P. ostreatus*	●		★		■	
(4)亚侧耳属	*Hohenbuehelia*						
亚侧耳	*H. serotina*	●		★		■	
3.裂褶菌科	Schizophyllaceae						
(1)裂褶菌属	*Schizophyllum*						
裂褶菌	*S. commne*	●	☆	★		■	
4.鹅膏菌科	Amanitaceae						
(1)鹅膏菌属	*Amanita*						
橙盖鹅膏菌	*A. caesarea*	●		★		▲	
白橙盖鹅膏菌	*A. caesarea* var. *alba*	●					▲

（续表）

名称		食用菌	药用菌		毒菌	木腐菌	菌根菌
纲、目、科、属、种（中文名）	拉丁名		药用	抗癌			
块鳞鹅膏菌	*A. excelsa*				◆		▲
小托柄鹅膏菌	*A. farinosa*				◆		▲
黄毒蝇鹅膏菌	*A. flavoconia*				◆		▲
黄赭鹅膏菌	*A. flavorubescens*				◆		▲
灰花纹鹅膏菌	*A. fuliginea*				◆		▲
赤褐鹅膏菌	*A. fulva*	●			◆		▲
黄盖鹅膏菌	*A. gemmata*				◆		▲
浅橙黄鹅膏菌	*A. hemibapha* subsp. *javanica*	●					▲
毒蝇鹅膏菌	*A. muscaria*		☆	★	◆		▲
拟卵盖鹅膏菌	*A. neoovoidea*				◆		▲
灰鹅膏菌	*A. vaginata*	●			◆		▲
暗灰鹅膏菌	*A. vaginata* var. *punctata*				◆		▲
大托鹅膏菌	*A.* sp.						
5. 光柄菇科	Pluteaceae						
(1)光柄菇属	*Pluteus*						
黑边光柄菇	*P. atromarginatus*	●				■	
灰光柄菇	*P. cervinus*	●				■	
狮黄光柄菇	*P. leoninus*	●					
6. 白蘑科	Tricholomataceae						
(1)杯伞属	*Clitocybe*						
小白杯伞	*C. candicans*						
毒杯伞	*C. cerussata*				◆		
肉色杯伞	*C. geotropa*	●		★	◆		
深凹杯伞	*C. gibba*	●					
污白杯伞	*C. houghtonii*						
杯伞	*C. infundibuliformis*	●		★			

（续表）

名称		食用菌	药用菌		毒菌	木腐菌	菌根菌
纲、目、科、属、种（中文名）	拉丁名		药用	抗癌			
卷边杯伞	*C. inversa*	●					
(2)口蘑属	*Tricholoma*						
油黄口蘑	*T. flavovirens*	●		★			▲
黄褐口蘑	*T. fulvum*	●		★			▲
草黄口蘑	*T. lascivum*	●			◆		▲
棕黄褐口蘑	*T. luridus*						▲
松口蘑	*T. matsutake*	●	☆	★			▲
青冈松口蘑	*T. quercicola*	●					▲
皂味口蘑	*T. saponaceum*	●		★	◆		▲
雕纹口蘑	*T. scalpturatum*	●			◆		▲
直柄口蘑	*T. stans*						▲
黄绿口蘑	*T. sejunctum*	●		★			▲
多鳞口蘑	*T. squarrulosum*	●					▲
棕灰口蘑	*T. terreum*	●					▲
红鳞口蘑	*T. vaccinum*	●		★			▲
(3)拟口蘑属	*T. richolomopsis*						
竹林拟口蘑	*T. bambusina*			★	◆	■	
黄拟口蘑	*T. decora*	●					
赭红拟口蘑	*T. rutilans*				◆	■	
(4)小皮伞属	*Marasmius*						
绒柄小皮伞	*M. confluens*	●					
栎小皮伞	*M. dryophilus*	●			◆		
马尾小皮伞	*M. graminum*						
硬柄小皮伞	*M. oreades*	●	☆	★			
盾状小皮伞	*M. pernatus*	●					
(5)金钱菌属	*Collybia*						

（续表）

名称		食用菌	药用菌		毒菌	木腐菌	菌根菌
纲、目、科、属、种（中文名）	拉丁名		药用	抗癌			
堆金钱菌	*C. acervata*	●					
梭柄金钱菌	*C. fusipes*	●					
(6)假杯伞属	*Pseudoclitocybe*						
假灰杯伞	*P. cyathiformis*	●		★			
(7)小菇属	*Mycena*						
沟纹小菇	*M. abramsii*						
褐小菇	*M. alcalina*			★			
盔盖小菇	*M. galericulata*	●		★		■	
红汁小菇	*M. haematopus*	●		★			
粉紫小菇	*M. inclinata*						
洁小菇	*M. pura*	●		★	◆		
早生小菇	*M. praecox*						
(8)香蘑属	*Lepista*						
紫丁香蘑	*L. nuda*	●	☆	★			▲
花脸香蘑	*L. sordida*	●					
(9)桩菇属	*Leucopaxillus*						
苦白桩菇	*L. amarus*	●					
(10)蜡蘑属	*Laccaria*						
紫蜡蘑	*L. amethystea*	●		★			
双色蜡蘑	*L. bicolor*	●					▲
红蜡蘑	*L. laccata*	●		★			▲
刺孢蜡蘑	*L. tortilia*	●		★			▲
(11)干脐菇属	*Xeromphalina*						
黄干脐菇	*X. campanella*	●		★			
褐黄干脐菇	*X. cauticinalis*					■	
(12)松孢菇属	*Catathelasma*						

（续表）

名称		食用菌	药用菌		毒菌	木腐菌	菌根菌
纲、目、科、属、种(中文名)	拉丁名		药用	抗癌			
壮丽松孢菇	*C. imperiale*	●					▲
(13)离褶伞属	*Lyophyllum*						
荷叶离褶伞	*L. decastes*	●					
银白离褶伞	*L. connatum*	●					
白褐离褶伞	*L. leucophaeatum*				◆		
暗褐离褶伞	*L. loricatum*	●					
(14)铦囊蘑属	*Melanoleuca*						
铦囊蘑	*M. cognata*	●					
草生铦囊蘑	*M. graminicola*	●					
条柄铦囊蘑	*M. grammnopodia*	●					
黑白铦囊蘑	*M. melaleuca*	●					
直柄铦囊蘑	*M. strictipes*	●					
(15)蜜环菌属	*Armillaria*						
北方蜜环菌	*A. cf. borealis*	●		★			
黄绿蜜环菌	*A. luteo—virens*	●					
蜜环菌	*A. mellea*	●	☆	★		■	▲
假蜜环菌	*A. tabescens*	●	☆	★		■	▲
(16)奥德蘑属	*Oudemansiella*						
长根奥德蘑	*O. radicata*	●	☆	★			
(17)金针菇属	*Flammulina*						
金针菇	*F. velutipes*	●	☆	★		■	
7.蘑菇科	Agaricaceae						
(1)蘑菇属	*Agaricus*						
橙黄蘑菇	*A. perrarus*	●					
双环林地蘑菇	*A. placomyces*	●		★	◆		
拟双环林地蘑菇	*A.* sp.	●					

(续表)

名称		食用菌	药用菌		毒菌	木腐菌	菌根菌
纲、目、科、属、种(中文名)	拉丁名		药用	抗癌			
小红褐蘑菇	*A. semotus*	●			◆		
林地蘑菇	*A. silvaticus*	●					
赭鳞蘑菇	*A. subrufescens*	●		★			
麻脸蘑菇	*A. villaticus*	●					
黄斑蘑菇	*A. xanthodermus*				◆		
(2)环柄菇属	*Lepiota*						
黑顶环柄菇	*L. atrodisca*						
细环柄菇	*L. clypeolaria*	●			◆		
冠状环柄菇	*L. cristata*				◆		
褐鳞环柄菇	*L. helveola*				◆		
(3)囊皮菌属	*Cystoderma*						
黄盖囊皮菌	*C. amianthinum*	●					
朱红囊皮菌	*C. cinnabarinum*	●					
8.鬼伞科	Coprinaceae						
(1)鬼伞属	*Coprinus*						
墨汁鬼伞	*C. atramentarius*	●	☆	★	◆		
毛头鬼伞	*C. comatus*	●	☆	★	◆		
晶粒鬼伞	*C. micaceus*	●		★	◆		
雪白鬼伞	*C. niveus*						
小孢毛鬼伞	*C. ovatus*	●			◆		
褶纹鬼伞	*C. plicatilis*	●		★			
粪鬼伞	*C. sterquilinus*	●	☆	★			
(2)花褶伞属	*Panaeolus*						
钟形花褶伞	*P. campanulatus*				◆		
黏盖花褶伞	*P. phalenarum*				◆		
花褶伞	*P. retirugis*				◆		

（续表）

名称		食用菌	药用菌		毒菌	木腐菌	菌根菌
纲、目、科、属、种（中文名）	拉丁名		药用	抗癌			
(3)斑褶菇属	*Anellaria*						
半卵形斑褶菇	*A. semiovata*				◆		
(4)脆柄菇属	*Psathyrella*						
白黄小脆柄菇	*P. candolleana*	●					
喜湿小脆柄菇	*P. hydrophila*	●					
毡毛小脆柄菇	*P. velutina*	●					
9. 粪锈伞科	Bolbitiaceae						
(1)粪锈伞属	*Bolbitius*						
粪锈伞	*B. vitellinus*				◆		
(2)田头菇属	*Agrocybe*						
田头菇	*A. praecox*	●		★			
10. 球盖菇科	Strophariaceae						
(1)环锈伞属	*Pholiota*						
黄伞	*P. adiposa*	●	☆	★			
烧地环锈伞	*P. carbonaria*	●		★	◆		
白鳞环锈伞	*P. destruens*	●		★		■	
地生环锈伞	*P. highlandensis*	●					
黏盖环锈伞	*P. lubrica*	●			◆		
黄褐环锈伞	*P. spumosa*	●		★			
翘鳞环锈伞	*P. squarrosa*	●		★	◆		
(2)韧伞属	*Naematoloma*						
单生韧伞	*N. dispersum*				◆	■	
簇生黄韧伞	*N. fasciculare*			★	◆		
(3)球盖菇属	*Stropharia*						
齿环球盖菇	*S. coronila*	●			◆		
皱环球盖菇	*S. rugosoannulata*	●		★			

（续表）

名称		食用菌	药用菌		毒菌	木腐菌	菌根菌
纲、目、科、属、种(中文名)	拉丁名		药用	抗癌			
半球盖菇	*S. semiglibata*	●			◆		
(4)库恩菌属	*Kuehneromyces*						
毛柄库恩菌	*K. mutabilis*	●			◆	■	
(5)光盖伞属	*Psilocybe*						
粪生光盖伞	*P. coprophila*				◆		
粪光盖伞	*P. merdaria*				◆		
11. 丝膜菌科	Cortinariaceae						
(1)丝膜菌属	*Cortinarius*						
白紫丝膜菌	*C. albovilaceus*	●					▲
阿美尼亚丝膜菌	*C. armeniacus*	●					▲
牛丝膜菌	*C. bovinus*	●		★			▲
褐丝膜菌	*C. brunneus*						▲
蓝丝膜菌	*C. caerulescens*	●					▲
托柄丝膜菌	*C. callochrous*	●					▲
土褐丝膜菌	*C. croceofolius*						▲
较高丝膜菌	*C. elatior*	●		★			▲
黏丝膜菌	*C. glutinosus*	●		★			▲
黏肉丝膜菌	*C. mucosus*						▲
半被毛丝膜菌	*C. hemitrichus*	●			◆		▲
白膜丝膜菌	*C. hinnuleus*						▲
黄盖丝膜菌	*C. latus*	●			◆		▲
浅棕色丝膜菌	*C. obtusus*						▲
鳞丝膜菌	*C. pholideus*	●		★			▲
松杉丝膜菌	*C. pinicola*						▲
纹缘丝膜菌	*C. praestans*						▲
荷叶丝膜菌	*C. salor*	●			◆		▲

（续表）

名称		食用菌	药用菌		毒菌	木腐菌	菌根菌
纲、目、科、属、种（中文名）	拉丁名		药用	抗癌			
类银白紫丝膜菌	*C. subargentatus*						▲
变色丝膜菌	*C. variecolor*	●					▲
黏液丝膜菌	*C. vibratilis*	●		★			▲
(2)罗鳞伞属	*Rozites*						
紫皱盖罗鳞伞	*R. emodensis*	●					▲
(3)滑锈伞属	*Hebeloma*						
毒滑锈伞	*H. fastibile*				◆		▲
大孢滑锈伞	*H. sacchariolens*				◆		▲
(4)盔孢伞属	*Galerina*						
秋盔孢伞	*G. autumnalis*				◆		
毒盔孢伞	*G. venenaea*				◆		
(5)裸伞属	*Gymnopilus*						
绿褐裸伞	*G. aeruginosus*				◆	■	
橘黄裸伞	*G. spectabilis*			★	◆	■	
(6)丝盖伞属	*Inocybe*						
黄丝盖伞	*I. fastigiata*		☆		◆		▲
黄褐丝盖伞	*I. flavobrunnea*				◆		▲
红褐丝盖伞	*I. friesii*				◆		
暗毛丝盖伞	*I. lacera*				◆		
裂丝盖伞	*I. rimosa*				◆		▲
茶褐丝盖伞	*I. umbrinella*				◆		
12. 粉褶菌科	Rhodophyllaceae						
(1)粉褶菌属	Rhodophyllus						
黑紫粉褶菌	*R. ater*			★			
尖顶粉褶菌	*R. mycenoides*						
紫褐盖粉褶菌	*R. porphyrophaeus*						

（续表）

名称		食用菌	药用菌		毒菌	木腐菌	菌根菌
纲、目、科、属、种（中文名）	拉丁名		药用	抗癌			
褐盖粉褶菌	*R. rhodopolius*				◆		▲
灰紫粉褶菌	*R. violaceus*						
13. 网褶菌科	Paxillaceae						
(1)网褶菌属	*Paxillus*						
毛柄网褶菌	*P. atrotometosus*				◆	■	
覆瓦网褶菌	*P. curtisii*				◆		
卷边网褶菌	*P. involutus*	●	☆		◆		▲
耳状网褶菌	*P. panuoides*				◆	■	
绒毛网褶菌	*P. rubicunlus*				◆		
14. 铆钉菇科	Gomphidiaceae						
(1)铆钉菇属	*Gomphidius*						
斑点铆钉菇	*G. maculatus*	●					▲
亚红铆钉菇	*G. subroseus*	●					▲
绒盖铆钉菇	*G. tomentosus*	●					▲
15. 松塔牛肝菌科	Strobilomycetaceae						
(1)松塔牛肝菌属	*Strobilomyces*						
松塔牛肝菌	*S. strobilaceus*	●	☆				▲
(2)条孢牛肝菌属	*Boletellus*						
木生条孢牛肝菌	*B. emodensis*	●					▲
(3)南牛肝菌属	*Austroboletus*						
亚黄绿南牛肝菌	*A. subvirens*						▲
藏南牛肝菌	*A. thibetanus*	●					▲
(4)红孢牛肝菌属	*Porphyrellus*						
红孢牛肝菌	*P. pseudoscaber*	●					▲
16. 牛肝菌科	Boletaceae						
(1)圆孢牛肝菌属	*Gyroporus*						

（续表）

名称		食用菌	药用菌		毒菌	木腐菌	菌根菌
纲、目、科、属、种（中文名）	拉丁名		药用	抗癌			
褐圆孢牛肝菌	*G. castaneus*	●		★			▲
蓝圆孢牛肝菌	*G. cyanescens*	●					▲
(2)短孢牛肝菌属	*Gyrodon*						
铅色短孢牛肝菌	*G. lividus*	●					▲
(3)小牛肝菌属	*Boletinus*						
空柄小牛肝菌	*B. cavipes*	●	☆				▲
松林小牛肝菌	*B. pinetorum*	●			◆		
(4)绒盖牛肝菌属	*Xerocomus*						
褐绒盖牛肝菌	*X. badius*	●			◆		▲
酒红绒盖牛肝菌	*X. subpaludosus*	●			◆		▲
亚绒盖牛肝菌	*X. subtomentosus*	●					▲
云南绒盖牛肝菌	*X. yunnanensis*	●					
(5)牛肝菌属	*Boletus*						
双色牛肝菌	*B. bicolor*	●					▲
土红牛肝菌	*B. craspedius*	●					
美味牛肝菌	*B. edulis*	●	☆	★			▲
华丽牛肝菌	*B. magnificus*	●			◆		▲
土褐牛肝菌	*B. pinopilus*	●					▲
削脚牛肝菌	*B. queletii*	●					▲
(6)粉孢牛肝菌属	*Tylopilus*						
紫盖粉孢牛肝菌	*T. eximius*	●					▲
灰紫粉孢牛肝菌	*T. plumbeoviolaceus*	●					▲
(7)黏盖牛肝菌属	*Suillus*						
酸味黏盖牛肝菌	*S. acidus*	●					▲
美洲黏盖牛肝菌	*S. americamus*	●					
黄黏盖牛肝菌	*S. flavidus*	●					▲

（续表）

名称		食用菌	药用菌		毒菌	木腐菌	菌根菌
纲、目、科、属、种(中文名)	拉丁名		药用	抗癌			
点柄黏盖牛肝菌	*S. granulatus*	●		★			▲
灰环黏盖牛肝菌	*S. laricinus*	●		★			▲
褐环黏盖牛肝菌	*S. luteus*	●		★			▲
黄白黏盖牛肝菌	*S. placidus*	●			◆		▲
亚褐环黏盖牛肝菌	*S. subluteus*	●					▲
(8)疣柄牛肝菌属	*Leccinum*						
黑鳞疣柄牛肝菌	*L. atrosipitatum*	●					▲
橙黄疣柄牛肝菌	*L. aurantiacum*	●					▲
黄皮疣柄牛肝菌	*L. crocipodium*	●					▲
污白疣柄牛肝菌	*L. holopus*	●					▲
皱盖疣柄牛肝菌	*L. rugosicepes*	●					▲
褐疣柄牛肝菌	*L. scabrum*	●					▲
变色疣柄牛肝菌	*L. variicolor*	●					▲
17.红菇科	Russulaceae						
(1)红菇属	*Russula*						
冷杉红菇	*R. abietina*	●					▲
铜绿红菇	*R. aeruginea*	●			◆		▲
烟色红菇	*R. adusta*	●		★			▲
小白菇	*R. albida*	●					▲
白黑红菇	*R. albonigra*	●	☆				▲
黑紫红菇	*R. atropurpurea*	●					▲
黄斑红菇	*R. aurata*	●		★			▲
葡紫红菇	*R. azurea*	●					▲
蓝紫红菇	*R. caerulea*	●					
亮黄红菇	*R. claroflava*	●					▲
花盖红菇	*R. cyanoxantha*	●		★			▲

（续表）

名称		食用菌	药用菌		毒菌	木腐菌	菌根菌
纲、目、科、属、种（中文名）	拉丁名		药用	抗癌			
大白菇	*R. delica*	●	☆	★			▲
臭黄菇	*R. foetens*		☆	★	◆		▲
小毒红菇	*R. fragilis*				◆		▲
叶绿红菇	*R. heterophylla*	●					▲
全缘红菇	*R. integra*	●	☆				▲
拟臭黄菇	*R. laurocerasi*			★	◆		▲
红菇	*R. lepida*	●		★			▲
淡紫红菇	*R. lilacea*	●		★			▲
红黄红菇	*R. luteolacta*				◆		
蜜黄红菇	*R. ochroleuca*	●					▲
紫绒红菇	*R. omiensis*						▲
紫薇红菇	*R. puellaris*	●					▲
玫瑰红菇	*R. rosacea*	●					▲
粉红菇	*R. subdepallens*	●					▲
菱红菇	*R. vesca*	●		★			▲
堇紫红菇	*R. violacea*	●					▲
绿菇	*R. virescens*	●	☆	★			▲
(2)乳菇属	*Lactarius*						
香乳菇	*L. camphoratus*	●		★			▲
污灰褐乳菇	*L. circellatus*	●					▲
松乳菇	*L. deliciosus*	●					▲
脆香乳菇	*L. fragilis*	●					▲
黑褐乳菇	*L. lignyotus*				◆		▲
苍白乳菇	*L. pallidus*	●		★			▲
白乳菇	*L. piperatus*	●		★	◆		▲
绒边乳菇	*L. pubescens*				◆		▲

（续表）

名称		食用菌	药用菌		毒菌	木腐菌	菌根菌
纲、目、科、属、种（中文名）	拉丁名		药用	抗癌			
黄毛乳菇	*L. representaneus*				◆		▲
红褐乳菇	*L. rufus*				◆		▲
血红乳菇	*L. sanguifluus*	●					▲
毛头乳菇	*L. torminosus*				◆		▲
潮湿乳菇	*L. uvidus*	●			◆		▲
绒白乳菇	*L. vellereus*	●	☆	★	◆		▲
多汁乳菇	*L. Volemus*	●		★		■	
（二）、非褶菌目	Aphyllophorales						
1. 鸡油菌科	Cantharellaceae						
（1）喇叭菌属	*Craterellus*						
灰喇叭菌	*C. cornucopioides*	●					▲
（2）鸡油菌属	*Cantharellus*						
鸡油菌	*C. cibarius*	●	☆	★			▲
灰褐鸡油菌	*C. cinereus*	●					
红鸡油菌	*C. cinnabarinus*	●					▲
小鸡油菌	*C. minor*	●		★			▲
疣孢鸡油菌	*C. tuberculosporus*	●					▲
2. 陀螺菌科	Gomphaceae						
（1）陀螺菌属	*Gomphus*						
陀螺菌	*G. clavatus*	●					▲
喇叭陀螺菌	*G. floccosus*	●			◆		▲
东方陀螺菌	*G. orientalis*	●					▲
3. 珊瑚菌科	Clavariaceae						
（1）珊瑚菌属	*Clavaria*						
虫形珊瑚菌	*C. vermicularis*	●					
（2）锁瑚菌属	*Clavulina*						

（续表）

名称		食用菌	药用菌		毒菌	木腐菌	菌根菌
纲、目、科、属、种（中文名）	拉丁名		药用	抗癌			
皱锁珊菌	*C. rugosa*	●					
(3)拟枝珊菌属	*Ramariopsis*						
白色拟枝珊菌	*R. kuntzei*	●					
(4)棒珊菌属	*Clavariadelphus*						
棒珊菌	*C. pistillaris*	●			◆		
平截棒珊菌	*C. truncatus*	●					
4. 枝珊菌科	Ramariaceae						
(1)枝珊菌属	*Ramaria*						
变绿枝珊菌	*R. abietina*	●					
尖顶枝珊菌	*R. apiculata*	●		★			
金黄枝珊菌	*R. aurea*	●		★	◆		
葡萄色顶枝珊菌	*R. botrytis*	●	☆	★			
棕黄枝珊菌	*R. flavo-brunnescens*	●					
粉红枝珊菌	*R. formosa*			★	◆		▲
密枝珊菌	*R. stricta*	●					
金色枝珊菌	*R. subaurantiaca*	●					
白枝珊菌	*R. suecica*	●					
5. 韧革菌科	Stereaceae						
(1)韧革菌属	*Stereum*						
轮纹韧革菌	*S. fasciatum*					■	
毛韧革菌	*S. taxodii*					■	
6. 刺革菌科	Hymenochaetaceae						
(1)刺革菌属	*Hymenochaete*						
红锈刺革菌	*H. mougeotii*					■	
7. 绣球菌科	Sparassidaceae						
(1)绣球菌属	*Sparassia*						

（续表）

名称		食用菌	药用菌		毒菌	木腐菌	菌根菌
纲、目、科、属、种（中文名）	拉丁名		药用	抗癌			
绣球菌	*S. crispa*	●		★			
8. 伏革菌科	Corticiaceae						
(1)皱褶菌属	*Plicatura*						
皱褶革菌	*P. crispa*					■	
9. 革菌科	Thelephoraceae						
(1)革菌属	*Thelephora*						
尖枝革菌	*T. multipartita*						
10. 小齿菌科	Climacodontaceae						
(1)小齿菌属	*Mycoleptodonoides*						
艾类小齿菌	*M. aitchisonii*					■	
11. 齿菌科	Hydnaceae						
(1)栓齿菌属	*Phellodon*						
黑栓齿菌	*P. niger*	●					
(2)亚齿菌属	*Hydnellum*						
金黄亚齿菌	*H. aurantiacum*						▲
(3)齿菌属	*Hydnum*						
美味齿菌	*H. repandum*	●					▲
变红齿菌	*H. rufescens*	●					▲
(4)肉齿菌属	*Sarcodon*						
紫肉齿菌	*S. violaceus*	●					▲
翘鳞肉齿菌	*S. imbricatus*	●	☆				▲
12. 耳匙菌科	Auriscalpiaceae						
(1)耳匙菌属	*Auriscalpium*						
耳匙菌	*A. vulgare*					■	
13. 猴头菌科	Hericiaceae						
(1)猴头菌属	*Hericium*						

（续表）

名称		食用菌	药用菌		毒菌	木腐菌	菌根菌
纲、目、科、属、种（中文名）	拉丁名		药用	抗癌			
猴头菌	*H. erinaceum*	●	☆	★		■	
14. 多孔菌科	Polyporaceae						
(1)树花菌属	*Grifola*						
灰树花	*G. frondosa*	●	☆	★			
(2)多孔菌属	*Polyporus*						
暗绒盖多孔菌	*P. ciliatus*					■	
黄鳞多孔菌	*P. ellisii*	●					
黑柄多孔菌	*P. melanopus*		☆	★		■	
多孔菌	*P. varius*		☆			■	
(3)干酪菌属	*Tyromyces*						
蓝灰干酪菌	*T. caesius*	●		★		■	
薄白干酪菌	*T. chioneus*						
蹄形干酪菌	*T. lacteus*			★		■	
绒盖干酪菌	*T. pubescens*			★		■	
(4)硫磺菌属	*Laetiporus*						
硫磺菌	*L. sulphureus*	●	☆	★		■	
(5)顶囊孔菌属	*Climacocystis*						
北方顶囊孔菌	*C. borealis*					■	
(6)拟迷孔菌属	*Daedeleopsis*						
茶色拟迷孔菌	*D. confragosa*					■	
(7)栓菌属	*Trametes*						
朱红栓菌	*T. cinnabarina*		☆	★		■	
皱褶栓菌	*T. corrugata*		☆			■	
赭肉色栓菌	*T. insularis*					■	
乳白栓菌	*T. lactinea*					■	
褐环带栓菌	*T. multicolor*					■	

（续表）

名称		食用菌	药用菌		毒菌	木腐菌	菌根菌
纲、目、科、属、种（中文名）	拉丁名		药用	抗癌			
东方栓菌	*T. orientalis*		☆	★		■	
血红栓菌	*T. sanquinea*		☆	★		■	
毛栓菌	*T. trogii*					■	
(8)云芝属	*Coriolus*						
毛云芝	*C. hirsutus*		☆	★		■	
单色云芝	*C. unicolor*		☆	★		■	
云芝	*C. versicolor*		☆	★		■	
(9)褶孔菌属	*Lenzites*						
桦褶孔菌	*L. betulina*		☆	★	◆	■	
(10)钹孔菌属	*Coltricia*						
丝光钹孔菌	*C. cinnamomea*					■	
钹孔菌	*C. perennis*						▲
(11)剥管菌属	*Piptoporus*						
桦剥管菌	*P. betulinus*	●		★		■	
(12)黏褶菌属	*Gloeophyllum*						
小褐黏褶菌	*G. abietinum*					■	
篱边黏褶菌	*G. saepiarium*		☆	★		■	
薄条纹黏褶菌	*G. striatum*					■	
密黏褶菌	*G. trabeum*			★		■	
(13)大孔菌属	*Favolus*						
漏斗大孔菌	*F. arcularius*	●		★		■	
(14)囊孔菌属	*Hirschioporus*						
冷杉囊孔菌	*H. abietinus*		☆	★		■	
褐紫囊孔菌	*H. fusco－violaceus*			★		■	
(15)层孔菌属	*Fomes*						
木蹄层孔菌	*F. fomentarius*		☆	★		■	

（续表）

名称		食用菌	药用菌		毒菌	木腐菌	菌根菌
纲、目、科、属、种（中文名）	拉丁名		药用	抗癌			
硬皮层孔菌	*F. hornodermus*		☆			■	
(16)拟层孔菌属	*Fomitopsis*						
红颊拟层孔菌	*F. cytisina*			★		■	
红缘拟层孔菌	*F. pinicola*			★		■	
红肉拟层孔菌	*F. rosea*		☆	★		■	
(17)木层孔菌属	*Phellinus*						
火木层孔菌	*P. igniarius*		☆	★		■	
裂蹄木层孔菌	*P. linteus*			★		■	
黑盖木层孔菌	*P. nigricans*					■	
李木层孔菌	*P. pomaceus*					■	
松木层孔菌	*P. pini*			★		■	
缝裂木层孔菌	*P. rimosus*		☆	★		■	
葡萄生木层孔菌	*P. viticola*					■	
15.灵芝科	Ganodermataceae						
(1)灵芝属	*Ganoderma*						
层叠灵芝	*G. lobatum*		☆			■	
灵芝	*G. lucidum*		☆	★			
松杉灵芝	*G. tsugae*		☆	★		■	
二、异担子菌纲	Heterobasidiomycetes						
(一)、木耳目	Auriculariales						
1.木耳科	Auriculariaceae						
(1)木耳属	*Auricularia*						
木耳	*A. auricula*	●	☆	★		■	
皱木耳	*A. delicata*	●	☆			■	
褐黄木耳	*A. fuscosuccinea*	●				■	
毛木耳	*A. polytricha*	●	☆	★		■	

（续表）

名称		食用菌	药用菌		毒菌	木腐菌	菌根菌
纲、目、科、属、种（中文名）	拉丁名		药用	抗癌			
2. 胶耳科	Exidiaceae						
(1)刺银耳属	*Pseudohydnum*						
虎掌刺银耳	*P. gelatinosum*	●		★			
3. 链孢耳科	Syzygosporaceae						
(1)链孢耳属	*Syzygospora*						
链孢耳	*S. mycetophila*						
(二)、银耳目	Tremellales						
1. 银耳科	Tremellaceae						
(1)银耳属	*Tremella*						
金色银耳	*T. aurantia*	●					
金耳	*T. aurantialba*	●	☆	★		■	
橙黄银耳	*T. lutescens*	●					
(三)、花耳目	Dacrymycetales						
1. 花耳科	Dacrymycetaceae						
(1)桂花耳属	*Guepinia*						
桂花耳	*G. spathularia*	●				■	
三、腹菌纲	Gasteromycetes						
(一)、鬼笔目	Phallaes						
1. 鬼笔科	Phallaceae						
(1)鬼笔属	*Phallus*						
白鬼笔	*P. impudicus*	●	☆	★			
红鬼笔	*P. rubicundus*		☆		◆		
(二)腹菌目	Hymenogastrales						
1. 须腹菌科	Rhizopogonaceae						
(1)须腹菌属	*Rhizopogon*						
浅黄根须腹菌	*R. luteolus*	●					▲

（续表）

名称		食用菌	药用菌		毒菌	木腐菌	菌根菌
纲、目、科、属、种（中文名）	拉丁名		药用	抗癌			
褐黄须腹菌	*R. supericorensis*	●					
（三）、马勃目	Lycoperdales						
1.地星科	Geastraceae						
(1)地星属	*Geastrum*						
粉红地星	*G. rufescens*		☆				
袋形地星	*G. saccatun*		☆				
尖顶地星	*G. triplex*		☆				
2.马勃科	Lycoperdaceae						
(1)马勃属	*Lycoperdon*						
粒皮马勃	*L. asperum*		☆				
白鳞马勃	*L. mammaeforme*		☆				
网纹马勃	*L. perlatum*	●	☆				▲
小马勃	*L. pusillum*		☆				
梨形马勃	*L. pyriforme*	●		★			
红马勃	*L. subincarnatrm*	●					
赭褐马勃	*L. umbrinum*	●	☆				
(2)横膜马勃属	*Vascellum*						
草地横膜马勃	*V. pratense*	●					
(3)秃马勃属	*Calvatia*						
龟裂秃马勃	*C. caelata*	●	☆				
大秃马勃	*C. gigantea*	●	☆	★			
紫色秃马勃	*C. lilacina*	●	☆				
(4)静灰球菌属	*Bovistella*						
大口静灰球菌	*B. sinensis*		☆				
3.硬皮马勃科	Sclerodermataceae						
(1)硬皮马勃属	*Scleroderma*						

（续表）

名称		食用菌	药用菌		毒菌	木腐菌	菌根菌
纲、目、科、属、种（中文名）	拉丁名		药用	抗癌			
大孢硬皮马勃	*S. bovista*	●	☆				▲
橙黄硬皮马勃	*S. citrinum*	●	☆		◆		▲
疣硬皮马勃	*S. verrucosum*		☆				▲
(四)、鸟巢菌目	Nidulariales						
1. 鸟巢菌科	Nidulariaceae						
(1)黑蛋巢菌属	*Cyathus*						
隆纹黑蛋巢菌	*C. striatus*		☆				
(2)白蛋巢菌属	*Crucibulum*						
白蛋巢菌	*C. vulgare*						
子囊菌亚门	*Ascomycotina*						
四、核菌纲	Pyrenomycetes						
(一)、麦角菌目	Clavicipitales						
1. 麦角菌科	Clavicipitaceae						
(1)虫草属	*Cordyceps*						
珊瑚虫草	*C. martialis*		☆				
冬虫夏草	*C. sinensis*	●	☆				
(二)炭角菌目	Xylariaies						
1. 炭角菌科	Xylariaceae						
(1)炭角菌属	*Xylaria*						
黑柄炭角菌	*X. nigripes*		☆				
(三)、球壳菌目	Sphaeriales						
1. 球壳菌科	Sphaeriaceae						
(1)炭球菌属	*Daldinia*						
炭球菌	*D. concentrica*					■	
2. 蕉孢壳科	Diatrypaceae						
(1)地舌菌属	*Geoglossum*						

（续表）

名称		食用菌	药用菌		毒菌	木腐菌	菌根菌
纲、目、科、属、种（中文名）	拉丁名		药用	抗癌			
黑地舌菌	*G. nigritum*						
五、盘菌纲	Discomycetes						
（一）、柔膜菌目	Helotiales						
1. 地舌科	Geoglossaceae						
(1)地锤菌属	*Cudonia*						
旋转地锤菌	*C. circinans*						
日本地锤菌	*C. japonica*						
黄地锤菌	*C. lutea*	●			◆		
(2)地勺菌属	*Spathularia*						
黄地勺菌	*S. flavida*	●					▲
2. 锤舌菌科	Leotiaceae						
(1)绿杯菌属	*Chlorociboria*						
小孢绿杯菌	*C. aeruginascens*					■	
(二)盘菌目	pezizales						
1. 盘菌科	Pezizaceae						
(1)盾盘菌属	*Humaria*						
半球盾盘菌	*H. hemisphaerica*						
(2)毛盘菌属	*Scutellinia*						
红毛盘菌	*S. scutellata*					■	
(3)侧盘菌属	*Otidea*						
兔耳侧盘菌	*O. leporina*	●					
(4)盘菌属	*Peziza*						
疣孢褐盘菌	*P. badia*	●			◆		
林地盘菌	*P. sylvestris*	●					
泡质盘菌	*P. vesiculsa*	●			◆		
(5)口盘菌属	*Plectania*						

（续表）

<table>
<tr><th colspan="2">名称</th><th rowspan="2">食用菌</th><th colspan="2">药用菌</th><th rowspan="2">毒菌</th><th rowspan="2">木腐菌</th><th rowspan="2">菌根菌</th></tr>
<tr><th>纲、目、科、属、种（中文名）</th><th>拉丁名</th><th>药用</th><th>抗癌</th></tr>
<tr><td>黑褐口盘菌</td><td>P. melastoma</td><td></td><td></td><td></td><td></td><td>■</td><td></td></tr>
<tr><td>2. 肉盘菌科</td><td>Sarcosomataceae</td><td></td><td></td><td></td><td></td><td></td><td></td></tr>
<tr><td>(1)裂盘菌属</td><td>Sarcosphaera</td><td></td><td></td><td></td><td></td><td></td><td></td></tr>
<tr><td>紫星裂盘菌</td><td>S. coronaria</td><td>●</td><td></td><td></td><td>◆</td><td></td><td></td></tr>
<tr><td>(2)丛耳菌属</td><td>Wynnea</td><td></td><td></td><td></td><td></td><td></td><td></td></tr>
<tr><td>大丛耳菌</td><td>W. gigantea</td><td>●</td><td></td><td></td><td>◆</td><td></td><td></td></tr>
<tr><td>3. 羊肚菌科</td><td>Morchellaceae</td><td></td><td></td><td></td><td></td><td></td><td></td></tr>
<tr><td>(1)羊肚菌属</td><td>Morchella</td><td></td><td></td><td></td><td></td><td></td><td></td></tr>
<tr><td>黑脉羊肚菌</td><td>M. angusticeps</td><td>●</td><td></td><td></td><td></td><td></td><td></td></tr>
<tr><td>尖顶羊肚菌</td><td>M. conica</td><td>●</td><td>☆</td><td></td><td></td><td></td><td></td></tr>
<tr><td>4. 马鞍菌科</td><td>Helvellaceae</td><td></td><td></td><td></td><td></td><td></td><td></td></tr>
<tr><td>(1)马鞍菌属</td><td>Helvella</td><td></td><td></td><td></td><td></td><td></td><td></td></tr>
<tr><td>黑马鞍菌</td><td>H. atra</td><td>●</td><td></td><td></td><td></td><td></td><td></td></tr>
<tr><td>皱柄白马鞍菌</td><td>H. crispa</td><td>●</td><td></td><td></td><td></td><td></td><td></td></tr>
<tr><td>马鞍菌</td><td>H. elastica</td><td>●</td><td></td><td></td><td>◆</td><td></td><td></td></tr>
<tr><td>棱柄马鞍菌</td><td>H. lacunosa</td><td>●</td><td></td><td></td><td>◆</td><td></td><td></td></tr>
<tr><td>盘状马鞍菌</td><td>H. pezizoides</td><td></td><td></td><td></td><td></td><td></td><td></td></tr>
<tr><td>(2)鹿花菌属</td><td>Gyromitra</td><td></td><td></td><td></td><td></td><td></td><td></td></tr>
<tr><td>拟鹿花菌</td><td>G. ambigua</td><td></td><td></td><td></td><td>◆</td><td></td><td></td></tr>
<tr><td>鹿花菌</td><td>G. esculenta</td><td>●</td><td></td><td></td><td>◆</td><td></td><td></td></tr>
<tr><td>褐鹿花菌</td><td>G. fastigiata</td><td></td><td></td><td></td><td>◆</td><td></td><td></td></tr>
<tr><td>赭鹿花菌</td><td>G. infula</td><td></td><td></td><td></td><td>◆</td><td></td><td></td></tr>
</table>

附录2　西藏工布自然保护区藻类名录

门	科	属	种类		分布*
蓝藻门 Cyanophyta	微囊藻科 Microcystaceae	微囊藻属 *Microcystis*	密集微囊藻	*M. densa*	1,3,5,24,37
			粗大微囊藻	*M. robusta*	6,7,11,15,32
	色球藻科 Chroococcaceae	色球藻属 *Chroococcus*	微小色球藻	*C. minutus*	22,28,24,26
			小型色球藻	*C. minor*	1,5,8,9,11,26,32
	平裂藻科 Merismopediaceae	平裂藻属 *Merismopedia*	优美平裂藻	*M. elegans*	5,9,20.35
			点形平裂藻	*M. punctata*	3,7,21,34
			微小平裂藻	*M. tenuissima*	7,25,37
	胶须藻科 Rivulariaceae	胶须藻属 *Rivularia*	贝克胶须藻	*R. beccariana*	14,15,32,36
			饶氏胶须藻	*R. jaoi*	9,18,28,29,34,37
	席藻科 Phormidiaceae	席藻属 *Phormidium*	蜂巢席藻	*P. favosum*	5,36
			纤细席藻	*P. tenue*	14,35
			纸形席藻	*P. papyraceum*	3,20,32,37
			皮状席藻	*P. corium*	7,23,33,35
	颤藻科 Oscillatoriaceae	颤藻属 *Oscillatoria*	蛇形颤藻	*O. anguina*	5,10,18,22,26,35
			威利颤藻	*O. willei*	3,6,15,23,27,
			弱细颤藻	*O. tenuis*	7,10,25,32,35
			钻头颤藻	*O. terebriformis*	6,8,15,22,36
			悦目颤藻	*O. amoena*	1,9,12,14,19,21,27,29,35
			包氏颤藻	*O. boryana*	3,10,19,37

（续表）

门	科	属	种类		分布*
			绿色颤藻	*O. chloria*	6,12,21,25,26,34
			断裂颤藻	*O. fraca*	7,19,26,29
			拟短形颤藻	*O. subbrevis*	10,12,18,21,23,27,34
		鞘丝藻属 *Lyngbya*	湖泊鞘丝藻	*L. limnetica*	14
	念珠藻科 Nostocaceae	念珠藻属 *Nostoc*	普通念珠藻	*N. commune*	7,8
			球状念珠藻	*N. sphaeroides*	5,10
		鱼腥藻属 *Anabaena*	固氮鱼腥藻	*A. azotiza*	1,6,8,13,20,22,32
	管胞藻科 Chamaesiphon	管胞藻属 *Chamaesiphon*	饶氏管胞藻	*C. jaoi*	6,19,28
			密集管胞藻	*C. confervicolus*	8,28
红藻门 Rhodophyta		串珠藻属 *Batracspermum*		*B. sp.*	14,37
金藻门 Chrysophyta		水树藻属 *Hydrurus*	水树藻	*H. foetidus*	20,21,22,23,25,27,28,29,
硅藻门 Bacillariophyta	圆筛藻科 Coscinodiscaceae	直链藻属 *Melosira*	沙生直链藻	*M. arenaria*	5,9,13,22,23,24,25,27,33,36
			颗粒直链藻	*M. granulata*	1,8,12,28,32,35
			变异直链藻	*M. varians*	9,15,22,28,37
		小环藻属 *Cyclotella*	链形小环藻	*C. catenata*	5,8,10,14,19,20,23,26,29,34,37
			梅尼小环藻	*C. meneghiniana*	3,7,12,18,22,24,28,33,36
	脆杆藻科 Fragilariaceae	平板藻属 *Tebellaria*	窗格平板藻	*T. fenestrata*	5,12,32,39
		等片藻属 *Diatoma*	延长等片藻	*D. elongatum*	6,9,28,34

(续表)

门	科	属	种类		分布*
			普通等片藻	*D. vulgare*	7,8,12,13,18,19,20,25,27,32,35
		峨眉藻属 *Certoneis*	弧形峨眉藻	*C. arcus*	11,19,21,33
		脆杆藻属 *Fragilaria*	短线脆杆藻	*F. brevistriata*	5,6,8,13,15,21,24,25,28,34
			钝脆杆藻	*F. capucina*	1,7,10,12,18,19,21,23,26,32,36
			羽纹脆杆藻	*F. pinnata*	7,11,21,24,25,28,29,35,37
			变绿脆杆藻	*F. virescens*	5,8,9,13,14,15,32,33,34
		针杆藻属 *Synedra*	肘状针杆藻	*S. ulna*	5,8,11,18,20,23,27,29,33,35,36,37
			尖针杆藻	*S. acus*	1,5,6,7,14,21,25,34,35,37
			两头针杆藻	*S. amphicephala*	8,11,15,19,22,23,24,28,32,33
			头端针杆藻	*S. capitata*	3,5,7,9,12,13,18,20,21,26,27,34
			平片针杆藻	*S. tabulata*	6,8,10,19,22,24,29,34
	短缝藻科 Eunotiaceae	短缝藻属 *Eunotia*	相等短缝藻	*E. aequlis*	3,7,8,9,11,14,18,19,20,22,25,26,27,28,32,33,36
			弧形短缝藻	*E. arcus*	6,7,11,15,21,23,24,29,35,37
			二齿短缝藻	*E. bidentula*	5,8,11,12,18,19,22,23,26,28,32,33,35,36,

(续表)

门	科	属	种类		分布*
			短小短缝藻	*E. exigua*	1,6,7,13,19,20,25,29,34,37
			月形短缝藻	*E. lunaris*	5,12,8,21,22,24,27,33,26
	舟形藻科 Naviculaceae	舟形藻属 *Navicula*	适中舟形藻	*N. accommoda*	6,9,13,15,19,34
			杆状舟形藻	*N. bacillum*	3,5,8,10,18,20,22,26,32,35
			英吉利舟形藻	*N. anglica*	5,11,21,27,34,37
			头端针杆藻	*N. capitata*	5,7,12,15,20,24,26,29,33,36
			系带舟形藻	*N. cincta*	13,18,21,22,25,34
			卡里舟形藻	*N. cari*	7,10,14,18,21,24
			隐头舟形藻	*N. cryptocephala*	3,6,8,13,20,23,34,37
			急尖舟形藻	*N. cuspidata*	3,7,8,9,12,18,21,28,33,36
			船形舟形藻	*N. cymbula*	3,8,23,25,26,28,29
			二头舟形藻	*N. dicephala*	5,7,10,19,22,24,25,33,37
			细长舟形藻	*N. gracilis*	1,7,8,12,14,15,21,24
			披针形舟形藻	*N. lanceolata*	5,6,20,23,34
			小型舟形藻	*N. minuscula*	5,15,20,25,28
			长圆舟形藻	*N. oblonga*	3,11,13,19,26,34
			很小舟形藻	*N. perpusilla*	1,5,7,9,22,29,32,33
			放射舟形藻	*N. radiosa*	13,27,34,36

（续表）

门	科	属	种类		分布*
			喙头舟形藻	*N. rhynchocephala*	3,12,28,33
			淡绿舟形藻	*N. viridula*	11,18,33
			钝舟形藻	*N. mutica*	1,5,6,7,9,10,13,14,15,22,24,26,28,29,32
		羽纹藻属 *Pinnularia*	布列毕松羽纹藻	*P. brébssonii*	6,7,27,32,33
			短肋羽纹藻	*P. brevicostata*	5,22,26,36
			北方羽纹藻	*P. borealis*	8,24,28,32,34
			断纹羽纹藻	*P. interrupta*	7,10,12,26,35
			较大羽纹藻	*P. major*	7,13,34
			微幅节羽纹藻	*P. microstauron*	7,14,20,28,33,37
			波缘羽纹藻	*P. undulata*	7,11,21,26,29,34
			绿色羽纹藻	*P. viridis*	6.19,32
			绿色羽纹藻具尾变种	*P. viridis* var. *caudata*	3,5,14,25,33,35
			小十字羽纹藻长变种	*P. stauroptera* var. *longa*	1,3,5,7,12,13,15,18,19,20,22,23,29,32,34,36,37
			磨石形羽纹藻	*P. molaris*	9,10,11,21,23,24,33
	桥弯藻科 Cymbellaceae	双眉藻属 *Amphora*	卵圆双眉藻	*A. ovalis*	8,15,23,26,28,32,36,37
		桥弯藻属 *Cymbella*	相等桥弯藻	*C. aequalis*	5,7,8,9,11,13,15,18,24,35
			相等桥弯藻小鱼形变种	*C. aequalis* var. *pisciculus*	1,10,12,15,23,26,27,33,36

(续表)

门	科	属	种类		分布*
			新月形桥弯藻	*C. cymbiformis*	6,9,12,14,18,21,23,26,27,29,34
			箱形桥弯藻	*C. cistula*	1,5,7,10,14,19,21,22,24,25,32,33,35
			箱形桥弯藻驼背变种	*C. cistula* var. *gibbosa*	6,10,15,19,25,35,37
			微细桥弯藻	*C. parva*	11,15,18,19,20,23,29,34
			弧形桥弯藻	*C. arcus*	1,5,7,8,10,12,15,20,24,25,32,33,37
			很小桥弯藻	*C. perpusilla*	1,8,15,23,35
			肿大桥弯藻	*C. tumidula*	15,33,34
			近缘桥弯藻	*C. affinia*	29,32,36
			粗糙桥弯藻	*C. aspera*	5,8,11,14,21,25,34,37
			急尖桥弯藻	*C. cuspidata*	7,13,19,23,27,29,33,36,37
			细长桥弯藻	*C. gracilis*	3,6,13,15
			淡黄桥弯藻	*C. helvatica*	14,19
			披针形桥弯藻	*C. lanceolata*	8,11,20
			舟形桥弯藻	*C. naviculiformis*	6,10,18,21
			小头桥弯藻	*C. microcephala*	15
			弯曲桥弯藻	*C. sinuata*	6,19
			膨大桥弯藻	*C. turgida*	1,7,13,15,20,22,24,33,35,37
			偏肿桥弯藻	*C. ventricosa*	1,3,6,7,14,15,18,21,22,27,28,29,34,36,37

（续表）

门	科	属	种类		分布*
		双楔藻属 *Didymosphenia*	双生双楔藻	*D. geminata*	13,19
	异极藻科 Gomphonemaceae	异极藻属 *Gomphonema*	纤细异极藻	*G. gracile*	5,6,13,33,36
			尖细异极藻	*G. acuminatum*	18,32,35,36,37
			尖细异极藻花冠变种	*G. acuminatum* var. *coronatum*	8,12,15,29,33,36
			窄异极藻	*G. angustatum*	10,11,14,27,28,35,37
			窄异极藻伸长变种	*G. angustatum* var. *producta*	5,7,11,13,18,22,24,33,36
			缠结异极藻	*G. intricatum*	6,9,21,23,28,35
			缠结异极藻二叉形变种	*G. intricatum* var. *ichotomiformis*	7,9,14,19,22,24,26,27,33,35
			披针形异极藻	*G. lanceolatum*	5,13,20
			山地异极藻	*G. montanum*	6,8,15
			山地异极藻近棒状变种	*G. montanum* var. *subclavatum*	10,11,21,28,35
			小形异极藻	*G. parvulum*	6,23,33
			小形异极藻细小变种	*G. parvulum* var. *micropus*	5,12,23,29
			小形异极藻近椭圆变种	*G. parvulum* var. *subellipticum*	5,13,15,21,32
	菱形藻科 Nitzschiaceae	菱板藻属 *Hantzsch*	两尖菱板藻	*H. amphioxys*	7,13,22,25,33

(续表)

门	科	属	种类		分布*
			两尖菱板藻较大变种	*H. amphioxys* var. *major*	5, 11, 14, 21, 24, 27,32,35,36
		菱形藻属 *Nitzschia*	窄菱形藻	*N. angustata*	5,12,28,29,32
			多变菱形藻	*N. commutata*	3,5,8,12,20,24, 27,34,36
			多变菱形藻帕米尔变种	*N. ommutata* var. *parmirensis*	1,10,11,29,34,37
			细齿菱形藻	*N. denticula*	7,9,14,23,24,28, 35,36,37
			细端菱形藻	*N. dissipata*	5,9,10,19,33
			小片菱形藻	*N. frustulum*	8,12,25,32
			小片菱形藻细微变种	*N. frustulum* var. *perminuta*	10,18,21,23
			汉茨菱形藻	*N. hantzschiana*	8,11,28
			线形菱形藻	*N. linearis*	20,23,32,35,37
			谷皮菱形藻	*N. palea*	9,11
			盘状菱形藻维多利亚变种	*N. tryblionella* var. *victoriae*	13
	双菱藻科 Surirellaceae	双菱藻属 *Surirella*	窄双菱藻	*S. angusta*	5,8,10,12,26,32, 33
			线形双菱藻	*S. linearis*	3,32,35
			卵圆双菱藻羽纹变种	*S. ovalis* var. *pinnata*	11,13,14,18,20, 25,27,33,34,36
			卵形双菱藻	*S. ovata*	7,12,21,28,32,35
	窗纹藻科 Epithemiaceae	窗纹藻属 *Epithemia*	鼠形窗纹藻	*E. sprex*	6,9,13,19,32
			鼠形窗纹藻细长变种	*E. sprex* var. *gricilia*	5,7,20,27,29,34

（续表）

门	科	属	种类		分布*
			膨大窗纹藻头端变种	*E. turgida* var. *capitata*	5, 14, 18, 21, 28, 32,36
			斑纹窗纹藻	*E. zebra*	11,27
绿藻门 Chlorophyta	小球藻科 Chlorellaceae	纤维藻属 *Ankistrodesmus*	狭形纤维藻	*A. angustus*	7,21,25,32,36
			镰形纤维藻	*A. falcatus*	7,10,25,27,29,34
		栅藻属 *Scenedesmus*	二形栅藻	*S. dimorphus*	7,10,26,28,35
			椭圆栅藻	*S. ovalternus*	7,12,29,33
			四尾栅藻	*S. quadricauda*	13,28
		月牙藻属 *Selenastrum*	纤细月牙藻	*S. gracile*	32
	双星藻科 Zygnemataceae	双星藻属 *Zygnema*	双星藻	*Z.* sp.	3,5,7,27,36
			显著双星藻	*Z. insigne*	11,13
		转板藻属 *Mougeotia*	转板藻	*M.* sp.	8,9,10,14,26,28
		水绵藻属 *Spirogyra*	水绵	*S.* sp.	3,5,10,13,19,26, 32
			菊尔水绵	*S. juergensii*	5,27,34
	胶毛藻科 Chaetophoraceae	羽枝藻属 *Cloniophora*	西藏羽枝藻	*C. tibetica*	15,32
		毛枝藻属 *Stigeoclonium*	丛枝毛枝藻	*S. fasciculare*	15
	鼓藻科 Desmidiaceae	新月藻属 *Closterium*	角形新月藻	*C. cornu*	11,21,26,32,37
			喙状新月藻	*C. rostratum*	3,6,14,26
			月牙新月藻	C. cynthia	5,10,12,18,24

(续表)

门	科	属	种类		分布*
			规律新月藻	*C. regular*	7
			微小新月藻	*C. parvulum*	8,19,24,34
			纤细新月藻	*C. gracile*	5,13,23,35
			狭新月藻	*C. strigosum*	9,20
			小新月藻	*C. venus*	22,29,33
			披针新月藻	*C. lanceolatum*	
		鼓藻属 *Cosmarium*	美丽鼓藻	*C. formosulum*	11,23,26,27,35
			光滑鼓藻	*C. laeve*	
			钝鼓藻	*C. obtusatum*	11,13,19,21,25,26,32,35
			小鼓藻	*C. parvulum*	6,11,22
			近缘鼓藻	*C. connatum*	5,8,24,27
			凹凸鼓藻	*C. impressulum*	3,14,21,22,29,35
			颗粒鼓藻	*C. granatum*	7,9,18,34
			双眼鼓藻	*C. bioculatum*	5,8,26,29
			葡萄鼓藻	*C. botrytis*	10,12,27
			具角鼓藻	*C. angulosum*	8,15,32
		角星鼓藻属 *Staurastrum*	颗粒角星鼓藻	*S. punctulatum*	11
		微星鼓藻属 *Micrasterias*	圆微星鼓藻	*M. rotata*	5,18,20,23
	丝藻科 Ulotrichaceae	克里藻属 *Klebsormidium*	黏克里藻	*K. mucosum*	34,37
			细克里藻	*K. subtile*	25,33,36
		微孢藻属 *Microspora*	维利微孢藻	*M. willeana*	5,26,35
			不规则微胞藻	*M. irregularis*	14,28,32,34,37
		丝藻属 *Ulothrix*	近微细丝藻	*U. subtilissima*	28,32,35

（续表）

门	科	属	种类		分布*
			多形丝藻	*U. variabilis*	
			流苏丝藻	*U. fimbriata*	11,13,26,32
			柱状丝藻	*U. cylindricum*	13,26
			环丝藻	*U. zonata*	18,27,28,34,37
			细丝藻	*U. tenerrima*	
		双胞藻属 *Geminella*	小双胞藻	*G. minor*	14,32
	筒藻科 Cylindrocapsaceae	筒藻属 *Cylindrocapsa*	密集筒藻	*C. conferta*	11
	溪菜科 Prasiolaceae	溪菜属 *Prasiola*	西藏溪菜藻	*P. tibetica*	27
	鞘藻科 Oedogoniaceae	鞘藻属 *Oedogonium*	鞘藻	*O.* sp.	9,28,35
	刚毛藻科 Cladophoraceae	刚毛藻属 *Cladophora*	脆弱刚毛藻	*C. fracta*	1,22,29,37

*：地点编号见正文表 3-1

附录3　西藏工布自然保护区维管束植物名录

蕨类植物门 PTERIDOPHYTA		
凤尾蕨科	Pteridaceae	
	粗糙凤尾蕨	*Pteris cretica*
	凤尾蕨	*P. cretica* var. *nervossa*
	密毛蕨	*Petridium revolutum*
骨碎补科	Davalliaceae	
	紫轴小膜盖蕨	*Araiostegia beddomei*
	细裂小膜盖蕨	*A. faberiana*
	小膜盖蕨	*A. delavayi*
	宿枝小膜盖蕨	*A. hookei*
槲蕨科	Drynariaceae	
	秦岭槲蕨	*Drynaria sinica*
	渐尖槲蕨	*D. sinica* var. *intermedia*
卷柏科	Selaginellaceae	
	细瘦卷柏	*Selaginella vardei*
	钱形卷柏	*S. nummularifolia*
	垫状卷柏	*S. pulvinata*
	喜马拉雅卷柏	*S. vaginata*
蕨科	Pteridiaceae	
	蕨	*Pteridium aquilinum*
鳞毛蕨科	Dryopteridaceae	
	尖齿鳞毛蕨	*Dryopteris acutodentata*
	密纤维鳞毛蕨	*D. discreta*
	古乡鳞毛蕨	*D. gushaingensis*
	聂拉木鳞毛蕨	*D. nyalamense*
	假纤维鳞毛蕨	*D. pseudofibrillosa*
	刺尖鳞毛蕨	*D. serrato-dentata*

（续表）

	稀羽鳞毛蕨	*D. sparsa*
	藏布鳞毛蕨	*D. tsangpoensis*
	林芝鳞毛蕨	*D. nyingchiensis*
	工布鳞毛蕨	*D. gongboensis*
	德钦高山耳蕨	*Polystichum atuntzeense*
	禾秆高山耳蕨	*P. decorum*
	昌都高山耳蕨	*P. qamdoense*
	密鳞刺叶耳蕨	*P. squarrosum*
	芽胞耳蕨	*P. stenophyllum*
	尾叶耳蕨	*P. thomsonii*
	曲舟高山耳蕨	*P. tsuchuense*
	米林高山耳蕨	*P. tumbatzense*
	细裂耳蕨	*P. wattii*
	工布高山耳蕨	*P. gongboense*
	二色耳蕨	*P. bicolor*
	裸子蕨科	*Hemionitidaceae*
	尖齿风丫蕨	*Coniogramme affinis*
	金毛裸蕨	*Gymnopteris vestita*
	欧洲金毛裸蕨	*G. marantae*
膜蕨科	Hymenophyllaceae	
	工布蕗蕨	*Mecodium gongboense*
	蕗蕨属一种	*M.* sp.
木贼科	Equisetaceae	
	笔管草	*Equisetum ramosissimum*
	散生问荆	*E. diffusum*
	犬问荆	*E. palustre*
瓶尔小草科	Ophioglossaceae	
	小叶瓶尔小草	*Ophioglossum nudicaule*
	心叶瓶尔小草	*O. reticulatum*

(续表)

	瓶尔小草	*O. vulgatum*
石杉科	Huperziaceae	
	亮叶石杉	*Huperzia herteriana*
石松科	Lycopodiaceae	
	矮石松	*Lycopodium alticola*
书带蕨科	Vittariaceae	
	西藏书带蕨	*Vittaria tibetica*
	线叶书带蕨	*V. linearifolia*
水龙骨科	Polypodiaceae	
	大羽贯众	*Cyrtomium macrophyllum*
	弯弓假瘤蕨	*Phymatopsis malacodon*
	扭瓦韦	*Lepisorus contortus*
	大瓦韦	*L. macrosphaerus*
	白边鳞瓦韦	*L. morrisonensis*
	黑鳞瓦韦	*L. niger*
	绿色瓦韦	*L. virescens*
	西藏瓦韦	*L. tibeticus*
	棕鳞瓦韦	*L. scolopendrium*
	宽叶石韦	*Pyrrosia latifolia*
	薄叶水龙骨	*P. microrhizoma*
	毡毛石韦	*P. drakeana*
	西藏假瘤蕨	*P. tibetana*
蹄盖蕨科	Athyriaceae	
	喜马拉雅蹄盖蕨	*Athyrium fimbriatum*
	米林铁角蕨	*A. mainlingense*
	岩生蹄盖蕨	*A. rupicola*
	铁角蕨	*A. trichomanes*
	高山冷蕨	*Cystopteris montana*
	欧洲冷蕨	*C. sudetica*

（续表）

	羽节蕨	*Gymnocarpium jessoense*
	巴嘎蛾眉蕨	*Lunathyrium bagaense*
	林芝蛾眉蕨	*L. latibasis*
	微红假冷蕨	*Pseudocystopteris purpurascens*
	三角叶假冷蕨	*P. subtriangularis*
	睫毛盖假冷蕨	*P. schizochlamys*
铁角蕨科	Aspleniaceae	
	铁角蕨	*Asplenium trichomanes*
	米林铁角蕨	*A. m mainlingense*
铁线蕨科	Adiantaceae	
	旱蕨	*Pellaea nitidula*
岩蕨科	Woodsiaceae	
	密毛岩蕨	*Woodsia rosthorniana*
阴地蕨科	Botrychiaceae	
	扇羽阴地蕨	*Botrychium lunaria*
	西藏假阴地蕨	*B. pus tibeticus*
	蕨萁	*B. pus virginianus*
中国蕨科	Sinopteridaceae	
	多鳞粉背蕨	*Aleuritopteris anceps*
	银粉背蕨	*A. argentea*
	细柄粉背蕨	*A. gresia*
	狭盖粉背蕨	*A. stenochlamys*
	粉背蕨	*A. pseudofarinosa*
	金粉背蕨	*A. chrysophylla*
	高山珠蕨	*Cryptogramma brunoniana*
	厚叶碎米蕨	*C. insignis*
	绒毛薄鳞蕨	*Leptolepidium subvillosum*
	西藏薄鳞蕨	*L. subvillosum* var. *tibeticum*
	西藏旱蕨	*Pellaea straminea* var. *tibetica*

（续表）

	禾秆旱蕨	*P. straminea*
紫萁科	Osmundaceae	
	绒紫萁	*Osmunda claytoniana*
裸子植物门 GYMNOSPERMAE		
松科	Pinaceae	
	喜马拉雅冷杉	*Abies spectabilis*
	急尖长苞冷杉	*A. georgei* var. *smithii*
	川滇冷杉	*A. forrestii*
	林芝云杉	*Picea likiangensis* var. *linzhiensis*
	西藏红杉	*Larix griffithiana*
	华山松	*Pinus armandii*
	乔松	*P. griffithii*
	高山松	*P. densata*
柏科	Cupressaceae	
	巨柏	*Cupressus gigantea*
	密枝圆柏	*Sabina convallium*
	垂枝柏	*S. recurva*
	方枝柏	*S. saltuaria*
	滇藏方枝柏	*S. wallichiana*
	小子圆柏	*S. microsperma*
	圆柏	*S. chinensis*
	大果圆柏	*S. tibetica*
	高山柏	*S. squamata*
	西伯利亚刺柏	*Juniperus sibirica*
麻黄科	Ephedraceae	
	单子麻黄	*Ephedra monosperma*
被子植物门 ANGIOSPERMAE		
三白草科	Saururaceae	
	鱼腥草（蕺菜）	*Herba houttuyniae*

（续表）

杨柳科	Salicaceae	
	山杨	*Populus davidiana*
	银白杨	*P. alba*
	长叶杨	*P. wuana*
	昌都杨	*P. qamdoensis*
	米林杨	*P. mainlingensis*
	长序杨	*P. pseudoglauca*
	清溪杨	*P. rotundifolia*
	藏川杨	*P. szechuanica*
	亚东杨	*P. yatungensis*
	乌柳	*Salix cheilophila*
	褐背柳	*S. daltoniana*
	银背柳	*S. ernesti*
	毛枝柳	*S. dasyclados*
	银光柳	*S. argyrophegga*
	垂柳	*S. babylonica*
	双柱柳	*S. bistyla*
	吉拉柳	*S. gilashanica*
	绢果柳	*S. sericocarpa*
	江达柳	*S. gyamdaensis*
	青藏垫柳	*S. lindleyana*
	长花柳	*S. longiflora*
	迟花柳	*S. popsimantha*
	皂柳	*S. wallichiana*
	裸柱头柳	*S. psilostigma*
	川滇柳	*S. rehderiana*
	红柄柳	*S. wangiana*
胡桃科	Juglandaceae	
	核桃	*Juglans regia*

（续表）

桦木科	Betulaceae	
	尼泊尔桤木	*Alnus nepalensis*
	糙皮桦	*Betula utilis*
	白桦	*B. platyphylla*
壳斗科	Fagaceae	
	川滇高山栎	*Quercus aquifolioides*
	通麦栎	*Q. tungmaiensis*
榆科	Ulmaceae	
	樱果朴	*Celtis cerasifera*
桑科	Moraceae	
	鸡桑	*Morus australis*
	桑	*M. alba*
大麻科	Cannabaceae	
	大麻	*Cannabis sativa*
荨麻科	Urticaceae	
	亚高山冷水花	*Pilea racemosa*
	异叶冷水花	*P. anisophylla*
	异叶楼梯草	*Elatostema monandrum*
	珠芽艾麻	*Laportea bulbifera*
	墙草	*Parietaria micrantha*
	宽叶荨麻	*Urtica laetevirens*
	滇藏荨麻	*U. mairei*
	西藏荨麻	*U. tibetica*
桑寄生科	Loranthaceae	
	髯毛钝果寄生	*Taxillus delavaya* var. *barbatus*
	高山松寄生	*Arceuthobium pini*
马兜铃科	Aristolochiaceae	
	藏木通	*Aristolochia griffithii*
	石南七	*Asarum himalaicum*

（续表）

蛇菰科	Balanophoraceae	
	筒鞘蛇菰	*Balanophora involucrata*
蓼科	Polygonaceae	
	尼泊尔酸模	*Rumex nepalensis*
	紫茎酸模	*R. angulatus*
	心叶大黄	*Rheum acuminatum*
	藏边大黄	*R. australe*
	滇边大黄	*R. delavayi*
	塔黄	*R. nobile*
	喜马拉雅大黄	*R. webbianum*
	肾叶山蓼	*Oxyria digyna*
	翅果蓼	*Parapteropyrum tibeticum*
	苦荞麦	*Fagopyrum tataricum*
	金荞麦	*F. dibotrys*
	翅柄蓼	*Polygonum sinomontanum*
	腺梗小头蓼	*P. microcephalum*
	酸模叶蓼	*P. lapathifolium*
	圆穗蓼	*P. macrophyllum*
	球序蓼	*P. wallichii*
	小叶蓼	*P. delicatulum*
	细穗支柱蓼	*P. suffultum* var. *pergracile*
	多穗蓼	*P. polystachyum*
	冰川蓼	*P. glaciale*
	绢毛蓼	*P. molle*
	柔毛蓼	*P. sparsipilosum*
	萹蓄	*P. aviculare*
	细茎蓼	*P. filicaule*
	火炭母	*P. chinense*
	长叶多穗蓼	*P. polystachyum*

（续表）

	戟叶蓼	*P. thunbergii*
	珠芽蓼	*P. viviparum*
	卷茎蓼	*P. convolvulus*
	赤胫蓼	*P. runcinatum* var. *sinense*
	抱茎蓼	*P. amplexicaule*
	头花蓼	*P. capitatum*
	蓝药蓼	*P. cyanandrum*
	长梗蓼	*P. griffithii*
	披针叶蓼	*P. hastato-sagittatum*
	硬毛蓼	*P. hookeri*
	水蓼	*P. hydropiper*
	柔茎蓼	*P. kawagoeanum*
	狭叶圆穗蓼	*P. macrophyllum* var. *stenophyllum*
	尼泊尔蓼	*P. nepalense*
	西伯利亚蓼	*P. sibiricum*
	支柱蓼	*P. suffultum*
	软茎蓼	*P. tenellum* var. *micranthum*
	圆叶蓼	*P. forrestii*
藜科	Chenopodiaceae	
	藜	*Chenopodium album*
	香藜	*C. botrys*
	菊叶香藜	*C. foetidum*
	杂配藜	*C. hybridum*
	刺沙蓬	*Salsola ruthenica*
	单翅猪毛菜	*S. monoptera*
	小果滨藜	*Microgynoecium tibeticum*
	鳞果虫实	*Corispermum lepidocarpum*
苋科	Amaranthaceae	
	牛膝	*Achyranthes bidentata*

（续表）

	千针苋	*Acroglochin persicarioides*
紫茉莉科	Nyctaginaceae	
	中华山紫茉莉	*Oxybaphus himalaicus* var. *chinensis*
商陆科	Phytolaccaceae	
	商陆	*Phytolacca acinosa*
石竹科	Caryophyllaceae	
	禾叶繁缕	*Stellaria graminea*
	云南繁缕	*S. yunnanensis*
	米林繁缕	*S. mainlingensis*
	毛禾叶繁缕	*S. graminea* var. *pilosula*
	针状偃卧繁缕	*S. decumbens* var. *acicularis*
	绵毛繁缕	*S. lanata*
	白毛繁缕	*S. patens*
	云南繁缕	*S. yunnanensis*
	漆姑草	*Sagina japonica*
	仲巴女娄菜	*Melandrium zhongbaense*
	印度女娄菜	*M. indicum*
	腺花女娄菜	*M. adenanthum*
	大根女娄菜	*M. macrorhizum*
	繸瓣女娄菜	*M. fimbriatum*
	无瓣女娄菜	*M. apetalum*
	拉萨女娄菜	*M. lhassanum*
	粉花女娄菜	*M. napuligerum*
	多茎女娄菜	*M. multicaule*
	纳木拉女娄菜	*M. namlaense*
	红萼女娄菜	*M. rubricalyx*
	林芝女娄菜	*M. wardii*
	簇生卷耳	*Cerastium fontanum*
	大花卷耳	*C. fontanum* subsp. *grandiflorum*

(续表)

	缘毛卷耳	*C. furcatum*
	藏南卷耳	*C. thomsoni*
	毛叶老牛筋	*Arenaria capillaris*
	髯毛无心菜	*A. barbata*
	柔软无心菜	*A. debilis*
	密生福禄草	*A. densissima*
	隧瓣无心菜	*A. fimbriata*
	玉龙山无心菜	*A. fridericae*
	瘦叶雪灵芝	*A. ischnophylla*
	澜沧雪灵芝	*A. lancangensis*
	垫状雪灵芝	*A. pulvinata*
	库莽蝇子草	*Silene kumaonensis*
	细蝇子草	*S. gracilicaulis*
	藏蝇子草	*S. waltoni*
	腺萼蝇子草	*S. adenocalyx*
	麦瓶草	*S. conoidea*
	林芝蝇子草	*S. wardii*
	狗筋蔓	*Cucubalus baccifer*
	金铁锁	*Psammosilene tunicoides*
	麦蓝菜	*Vaccaria segetalis*
睡莲科	Nymphaeaceae	
	睡莲	*Nymphaea tetragona*
毛茛科(广义)	Ranunculaceae	
	拉萨翠雀花	*Delphinium gyalanum*
	展毛翠雀花	*D. kamaonense* var. *glabrescens*
	粗裂宽距翠雀花	*D. beesianum*
	黄毛翠雀花	*D. chrysotrichum*
	澜沧翠雀花	*D. thibeticum*
	拉萨翠雀花	*D. gyalanum*

（续表）

	米林翠雀花	*D. sherriffii*
	尖裂密叶翠雀花	*D. kingianum* var. *acuminatissimum*
	甘青铁线莲	*Clematis tangutica*
	合柄铁线莲	*C. connata*
	绣球藤	*C. montana*
	长花铁线莲	*C. rehderiana*
	西藏铁线莲	*C. tenuifolia*
	丽叶铁线莲	*C. venusta*
	吉隆铁线莲	*C. kilungensis*
	云南铁线莲	*C. yunnanensis*
	小木通	*C. armandii*
	短尾铁线莲	*C. brevicaudata*
	扬子铁线莲	*C. ganpiniana*
	高原唐松草	*Thalictrum cultratum*
	狭序唐松草	*T. atriplex*
	高山唐松草	*T. alpinum*
	偏翅唐松草	*T. delavayi*
	钩柱唐松草	*T. uncatum*
	腺毛唐松草	*T. foetidum*
	腺毛箭头唐松草	*T. simplex* var. *glandulosum*
	小喙唐松草	*T. rostellatum*
	美丽唐松草	*T. reniforme*
	堇花唐松草	*T. diffusiflorum*
	爪哇唐松草	*T. javanicum*
	芸香叶唐松草	*T. rutifolium*
	鞭柱唐松草	*T. smithii*
	黄牡丹	*Paeonia delavayi* var. *lutea*
	工布乌头	*Aconitum kongboense*
	直序乌头	*A. richardsonianum*

（续表）

	露蕊乌头	A. *gymnandrum*
	毛果乾宁乌头	A. *chienningense* var. *lasiocarpum*
	乾宁乌头	A. *chienningense*
	短唇乌头	A. *Brevilimbum*
	长序乌头	A. *dolichostachyum*
	墨脱乌头	A. *elliotii*
	毛枝瓜叶乌头	A. *hemsleyanum* var. *hsia*
	展毛工布乌头	A. *kongboense* var. *villosum*
	贡嘎乌头	A. *liljestrandii*
	长裂乌头	A. *longilobum*
	米林乌头	A. *milinense*
	船盔乌头	A. *naviculare*
	长喙乌头	A. *novoluridum*
	露瓣乌头	A. *prominens*
	拟工布乌头	A. *pseudokongboense*
	新都桥乌头	A. *tongolense*
	短柱侧金盏花	*Adonis brevistyla*
	类叶升麻	*Actaea asiatica*
	黄毛茛	*Ranunculus laetus*
	云生毛茛	R. *longicaulis* var. *nephelogenes*
	毛叶毛茛	R. *suprasericeus*
	茴茴蒜	R. *chinensis*
	米林毛茛	R. *mainlingensis*
	藓丛毛茛	R. *muscigenus*
	爬地毛茛	R. *pegaeus*
	川滇毛茛	R. *potaninii*
	高原毛茛	R. *brotherusii* var. *tanguticus*
	四蕊毛茛	R. *tetrandrus*
	毛茛状金莲花	*Trollius ranunculoides*

（续表）

	拟耧斗菜	*Paraquilegia microphylla*
	直距耧斗菜	*Aquilegia rockii*
	草玉梅	*Anemone rivularis*
	展毛银莲花	*A. demissa*
	宽叶展毛银莲花	*A. demissa* var. *major*
	岩生银莲花	*A. rupicola*
	钝裂银莲花	*A. obtusiloba*
	西藏银莲花	*A. tibetica*
	条裂银莲花	*A. trullifolia*
	花葶驴蹄草	*Caltha scaposa*
	驴蹄草	*C. palustris*
	扇叶水毛茛	*Batrachium bungei*
	美花草	*Callianthemum pimpinelloides*
	两裂升麻	*Cimicifuga foetida* var. *bifida*
	星叶草	*Circaeaster agrestis*
	黄三七	*Souliea vaginata*
木通科	Lardizabalaceae	
	五风藤	*Holboellia latifolia*
小檗科	Berberidaceae	
	桃儿七	*Sinopodophyllum hexandrum*
	波密小檗	*Berberis gyalaica*
	刺黄花	*B. polyantha*
	黑果小檗	*B. atrocarpa*
	腰果小檗	*B. johannis*
	红枝小檗	*B. erythroclada*
	粉叶小檗	*B. pruinosa*
	阴生小檗	*B. umbratica*
	金果小檗	*B. tsarongensis*
	近似小檗	*B. approximata*

（续表）

	暗红小檗	*B. agricola*
	莫洛小檗	*B. amoena* var. *moloensis*
	无粉刺红珠	*B. dictyophylla* var. *epruinosa*
	米林小檗	*B. elliotii*
	光梗小檗	*B. franchetiana* var. *glabripes*
	比巴小檗	*B. gacschkeana* var. *bimbilaica*
	细梗小檗	*B. tenuipedicellata*
	烦果小檗	*B. ignorata*
	工布小檗	*B. kongboensis*
	大花小檗	*B. ludlowii*
	光茎小檗	*B. minutiflora* var. *glabramea*
	西南小檗	*B. stiebritziana*
	独龙小檗	*B. taronensis*
	里龙小檗	*B. taylorii*
	林芝小檗	*B. temolaica*
	藏布小檗	*B. tsangpoensis*
	隐脉小檗	*B. tsarica*
	普兰小檗	*B. pulangensis*
	变绿小檗	*B. virescens*
	西藏八角莲	*Dysosma tsayuensis*
	尼泊尔十大功劳	*Mahonia napaulensis*
木兰科	Magnoliaceae	
	毛叶玉兰	*Magnolia globosa*
	滇藏五味子	*Schisandra neglecta*
樟科	Lauraceae	
	木姜子	*Litsea pungens*
	绢毛木姜子	*L. sericea*
	毛叶木姜子	*L. mollis*
	三桠乌药	*Lindera obtusiloba*

（续表）

	四川新木姜子	*Neolitsea sutchuanensis*
	聚花桂	*Cinnamomum contractum*
罂粟科	Papaveraceae	
	总状绿绒蒿	*Meconopsis racemosa*
	单叶绿绒蒿	*M. simplicifolia*
	全缘叶绿绒蒿	*M. integrifolia*
	藿香叶绿绒蒿	*M. betonicifolia*
	大花绿绒蒿	*M. grandis*
	拟多刺绿绒蒿	*M. pseudohorridula*
	毛瓣绿绒蒿	*M. torquata*
	多刺绿绒蒿	*M. horridula*
	黄堇	*Corydalis pallida*
	条裂黄堇	*C. linarioides*
	灰绿黄堇	*C. adunca*
	双斑黄堇	*C. bimaculata*
	短距克什米尔紫堇	*C. cashmeriana* var. *brevicornu*
	皱波黄堇	*C. crispa*
	多毛皱波黄堇	*C. crispa* var. *setulosa*
	具爪弯花紫堇	*C. curviflora* var. *rosthornii*
	西藏短爪黄堇	*C. drakeana* var. *tibetica*
	纤细黄堇	*C. gracillima*
	多雄拉黄堇	*C. kingdonis*
	小距帕里紫堇	*C. kingii* var. *minuticalcarata*
	长苞紫堇	*C. longibracteata*
	单叶紫堇	*C. ludlowii*
	米林紫堇	*C. lupinoides*
	蛇果黄堇	*C. ophiocarpa*
	波密紫堇	*C. pseudo-adoxa*
	毛茎紫堇	*C. pubicaula*

（续表）

	矮黄堇	*C. pygmaea*
	朗县黄堇	*C. quinquefoliolata*
	滇西黄堇	*C. rockii*
	巴嘎紫堇	*C. sherriffii*
十字花科	Brassicaceae	
	云南碎米荠	*Cardamine yunnanensis*
	大叶碎米荠	*C. macrophylla*
	山芥碎米荠	*C. griffithii*
	弹裂碎米荠	*C. impatiens*
	独行菜	*Lepidium apetalum*
	鼠耳芥	*Arabidopsis thaliana*
	西藏鼠耳芥	*A. tibetica*
	小拟南芥	*A. pumila*
	喜马拉雅鼠耳芥	*A. himalaica*
	荠	*Capsella bursa-pastoris*
	播娘蒿	*Descurainia sophia*
	垂果大蒜芥	*Sisymbrium heteromallum*
	裸茎条果芥	*Parrya nudicaulis*
	沼泽蔊菜	*Rorippa islandica*
	涩芥	*Malcolmia africana*
	川滇山俞菜	*Eutrema heterophylla*
	双脊荠	*Dilophia fontana*
	遏蓝菜	*Thlaspi arvense*
	西藏菥蓂	*T. andersonii*
	垂果南芥	*Arabis pendula*
	硬毛南芥	*A. hirsuta*
	蒙古糖芥	*Erysimum flavum*
	山柳菊叶糖芥	*E. hieraciifolium*
	高山葶苈	*Draba alpina*

（续表）

	葶苈	*D. nemorosa*
茅膏菜科	Droseraceae	
	茅膏菜	*Drosera pelata*
景天科	Crassulaceae	
	巴塘景天	*Sedum heckelii*
	多茎景天	*S. multicaule*
	五蕊东爪草	*Tillaea pentandra*
	长鞭红景天	*Rhodiola fastigiata*
	柴胡红景天	*R. bupleuroides*
	齿叶红景天	*R. serrata*
	云南红景天	*R. yunnanensis*
	异色红景天	*R. discolor*
	大花红景天	*R. crenulata*
	背药红景天	*R. hobsonii*
	狭叶红景天	*R. kirilowii*
	线萼红景天	*R. ovatisepala* var. *chingii*
	圣地红景天	*R. sacra*
	六叶红景天	*R. sexifolia*
	伞花红景天	*R. stapfii*
	圆齿红景天	*R. crenulata*
	西藏红景天	*R. tibetica*
	互生红景天	*R. alterna*
	粗茎红景天	*R. wallichiana*
	石莲	*Sinocrassula indica*
	长叶瓦莲	*Rosularia alpestris*
虎耳草科	Saxifragaceae	
	刺茶藨子	*Ribes alpestre*
	冰川茶藨子	*R. glaciale*
	糖茶藨子	*R. himalense*

（续表）

	狭萼茶藨	*R. laciniatum*
	柱腺茶藨	*R. orientale*
	曲萼茶藨	*R. griffithii*
	紫花茶藨	*R. luridum*
	束果茶藨	*R. takare* var. *desmocarpum*
	西藏茶藨	*R. xizangense*
	毛叶绣球	*Hydrangea heteromalla*
	篦齿虎耳草	*Saxifraga umbellulata* var. *pectinata*
	对轮叶虎耳草	*S. subternata*
	疏叶虎耳草	*S. substrigosa*
	小伞虎耳草	*S. umbellulata*
	波密虎耳草	*S. anadena*
	紫花虎耳草	*S. bergenioides*
	喜马拉雅虎耳草	*S. brunonis*
	零余虎耳草	*S. granulifera*
	岩梅虎耳草	*S. diapensia*
	散痂虎耳草	*S. diffusicallosa*
	优越虎耳草	*S. egregia*
	索白拉虎耳草	*S. elliotii*
	线茎虎耳草	*S. filicaulis*
	毛黑蕊虎耳草	*S. gageana*
	加拉虎耳草	*S. gyalana*
	异毛虎耳草	*S. heterotricha*
	齿叶虎耳草	*S. hispidula*
	近优越虎耳草	*S. hooker*
	林芝虎耳草	*S. isophylla*
	九窝虎耳草	*S. kongboensis*
	理塘虎耳草	*S. litangensis*
	红瓣虎耳草	*S. ludlowii*

（续表）

	黑蕊虎耳草	*S. melanocentra*
	白毛茎虎耳草	*S. miralana*
	南布拉虎耳草	*S. nambulana*
	朗县虎耳草	*S. nangxianensis*
	多叶虎耳草	*S. pallida*
	狭瓣虎耳草	*S. pseudohirculus*
	小斑虎耳草	*S. punctulata*
	金星虎耳草	*S. stella-aurea*
	伏毛虎耳草	*S. strigosa*
	条叶虎耳草	*S. taraktophylla*
	米林虎耳草	*S. tigrina*
	流苏虎耳草	*S. wallichiana*
	腺瓣虎耳草	*S. wardii*
	雅鲁藏布虎耳草	*S. yaluzangbuensis*
	密序溲疏	*Deutzia compacta*
	西藏溲疏	*D. hookeriana*
	伞房花溲疏	*D. corymbosa*
	三脉梅花草	*Parnassia trinervis*
	中国梅花草	*P. chinensis*
	云梅花草	*P. nubicola*
	多花红升麻	*Astilbe myriantha*
	岩白菜	*Bergenia purpurascens*
	毛叶山梅花	*Philadelphus tomentosus*
	肉质金腰	*Chrysosplenium carnosum*
	肾叶金腰	*C. griffithii*
	绵毛金腰	*C. lanuginosum*
	朗县金腰	*C. ludlowii*
	山溪金腰	*C. nepalense*
	裸茎金腰	*C. nudicaule*

（续表）

	索骨丹	*Rodgersia aesculifolia*
	黄水枝	*Tiarella polyphylla*
蔷薇科	Rosaceae	
	藏南绣线菊	*Spiraea bella*
	细枝绣线菊	*S. myrtilloides*
	毛枝蒙古绣线菊	*S. mongolica* var. *tomentulosa*
	光秃绣线菊	*S. mollifolia* var. *glabrata*
	拱枝绣线菊	*S. arcuata*
	毛叶绣线菊	*S. mollifolia*
	楔叶绣线菊	*S. canescens*
	狭窄楔叶绣线菊	*S. canescens* var. *oblanceolata*
	裂叶绣线菊	*S. lobulata*
	粉花绣线菊	*S. japonica*
	长芽绣线菊	*S. longigemmis*
	毛枝绣线菊	*S. martinii*
	川滇绣线菊	*S. schneideriana*
	窄叶鲜卑花	*Sibiraea angustata*
	高丛珍珠梅	*Sorbaria arborea*
	云南绣线梅	*Neillia serratisepala*
	圆叶栒子	*Cotoneaster rotundifolius*
	木帚栒子	*C. dielsianus*
	灰栒子	*C. acutifolius*
	钝叶栒子	*C. hebephyllus*
	匍匐栒子	*C. adpr*
	红花栒子	*C. rubens*
	黄杨叶栒子	*C. buxifolius*
	丹巴栒子	*C. harrysmithii*
	尖叶栒子	*C. acuminatus*
	小叶栒子	*C. microphyllus*

（续表）

	细枝栒子	*C. tenuipes*
	细叶小叶栒子	*C. microphyllus* var. *thymifolius*
	大果小叶栒子	*C. microphyllus* var. *conspicuus*
	细叶小栒子	*C. microphyllus* var. *glacialis*
	暗红栒子	*C. obscurus*
	康巴栒子	*C. sherriffii*
	水栒子	*C. multiflorus*
	红毛花楸	*Sorbus rufopilosa*
	西康花楸	*S. prattii*
	川滇花楸	*S. vilmorinii*
	西南花楸	*S. rehderiana*
	少齿花楸	*S. oligodonta*
	纤细花楸	*S. filipes*
	蕨叶花楸	*S. pteridophylla*
	小叶花楸	*S. microphylla*
	康藏花楸	*S. thibetica*
	川滇花楸	*S. vilmorinii*
	毛叶木瓜	*Chaenomeles cathayensis*
	西藏木瓜	*C. thibetica*
	川西樱桃	*Prunus trichostoma*
	红毛樱	*P. rufa*
	毛花红毛樱	*P. rufa* var. *Trichantha*
	高盆樱	*P. cerasoides*
	杏	*Armeniaca vulgaris*
	光核桃	*Amygdalus mira*
	山荆子	*Malus baccata*
	丽江山荆子	*M. rockii*
	光叶滇池海棠	*M. yunnanensis* var. *veitchii*
	粉枝莓	*Rubus biflorus*

（续表）

	腺毛刺萼悬钩子	*R. alexeterius* var. *acaenocalyx*
	藏南悬钩子	*R. austro-tibetanus*
	华中悬钩子	*R. cockburnianus*
	椭圆悬钩子	*R. ellipticus*
	栽秧泡	*R. ellipticus* var. *obcordatus*
	凉山悬钩子	*R. fockeanus*
	纤细悬钩子	*R. hypargyrus*
	密毛纤细悬钩子	*R. hypargyrus* var. *niveus*
	紫色悬钩子	*R. irritans*
	红泡刺藤	*R. niveus*
	刺悬钩子	*R. pungens*
	直立悬钩子	*R. stans*
	路边青	*Geum aleppicum*
	柔毛路边青	*G. japonicum* var. *chinense*
	西藏草莓	*Fragaria nubicola*
	西南草莓	*F. moupinensis*
	皱果蛇莓	*Duchesnea chrysantha*
	蛇莓	*D. indica*
	总梗委陵菜	*Potentilla peduncularis*
	白毛金露梅	*P. fruticosa* var. *albicans*
	银叶委陵菜	*P. leuconota*
	柔毛委陵菜	*P. griffithii*
	多对小叶委陵菜	*P. microphylla*
	西南委陵菜	*P. fulgens*
	金露梅	*P. fruticosa*
	铺地小叶金露梅	*P. parvifolia* var. *hypoleuca*
	华西委陵菜	*P. potaninii*
	丛生荽叶委陵菜	*P. coriandrifolia* var. *dumosa*
	伏毛金露梅	*P. fruticosa* var. *arbuscula*

（续表）

	蛇含委陵菜	*P. kleiniana*
	长柔毛委陵菜	*P. griffithii* var. *velutina*
	腺毛委陵菜	*P. longifolia*
	细裂小叶委陵菜	*P. microphylla* var. *achilleifolia*
	多裂委陵菜	*P. multifida*
	三叶金露梅	*P. fruticosa*
	小叶金露梅	*P. parvifolia*
	钉柱委陵菜	*P. saundersiana*
	狭叶委陵菜	*P. stenophylla*
	朝天委陵菜	*P. supina*
	楔叶山莓草	*Sibbaldia cuneata*
	光叶山莓草	*S. glabriuscula*
	尖叶山莓草	*S. glabriuscula*
	白叶山莓草	*S. micropetala*
	短蕊山莓草	*S. perpusilloides*
	光叶绢毛蔷薇	*Rosa sericea*
	腺叶绢毛蔷薇	*R. sericea*
	川滇蔷薇	*R. soulieana*
	峨眉蔷薇	*R. omeiensis*
	大叶蔷薇	*R. macrophylla*
	西康蔷薇	*R. sikangensis*
	腺果大叶蔷薇	*R. macrophylla* var. *glandulifera*
	毛叶蔷薇	*R. mairei*
	无毛蔷薇	*R. sericea* form. *gandulosa*
	扁刺蔷薇	*R. sweginzowii*
	腺叶扁刺蔷薇	*R. sweginzowii* var. *glandulosa*
	细梗蔷薇	*R. graciliflora*
	黄龙尾	*Agrimonia pilosa* var. *nepalensis*
	马蹄黄	*Spenceria ramalana*

（续表）

	矮地榆	*Sanguisorba filiformis*
	扁核木	*Prinsepia utilis*
豆科	Leguminosae	
	砂生槐	*Sophora moorcroftiana*
	白刺花	*S. davidii*
	黄花木	*Piptanthus concolor*
	毛果胡卢巴	*Trigonella pubescens*
	藏青胡卢巴	*T. archiducis-nicolai*
	草木犀	*Melilotus officinalis*
	印度草木犀	*M. indica*
	野苜蓿	*Medicago falcata*
	天蓝苜蓿	*M. lupulina*
	紫花苜蓿	*M. sativa*
	毛果扁蓿豆	*Melilotoides pubescens*
	白车轴草	*Trifolium repens*
	光叶山黑豆	*Dumasia forrestii*
	云南土圞儿	*Apios delavayi*
	西南野豌豆	*Vicia nummularia*
	西藏野豌豆	*V. tibetica*
	广布野豌豆	*V. cracca*
	山野豌豆	*V. amoena*
	窄叶野豌豆	*V. angustifolia*
	蚕豆	*V. faba*
	川西香豌豆	*Lathyrus dielsianus*
	豌豆	*Pisum sativum*
	巴氏木蓝	*Indigofera balforiana*
	硬叶木蓝	*I. rigioclada*
	苏理木蓝	*I. souliei*
	二色锦鸡儿	*Caragana bicolor*

（续表）

	鬼箭锦鸡儿	*C. jubata*
	粗刺锦鸡儿	*C. crassispina*
	云南锦鸡儿	*C. franchetiana*
	云雾雀儿豆	*Chesneya nubigena*
	高山米口袋	*Gueldenstaedtia himalaica*
	亚东米口袋	*G. yadongensis*
	高山豆	*Tibetia himalaica*
	东坝子黄芪	*Astragalus tumbatsica*
	马豆黄芪	*A. pastorius*
	拟疾藜黄芪	*A. tribulifolius*
	米林黄芪	*A. milingensis*
	劲直黄芪	*A. strictus*
	青海黄芪	*A. tanguticus*
	长爪黄芪	*A. hendersonii*
	波密黄芪	*A. bomeensis*
	光萼黄芪	*A. lessertioides*
	黑穗黄芪	*A. melanostachys*
	白花黄芪	*A. leucocephalus*
	毛瓣棘豆	*Oxytropis sericopetala*
	甘肃棘豆	*O. kansuensis*
	黄花棘豆	*O. ochrocephala*
	毛枝鱼藤	*Derris scabricaulis*
	黄花岩黄耆	*Hedysarum citrinum*
	长柄岩黄耆	*H. longigynophorum*
	锡金岩黄耆	*H. sikkimense*
	西藏岩黄耆	*H. xizangense*
	美花山蚂蝗	*Desmodium elegans* var. *callianthum*
	雅致山蚂蝗	*D. elegans*
	大苞长柄山蚂蝗	*D. williamsii*

（续表）

	截叶铁扫帚	*Lespedeza cuneata*
	小雀花	*Campylotropis polyantha*
酢浆草科	Oxalidaceae	
	酢浆草	*Oxalis corniculata*
	白花酢浆草	*O. acetosella*
	山酢浆草	*O. griffithii*
牻牛儿苗科	Geraniaceae	
	老鹳草	*Geranium wilfordii*
	山地老鹳草	*G. collinum*
	黑蕊老鹳草	*G. melananthum*
	藏东老鹳草	*G. orientali-tibeticum*
	多花老鹳草	*G. polyanthes*
	紫萼老鹳草	*G. refractoides*
	汉荭鱼腥草	*G. robertianum*
	牻牛儿苗	*Erodium stephanianum*
	疾藜科	*Zygophyllaceae*
	疾藜	*Tribulus terrestris*
芸香科	Rutaceae	
	花椒	*Zanthoxylum bungeanum*
	墨脱花椒	*Z. motuoense*
	尖叶花椒	*Z. oxyphyllum*
	西藏花椒	*Z. tibetanum*
大戟科	Euphorbiaceae	
	雀儿舌头	*Leptopus chinensis*
	草沉香	*Excoecaria acerifolia*
	大果大戟	*Euphorbia wallichii*
	喜马拉雅大戟	*E. himalayensis*
	甘遂	*E. kansui*
	高山大戟	*E. stracheyi*

（续表）

	地锦	*E. humifusa*
	续随子	*E. lathylris*
马桑科	Coriariaceae	
	马桑	*Coriaria nepalensis*
亚麻科	Linaceae	
	多年生亚麻	*Linum perenne*
苦木科	Simaroubaceae	
	苦树	*Picrasma quassioides*
远志科	Polygalaceae	
	西伯利亚远志	*Polygala sibirica*
槭树科	Aceraceae	
	独龙槭	*Acer taronense*
	长尾槭	*A. caudatum*
	太白深灰槭	*A. caesium*
	长四蕊槭	*A. tetramerum* var. *dolichurum*
	四蕊槭	*A. tetramerum*
凤仙花科	Balsaminaceae	
	脆弱凤仙花	*Impatiens infirma*
	瘤果凤仙花	*I. tuberculata*
	槽茎凤仙花	*I. sulcata*
	锐齿凤仙花	*I. arguta*
	草莓凤仙花	*I. fragicolor*
	林芝凤仙花	*I. linghziensis*
	矮小无距凤仙花	*I. margaritifera* var. *humilis*
	米林凤仙花	*I. nyimana*
鼠李科	Rhamnaceae	
	刺鼠李	*Rhamnus dumetorum*
	帚枝鼠李	*R. virgata*
	圆齿刺鼠李	*R. dumetorum* var. *crenoserrata*

（续表）

	云南勾儿茶	*Berchemia yunnanensis*
葡萄科	Vitaceae	
	葡萄	*Vitis vinifera*
	三叶爬山虎	*Parthenocissus himalayana*
锦葵科	Malvaceae	
	圆叶锦葵	*Malva rotundifolia*
	中华野葵	*M. verticillata* var. *chinensis*
	蜀葵	*Althaea rosea*
猕猴桃科	Actinidiaceae	
	显脉猕猴桃	*Actinidia venosa*
藤黄科	Guttiferae	
	美丽金丝桃	*Hypericum bellum*
	西藏遍地金	*H. himalaicum*
	多蕊金丝桃	*H. choisianum*
	短柱金丝桃	*H. hookerianum*
水马齿科	Callitrichaceae	
	水马齿	*Callitriche stagnalis*
漆树科	Anacardiaceae	
	贡山九子母	*Dobinea vulgaris*
卫矛科	Celastraceae	
	绒辖卫矛	*Euonymus clivicolus* var. *rongchuensis*
	狭翅果卫矛	*E. monbeigii*
	小卫矛	*E. nanoides*
	八宝茶	*E. przewalskii*
	西藏卫矛	*E. tibeticus*
青风藤科	Sabiaceae	
	泡花树	*Meliosma cuneifolia*
柽柳科	Tamaricaceae	
	小苞水柏枝	*Myricaria wardii*

（续表）

堇菜科	Violaceae	
	戟叶堇菜	*Viola betonicifolia*
	羽裂堇菜	*V. forrestiana*
	短毛戟叶堇菜	*V. betonicifolia* ssp. *jaunsariensis*
	硬毛双花堇菜	*V. biflora* var. *hirsuta*
	羽裂堇菜	*V. forrestiana*
	米林堇菜	*V. milingensis*
	匍匐堇菜	*V. pilosa*
	康滇堇菜	*V. szetchwanensis* var. *kangdiensis*
	光茎四川堇菜	*V. szetchwanensis* var. *nudicaulis*
瑞香科	Thymelaeaceae	
	长瓣瑞香	*Daphne longilobata*
	大花瑞香	*D. macrantha*
	隆子荛花	*Wikstroemia lungtzeensis*
胡颓子科	Elaeagnaceae	
	牛奶子	*Elaeagnus umbellata*
	木里胡颓子	*E. bockii* var. *muliensis*
	沙棘	*Hippophae salicifolia*
	江孜沙棘	*H. rhamnoides* subsp. *gyantsensis*
	云南沙棘	*H. rhamnoides* subsp. *yunnanensis*
柳叶菜科	Onagraceae	
	高山露珠草	*Circaea alpina*
	匍匐露珠草	*C. repens*
	锡金柳叶菜	*Epilobium sikkimense*
	小花柳叶菜	*E. parviflorum*
	水湿柳叶菜	*E. palustre*
	滇藏柳叶菜	*E. wallichianum*
	光籽柳叶菜	*E. tibetanum*
	毛脉柳叶菜	*E. amurense*

（续表）

	喜山柳叶菜	*E. royleanum*
	走茎柳叶菜	*E. soboliferum*
	薄叶柳叶菜	*E. wallichianum*
	高山柳叶菜	*E. williamsii*
	柳兰	*E. angustifolium*
	网脉柳兰	*E. conspersum*
	宽叶柳兰	*E. latifloium*
杉叶藻科	Hippuridaceae	
	杉叶藻	*Hippuris vulgaris*
五加科	Araliaceae	
	常春藤	*Hedera nepalensis* var. *sinensis*
	凹脉鹅掌柴	*Schefflera impressa*
	光叶凹脉鹅掌柴	*S. impressa* var. *glabrescens*
	西藏鹅掌柴	*S. wardii*
	狭叶五加	*Acanthopanax wilsonii*
	乌蔹莓五加	*A. cissifolius*
	吴茱萸叶五加	*A. evodiaefolius*
	康定五加	*A. lasiogyne*
	绣毛康定五加	*A. lasiogyne* var. *ferrugineus*
	参三七	*Panax psqudo-ginseng*
	羽叶三七	*P. pseudo-ginseng* var. *bipinnatifidus*
	珠子参	*P. japonicus* var. *major*
伞形科	Umbelliferae	
	柄花天胡荽	*Hydrocotyle bimalaica*
	怒江天胡荽	*H. salwinica*
	川滇变豆菜	*Sanicula astrantiifolia*
	首阳变豆菜	*S. giraldii*
	小窃衣	*Torilis japonica*
	疏叶香根芹	*Osmorhiza aristata* var. *laxa*

（续表）

	芫荽	*Coriandrum sativum*
	喜马拉雅单球芹	*Haplosphaera himalayensis*
	瘤果芹	*Trachydium roylei*
	窄竹叶柴胡	*Bupleurum marginatum* var. *stenophyllum*
	纤细柴胡	*B. gracillimum*
	竹叶柴胡	*B. marginatum*
	丽江柴胡	*B. rockii*
	西藏白苞芹	*Nothosmyrnium xizangense*
	少裂西藏白苞芹	*N. xizangense* var. *simpliciorum*
	滇芹	*Sinodielsia yunnanensis*
	大苞矮泽芹	*Chamaesium spatuliferum*
	矮泽芹	*C. paradoxum*
	羽轴丝瓣芹	*Acronema nervosum*
	西藏丝瓣芹	*A. xizangense*
	丝瓣芹	*A. tenerum*
	环辐丝瓣芹	*A. radiatum*
	丛枝囊瓣芹	*Pternopetalum caespitosum*
	心果囊瓣芹	*P. cardiocarpum*
	澜沧囊瓣芹	*P. delavayi*
	田葛缕子	*Carum buriaticum*
	葛缕子	*C. carvi*
	蕨叶小芹	*Sinocarum filicinum*
	中甸茴芹	*Pimpinella zhongdian*
	尾尖茴芹	*P. caudata*
	丽江滇芎	*Physospermopsis forrestii*
	紫鞘邪蒿	*Seseli purpureo-vaginatum*
	环根芹	*Cyclorhiza waltonii*
	南竹叶环根芹	*C. major*
	细叶亮蛇床	*Selinum candollei*

（续表）

	短片藁本	*Ligusticum brachylobum*
	芷叶棱子芹	*Pleurospermum heracleifolium*
	西藏棱子芹	*P. hookeri*
	美丽棱子芹	*P. amabile*
	矮棱子芹	*P. nanum*
	舟瓣芹	*Sinolimprichtia alpina*
	羌活	*Notopterygium incisum*
	阿坝当归	*Angelica apaensis*
	牡丹叶当归	*A. pawoniaefolia*
	紫茎前胡	*Peucedanum violaceum*
	白亮独活	*Heracleum candicans*
山茱萸科	Cornaceae	
	高山梾木	*Swida alpina*
	红椋子	*S. hemsleyi*
	梾木	*S. macrophylla*
	灯台树	*Cornus controversa*
岩梅科	Diapensiaceae	
	喜马拉雅岩梅	*Diapensia himalaica*
	西藏岩梅	*D. wardii*
鹿蹄草科	Pyrolaceae	
	鹿蹄草	*Pyrola calliantha*
	紫背鹿蹄草	*P. atropurpurea*
	鹿衔草	*P. decorata*
	大理鹿蹄草	*P. forrestiana*
	短柱鹿蹄草	*P. minor*
	喜冬草	*Chimaphila japonica*
	松下兰	*Monotropa hypopitys*
	毛花松下兰	*M. hypopitys* var. *hirsuta*
杜鹃花科	Ericaceae	

（续表）

	雪层杜鹃	*Rhododendron nivale*
	鳞腺杜鹃	*R. lepidotum*
	紫玉盘杜鹃	*R. uvarifolium*
	盘萼杜鹃	*R. parmulatum*
	裂毛海绵杜鹃	*R. aganniphum* var. *schizopepllum*
	海绵杜鹃	*R. pingianum*
	髯花杜鹃	*R. anthopogon*
	小叶美被杜鹃	*R. calostrotum* var. *calciphilum*
	亮鳞杜鹃	*R. heliolepis*
	弯柱杜鹃	*R. campylogynum*
	毛喉杜鹃	*R. cephalanthum*
	樱花杜鹃	*R. cerasinum*
	短萼云雾杜鹃	*R. chamaethomsonii* var. *chamaethauma*
	藏布杜鹃	*R. charitopes* subsp. *tsanpoense*
	卷毛杜鹃	*R. circinnatum*
	光蕊杜鹃	*R. coryanum*
	疏毛杜鹃	*R. dignabile*
	多雄拉杜鹃	*R. doshongense*
	粗糙叶杜鹃	*R. exasperatum*
	喉斑杜鹃	*R. faucium*
	鲁郎杜鹃	*R. lulangense*
	乳突紫背杜鹃	*R. forrestii* subsp. *papillatum*
	草莓花杜鹃	*R. fragariflorum*
	巨魁杜鹃	*R. grande*
	硬毛杜鹃	*R. hirtipes*
	多裂杜鹃	*R. hodgsonii*
	工布杜鹃	*R. kongboense*
	林生杜鹃	*R. lanigerum*
	毛冠杜鹃	*R. laudandum*

(续表)

	白背杜鹃	*R. leucaspis*
	米林杜鹃	*R. mainlingense*
	腺房火红杜鹃	*R. neriiflorum* var. *approinquans*
	林芝杜鹃	*R. nyingchiense*
	樱草杜鹃	*R. primulaeflorum*
	白背紫斑杜鹃	*R. principis* var. *vellereum*
	矮小杜鹃	*R. pumilum*
	长轴杜鹃	*R. ramsdenianum*
	平卧杜鹃	*R. pronum*
	多花平卧杜鹃	*R. repens* var. *chamaethauma*
	红点杜鹃	*R. rubro-punctatum*
	林生杜鹃	*R. lanigerum*
	小半圆叶杜鹃	*R. thomsonii* subsp. *lopsangianum*
	川滇杜鹃	*R. traillianum*
	长叶川滇杜鹃	*R. traillianum* var. *dictyotum*
	三花杜鹃	*R. triflorum*
	郎贡杜鹃	*R. trilectorum*
	单花杜鹃	*R. uniflorum*
	白毛杜鹃	*R. vellereum*
	毛柱杜鹃	*R. venator*
	柳条杜鹃	*R. virgatum*
	黄杯杜鹃	*R. wardii*
	西藏杜鹃	*R. xizangense*
	多花杉叶杜	*Diplarche multiflora*
	岩须	*Cassiope selaginoides*
	睫毛岩须	*C. dendrotricha*
	扫帚岩须	*C. fastigiata*
	岩须	*C. selaginoides*
	长毛岩须	*C. wardii*

（续表）

	毛叶吊钟花	*Enkianthus deflexus*
	珍珠花	*Lyonia ovalifolia*
	毛枝珍珠花	*L. ovalifolia* var. *tomentosa*
	毛脉珍珠花	*L. villosa* var. *puescens*
	光叶珍珠花	*L. villosa* var. *sphaerantha*
	毛叶珍珠花	*L. villosa*
	腺毛米饭花	*Vaccinium iteophyllum* var. *glandulosum*
	长梗白珠	*Gaultheria dolichopoda*
	矮小白珠	*G. nana*
	铜钱叶白珠	*G. nummularioides*
	小叶铜钱白珠	*G. nummularioides* var. *microphylla*
	刺毛白珠	*G. trichophylla*
	西藏白珠	*G. wardii*
	齿缘西藏白珠	*G. wardii* var. *serrulata*
	岩生树萝卜	*Agapetes praeclara*
	团叶越桔	*V. chaetothrix*
	树生越桔	*V. dendrocharis*
	大苞越桔	*V. modestum*
	荚蒾叶越桔	*V. sikkimense*
报春花科	Primulaceae	
	藜状珍珠菜	*Lysimachia chenopodioides*
	糙伏毛点地梅	*Androsace strigillosa*
	直立点地梅	*A. erecta*
	棉毛点地梅	*A. sublanata*
	滇藏点地梅	*A. forrestiana*
	昌都点地梅	*A. bisulca*
	腺序点地梅	*A. adenocephala*
	禾叶点地梅	*A. graminifolia*
	粗毛点地梅	*A. wardii*

(续表)

	钟花报春	*Primula sikkimensis*
	杂色钟报春	*P. alpicola*
	头序报春	*P. capitata*
	西藏粉报春	*P. tibetica*
	藏南粉报春	*P. jaffreyana*
	齿叶灯台报春	*P. serratifolia*
	中甸灯台报春	*P. chungensis*
	丽花粉报春	*P. pulchella*
	网叶钟报春	*P. reticulata*
	巨伞钟报春	*P. florindae*
	折瓣雪山报春	*P. advena*
	紫折瓣报春	*P. advena* var. *euprepes*
	白心球花报春	*P. atrodentata*
	圆叶报春	*P. baileyana*
	菊叶穗花报春	*P. bellidifolia*
	条裂垂花报春	*P. cawdoriana*
	漏斗紫晶报春	*P. dickieana*
	岩报春	*P. dryadifolia*
	卵叶雪山报春	*P. elizabethae*
	镰叶雪山报春	*P. falcifolia*
	翅柄岩报春	*P. jonardunii*
	工布粉报春	*P. kongboensis*
	遂瓣脆蒴报春	*P. lacerata*
	宽裂掌叶报春	*P. latisecta*
	黄粉圆叶报春	*P. macrophylla* var. *atra*
	尖萼大叶报春	*P. macrophylla* var. *ninguida*
	郎贡灯台报春	*P. morsheadiana*
	苔状小报春	*P. muscoides*
	密丛小报春	*P. rhodochroa*

（续表）

	凤翔报春	*P. sinophantaginea* var. *fengxiangiana*
	淡粉报春	*P. tayloriana*
	丛毛岩报春	*P. tsonpenii*
	紫红紫晶报春	*P. valentiniana*
	展萼雪山报春	*P. youngeriana*
	折瓣雪山报春	*P. advena*
	钟状独花报春	*Omphalogramma brachysiphon*
	光叶独花报春	*O. elwesiana*
	小独花报春	*O. minus*
蓝雪科	Plumbaginaceae	
	多花紫金标	*Ceratostigma griffithii*
	架棚	*C. minus*
木犀科	Oleaceae	
	素馨花	*Jasminum grandiflorum*
	素方花	*J. officinale*
	铁叶矮探春	*J. humile* var. *siderophyllum*
山矾科	Symplocaceae	
	白檀	*Symplocos paniculata*
马钱科	Loganiaceae	
	昆明醉鱼草	*Buddleja agathosma*
	皱叶醉鱼草	*B. crispa*
	小叶醉鱼草	*B. minima*
龙胆科	Gentianaceae	
	直萼龙胆	*Gentiana erecto-sepala*
	西藏龙胆	*G. tibetica*
	长梗龙胆	*G. waltonii*
	肾叶龙胆	*G. crassuloides*
	多雄山龙胆	*G. doxiongshanensis*
	条裂龙胆	*G. lacinulata*

（续表）

	宽边龙胆	*G. latimarginalis*
	全萼龙胆	*G. lhassica*
	米林龙胆	*G. mainlingensis*
	拉木拉龙胆	*G. namlaensis*
	林芝龙胆	*G. nyingchiensis*
	倒锤花龙胆	*G. obconica*
	叶萼龙胆	*G. phyllocalyx*
	朗县龙胆	*G. sherriffii*
	厚边龙胆	*G. simulatrix*
	珠峰龙胆	*G. stellata*
	聂拉木龙胆	*G. nyalamensis*
	大钟花	*Megacodon stylophorus*
	湿生扁蕾	*Gentianopsis paludosa*
	喉毛花	*Comastoma pulmonarium*
	椭圆叶花锚	*Halenia elliptica*
	加地肋柱花	*Lomatogonium carinthiacum*
	圆叶肋柱花	*L. oreocharis*
	合萼肋柱花	*L. gamosepalum*
	抱茎獐牙菜	*Swertia franchetiana*
	苇叶獐牙菜	*S. phragmitiphylla*
	少花二叶獐牙菜	*S. bifolia* var. *wardii*
	宽丝獐牙菜	*S. dilatata*
	粗壮獐牙菜	*S. hookeri*
	大花蔓龙胆	*Crawfurdia angustata*
	林芝蔓龙胆	*C. nyingchiensis*
萝藦科	Asclepiadaceae	
	隔山消	*Cynanchum wilfordii*
	西藏牛皮消	*C. saccatum*
	牛皮消	*C. auriculatum*

（续表）

	大理白前	*C. forrestii*
	竹灵消	*C. inamoenum*
	青羊参	*C. otophyllum*
旋花科	Convolvulaceae	
	欧洲菟丝子	*Cuscuta europaea*
	旋花	*Calystegia sepium*
紫草科	Boraginaceae	
	丛茎滇紫草	*Onosma waddellii*
	细花滇紫草	*O. hookeri*
	丛茎滇紫草	*O. waddellii*
	软紫草	*Arnebia euchroma*
	垫紫草	*Chionocharis hookeri*
	西藏附地菜	*Trigonotis tibetica*
	高山附地菜	*T. rockii*
	微孔草	*Microula sikkimensis*
	异果假鹤虱	*Eritrichium difforme*
	疏花齿缘草	*E. laxum*
	具柄齿缘草	*E. petiolare*
	陀果齿缘草	*E. petiolare* var. *subturbinatum*
	西南琉璃草	*Cynoglossum wallichii*
	琉璃草	*C. zeylanicum*
	倒提壶	*C. amabile*
	倒钩琉璃草	*C. wallichii* var. *glochidiatum*
	密花毛果草	*Lasiocaryum densiflorum*
	毛果草	*L. munroi*
唇形科	Labiatae	
	掌叶石蚕	*Rubiteucris palmata*
	血见愁	*Teucrium viscidum*
	筋骨草	*Ajuga ciliata*

（续表）

	朗县黄芩	*Scutellaria kingiana*
	夏至草	*lagopsis supina*
	扭连钱	*Phyllophyton complanatum*
	江达荆芥	*Nepeta jomdaensis*
	穗花荆芥	*N. laevigata*
	齿叶荆芥	*N. dentata*
	藏荆芥	*N. angustifolia*
	狭叶荆芥	*N. souliei*
	甘青青兰	*Dracocephalum tanguticum*
	夏枯草	*Prunella vulgaris*
	硬毛夏枯草	*P. hispida*
	轮叶铃子香	*Chelonopsis souliei*
	米林糙苏	*Phlomis milingensis*
	假秦艽	*P. betonicoides*
	西藏糙苏	*P. tibetica*
	萝卜秦艽	*P. medicinalis*
	毛盔糙苏	*P. tibetica* var. *wardii*
	独一味	*Lamiophlomis rotata*
	宝盖草	*L. amplexicaule*
	绵参	*Eriophyton wallichianum*
	甘西鼠尾草	*Salvia przewalskii*
	绒毛鼠尾草	*S. castanea* f. *tomentosa*
	粘毛鼠尾草	*S. roborowskii*
	栗色鼠尾草	*S. castanea*
	黄鼠狼花	*S. tricuspis*
	蜜蜂花	*Melissa axillaris*
	云南蜜蜂花	*M. yunnanensis*
	灯笼草	*Clinopodium polycephalum*
	匍匐风轮菜	*C. repens*

（续表）

	西藏姜味草	*Micromeria wardii*
	牛至	*Origanum vulgare*
	假薄荷	*Mentha asiatica*
	薄荷	*M. haplocalyx*
	毛穗香薷	*Elsholtzia eriostachya*
	川滇香薷	*E. souliei*
	密花香薷	*E. densa*
	短柄香薷	*E. ciliata* var. *brevipes*
	高原香薷	*E. feddei*
	鸡骨柴	*E. fruticosa*
	球穗香薷	*E. strobilifera*
	马尔康香茶菜	*Rabdosia smithiana*
	皱叶香茶菜	*R. rugosa*
	小叶香茶菜	*R. parvifolia*
	山地香茶菜	*R. oresbia*
	川藏香茶菜	*Rabdosia pseudo-irrorata*
	德钦香茶菜	*R. grandifolia* var. *atuntzensis*
	西藏香茶菜	*R. wardii*
茄科	Solanaceae	
	枸杞	*Lycium chinense*
	龙葵	*Solanum nigrum*
	少花龙葵	*S. photeinocarpum*
	天仙子	*Hyoscyamus niger*
	番茄	*Lycopersicon esculentum*
	铃铛子	*Anisodus luridus*
	唐古特山莨菪	*A. tanguticus*
	马尿泡	*Przewalskia tangutica*
	曼陀罗	*Datura stramonium*
玄参科	Scrophulariaceae	

（续表）

	毛蕊花一柱香	*Verbascum thapsus*
	荨麻叶玄参	*Scrophularia urticaefolia*
	肉果草	*Lancea tibetica*
	通泉草	*Mazus japonicus*
	宽叶柳穿鱼	*Linaria thibetica*
	鞭打绣球	*Hemiphragma heterophyllum*
	美穗草	*Veronicastrum brunonianum*
	北水苦荬	*V. anagallisaquatica*
	拉萨长果婆婆纳	*V. ciliata* subsp. *cephaloides*
	中甸长果婆婆纳	*V. ciliata* subsp. *zhongdianensis*
	多毛伞房花婆婆纳	*V. szechuanica* subsp. *sikkimensis*
	毛果婆婆纳	*V. eriogyne*
	小婆婆纳	*V. serpyllifolia*
	大萼兔耳草	*Lagotis clarkei*
	细裂叶松蒿（草柏枝）	*Phtheirospermum tenuisectum*
	短腺小米草	*Euphrasia regelii*
	喙毛马先蒿	*Pedicularis rhynchotricha*
	全叶马先蒿	*P. integrifolia*
	柔毛马先蒿	*P. mollis*
	假山罗花马先蒿	*P. pseudomelampyriflora*
	狭裂马先蒿	*P. angustiloba*
	扭盔马先蒿	*P. davidii*
	凹唇马先蒿	*P. croizatiana*
	绒舌马先蒿	*P. lachnoglossa*
	须毛马先蒿	*P. trichomata*
	矽镁马先蒿	*P. sima*
	裹盔马先蒿	*P. elwesii*
	毛盔马先蒿	*P. trichoglossa*
	凸额马先蒿	*P. cranolopha*

（续表）

	隐花马先蒿	*P. cryptantha*
	绵穗马先蒿	*P. pilostachya*
	密穗马先蒿	*P. densispica*
	美丽马先蒿	*P. bella*
	绯色美丽马先蒿	*P. bella* subsp. *holophylla* var. *holophylkla forma rosea*
	全叶美丽马先蒿	*P. bella* subsp. *hoophylla*
	头花马先蒿	*P. cephalantha*
	中国马先蒿	*P. chinensis*
	拟鼻花马先蒿	*P. rhinanthoides Schrenk*
	裹喙马先蒿	*P. fletcherii*
	坚细马先蒿	*P. gracilis* subsp. *Stricta*
	全缘马先蒿	*P. integrifolia* subsp. *integerrima*
	甘肃马先蒿	*P. kansuensis*
	斑唇马先蒿	*P. longiflora* subsp. *tubiformis*
	大唇马先蒿	*P. megalochila*
	林芝马先蒿	*P. nyingchiensis*
	青海马先蒿	*P. przewalskii*
	草甸马先蒿	*P. roylei*
	狭室马先蒿	*P. stenotheca*
	网脉马先蒿	*P. szetschuanica* subsp. *anastomosans*
	宿叶马先蒿	*P. tenacifolia*
	阴行草	*Siphonostegia chinensis*
紫葳科	Bignoniaceae	
	四川角蒿	*Incarvillea beresowskii*
	黄波罗花	*I. lutea*
	鸡肉参	*I. mairei*
列当科	Orobanchaceae	
	丁座草	*Boschniakia himalaica*
	列当	*Orobanche coerulescens*

（续表）

	四川列当	*O. sinensis*
苦苣苔科	Gesneriaceae	
	黄花粗筒苣苔	*Briggsia aurantiaca*
	光萼石花	*Corallodiscus flabellatus*
	卷丝苣苔	*C. kingianus*
狸藻科	Lentibulariaceae	
	捕虫堇	*Pinguicula alpina*
爵床科	Acanthaceae	
	头花马蓝	*Goldfussia capitata*
车前科	Plantaginaceae	
	喜马拉雅车前	*Plantago himalaica*
	平车前	*P. depressa*
	车前	*P. asiatica*
	疏花车前	*P. asiatica* subsp. *erosa*
茜草科	Rubiaceae	
	小叶野丁香	*Leptodermis microphylla*
	白毛野丁香	*L. rehderiana*
	西南野丁香	*L. microphylla*
	糙毛野丁香	*L. nigricans*
	粉背野丁香	*L. potaninii* var. *glauca*
	虎刺	*Damnacanthus indicus*
	中华茜草	*Rubia chinensis*
	膜叶茜草	*R. membranacea*
	茜草	*R. manjith*
	光茎茜草	*R. wallichiana*
	猪殃殃	*Galium aparine* var. *tenerum*
	毛叶葎	*G. pseudohirtiflorum*
	八仙草	*G. asperifolium*
	小叶八仙草	*G. asperifolium* var. *sikkimense*

（续表）

	六叶葎	*G. asperuloides* var. *hoffmeisteri*
忍冬科	Caprifoliaceae	
	血莽草	*Sambucus adnata*
	穿心莛子藨	*Triosteum himalayanum*
	心叶荚蒾	*Viburnum cordifolium*
	蓝黑果荚蒾	*V. atrocyaneum*
	水红木	*V. cylindricum*
	少毛西域荚蒾	*V. mullaba* var. *glabrescens*
	假醉鱼草	*Abelia buddleioides*
	狭叶忍冬	*Lonicera angustifolia*
	小叶忍冬	*L. microphylla*
	四川忍冬	*L. szechu*
	柳叶忍冬	*L. lanceolata*
	淡红忍冬	*L. acuminata*
	齿叶忍冬	*L. setifera*
	华西忍冬	*L. webbiana*
	杯萼忍冬	*L. inconspicua*
	袋花忍冬	*L. saccata*
	粗刺毛忍冬	*L. hispida* var. *setosa*
	越桔忍冬	*L. myrtillus*
	理塘忍冬	*L. litangensis*
	陇塞忍冬	*L. tangutica*
	紫药蓝果忍冬	*L. cyanocarap* var. *porphyrantha*
	红矮花小忍冬	*L. syringantha* var. *wolfii*
	唐古特忍冬	*L. tangutica*
	毛花忍冬	*L. trichosantha*
	鬼吹箫	*Leycesteria formosa*
	狭萼鬼吹箫	*L. formosa* var. *steenosepala*
五福花科	Adoxaceae	

（续表）

	五福花	*Adoxa moschatellina*
败酱科	Valerianaceae	
	甘松	*Nardostachys jatamansi*
	长序缬草	*Valeriana hardwickii*
	小花缬草	*V. minutiflora*
川续断科	Dipsacaceae	
	双参	*Triplostegia glandulifera*
	青海刺参	*Morina kokonorica*
	白花刺参	*M. nepalensis*
	刺参	*M. nepalensis*
	大头续断	*Dipsacus mitis*
	匙叶翼首花	*Pterocephalus hookeri*
	裂叶翼首花	*P. bretschneideri*
葫芦科	Cucurbitaceae	
	波棱瓜	*Herpetospermum pedunculosum*
	西瓜	*Citrullus lanatus*
	南瓜	*Cucurbita moschata*
	茅瓜	*Solena amplexicaulis*
	南赤爬	*Thladiantha nudiflora*
	西藏赤爬	*T. setispina*
桔梗科	Campanulaceae	
	小叶轮种草	*Campanumoea celebica*
	大萼蓝钟花	*Cyananthus macrocalyx*
	裂叶蓝钟花	*C. lobatus*
	杂毛蓝钟花	*C. sherriffii*
	光萼蓝钟花	*C. leiocalyx*
	灰毛蓝钟花	*C. incanus*
	短毛蓝钟花	*C. pseudo-inflatus*
	党参	*Codonopsis pilosula*

（续表）

	光萼党参	*C. levicalyx*
	二色党参	*C. bicolor*
	辐冠党参	*C. convolvulacea* subsp. *vinciflora*
	臭党参	*C. foetens*
	藏南党参	*C. subsimplex*
	长花党参	*C. thalictrifolia*
	川藏沙参	*Adenophora liliifolioides*
	甘孜沙参	*A. jasionifolia*
	喜马拉雅沙参	*A. himalayana*
	西南风铃草	*Campanula colorata*
	西藏山梗菜	*Lobelia tibetica*
	耳柄蒲儿根	*Sinosenecio euosmus*
菊科	Compositae	
	异叶泽兰	*Eupatorium heterophyllum*
	三花盘果菊	*Prenanthes brunoniana*
	川西小黄菊	*Pyrethrum tatsienense*
	无舌川西小黄菊	*P. tatsienense* var. *tanacetopsis*
	川西合耳菊	*Synotis solidaginea*
	秋分草	*Rhynchospermum verticillatum*
	拉萨狗娃花	*Heteropappus gouldii*
	圆齿狗娃花	*H. crenatifolius*
	阿尔泰狗娃花	*H. altaicus*
	无舌狗娃花	*H. eligulatus*
	缘毛紫菀	*Aster souliei*
	髯毛紫菀	*A. barbellatus*
	舌叶紫菀	*A. lingulatus*
	白背紫菀	*A. hypoleucus*
	丽江紫菀	*A. likiangensis*
	长毛小舌紫菀	*A. albescens* var. *pilosus*

（续表）

	小舌紫菀	*A. albescens*
	重冠紫菀	*A. diplostephioides*
	重羽紫菀	*A. bipinnatisectus*
	怒江紫菀	*A. salwinensis*
	辉叶紫菀	*A. fulgidulus*
	凹叶紫菀	*A. retusus*
	珠峰飞蓬	*Erigeron himalajensis*
	短葶飞蓬	*E. breviscapus*
	多舌飞蓬	*E. multiradiatus*
	加拿大白酒草	*Conyza canadensis*
	香丝草	*C. bonariensis*
	毛香火绒草	*Leontopodium stracheyi*
	戟叶火绒草	*L. dedekensii*
	雅谷火绒草	*L. jacotianum*
	银叶火绒草	*L. souliei*
	细茎毛香火绒草	*L. stracheyi* var. *tenuicaule*
	旋叶香青	*Anaphalis contorta*
	灰叶香青	*A. spodiophylla*
	伞房尼泊尔香青	*A. nepalensis*
	线叶珠光香青	*A. margaritacea*
	尼泊尔香青	*A. nepalensis*
	珠光香青	*A. margaritacea*
	单头尼泊尔香青	*A. nepalensis*
	红指香青	*A. rhododactyla*
	二色香青	*A. bicolor*
	西藏香青	*A. tibetica*
	铃铃香青	*A. hancockii*
	黄腺香青	*A. aureopunctata*
	黑鳞黄脉香青	*A. aureo-punctata* var. *atrata*

（续表）

	狭苞香青	*A. stenocephala*
	鼠麹草	*Gnaphalium affine*
	秋鼠麹草	*G. hypoleucum*
	暗花金挖耳	*Carpesium trist*
	天名精	*C. abrotanoides*
	高原天名精	*C. lipskyi*
	尼泊尔天名精	*C. nepalense*
	葶茎天名精	*C. scapiforme*
	粗齿天名精	*C. trachelifolium*
	苍耳	*Xanthium sibiricum*
	豨莶	*Siegesbeckia orientalis*
	腺梗豨莶	*S. pubescens*
	波斯菊	*Cosmos bipinnata*
	牛膝菊	*Galinsoga parviflora*
	分枝亚菊	*Ajania ramosa*
	多花亚菊	*A. myriantha*
	紫花亚菊	*A. purpurea*
	灰苞蒿	*Artemisia roxburghiana*
	猪毛蒿	*A. scoparia*
	藏龙蒿	*A. waltonii*
	藏沙蒿	*A. wellbyi*
	粘毛蒿	*A. mattfeldii*
	沙蒿	*A. desertorum*
	直茎蒿	*A. edgeworthii*
	亮蒿	*A. fulgens*
	细裂叶莲蒿	*A. santolinifolia*
	臭蒿	*A. hedinii*
	小球花蒿	*A. moorcroftiana*
	昆仑蒿	*A. nanschanica*

（续表）

	西南牡蒿	*A. parviflora*
	大籽蒿	*A. sieversiana*
	微毛牛尾蒿	*A. subdigitata* var. *thomsonii*
	吉塘蒿	*A. gyitangensis*
	甘青蒿	*A. tangutica*
	毛莲蒿	*A. vestita*
	日喀则蒿	*A. xigazeensis*
	款冬	*Tussilago farfara*
	阿尔泰多榔菊	*Doronicum altaicum*
	野茼蒿	*Crassocephalum crepidioides*
	五裂蟹甲草	*Parasenecio quinquelobus*
	川西千里光	*Senecio solidagineus*
	千里光	*S. scandens*
	异叶千里光	*S. diversifolius*
	欧洲千里光	*S. vulgaris*
	伞花千里光	*S. acuminatus*
	箭叶橐吾	*Ligularia sagitta*
	苍山橐吾	*L. tsangchanensis*
	垂头橐吾	*L. cremanthodioides*
	盘状橐吾	*L. discoidea*
	林芝橐吾	*L. nyingchiensis*
	黑苞橐吾	*L. retusa*
	酸模叶橐吾	*L. rumicifolia*
	紫花橐吾	*L. dux*
	东久橐吾	*L. tongkyukensis*
	向日垂头菊	*Cremanthodium helianthus*
	狭叶垂头菊	*C. angustifolium*
	珠芽垂头菊	*C. bulbilliferum*
	条叶垂头菊	*C. lineare*

（续表）

	舌叶垂头菊	*C. lingulatum*
	车前状垂头菊	*C. ellisii*
	叙舌垂头菊	*C. thomsonii*
	金盏花	*Calendula officinalis*
	牛蒡	*Arctium lappa*
	节毛飞廉	*Carduus acanthoides*
	绵头蓟	*Cirsium eriophoroides*
	贡山蓟	*C. bolocephalum*
	倒钩蓟	*C. handelii*
	骆蓟	*C. lanatum*
	星状雪兔子	*Saussurea stella*
	白毛风毛菊	*S. lanata*
	蒲公英叶风毛菊	*S. taraxacifolia*
	少花风毛菊	*S. oligantha*
	羽裂风毛菊	*S. pinnatidentata*
	苞叶雪莲	*S. obvallata*
	波密风毛菊	*S. bomiensis*
	肿柄雪莲	*S. conica*
	矮丛风毛菊	*S. pygmaea*
	黑毛雪兔子	*S. hypsipeta*
	拉萨雪兔子	*S. kingii*
	丽江风毛菊	*S. likiangensis*
	林周风毛菊	*S. lhunzhubensis*
	长叶雪莲	*S. longifolia*
	倒披针叶雪莲	*S. nimborum*
	假狮牙草风毛菊	*S. pseudo-leontodon*
	半琴叶风毛菊	*S. semilyrata*
	松潘风毛菊	*S. sungpanensis*
	垂头雪莲	*S. wettsteiniana*

（续表）

	美叶藏菊	*Dolomiaea calophylla*
	西藏川木香	*D. wardii*
	矢车菊	*Centaurea cyanus*
	红花	*Carthamus tinctorius*
	宽叶兔儿风	*Ainsliaea latifolia*
	异叶兔儿风	*A. foliosa*
	无翅兔儿风	*A. aptera*
	尼泊尔大丁草	*Gerbera maxima*
	合缨大丁草	*G. connata*
	日本毛连菜	*Picris japonica*
	灰果蒲公英	*Taraxacum maurocarpum*
	毛葶蒲公英	*T. eriopodum*
	反苞蒲公英	*T. grypodon*
	川藏蒲公英	*T. maurocarpum*
	角苞蒲公英	*T. stenoceras*
	绢毛菊	*Soroseris gillii*
	团伞绢毛菊	*S. glomerata*
	康滇合头菊	*Syncalathium souliei*
	蓝花岩参	*Cicerbita cyanea*
	岩参	*C. macrorhiza*
	厚喙菊	*Dubyaea hispida*
	西藏还阳参	*Crepis tibetica*
	山苦荬	*Ixeris chinensis*
	细叶苦荬	*L. gracilis*
	旌节黄鹌菜	*Youngia racemifera*
	纤细黄鹌菜	*Y. gracillis*
	黄鹌菜	*Y. japonica*
	矮生黄鹌菜	*Y. depressa*
眼子菜科	Potamogetonaceae	

（续表）

	眼子菜	*Potamogeton distinctus*
	浮叶眼子菜	*P. natans*
水麦冬科	Juncaginaceae	
	海韭菜	*Triglochin maritima*
	水麦冬	*T. palustris*
禾本科	Gramineae	
	西藏鹅观草	*Roegneria tibetica*
	多变鹅观草	*R. varia*
	短颖鹅观草	*R. breviglumis*
	硬秆鹅观草	*R. rigidula*
	耐久鹅观草	*R. dura*
	反折鹅观草	*R. retroflexa*
	肃草	*R. stricta*
	扭轴鹅观草	*R. schrenkiana*
	杨氏鹅观草	*R. yangiae*
	黑穗画眉草	*Eragrostis nigra*
	紫马唐	*Digitaria violascens*
	升马唐	*D. ciliaris*
	青稞	*Hordeum vulgare* var. *nudum*
	短芒大麦草	*H. brevisubulatum*
	大麦	*H. vulgare*
	三角草	*Trikeraia hookeri*
	矮落芒草	*Oryzopsis humilis*
	藏落芒草	*O. tibetica*
	细弱落芒草	*O. lateralis*
	金狗尾草	*Setaria glauca*
	狗尾草	*S. viridis*
	短柄草	*Brachypodium sylvaticum*
	疏花早熟禾	*Poa chalarantha*

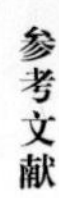

（续表）

	江南早熟禾	*P. faberi*
	冷地早熟禾	*P. crymophila*
	白顶早熟禾	*P. acroleuca*
	高原早熟禾	*P. alpigena*
	早熟禾	*P. annua*
	华东早熟禾	*P. faberi*
	开展早熟禾	*P. lipskyi*
	中亚早熟禾	*P. litwinowiana*
	林地早熟禾	*P. nemoralis*
	草地早熟禾	*P. pratensis*
	卡西早熟禾	*P. khasiana*
	紫黑早熟禾	*P. nigro-purpurea*
	羊茅	*Festuca ovina*
	弱须羊茅	*F. leptopogon*
	小颖羊茅	*F. parvigluma*
	藏布三芒草	*Aristida tsangpoensis*
	三刺草	*A. triseta*
	白草	*Pennisetum centrasiaticum*
	狼尾草	*P. alopecuroides*
	藏西扁芒草	*Danthonia cachemiriana*
	扁芒草	*D. schneideri*
	西藏箭竹	*Fargesia setosa*
	狗牙根	*Cynodon dactylon*
	旱雀麦	*Bromus tectorum*
	多节雀麦	*B. plurinodis*
	华雀麦	*B. sinensis*
	展穗芨芨草	*Achnatherum effusum*
	远东芨芨草	*A. extremiorientale*
	羽茅	*A. sibiricum*

（续表）

	甘青剪股颖	*Agrostis hugoniana*
	紧穗剪股颖	*A. mackliniae*
	疏花剪股颖	*A. perlaxa*
	岩生剪股颖	*A. rupestris*
	西藏须芒草	*Andropogon munroi*
	藏黄花茅	*A. hookeri*
	穗序野古草	*Arundinella chenii*
	喜马拉雅野古草	*A. hookeri*
	云南野古草	*A. yunnanensis*
	茵草	*Beckmannia syzigachne*
	白羊草	*Bothriochloao ischaemum*
	单蕊拂子茅	*Calamagrostis emodensis*
	短芒拂子茅	*C. hedinii*
	假苇拂子茅	*C. pseudophragmites*
	芸香草	*Cymbopogon distans*
	藏香茅	*C. tibeticus*
	发草	*Deschampsia caespitosa*
	穗发草	*D. koelerioides*
	长舌发草	*D. caespitosa*
	微药野青茅	*Deyeuxia nivicola*
	小丽茅	*D. pulchella*
	糙野青茅	*D. scabrescens*
	藏野青茅	*D. tibetica*
	伞房双药芒	*Diandranthus corymbosus*
	紫毛双药芒	*D. taylorii*
	稗	*Echinochloa crus-galli*
	麦宾草	*Elymus tangutorum*
	变绿异燕麦	*Helictotrichon virescens*
	野燕麦	*Avena fatua*

（续表）

	藏扇穗茅	*Littledalea tibetica*
	黑麦草	*Lolium perenne*
	藏东臭草	*Melica schuetzeana*
	粟草	*Milium effusum*
	棒头草	*Polypogon fugax*
	太白细柄茅	*Ptilagrostis concinna*
	长芒草	*Stipa bungeana*
	草沙蚕	*Tripogon bromoides*
	中华草沙蚕	*T. chinensis*
	长穗三毛草	*Trisetum clarkei*
	西伯利亚三毛草	*T. sibiricum*
	喜马拉雅穗三毛	*T. spicatum* var. *himalaicum*
	蒙古穗三毛	*T. spicatum* var. *mongolicum*
	鼠茅	*Vulpia myuros*
莎草科	Cyperaceae	
	华扁穗草	*Blysmus sinocompressus*
	丝叶球柱草	*Bulbostylis densa*
	扁鞘飘拂草	*Fimbristylis complanata*
	长尖莎草	*Cyperus cuspidatus*
	砖子苗	*Mariscus sumatrensis*
	四川嵩草	*Kobresia setchwanensis*
	线叶嵩草	*K. capillifolia*
	川滇嵩草	*K. cercostachys*
	线穗嵩草	*K. cercosachya* var. *capillacea*
	弧形嵩草	*K. curvata*
	囊状嵩草	*K. fragilis*
	矮生嵩草	*K. humilis*
	大花嵩草	*K. macrantha*
	亚东嵩草	*K. yadongensis*

（续表）

	高山嵩草	*K. pygmaea*
	喜马拉雅嵩草	*K. royleana*
	四川嵩草	*K. setchwanensis*
	钩状嵩草	*K. uncinoides*
	大花嵩草	*K. macrantha*
	密生苔草	*Carex crebra*
	藏东苔草	*C. cardiolepis*
	梨形苔草	*C. hemineuros*
	粗根苔草	*C. pachyrrhiza*
	尖鳞苔草	*C. atrata* subsp. *pullata*
	青绿苔草	*C. breviculmis*
	林芝苔草	*C. caespititia*
	绿穗苔草	*C. chlorostachys*
	刺喙苔草	*C. forrestii*
	红嘴苔草	*C. haematostoma*
	毛囊苔草	*C. inanis*
	甘肃苔草	*C. kansuensis*
	多果苔草	*C. pleistogyna*
	紫鳞苔草	*C. souliei*
天南星科	Araceae	
	菖蒲	*Acorus calamus*
	曲序南星	*Arisaema tortuosum*
	藏南绿南星	*A. jacquemomtii*
	隐序南星	*A. wardii*
	象南星	*A. elephas*
	一把伞南星	*A. erubescens*
	刺棒南星	*A. echinatum*
	黄苞南星	*A. flavum*
浮萍科	Lemnaceae	

(续表)

	稀脉浮萍	*Lemna perpusilla*
灯心草科	Juncaceae	
	散序地杨梅	*Luzula effusa*
	多花地杨梅	*L. multiflora*
	华北地杨梅	*L. oligantha*
	大序地杨梅	*L. sudetica*
	葱状灯心草	*Juncus allioides*
	枯灯心草	*J. sphacelatus*
	卡西灯心草	*J. khasiensis*
	野灯心草	*J. setchuensis*
	走茎灯心草	*J. amplifolius*
	小花灯心草	*J. articulatus*
	小灯心草	*J. bufonius*
	雅致灯心草	*J. concinnus*
	单头雅灯心草	*J. concinnus* var. *monocephalus*
	扩展灯心草	*J. effusus*
	喜马拉雅灯心草	*J. himalensis*
	甘川灯心草	*J. leucanthus*
	片髓灯心草	*J. inflexus*
	江南灯心草	*J. leschenaultii*
	长苞灯心草	*J. leucomelas*
	吉隆灯心草	*J. longibracteatus*
	矮灯心草	*J. minimus*
	展苞灯心草	*J. thomsonii*
百合科	Liliaceae	
	短梗重楼	*Paris polyphylla* var. *appendiculata*
	七叶一枝花	*P. polyphylla Smith*
	羊齿天门冬	*Asparagus filicinus*
	防已叶菝葜	*Smilax menispermoidea*

（续表）

	叉柱岩菖蒲	*Tofieldia divergens*
	沿阶草	*Ophiopogon bodinieri*
	间型沿阶草	*O. intermedius*
	少花粉条儿菜	*Aletris pauciflora*
	星花粉条儿菜	*A. stelliflora*
	萱草	*Hemerocallis fulva*
	七筋姑	*Clintonia udensis*
	腋花扭柄花	*Streptopus simplex*
	管花鹿药	*Smilacina henryi*
	紫花鹿药	*S. purpurea*
	长柱鹿药	*S. oleracea*
	卷叶黄精	*Polygonatum cirrhifolium*
	棒丝黄精	*P. cathcartii*
	对叶黄精	*P. oppositifolium*
	点花黄精	*P. punctatum*
	轮叶黄精	*P. verticillatum*
	野黄韭	*Allium rude*
	天蓝韭	*A. cyaneum*
	粗根韭	*A. fasciculatum*
	天蒜	*A. paepalanthoides*
	钟花韭	*A. kingdonii*
	高山韭	*A. sikkimense*
	太白韭	*A. prattii*
	大百合	*Cardiocarinum giganteum*
	川贝母	*Fritillaria cirrhosa*
	假百合	*Notholirion bulbuliferum*
	小百合	*Lilium nanum*
	卓巴百合	*L. wardii*
	囊被百合	*L. saccatum*

(续表)

	尖果洼瓣花	*Lloydia oxycarpa*
	小洼瓣花	*L. serotina* var. *parva*
	平滑洼瓣花	*L. flavonutans*
鸢尾科	Iridaceae	
	西南鸢尾	*Iris bulleyana*
	金脉鸢尾	*I. chrysographes*
	西藏鸢尾	*I. clarkei*
	尼泊尔鸢尾	*I. decora*
	长葶鸢尾	*I. delavayi*
	锐果鸢尾	*I. goniocarpa*
	大锐果鸢尾	*I. goniocarpa* var. *grossa*
	马蔺	*I. lactea* var. *chinensis*
	宽柱鸢尾	*I. latistyla*
兰科	Orchidaceae	
	紫斑杓兰	*Cypripedium guttatum*
	大花杓兰	*C. macranthon*
	天麻	*Gastrodia elata*
	紫茎兰	*Risleya atropurpurea*
	高山鸟巢兰	*Neottia listeroides*
	尖唇鸟巢兰	*N. acuminata*
	裂唇虎舌兰	*Epipogium aphyllum*
	绶草	*Spiranthes sinensis*
	缘毛鸟足兰	*Satyrium ciliatum*
	黄花红门兰	*Orchis chrysea*
	二叶红门兰	*O. diantha*
	宽叶红门兰	*O. latifolia*
	斑唇红门兰	*O. wardii*
	二叶舌唇兰	*Platanthera chlorantha*
	高原舌唇兰	*P. exelliana*

（续表）

	条叶舌唇兰	*P. leptocaulon*
	宽唇角盘兰	*Herminium josephi*
	角盘兰	*H. monorchis*
	川滇角盘兰	*H. souliei*
	裂唇角盘兰	*H. alaschanicum*
	裂瓣角盘兰	*H. alaschanicum*
	衰距角盘兰	*H. elisabethae*
	二叶兜被兰	*Neottianthe cucullata*
	短距手参	*Gymnadenia crassinervis*
	凸孔阔蕊兰	*Peristylus coeloceras*
	西藏阔蕊兰	*P. elisabethae*
	落地金钱	*Habenaria aitchisonii*
	紫斑玉凤花	*H. purpureo-punctata*
	长距玉凤花	*H. davidii*
	西藏对叶兰	*Listera pinetorum*
	小花火烧兰	*Epipactis helloborine*
	金唇兰	*Chrysoglossum ornatum*
	小斑叶兰	*Goodyera repens*
	金耳石斛	*Dendrobium hookerianum*
	小山兰	*Oreorchis foliosa*
	四裂山兰	*O. micratha*
	沼兰	*Malaxis monophyllos*
	齿唇羊耳蒜	*Liparis campyloxtalix*
	羊耳蒜	*L. japonica*
	筒瓣兰	*Anthogonium gracile*
	卵叶贝母兰	*Coelogyne occultata*

附录 4　西藏工布自然保护区昆虫名录

原尾纲(原尾目)Protura

1. 始蚖科 Protentomidae

石井康蚖 *Condeellum ishiianum* Imadaté

分布:米林

蜻蜓目 Odonata

2. 蜓科 Aeshnidae

碧伟蜓 *Anax parthenope* Selys

分布:林芝

3. 蜻科 Libellulidae

高斑蜻 *Libellula basilinea* McLachlan

分布:米林

小斑蜻 *Libellula quadrimaculata* Linnaeus

分布:林芝

旭光赤蜻 *Sympetrum hypomelus* Selys

分布:林芝

黄腿赤蜻 *Sympetrum imitans* Selys

分布:林芝

黑条赤蜻 *Sympetrum haematoneura* Fraser

分布:米林

异色灰蜻 *Orthetrum melania* Selys

分布:林芝

4. 蟌科 Coenagriidae

心斑绿蟌 *Enallagma cyathigerum* Charpentier

分布:米林,林芝,工布江达

5. 扇蟌科 Platycnemididae

朱腹丽扇蟌 *Calicnemis eximia* Selys

分布:林芝

螳螂目 Mantodea

6. 螳科 Mantidae

瘦大刀螳 *Tenodera attenuate* Stoll

分布:林芝

直翅目 Orthoptera

7. 瘤锥蝗科 Chrotogonidae

金澜沧蝗 *Mekongiella kingdoni* Uvarov

分布:林芝,米林

瓦澜沧蝗 *Mekongiella wardi* Uvarov

分布:朗县,工布江达

西藏澜沧蝗 *Mekongiella xizaangensis* Yin

分布:工布江达

8. 斑翅蝗科 Oedipodidae

西藏飞蝗 *Locusta migratoria tibetensis* Chen

分布:林芝,米林

9. 网翅蝗科 Arcypteridae

错那牧草蝗 *Omocestus cuonaensis* Yin

分布:林芝,米林,朗县

墨脱牧草蝗 *Omocestus motuoensis* Yin

分布:米林

珠峰牧草蝗 *Omocestus hingstoni* Uvarov

分布:林芝

西藏竹蝗 *Ceracris xizangensis xizangensis* Liu

分布:林芝

西藏雏蝗 *Chorthippus tibetanus* Uvarov

分布:林芝,米林

10. 斑腿蝗科 Catantopidae

金印秃蝗 *Indopodisma kingdoni* Uvarov

分布:林芝

11. 短翼蚱科 Metrodoridae

坦顿波蚱 *Bolivaritettix tandoni* Shishodla

分布:林芝

12 刺翼蚱科 Scelimenidae

黑胫优角蚱 *Eucriotettix nigritibialis* Zheng et Shi

分布:林芝

13. 蚱科 Tetrigidae

瘦悠背蚱 *Euparatettix variabilis* Bolivar

分布:林芝

14. 露螽科 Phaneropteridae

日本条螽 *Ducetia japonica* Thunberg

分布:林芝

15. 草螽科 Conocephalidae

斑翅草螽 *Conocephalus maculatus* Le Guillou

分布:林芝

16. 蛩螽科 Meconematidae

吟螽 *Phlugiolopsis* sp.

分布:林芝

多裂库螽 *Kuzicus* (*Kuzicus*) *multifidous* Mao & Shi

分布:林芝

缺翅目 Zoraptera

17. 缺翅虫科 Zorotypidae

墨脱缺翅虫 *Zorotypus medoensis* Huang

分布:林芝

半翅目 Hemiptera

18. 蝽科 Pentatomidae

红角辉蝽 *Carbula crassiventris* Dallas

分布:林芝,米林

横纹菜蝽 *Eurydema gebleri* Kolenati

分布:林芝

缘腹碧蝽 *Palomena limbata* Jakovlev

分布:米林

角肩真蝽 *Pentatoma angulata* Hsiao et Cheng

分布:林芝

19. 长蝽科 Lygaeidae

普红长蝽 *Lygaeus oreophilus* Kiritschenko

分布:工布江达,林芝,米林

20. 盲蝽科 Miridae

三纹异草盲蝽 *Heterolygus trivittulatus* Ruter

分布:米林

原丽盲蝽 *Lygocoris pabulinus* Linnaeus

分布:米林

棱额草盲蝽 *Lygus discrepans* Reuter

分布:米林

长毛草盲蝽 *Lygus rugulipennis* Poppius

分布:米林

瘦狭盲蝽 *Stenodema angustatum* Zheng

分布:林芝,米林

21. 扁蝽科 Aradidae

西藏脊扁蝽 *Neuroctenus xizangensis* Liu

分布:米林

22. 缘蝽科 Coreidae

点伊缘蝽 *Aeschyntelus notatus* Hsiao

分布:林芝,米林

角蛛缘蝽 *Alydus angulus* Hsiao

分布:林芝

黑须棘缘蝽 *Cletus punctulatus* Westwood

分布:林芝,米林

23. 长蝽科 Lygaeidae

茸毛小长蝽 *Nysius graminicola* Kolenati

分布:米林

24. 姬蝽科 Nabidae

类原姬蝽亚洲亚种 *Nabis feroides mimoferus* Hsiao

分布:米林

25. 跳蝽科 Saldidae

宽角跳蝽 *Calacanthia angulosa* Kiritschenko

分布:林芝

26. 横脊叶蝉科 Evacanthidae

点翅横脊叶蝉 *Evacanthus stigmatus* Kuoh

分布:林芝

红边横脊叶蝉 *Evacanthus ruficostatus* Kuoh

分布:林芝

二点横脊叶蝉 *Evacanthus biguttatus* Kuoh

分布:林芝

27. 广头叶蝉科 Macropsidae

锈色横皱叶蝉 *Oncopsis fusca* Melichar

分布:林芝

28. 大叶蝉科 Tettigellidae

条翅大叶蝉 *Atkinsoniella grahami* Young

分布:林芝

通门大叶蝉 *Bothrogonia* (*Bothrogonia*) *tongmaiana* Yang et Li

分布:林芝

29. 叶蝉科 Cicadellidae

锈盾短头叶蝉 *Iassus rubiginosus* Kuoh

分布:米林

双斑纹翅叶蝉 *Nakaharanus bibaculatus* Li

分布:林芝

褐盾短头叶蝉 *Strangania dorsalis* Matstumura

分布:米林

30. 小绿叶蝉 Cicadellidae

烟黄小绿叶蝉 *Empoasca* (*Empoasca*) *yanhuana* Kuoh

分布:林芝

31. 殃叶蝉科 Euscelidae

钩茎二室叶蝉 *Balclutha uncinata* Kuoh

分布:林芝

长茎二室叶蝉 *Balclutha longa* Kuoh

分布:林芝

条纹二室叶蝉 *Balclutha tiaowena* Kuoh

分布:米林,林芝

黑条二叉叶蝉 *Macrosteles heitiacus* Kuoh

分布:林芝

条沙叶蝉 *Psammotettix striatus* Linnaeus

分布:林芝

32. 角蝉科 Membracidae

白斑三刺角蝉 *Tricentrus albipennis* Kato

分布:林芝

33. 木虱科 Psyllidae

藏半翅木虱 *Hemipteripsylla tibetana* Yang et Li

分布:林芝

细叶红柳木虱 *Psylla cheilophilae* Li et Yang

分布:米林

林芝柳木虱 *Psylla nyingchisalicis* Li et Yang

分布:林芝

藏柳木虱 *Psylla zangsalicis* Li et Yang

分布:林芝,米林

臭梧桐个木虱 *Trioza sambuci* Li et Yang

分布:林芝,米林

34. 纩蚜科 Mindaridae

日本纩蚜 *Mindarus japonicus* Takahashi

分布:米林

35. 大蚜科 Lachnidae

柳瘤大蚜 *Tuberolachnus salignus* Gmelin

分布:米林

36. 蚜科 Aphididae

豌蚜 *Acyrthosiphon pisum* Harris

分布:米林

桃蚜 *Myzus persicae* Sulzer

分布:米林

37. 盾蚧科 Diaspididae

寒齿盾蚧 *Quadraspidiotus gigas* Thiem et Gerneck

分布:林芝

缨翅目 Thysanoptera

38. 纹蓟马科 Aeolothripidae

西藏纹蓟马 *Aeolothrips xizangensis* Han

分布:米林(派区)

39. 蓟马科 Thripidae

大带蓟马 *Taeniothrips major* Bagnall

分布:米林,林芝

马先蒿带蓟马 *Taeniothrips pediculae* Han

分布:米林

鹊带蓟马 *Taeniothrips picipes* Zetterstedt

分布:米林,林芝

八节黄蓟马 *Thrips flavidulus* Bagnall

分布:米林

黄胸蓟马 *Thrips hawaiiensis* Morgan

分布:米林,林芝

双附鬃蓟马 *Thrips pillichi* Priesner

分布:米林

普通蓟马 *Thrips vulgatissimus* Haliday

分布:米林

40. 管蓟马科 Phlaeothripidae

稻管蓟马 *Haplothrips aculeatus* Fabricius

分布:米林

狭翅简管蓟马 *Haplothrips tenuipennis* Bagnall

分布:米林,林芝

米林器管蓟马 *Haplothrips mainlingensis* Han

分布:米林

脉翅目 Neuroptera

41. 褐蛉科 Hemerobiidae

双刺褐蛉 *Hemerobius bispinus* Banks

分布:林芝

李氏褐蛉 *Hemerobius lii* Yang

分布:林芝,林芝

西藏褐蛉 *Hemerobius xizangensis* Yang

分布:林芝

藏异脉褐蛉 *Idiomicromus zanganus* Yang

分布:林芝

林芝华脉线蛉 *Sineuronema nyingchiana* Yang

分布:林芝

42. 栉角蛉科 Dilaridae

散斑栉角蛉 *Dilar asperses* Yang

分布:林芝

43. 草蛉科 Chrysopidae

白线草蛉 *Chrysopa albolineata* Killington

分布:林芝,米林

藏普草蛉 *Chrysopa xizangana* Yang

分布:林芝

长柄多阶草蛉 *Tumeochrysa longiscape* Yang

分布:林芝

44. 蚁蛉科 Myrmeleontidae

藏蚁蛉 *Myrmeleon zanganus* Yang

分布:林芝

鞘翅目 Coleoptera

45. 皮金龟科 Trogidae

高山皮金龟 *Trox alpigenus* Zhang

分布:米林

46. 粪金龟科 Geotrupidae

沟武粪金龟 *Enoplotrupes bieti* Oberthür

分布:米林,林芝

齿股粪金龟 *Geotrupes armicrus* Fairmaire

分布:林芝

47. 蜉金龟科 Aphodiidae

游荡蜉金龟 *Aphodius erraticus* Linnaeus

分布:米林,林芝

48. 鳃金龟科 Melolonthidae

波密单爪鳃金龟 *Hoplia bomiensis* Zeng

分布:米林

尼胸突鳃金龟 *Hoplosternus nepalensis* Hope

分布:林芝,米林

丽腹弓角鳃金龟 *Toxospathius auriventris* Bates

分布:米林

49. 丽金龟科 Rutelidae

褐亮异丽金龟 *Anomala glabra* Lin

分布:林芝

弯翅矛丽金龟 *Callistethus excisipennis* Lin

分布:林芝

蓝边矛丽金龟 *Callistethus plagiicollis* Fairmaire

分布:米林,林芝

红斑矛丽金龟 *Callistethus stoliczkae* Sharp

分布:米林,林芝

黑变脩丽金龟 *Ischnopopillia atrivaria* Lin

分布:米林,林芝

黄边脩丽金龟 *Ischnopopillia flavomarginata* Lin

分布:米林,林芝

蓝足彩丽金龟 *Mimela cyanipes* Newman

分布:林芝

抱端彩丽金龟 *Mimela heterochropus* Blanchard

分布:林芝

草绿彩丽金龟 *Mimela passerinii* Hope

分布:米林,林芝

园林发丽金龟 *Phyllopertha horticola* Linnaeus

分布:林芝

斧须发丽金龟 *Phyllopertha suturata* Fairmaire

分布:林芝

粗臀弧丽金龟 *Popillia cerchnopyga* Lin

分布:林芝

缨足弧丽金龟 *Popillia fimbripes* Lin

分布:林芝

红背弧丽金龟 *Popillia maclellandi* Hope

分布:林芝

50. 黑蜣科 Passalidae

额角圆黑蜣 *Ceracupes fronticornis* Westwood

分布:林芝

凹线黑蜣 *Macrolinus foveolatus* Ma

分布:林芝

51. 锹甲科 Lucanidae

安陶锹甲 *Dorcus antaeus* Hope

分布:林芝

褐陶锹甲 *Dorcus ratiocinativus* Westwood

分布:林芝

雷陶锹甲 *Dorcus reichei* Hope

分布:林芝

戴锹甲 *Lucanus davidis* Deyrolle

分布:林芝

原锹甲 *Lucanus gracilis* Albers

分布:林芝

烂锹甲 *Lucanus lesnei* Planet

分布:林芝

红褐锹甲 *Lucanus didieri* Planet

分布:林芝

短颚锹甲 *Lucanus laetus* Arrow

分布:林芝

蔓莫锹甲 *Macrodorcas mochizukii* Miwa

分布:林芝

褐红前锹甲 *Prosopocoilus astacoides* Hope

分布:林芝

宽带前锹甲 *Prosopocoilus biplagiatus* Westwood

分布:林芝

52. 花金龟科 Cetoniidae

丽臀花金龟 *Camposiura xanthorrhina* Hope

分布:林芝

黄绿突花金龟 *Heterorrhina barmanica* Gestro

分布:林芝

53. 瓢虫科 Coccinellidae

二星瓢虫 *Adalia bipunctata* Linnaeus

分布:林芝,米林

多异瓢虫 *Adonia variegate* Goeze

分布:林芝,米林

十三星裸瓢虫 *Calvia duodecimmaculata* Gebler

分布:林芝,米林

十四星裸瓢虫 *Calvia quatuordecimguttata* Linnaeus

分布:林芝,米林

横斑瓢虫 *Coccinella transversoguttata* Faldermann

分布:林芝,米林,工布达江

纵条瓢虫 *Coccinella longifasciata* Liu

分布:林芝

大斑瓢虫 *Coccinella magnopunctata* Rybakow

分布:林芝,米林

Epilachna sp.

分布:米林,工布达江

梵文菌瓢虫 *Halyzia sanscrita* Mulsant

分布:林芝

黑斑突角瓢虫 *Hippodamia potanini* Weise

分布:工布达江

龙斑巧瓢虫 *Oenopia dracoguttata* Jing

分布:林芝,米林

黄缘巧瓢虫 *Oenopia quadripunctata* Kapur

分布:林芝,工布达江

十斑弯角瓢虫 *Semiadalia decimguttata* Jing

分布：林芝，朗县

54．芫菁科 Meloidae

波密带栉芫菁 *Zonitis bomiensis* Tan

分布：林芝

55．天牛科 Cerambycidae

中华长角天牛 *Acanthocinus sinensis* Pic

分布：林芝

凹胸梗天牛 *Arhopalus* (*Cephalallus*) *oberthuri* Sharp

分布：林芝

音天牛 *Heterophilus scabricollis* Pu

分布：米林

双斑瘤筒天牛 *Linda bimaculicollis* Breuning

分布：林芝

赭点模天牛 *Morimus assamensis* Breuning

分布：林芝

六角粉天牛 *Olenecamptus bilobus* Fabricius

分布：林芝、米林

云杉断眼天牛 *Tetropium oreinum* Gahan

分布：林芝

家茸天牛 *Trichoferus campestris* Faldermann

分布：林芝

56．叶甲科 Chrysomelidae

柱胸叶甲 *Agrosteomela indica* Hope

分布：米林

西藏跳甲 *Altica zangana* Chen et Wang

分布：米林

金绿跳甲察隅亚种 *Aphthona splendida chayuana* Chen et Yu

分布：林芝

黄盾角胸叶甲 *Basilepta scutellare* Chen

分布：林芝

米林卡萤叶甲 *Calomicrus mainlingus* Chen et Jiang

分布：米林

古铜凹胫跳甲 *Chaetocnema concinnicollis* Baly

分布：林芝

中华萝藦叶甲 *Chrysochus chinensis* Baly

分布:林芝

白杨叶甲 *Chrysomela tremulae* Fabricius

分布:林芝

麻克萤叶甲 *Cneorane cariosipennis* Fairmaire

分布:林芝

粗角短鞘萤叶甲 *Geinella crassicornis* Chen et Jiang

分布:林芝

位疑短鞘萤叶甲 *Geinella intermedia* Chen et Jiang

分布:米林

粗点短鞘萤叶甲 *Geinella punctipennis* Chen et Jiang

分布:米林

黄缘短鞘萤叶甲 *Geinella limbaticollis* Chen et Jiang

分布:米林

凸斑短鞘萤叶甲 *Geinella brevicollis* Chen et Jiang

分布:米林

黄铜短鞘萤叶甲 *Geinella cuprea* Chen et Jiang

分布:米林

四斑榕萤叶甲 *Morphosphaera gracilicornis* Chen

分布:林芝

黑斑斯毕萤叶甲 *Paraspitiella nigromaculata* Chen et Jiang

分布:林芝

瘦弗叶甲 *Phratora gracilis* Chen

分布:林芝

油菜蚤跳甲 *Psylliodes punctifrons* Baly

分布:米林

西藏跳甲 *Psylliodes tibetana* Chen

分布:林芝

57. 步甲科 Carabidae

细球胸步甲 *Broscosoma gracile* Andrewes

分布:米林

58. 隐翅虫科 Staphylinidae

齿隐翅虫 *Priochirus* (*Cephalomerus*) sp.

分布:林芝

邻菲隐翅虫 *Philonthus confinis* Strand

分布:林芝

菲隐翅虫 *Philonthus* sp.

分布:林芝

菲隐翅虫 *Philonthus* sp.

分布:林芝

59. 拟步甲科 Tenebrionidae

拟藏琵甲 *Blaps thibetanoides* Ren

分布:米林

瘦土甲 *Gonocephalus gracile* (Bates, 1879)

分布:林芝

60. 象甲科 Curculionidae

黑隆脊短喜马象 *Hyperomias morulineolus* Chen

分布:林芝

灰喜马象 *Hyperomias fraxinus* Chen

分布:林芝

短胸喜马象 *Leptomias pusillus* Chen

分布:林芝

黑喜马象 *Leptomias clavicrus* Marshall

分布:林芝,米林

小窝喜马象 *Leptomias foveolatus* Chao

分布:林芝

中条喜马象 *Leptomias midlineatus* Chao

分布:林芝

毛跗喜马象 *Leptomias crinitarsus* Aslam

分布:林芝,米林

坑沟喜马象 *Leptomias siahus* Aslam

分布:米林

尖角喜马象 *Leptomias acutus acutus* Aslam

分布:林芝

半圆喜马象 *Leptomias semicicularis* Chao

分布:林芝,米林

多毛喜马象 *Leptomias hirsutus* Chao

分布:林芝

交隆喜马象 *Leptomias alternans* Chao

分布:林芝,米林

短角喜马象 *Leptomias brevicornutus* Chao

分布:米林

藏布喜马象 *Leptomias tsanghoensis* Aslam

分布:林芝

米林喜马象 *Leptomias mainlingensis* Chao

分布:米林

漆黑喜马象 *Leptomias kindonwardi* Marshall

分布:米林

扁喜马象 *Leptomias depressus* Chao

分布:林芝

线条喜马象 *Leptomias lineatus* Aslam

分布:林芝,米林,工布江达

61. 小蠹科 Scolytidae

寡毛微小蠹 *Crypturgus pusillus* Gyllenhal

分布:米林

云杉毛小蠹 *Dryocoetes hectographus* Reitter

分布:林芝

翘角喙小蠹 *Hyorrhynchus blandfordi* Sampson

分布:林芝

光臂八齿小蠹 *Ips nitidus Eggers*

分布:米林

多鳞四眼小蠹 *Polygraphus squameus* Yin et Huang

分布:林芝,工布江达

中甸四眼小蠹 *Polygraphus zhungdianensis* Tsai et Yin

分布:林芝

瘤额四眼小蠹 *Polygraphus verrucifrons* Tsai et Yin

分布:米林,朗县

毛翅目 Trichoptera

62. 原石蛾科 Rhyacophilidae

舌原石蛾 *Glossosoma* sp.

分布:林芝

斑翅原石蛾 *Rhyacophila maculipennis* Ulmer

分布:米林,林芝

63. 纹石蛾科 Hydropsychidae

多叶高原纹石蛾 *Mexipsyche polyphylla* Tian et Li

分布:林芝

双翅目 Diptera

64. 蠓科 Ceratopogonidae

雪翅库蠓 *Culicoides chiopterus* Meigen

分布:工布江达

陈旧库蠓 *Culicoides obsoletus* Meigen

分布:米林

原野库蠓 *Culicoides homotomus* Kieffer

分布:工布江达松多

渐灰库蠓 *Culicoides grisescens* Edwards

分布:米林

日本库蠓 *Culicoides nipponensis* Tokunaga

分布:米林

65. 虻科 Tabanidae

赤褐麻虻 *Haematopota ustulata* Kröber

分布:工布江达

黄茸瘤虻 *Hybomitra robiginosa* Wang

分布:工布江达

维瘤虻 *Hybomitra wyvillei* Ricardo

分布:工布江达

圆腹瘤虻 *Hybomitra rotundabdominis* Wang

分布:工布江达

66. 食蚜蝇科 Syrphidae

黑带食蚜蝇 *Episyrphus balteatus* DeGeer

分布:林芝,米林

灰带管食蚜蝇 *Eristalis cerealis* Fabricius

分布:林芝,工布江达

长尾管食蚜蝇 *Eristalis tenax* Linnaeus

分布:林芝,米林

黑股条眼食蚜蝇 *Eristalodes paria* Bigot

分布:林芝

黑腹斑眼食蚜蝇 *Eristalinus tarsalis* Macquart

分布:林芝

长尾食蚜蝇 *Eristalomyia tenax* Linnaeus

分布:米林

连带细腹食蚜蝇 *Sphaerophoria taeniata* Meigen

分布:工布江达

67. 花蝇科 Anthomyiidae

草原拟花蝇 *Calythea pratincola* Panzer

分布:米林

68. 蝇科 Muscidae

四鬃毛蝇 *Dasyphora quadrisetosa* Zimin

分布:林芝,米林

斑纹蝇 *Graphomya maculate* Scopoli

分布:林芝

黑边家蝇 *Musca hervei* Villeneuve

分布:米林

厩腐蝇 *Muscina stabulans* Fall

分布:林芝

银眉黑蝇 *Ophyra leucostoma* Wied

分布:林芝

绿翠蝇 *Orthellia viridis* Wied

分布:林芝,米林

毛掌胡棘蝇 *Pogonomyia beelzebub* Pont

分布:米林

拉普兰毛棘蝇 *Thricops coquilletti* Malloch

分布:米林

69. 丽蝇科 Calliphoridae

巨尾阿丽蝇 *Aldrichina grahami* Aldrich

分布:林芝

少鬃陪丽蝇 *Bellardia oligochaeta* Chen et Fan

分布:米林

广额金蝇 *Chrysomya phaonis* Séguy

分布:林芝

肥驱金蝇 *Chrysomya pinguis* Walk.

分布:林芝

丝光绿蝇 *Lucilia sericata* Meigen

分布:林芝

70. 麻蝇科 Sarcophagidae

红尾粪麻蝇 *Bercaea haemorrhoidalis* Fallén

分布:米林

西藏疣麻蝇 *Tuberomembrana xizangensis* Fan

分布：林芝，朗县

71. 寄蝇科 Tachinidae

康刺腹寄蝇 *Compsilura concinnata* Meigen

分布：米林

古毒蛾追寄蝇 *Exorista larvarum* Linnaeus

分布：林芝

刺腹短须寄蝇 *Linnaemya microchaeta* Zimin

分布：米林

饰额短须寄蝇 *Linnaemya comta* Fallén

分布：米林

深黑雷迪寄蝇 *Redia atra* Meigen

分布：米林

西藏茸毛寄蝇 *Servillia xizangensis* Chao

分布：米林

闪斑长喙寄蝇 *Siphona confusa* Mesnil

分布：米林

巨爪寄蝇 *Tachina macropuchia* Chao

分布：米林

蚤目 Siphonaptera

72. 蚤科 Pulicidae

人蚤 *Pulex irritans* Linnaeus

分布：西藏全区

73. 蠕形蚤科 Vermipsyllidae

平行蠕形蚤 *Vermipsylla parallela* Liu, Wu et Wu

分布：林芝

74. 多毛蚤科 Hystrichopsyllidae

细柄新蚤 *Neopsylla angustimanubra* Wu, Wu et Liu

分布：朗县

膜翅目 Hymemoptera

75. 树蜂科 Siricidae

褐角树蜂 *Tremex fuscicornis* Fabr.

分布：林芝

复生树蜂 *Urocerus fushengi* Xiao et Wu

分布：米林

西藏大树蜂 *Urocerus gigas tibetanus* Bens

分布:林芝

76. 三节叶蜂科 Argidae

林芝三节叶蜂 *Arge nyingchiensis* Xiao et Huang

分布:林芝

77. 叶蜂科 Tenthredinidae

米林叶蜂 *Tenthredo mainlingensis* Xiao et Zhou

分布:米林

78. 茧蜂科 Braconidae

米林长距茧蜂 *Macrocentrus mainlingensis* Wang

分布:米林

79. 胡蜂科 Vespidae

藏长黄胡蜂 *Dolichovespula pacifica xanthicincta* Archer

分布:米林

80. 泥蜂科 Sphecidae

寨泥蜂日本亚种 *Ammophila sabulosa nipponica* Tsuneki

分布:米林,林芝

Odontopsen sp.(Odontopsen Tsuneki,1964 中国新记录属)

分布:林芝

三室短柄泥蜂 *Psen* sp.

分布:林芝,米林

81. 地蜂科 Andrenidae

拟黑伞地蜂 *Andrena submediocalens* Wu

分布:林芝

82. 准蜂科 Melittidae

拟西藏准蜂 *Melitta pseudotibetensis* Wu

分布:米林

83. 切叶蜂科 Megachilidae

白带尖腹蜂 *Coelioxys albofasciata* Wu

分布:米林,林芝

西藏拟孔蜂 *Hoplitis tibetensis* Wu

分布:林芝

84. 条蜂科 Anthophoridae

丽条蜂喜马拉雅亚种 *Anthophora pulcherrima himalayaensis* Wu

分布:工布江达

狐条蜂西藏亚种 *Anthophora vulpine waltoni* Cockerell
分布:米林,林芝
85. 蜜蜂科 Apidae
西藏丽熊蜂 *Bombus* (*Nobilibombus*) *xizangensis* Wang
分布:米林
明亮熊蜂 *Bombus* (*S. str.*) *lucorum* Linnaeus
分布:林芝,米林,工布江达
橘背熊蜂 *Bombus* (*Pyrobombus*) *atrocinctus* Smith
分布:米林
稀熊蜂 *Bombus* (*Pyrobombus*) *dilutior* Pittion
分布:米林
鸣熊蜂 *Bombus* (*Pyrobombus*) *sonani* Frison
分布:米林
滇熊蜂 *Bombus* (*Pyrobombus*) *yunnanicola* Bischoff
分布:工布江达
瑞熊蜂 *Bombus* (*Melanobombus*) *richardsi* Reing
分布:林芝,米林,工布江达
藏带熊蜂 *Bombus* (*Melanobombus*) *tenellus tibetensis* Wang
分布:林芝
云南熊蜂 *Bombus* (*Thoracobombus*) *yunnanensis* Bischoff
分布:林芝,米林
86. 姬蜂科 Ichneumonidae
纹阿格姬蜂 *Agrypon striatum* Wang
分布:林芝
德拟瘦姬蜂 *Netelia* (*Parophltes*) *dhruvi* Kaur et Jonathan
分布:米林

鳞翅目 Lepidoptera

87. 鞘蛾科 Coleophoridae
西藏鞘蛾 *Coleophora laripennella* Zeller
分布:林芝,工布江达
88. 卷蛾科 Tortricidae
天目山黄卷蛾 *Archips compitalis* Razowski
分布:米林
峨眉山卷蛾 *Gnorismoneura violascens* Meyrick
分布:米林

杨突小卷蛾 *Gibberifera simplana* Meyrick

分布:林芝

89. 螟蛾科 Pyralidae

银光草螟 *Crambus perlellus* Scopoli

分布:米林

榄绿草螟 *Crambus monochromellus* Herrich－Schaeffer

分布:米林

草地螟 *Loxostege sticticalis* Linnaeus

分布:林芝

90. 斑蛾科 Zygaenidae

朱颈褐锦斑蛾 *Soritia leptatina* Kollar

分布:林芝

细堆锦斑蛾 *Soritia pulchella leptalina* Kollar

分布:林芝,米林

91. 舟蛾科 Notodontidae

明线舟蛾 *Clostera mahatma* Bryk

分布:米林

隐扇舟蛾 *Clostera modesta* Staudinger

分布:林芝

92. 毒蛾科 Lymantriidae

洁黄毒蛾 *Euproctis catapasta* Collenette

分布:米林

迹带黄毒蛾 *Euproctis subfasciata* Walker

分布:米林

93. 灯蛾科 Arctiidae

首丽灯蛾 *Callimorpha principalis* Kollar

分布:米林,林芝

米林土苔蛾 *Eilema milina* Fang

分布:米林

优美苔蛾 *Miltochrista striata* Bremer et Grey

分布:米林

尘污灯蛾 *Spilarctia oblique* Walker

分布:米林

掌痣苔蛾 *Stigmatophora palmate* Moore

分布:米林

94. 鹿蛾科 Amatidae

多点春鹿蛾 *Eressa multigutta* Walker

分布:米林,林芝

伊贝鹿蛾 *Syntomoides imaon* Cramer

分布:米林

95. 夜蛾科 Noctuidae

桃剑纹夜蛾 *Acronicta incretata* Hampson

分布:林芝

首剑纹夜蛾 *Acronicta megacephala* Schiffermüller

分布:米林

荒夜蛾 *Agroperina lateritia* Hüfnagel

分布:林芝,米林

八字地老虎 *Amathes c-nigrum* Linnaeus

分布:米林

蔷薇扁身夜蛾 *Amphipyra perflua* Fabricius

分布:米林

白线尖须夜蛾 *Bleptina albolinealis* Leech

分布:米林

豆卜馍夜蛾 *Bomolocha tristalis* Lederer

分布:米林

阴卜馍夜蛾 *Bomolocha stygiana* Butler

分布:米林

印度康夜蛾 *Conservula indica* Moore

分布:林芝

丽冬夜蛾 *Cucullia formosa* Rogenhofer

分布:林芝

肖毛翅夜蛾 *Lagoptera juno* Dalman

分布:林芝

昏色幻夜蛾 *Magusa tenebrosa* Moore

分布:林芝

激夜蛾 *Oroplexia decorate* Moore

分布:林芝

冬麦沁夜蛾 *Rhyacia auguroides* Rothschild

分布:林芝

疏纹冬夜蛾 *Stenostigma paucinotata* Hampson

分布:米林
中华遮夜蛾 *Trichestra chinensis* Draudt
分布:米林
木冬夜蛾 *Xylena exoleta* Linnaeus
分布:林芝
96. 尺蛾科 Geometridae
弥金星尺蛾 *Abraxas asemographa* Wehrli
分布:米林
小鹿尺蛾 *Alcis tenera* Warren
分布:米林
显鹿尺蛾 *Alcis nobilis* Alphéraky
分布:米林
四双弥尺蛾 *Arichanna biquadrate* Warren
分布:米林
喜马拉雅弥尺蛾 *Arichanna himalayensis* Inoue
分布:林芝
大方尺蛾 *Chorodna vulpinaria* Moore
分布:米林
虚幽尺蛾 *Ctenognophos imaginata* Prout
分布:米林
直线水尺蛾 *Hydrelia sericea* Butler
分布:米林
尖翅斜尺蛾 *Loxaspilates obliquaria* Moore
分布:林芝
斜辉尺蛾 *Luxiaria obliquata* Moore
分布:米林
乌贡尺蛾 *Odontopera urania* Wehrli
分布:林芝
狭斑黄尺蛾 *Opisthograptis mimulina* Butler
分布:米林
尾尺蛾 *Ourapteryx ebuleata ebuleata* Guenée
分布:米林
高足铅尺蛾 *Perizoma costinotaria* Leech
分布:米林
晶尺蛾 *Peratophyga hyaliata* Kollar

分布:米林
宽带幅尺蛾 *Photoscotosia pallifasciaria* Leech
分布:林芝
多线幅尺蛾 *Photoscotosia multilinea* Warren
分布:米林
双齿光尺蛾 *Triphosa dubitata* Linnaeus
分布:林芝
97. 枯叶蛾科 Lasiocampidae
打箭毛虫 *Cosmotriche mobeigi* Gaede
分布:米林
西藏云毛虫 *Hoenimnema sagittifera tibetana* Lajonquiere
分布:林芝,米林
高山天幕毛虫 *Malacosoma insignis* Lajonquiére
分布:林芝
98. 钩蛾科 Drepanidae
云南枯叶钩蛾 *Canucha Mirada* Warren
分布:林芝
二点镰钩蛾 *Drepana dispilata* Warren
分布:米林
99. 大蚕蛾科 Saturniidae
柞蚕蛾 *Antheraea pernyi* Guérin-Méneville
分布:林芝
冬青大蚕蛾 *Attacus edwardsi* White
分布:林芝
珠目大蚕蛾 *Caligula lindiabonita* Jordan
分布:林芝
小字大蚕蛾 *Caligula trifenestrata* Heifer
分布:林芝
合目大蚕蛾 *Caligula boisduvali fallax* Jordan
分布:林芝
樗蚕蛾 *Philosamia cynthia* Walker et Felder
分布:林芝
猫目大蚕蛾 *Salassa thespis* Leech
分布:米林
100. 天蛾科 Sphingidae

深色白眉天蛾 *Celerio gallii* Rottemburg
分布:林芝
洋槐天蛾 *Clanis deucalioa* Walker
分布:林芝
喜马锤天蛾 *Gurelca himachala* Butler
分布:米林
银条斜线天蛾 *Hippotion celeeio* Liannaeus
分布:林芝
枣桃六点天蛾 *Marumba gaschkewitschi* Bremer et Grey
分布:林芝
红天蛾 *Pergesa elpenor lewisi* Butler
分布:米林,林芝
四川蓝目天蛾 *Smerithus planus junnanus* Clark
分布:林芝
斜纹天蛾 *Thereta clotho clotho* Drury
分布:林芝
斜纹后红天蛾 *Theretre alecto cretica* Boisduval
分布:林芝
101. 凤蝶科 Papilionidae
短尾金凤蝶 *Papilio annae* Gistel
分布:林芝
102. 粉蝶科 Pieridae
素妆绢粉蝶 *Aporia crataegi* Linnaeus
分布:林芝
Aporia biete xizangensis Murayama
分布:林芝
小檗绢粉蝶 *Aporia hippie* Bremer
分布:林芝,米林
马丁绢粉蝶 *Aporia martineti* (Oberthür)
分布:工布江达
兰西尖粉蝶 *Appias lalassis* Grose-Smith
分布:林芝
Colias electo Linnaeus
分布:米林,工布江达
橙黄豆粉蝶 *Colias fieldii* Ménétriès

分布:米林

尖钩粉蝶西藏亚种 *Gonepteryx mahagura alvinda* Blanchard

分布:米林

钩粉蝶 *Gonepteryx rhamni* Linnaeus

分布:工布江达

东方菜粉蝶 *Pieris canidia* Sparrman

分布:工布江达

103. 灰蝶科 Lycaenidae

Celastrina morsheadi Evans

分布:米林,林芝

Celastrina delecta Moore

分布:米林

曼磐灰蝶 *Iwaseozephyrus mandara* Doherty

分布:米林

红灰蝶 *Lycaena phlaeas* Linnaeus

分布:米林

大眼灰蝶 *Polyommatus icarus* Rottemburg

分布:米林

珞灰蝶 *Scolitantides orion* Pallas

分布:林芝

妩灰蝶 *Udara dielecta* Moore

分布:米林

104. 蚬蝶科 Riodinidae

银纹尾蚬蝶 *Dodona eugenes* Bates

分布:林芝

波蚬蝶 *Zemeros flegyas* Cramer

分布:米林,林芝

105. 眼蝶科 Satyridae

阿芬眼蝶 *Aphantopus hyparantus* Linnaeus

分布:米林

玉带黛眼蝶 *Lethe verma* Kollar

分布:米林

藏眼蝶 *Tatinga thibetana* Oberthür

分布:米林

卓矍眼蝶 *Ypthima zodiac* Butler

分布:米林

106. 蛱蝶科 Nymphalidae

Aglais cashmirensis Kollae

分布:米林

斐豹蛱蝶 *Argyreus hyperbius* Linnaeus

分布:米林

Callerebia phyllis Leech

分布:林芝

蒺藜纹脉蛱蝶 *Hestina nama* Doubleday

分布:米林

波纹眼蛱蝶 *Junonia atlites* Linnaeus

分布:米林

Kuekenthaliella gemmata Butler

分布:林芝

Litinga cottini Oberthur

分布:林芝

黑网蛱蝶 *Melitaea jezable* Oberthür

分布:工布江达

中环蛱蝶 *Neptis hylas* Linnaeus

分布:米林

朱蛱蝶 *Nymphalis xanthomelas* Denis et Schiffermüller

分布:米林

银斑豹蛱蝶 *Speyeria aglaja* Linnaeus

分布:米林

大红蛱蝶 *Vanessa indica* Herbst

分布:工布江达

附录5　西藏工布自然保护区鱼类名录

目	科	属	中文名	拉丁名	雅鲁藏布江特有鱼类	中国特有
鲤形目	鳅科	高原鳅属	1. 西藏高原鳅	*Triplophysa tibetana*		
			2. 细尾高原鳅	*Triplophysa stenura*		
			3. 东方高原鳅	*Triplophysa orientalis*		
			4. 异尾高原鳅	*Triplophysa stewarti*		+
	鲤科	裂腹鱼属	5. 拉萨裂腹鱼	*Schizothorax walton*		
			6. 巨须裂腹鱼	*Schizothorax macropogon*	+	+
			7. 异齿裂腹鱼	*Schizothorax o'connori*	+	+
		叶须鱼属	8. 双须叶须鱼	*Plychobarbus dipogon*	+	+
		尖裸鲤属	9. 尖裸鲤	*Oxygymnocypris stewartii*	+	+
		裸裂尻鱼属	10. 拉萨裸裂尻鱼	*Schizopygopsis younghusbandi*	+	+
		鲤属	11. 鲤	*Cyprinus carpio*	+	
		鲫属	12. 鲫	*Carassius auratus*		
鲇形目	鮡科	褶鮡属	13. 黄斑褶鮡	*Pseudecheneis sulcatus*		
		原鮡属	14. 黑斑原鮡	*Glyptosternum maculatum*		

附录6 西藏工布自然保护区两栖爬行动物名录

分类单元	物种中文名	拉丁名	采集地生境	特有
爬行纲 REPTILIA				
有鳞目 SQUAMATA				
蛇亚目 SERPENTES				
蝰科 Viperidae	缅北原矛头蝮	*Protobothrops kaulbacki*	住房附近水池边	
	菜花原矛头蝮	*Protobothrops jerdonii*	针阔叶混交林、林区、公路边	M
	察隅烙铁头蛇	*Ovophis zayuensis*	林区草丛中、林区	U
游蛇科 Colubridae	黑线乌梢蛇	*Zaocys nigromarginatus*	林区路上及河边	M
	颈槽蛇	*Rhabdophis nuchalis*	林区路上	M
	南峰锦蛇 *	*Elaphe hodgsoni*	住房附近草丛中	M
	大眼斜鳞蛇	*Pseudoxenodon macrops*	地边	
	温泉蛇	*Thermophis baileyi*	温泉边及河边石堆和灌丛中	U
蜥蜴亚目 Lacertilia				
鬣蜥科 Agamidae	拉萨岩蜥	*Laudakia sacra*	河边石墙上	U
	吴氏岩蜥	*Laudakia wuii*	河边石上	U
两栖纲 Amphibia				
无尾目 Salientia				
蛙科 Ranidae	高山蛙	*Nanorana parkeri*	草甸中浅水塘	M
锄足蟾科 Pelobatidae	西藏齿突蟾 *	*Scutiger boulengeri*	溪边	M
	林芝齿突蟾 *	*Scutiger nyingchiensis*		U

* 示文献记载有分布，但此次没有采集到，M：主要分布于中国，U：中国特有

附录7 西藏工布自然保护区鸟类名录

目科属种	居留型	分布型	区系	特有种	保护级别	濒危等级	IUCN 2003	CITES 2007
鹳鹟目 CICONIIFORMES								
鸬鹚科 Phalacrocoracidae								
普通鸬鹚 *phalacrocorax carbo*	W	O	O					
雁形目 ANSERIFORMES								
鸭科 Anatidae								
斑头雁 *Anser indicus*	P	P	P					
赤麻鸭 *Tadorna ferruginea*	R	U	P					
翘鼻麻鸭 *Tadorna tadorna*	W	U	P					
赤颈鸭 *Anas penelope*	W	C	P					
赤膀鸭 *Anas strepera*	W	U	P					
绿翅鸭 *Anas crecca*	W	C	P					
绿头鸭 *Anas platyrhynchos*	W	C	P					
斑嘴鸭 *Anas poecilorhyncha*	P	W	I					
针尾鸭 *Anas acuta*	W	C	P					
白眉鸭 *Anas querquedula*	W	U	P					
红头潜鸭 *Aythya ferina*	P	C	P					
凤头潜鸭 *Aythya fuligula*	P	U	P					
普通秋沙鸭 *Mergus merganser*	W	C	P					
隼形目 FALCONIFORMES								
鹗科 pandionidae								
鹗 *Pandion haliaetus*	R	C	P		Ⅱ	R		
鹰科 Accipitridae								
黑鸢 *Milvus migrans*	R	U	P		Ⅱ			Ⅱ
胡兀鹫 *Gypaetus barbatus*	R	O	O		Ⅰ	V		Ⅱ

（续表）

目科属种	居留型	分布型	区系	特有种	保护级别	濒危等级	IUCN 2003	CITES 2007
高山兀鹫 *Gyps himalayensis*	R	O	O		Ⅱ	R		Ⅱ
秃鹫 *Aegypius monachus*	R	O	O		Ⅱ	V	LR/nt	Ⅱ
松雀鹰 *Accipiter virgatus*	R	W	I		Ⅱ			Ⅱ
雀鹰 *Accipiter nisus*	R	U	P		Ⅱ			Ⅱ
苍鹰 *Accipiter gentilis*	S	C	P		Ⅱ			Ⅱ
普通鵟 *Buteo buteo*	W	U	P		Ⅱ			Ⅱ
大鵟 *Buteo hemilasius*	S	D	P		Ⅱ			Ⅱ
毛脚鵟 *Buteo lagopus*	W	C	P		Ⅱ			Ⅱ
棕尾鵟 *Buteo rufinus*	W	O	O		Ⅱ	R		Ⅱ
金雕 *Aquila chrysaetos*	R	C	P		Ⅰ	V		Ⅱ
隼科 *Falconidae*								
红隼 *Falco tinnunculus*	R	O	O		Ⅱ			Ⅱ
灰背隼 *Falco columbarius*	W	C	P		Ⅱ			Ⅱ
燕隼 *Falco subbuteo*	W	U	P		Ⅱ			Ⅱ
猎隼 *Falco cherrug*	S	C	P		Ⅱ	V		Ⅱ
鸡形目 GALLIFORMES								
雉科 Phasianidae								
鹌鹑 *Coturnix japonia*	P	O	O			罕见		
雪鹑 *Lerwa lerwa*	R	H	I			R		
四川雉鹑 *Tetraophasis szechenyii*	R	H	I	*	Ⅰ	V		
藏雪鸡 *Tetraogallus tibetanus*	R	P	P		Ⅱ			Ⅰ
高原山鹑 *Perdix hodgsoniae*	R	H	I					
血雉 *Ithaginis cruentus*	R	H	I		Ⅱ	V		Ⅱ
勺鸡 *Pucrasia macrolopha*	R	S	I		Ⅱ			
藏马鸡 *Crossoptilon harmani*	R	H	I	*	Ⅱ		LR/nt	Ⅰ
白腹锦鸡 *Chrysolophus amherstiae*	R	H	I		Ⅱ	V		

（续表）

目科属种	居留型	分布型	区系	特有种	保护级别	濒危等级	IUCN 2003	CITES 2007
红腹角雉 *Tragopan temminckii*	R	H	I		Ⅱ	V		
鹤形目 GRUIFORMES								
鹤科 Gruidae								
黑颈鹤 *Grus nigricollis*	W	P	P		Ⅰ	E	VU	Ⅰ
秧鸡科 Rallidae								
白骨顶 *Fulica atra*	S	0	0					
鸻形目 CHARADARIIFORMES								
鹮嘴鹬科 Ibidorhynchidae								
鹮嘴鹬 *Ibidorhyncha struthersii*	R	P	P					
鸻科 Charadriidae								
距翅麦鸡 *Vanellus duvaucelii*	R	w	I					
金鸻 *Pluvialis fulva*	P	C	P					
剑鸻 *Charadrius hiaticula*	P	C	P					
金眶鸻 *Charadrius dubius*	S	O	O					
环颈鸻 *Charadrius alexandrinus*	W	O	O					
鹬科 Scolopacidae								
丘鹬 *Scolopax rusticola*	P	U	P					
孤沙锥 *Gallinago solitaria*	W	U	P					
针尾沙锥 *Gallinago stenura*	P	U	P					
扇尾沙锥 *Gallinago gallinago*	W	U	P					
青脚鹬 *Tringa nebularia*	W	U	P					
白腰草鹬 *Tringa ochropus*	W	U	P					
林鹬 *Tringa glareola*	P	U	P					
矶鹬 *Actitis hypoleucos*	P	C	P					
鸥科 Laridae								
渔鸥 *Larus ichthyaetus*	P	D	P					

（续表）

目科属种	居留型	分布型	区系	特有种	保护级别	濒危等级	IUCN 2003	CITES 2007
棕头鸥 *Lurus brunnicephalus*	S	P	P					
燕鸥科 Sternidae								
普通燕鸥 *Sterna hirundo*	S	C	P					
鸽形目 COLUMBIFORMES								
鸠鸽科 Columbidae								
岩鸽 *Columba rupestris*	R	O	O					
雪鸽 *Columba leuconota*	R	H	I					
斑林鸽 *Columba hodgsonii*	R	H	I					
山斑鸠 *Streptopelia orientalis*	R	E	P					
鹦形目 PSITTACIFORMES								
鹦鹉科 Psittacidae								
大紫胸鹦鹉 *Psittacula derbiana*	S	H	I		Ⅱ			Ⅱ
绯胸鹦鹉 *Psittacula alexandri*	R	W	I		Ⅱ			Ⅱ
鹃形目 CUCULIFORMES								
杜鹃科 Cuculidae								
大鹰鹃 *Cuculus sparverioides*	S	W	I					
大杜鹃 *Cuculus canorus*	S	O	O					
小杜鹃 *Cuculus poliocephalus*	S	W	I					
鸮形目 STRIGIFORMES								
鸱鸮科 Strigidae								
雕鸮 *Bubo bubo*	R	U	P		Ⅱ			Ⅱ
灰林鸮 *Strix aluco*	R	H	I		Ⅱ			Ⅱ
雨燕目 APODIFORMES								
雨燕科 Apodidae								
短嘴金丝燕 *Aerodramus brevirostris*	S	W	I					
白腰雨燕 *Apus pacificus*	S	M	P					

（续表）

目科属种	居留型	分布型	区系	特有种	保护级别	濒危等级	IUCN 2003	CITES 2007
戴胜目 UPUPIFORMERS								
戴胜科 Upupidae								
戴胜 *Upupa epops*	S	O	O					
䴕形目 PICIFORMES								
啄木鸟科 Picidae								
蚁䴕 *Jynx torquilla*	W	U	P					
棕腹啄木鸟 *Picoides hyperythrus*	S	H	I					
黄颈啄木鸟 *Picoides darjellensis*	R	H	I					
赤胸啄木鸟 *Picoides cathpharius*	R	H	I					
三趾啄木鸟 *Picoides tridactylus*	R	C	P					
赤胸啄木鸟 *Picoides cathpharius*	R	H	I					
黑啄木鸟 *Dryocopus martius*	R	U	P					
灰头绿啄木鸟 *Picus canus*	R	U	P					
雀形目 PASSERIFORMES								
百灵科 Alaudidae								
大短趾百灵 *Calandrella brachydactyla*	S	O	O					
小云雀 *Alauda gulgula*	S	W	I					
角百灵 *Eremophila alpestris*	R	C	P					
燕科 *Hiundidae*								
淡色崖沙燕 *Riparia diluta*	R	C	P					
岩燕 *Ptyonoprogne rupestris*	R	O	O					
烟腹毛脚燕 *Delichon dasypus*	S	U	P					
鹡鸰科 Motacillidae								
白鹡鸰 *Motacilla alba*	P	O	O					
黄头鹡鸰 *Motacilla citreola*	P	U	P					
黄鹡鸰 *Motacilla flava*	P	U	P					

（续表）

目科属种	居留型	分布型	区系	特有种	保护级别	濒危等级	IUCN 2003	CITES 2007
灰鹡鸰 *Motacilla cinerea*	P	O	O					
树鹨 *Anthus hodgsoni*	S	M	P					
粉红胸鹨 *Anthus roseatus*	S	P	P					
山椒鸟科 *Campephagidae*								
长尾山椒鸟 *Pericrocotus ethologus*	S	H	I					
短嘴山椒鸟 *Pericrocotus brevirostris*	S	H	I					
鹎科 Pycnonotidae								
黑短脚鹎 *Hypsipetes leucocephalus*	R	W	I					
伯劳科 Laniidae								
灰背伯劳 *Lanius tephronotus*	S	H	I					
卷尾科 Dicruridae								
黑卷尾 *Dicrurus macrocercus*	S	W	I					
鸦科 Corvidae								
松鸦 *Garrulus glandarius*	R	U	P					
黄嘴蓝鹊 *Urocissa flavirostris*	R	H	I					
喜鹊 *Pica pica*	R	C	P					
褐背拟地鸦 *Pseudopodoceshumilis*	R	P	P					
星鸦 *Nucifraga caryocatactes*	R	U	P					
红嘴山鸦 *Pyrrhocorax pyrrhocorax*	R	O	O					
黄嘴山鸦 *Pyrrhocorax graculus*	R	O	O					
寒鸦 *Corvus monedula*	W	U	P					
大嘴乌鸦 *Corvus macrorhynchos*	R	E	P					
小嘴乌鸦 *Corvus corone*	P	C	P					
渡鸦 *Corvus corax*	R	C	P					
河乌科 Cinclidae								

（续表）

目科属种	居留型	分布型	区系	特有种	保护级别	濒危等级	IUCN 2003	CITES 2007
河乌 *Cinclus cinclus*	R	O	O					
褐河乌 *Cinclus pallasii*	R	W	I					
鹪鹩科 Troglodytidae								
鹪鹩 *Troglodytestroglodytes*	R	C	P					
岩鹨科 Prunellidae								
棕胸岩鹨 *Prunella strophiata*	R	H	I					
栗背岩鹨 *Prunella immaculata*	R	H	I					
鸲岩鹨 *Prunella rubeculoides*	R	I	P					
鸫科 Turdidae								
黑胸歌鸲 *Luscinia pectoralis*	S	H	I				VU	
红胁蓝尾鸲 *Tarsiger cyanurus*	S	M	P					
金色林鸲 *Tarsiger chrysaeus*	S	H	I					
赭红尾鸲 *Phoenicurus ochruros*	S	O	O					
黑喉红尾鸲 *Phoenicurus hodgsoni*	S	H	I					
白喉红尾鸲 *Phoenicurus schisticeps*	R	H	I					
北红尾鸲 *Phoenicurus auroreus*	S	M	P					
红腹红尾鸲 *Phoenicurus erythrogaster*	S	I	P					
蓝额红尾鸲 *Phoenicurus frontalis*	R	H	I					
红尾水鸲 *Phoenicurus fuliginosus*	R	W	I					
白顶溪鸲 *Chaimarrornis leucocephalus*	R	H	I					
白腹短翅鸲 *Hodgsonius phoenicuroides*	R	H	I					
蓝大翅鸲 *Grandala coelicolor*	R	H	I					
小燕尾 *Enicurus scouleri*	R	S	I					
黑喉石䳭 *Saxicola torquata*	R	O	O					
灰林䳭 *Saxicola ferrea*	R	W	I					
紫啸鸫 *Myiophoneus caeruleus*	R	W	I					

（续表）

目科属种	居留型	分布型	区系	特有种	保护级别	濒危等级	IUCN 2003	CITES 2007
光背地鸫 *Zoothera mollissima*	R	H	I					
长尾地鸫 *Zoothera dixoni*	P	H	I					
白颈鸫 *Turdus albocinctus*	R	H	I					
乌鸫 *Turdus merula*	R	O	O					
灰头鸫 *Turdus rubrocanus*	R	H	I					
棕背黑头鸫 *Turdus kessleri*	R	H	I					
赤颈鸫 *Turdus ruficollis*	P	O	O					
鹟科 Musiccapidae								
乌鹟* *Muscicapa sibirica*	S	M	P					
锈胸蓝姬鹟 *Ficedula hodgsonii*	R	H	I					
橙胸姬鹟* *Ficedula strophiata*	S	W	I					
棕胸蓝姬鹟 *Ficedula hyperythra*	S	W	I					
灰蓝姬鹟 *Ficedula tricolor*	S	H	I					
小斑姬鹟 *Ficedula westermanni*	S	W	I					
扇尾鹟科 Rhipidura								
黄腹扇尾鹟 *Rhipidura hypoxantha*	R	H	I					
画眉科 Timaliidae								
大噪鹛 *Garrulax maximus*	R	H	I	*				
大草鹛 *Babax waddelli*	R	P	P				LR/nt,VU	
矛纹草鹛 *Babax lanceolatus*	R	S	I					
白颊噪鹛 *Garrulax sannio*	R	S	I					
橙翅噪鹛 *Garrulax elliotii*	R	H	I	*				
黑顶噪鹛 *Garrulax affinis*	R	H	I					
灰腹噪鹛 *Garrulax henrici*	R	H	I	*				
条纹噪鹛 *Garrulax striatus*	R	H	I					
锈脸钩嘴鹛 *Pomatorhinus erythrogenys*	R	S	I					

（续表）

目科属种	居留型	分布型	区系	特有种	保护级别	濒危等级	IUCN 2003	CITES 2007
鳞胸鹪鹛 *Pnoepyga albiventer*	R	H	I					
斑胁姬鹛 *Cutia nipalensis*	R	H	I					
淡绿鵙鹛 *Pteruthius xanthochlorus*	R	H	I					
斑喉希鹛 *Minla strigula*	R	H	I					
栗头雀鹛 *Alcippe castaneceps*	R	W	I					
白眶雀鹛 *Alcippe nipalensis*	R	H	I					
丽色奇鹛 *Heterophasia pulchella*	R	H	I					
纹喉凤鹛 *Yuhina gularis*	R	H	I					
棕臀凤鹛 *Yuhina occipitalis*	R	H	I					
火尾绿鹛 *Myzornis pyrrhoura*	R	H	I					
鸦雀科 Paradoxornithidae								
红嘴鸦雀 *Conostoma oemodium*	R	H	I					
褐鸦雀 *Paradoxornos unicolor*	R	H	I					
莺科 Silviidae								
栗头地莺 *Tesia castaneocoronata*	R	H	I					
大树莺 *Cettia major*	R	H	I					
黄腹树莺 *Cettia acanthizoides*	R	S	I					
花彩雀莺 *Leptopoecile sophiae*	R	P	P					
凤头雀莺 *Leptopoecile elegans*	R	H	I	*				
褐柳莺 *Phylloscopus fuscatus*	S	M	P					
黄腹柳莺 *Phylloscopus affinis*	S	H	I					
棕眉柳莺 *Phylloscopus armandii*	S	H	I					
橙斑翅柳莺 *Phylloscopus pulcher*	R	H	I					
淡黄腰柳莺 *Phylloscopus chloronotus*	S	M	P					
黄腰柳莺 *Phylloscopus proregulus*	S	U	P					
黄眉柳莺 *Phylloscopus inornatus*	P	U	P					

（续表）

目科属种	居留型	分布型	区系	特有种	保护级别	濒危等级	IUCN 2003	CITES 2007
淡眉柳莺 *Phylloscopus humei*	S	O	O					
暗绿柳莺 *Phylloscopus trochiloides*	S	U	P					
乌嘴柳莺 *Phylloscopus magnirostris*	S	H	I					
冠纹柳莺 *Phylloscopus reguloides*	S	W	I					
金眶鹟莺 *seicercus buerkii*	R	S	I					
戴菊科 Regulidae								
戴菊 *Regulus regulus*	R	C	P					
绣眼鸟科 Zosteropidae								
红胁绣眼鸟 *Zosterops erythropleurus*	P	M	P					
灰腹绣眼鸟 *Zosterops palpebrosus*	R	W	I					
长尾山雀科 Aegithalidae								
黑眉长尾山雀 *Aegithalos bonvaloti*	R	H	I					
山雀科 Paridae								
沼泽山雀 *Parus palustris*	R	U	P					
褐头山雀 *Parus songarus*	R	C	P					
煤山雀 *Parus ater*	R	U	P					
黑冠山雀 *Parus rubidiventris*	R	H	I					
褐冠山雀 *Parus dichrous*	R	H	I					
大山雀 *Parus major*	R	O	O					
䴓科 Sittidae								
普通䴓 *Sitta europaea*	R	U	P					
旋壁雀科 Tichodromidae								
红翅旋壁雀 *Tichodroma muraria*	R	O	O					
旋木雀科 Certhiidae								
旋木雀 *Certhia familiaris*	R	C	P					
高山旋木雀 *Certhia himalayana*	R	H	I					

（续表）

目科属种	居留型	分布型	区系	特有种	保护级别	濒危等级	IUCN 2003	CITES 2007
花蜜鸟科 Nectariniidae								
蓝喉太阳鸟 *Aethopyga gouldiae*	R	S	I					
雀科 Passeridae								
山麻雀 *Passer rutilans*	R	S	I					
麻雀 *Passer montanus*	R	U	P					
白腰雪雀 *onychostruthus taczanowskii*	R	I	P					
梅花雀科 Estrildidae								
斑文鸟 *Lonchura punctulata*	R	W	I					
燕雀科 Fringillidae								
林岭雀 *Leucosticte nemoricola*	R	I	P					
高山岭雀 *Leucosticte brandti*	R	I	P					
赤朱雀 *Carpodacus rubescens*	R	H	I					
普通朱雀 *Carpodacus erythrinus*	S	U	P					
红眉朱雀 *Carpodacus pulcherrimus*	R	H	I					
曙红朱雀 *Carpodacus eos*	R	H	I					
棕朱雀 *Carpodacus edwardsii*	R	H	I					
白眉朱雀 *Carpodacus thura*	R	H	I					
拟大朱雀 *Carpodacus rubicilloides*	R	I	P					
红交嘴雀 *Loxia curvirostra*	R	C	P					
黑头金翅雀 *Carduelis ambigua*	R	H	I					
藏黄雀 *Carduelis thibetana*	R	H	I					
灰头灰雀 *Pyrrhula erythaca*	R	H	I					
褐灰雀 *Pyrrhula nipalensis*	R	W	I					
黄颈拟蜡嘴雀 *Mycerobas affinis*	R	H	I					
白斑翅拟蜡嘴雀 *Mycerobas carnipes*	R	I	P					
鹀科 Fringillidae								
灰眉岩鹀 *Emberiza godlewskii*	R	O	O					

附录8　西藏工布自然保护区兽类名录

编号	种类	颁布型	区系	保护级别	特有种	CTIES —2007	IUCNRL —2003
	一、鼩形目 SORICOMORPHA						
	一)鼩鼱科 Soricidae						
1	山地纹背鼩鼱 *Sorex bedfordiae*	H	东		Z		
2	帕米尔鼩鼱 *Sorex buchariensis*	H	东		Z		
3	褐腹长尾鼩 *Episoriculus caudatus*	H	东				
4	灰褐长尾鼩 *Episoriculus macrurus*	H	东				
5	巨爪鼩鼱 *soriculus nigrescens*	M	古				
6	甘肃小缺齿鼩 *Chodsigoa lamula*	H	东				
7	喜马拉雅水鼩 *Chimarrogale himalayicus*	S	东				
8	灰腹水鼩 *Chimarogale styani*	H	东				
9	蹼足鼩 *Nectogale elegans*	H	东				
	二、翼手目 CHIROPTERA						
	二)蝙蝠科 Vespertilionidae						
10	金管鼻蝠 *Murina aurata*	E	东				LR/nt
	三、灵长目 PRIMATES						
	三)猴科 Cercopithecidae						
11	猕猴 *Macaca mulatta*	W	东	Ⅱ		附录Ⅱ	LR/nt
12	熊猴 *Macaca assamensis*	W	东	Ⅰ		附录Ⅱ	VU
	四、食肉目 CARNIVORA						
	四)犬科 Canidae						
13	狼 *Canis lupus*	C	古			附录Ⅱ	
14	赤狐 *Vulpes vulpes*	C	古				
15	藏狐 *Vulpes ferrilata*	P	古				
16	豺 *Cuon alpinus*	W	东	Ⅱ			VU

(续表)

编号	种类	颁布型	区系	保护级别	特有种	CTIES—2007	IUCNRL—2003
	五)熊科 Ursidae						
17	黑熊 *Selenarctos thibetanus*	E	东	Ⅱ		附录Ⅰ	VU
18	棕熊 *Ursus arctos*	C	古	Ⅱ		附录Ⅰ	
	六)小熊猫科 Ailuruidae						
19	小熊猫 *Ailurus fulgens*	H	东	Ⅱ	Z	附录Ⅰ	EN
	七)鼬科 Mustelidae						
20	石貂 *Maates foina*	U	古	Ⅱ		附录Ⅲ	
21	黄喉貂 *Martes flavigula*	W	东	Ⅱ			
22	香鼬 *Mustela altaica*	O	广			附录Ⅲ	
23	黄鼬 *Mustela sibirica*	U	古				
24	艾鼬 *Mustela eversmanni*	U	古				VU
25	狗獾 *Meles meles*	U	古				
26	猪獾 *Arctonyx collaris*	W	东				
27	水獭 *Lutra lutra*	U	古	Ⅱ		附录Ⅰ	VU
28	小爪水獭 *Aonyx cinerea*	W	东	Ⅱ		附录Ⅱ	VU
	八)灵猫科 Viverridae						
29	大灵猫 *Viverra zibetha*	W	东	Ⅱ		附录Ⅲ	
30	小灵猫 *Viverricula indica*	W	东	Ⅱ		附录Ⅲ	
31	果子狸 *Paguma larvata*	W	东			附录Ⅲ	
	九)猫科 Felidae						
32	兔狲 *Felis manul*	D	古	Ⅱ		附录Ⅱ	NT
33	猞猁 *Felis lynx*	C	古	Ⅱ		附录Ⅱ	NT
34	金猫 *Catopuma temmincki*	W	东	Ⅱ		附录Ⅰ	VU
35	豹猫 *Prionailurus bengalensis*	W	东			附录Ⅱ	
36	豹 *Panthera pardus*	U	古	Ⅰ		附录Ⅰ	EN
37	雪豹 *Panthera uncia*	I	古	Ⅰ	Z	附录Ⅰ	EN

(续表)

编号	种类	颁布型	区系	保护级别	特有种	CTIES —2007	IUCNRL —2003
	五、偶蹄目 ARTIODACTYLA						
	十)猪科 Suidae						
38	野猪 *Sus scrofa*	U	古				
	十一)麝科 Moschidae						
39	林麝 *Moschus berezovskii*	S	东	Ⅰ	T	附录Ⅱ	LR/nt
40	马麝 *Moschus chrysogaster*	P	古	Ⅰ	T	附录Ⅱ	LR/nt
41	褐(黑)麝 *Moschus fuscus*	H	东	Ⅰ	T		LR/nt
42	菲氏麂 *Muntiacus feae*	W	东				
	十二)鹿科 Cervidae						
43	毛冠鹿 *Elaphodus cephalophus*	S	东		Z		
44	白唇鹿 *Cervus albirostris*	P	古		T		VU
	十三)牛科 Bovidae						
45	藏原羚 *Procapra picticaudata*	P	古	Ⅱ	Z		
46	扭角羚 *Budorcas taxicolor*	H	东	Ⅰ	Z	附录Ⅱ	VU
47	鬣羚 *Capricornis sumatraensis*	W	东	Ⅱ	Z	附录Ⅰ	VU
48	斑羚 *Naemorhedus griseus*	E	东	Ⅱ		附录Ⅰ	LR/nt
49	赤斑羚 *Naemorhedus cranbrooki*	H	东	Ⅰ			VU
50	岩羊 *Pseudois nayaur*	P	古	Ⅱ	Z		LR/nt
	六、啮齿目 RODENTIA						
	十四)松鼠科 Sciuridae						
51	橙腹长吻松鼠 *Dremomys lokriah*	H	东				
52	喜马拉雅旱獭 *Marmota himalayana*	P	古		Z		
	十五)鼯鼠科 Petauristidae						
53	棕鼯鼠 *Petaurista petaurista*	W	东				

（续表）

编号	种类	颁布型	区系	保护级别	特有种	CTIES —2007	IUCNRL —2003
	十六）鼠科 Muridae						
54	巢鼠 *Micromys minutus*	U	古				LR/nt
55	大林姬鼠 *Apodemus peninsulae*	X	古		Z		
56	褐家鼠 *Rattus norvegicus*	U	古				
57	大足鼠 *Rattus nitidus*	W	东				
58	社鼠 *Niviventer confucianus*	W	东				
59	川西白腹鼠 *Niviventer excelsior*	W	东				
60	灰腹鼠 *Niviventer eha*	H	东		Z		
61	锡金小鼠 *Mus pahari*	W	东				
	十七）仓鼠科 Cricetidae						
62	藏仓鼠 *Cricetulus kamensis*	Pa	古		Z		
63	四川田鼠 *Volemys millicens*	H	东		T		
64	锡金松田鼠 *Neodon sikimensis*	H	东		Z		
65	库蒙高山䶄 *Alticola stracheyi*	P	古				
	七、兔形目 LAGOMRPHA						
	十八）兔科 Leporidae						
66	灰尾兔 *Lepus oiostolus*	P	古		Z		
	十九）鼠兔科 Ochotonidae						
67	灰鼠兔 *Ochotona roylei*	H	东		Z		
68	灰颈鼠兔 *Ochotona forresti*	H	东				LR/nt
69	藏鼠兔 *Ochotona thibetana*	H	东		T		

图书在版编目(CIP)数据

西藏工布自然保护区生物多样性/刘少英，张明，孙治宇主编.—重庆：西南师范大学出版社，2011.4
ISBN 978-7-5621-5179-1

Ⅰ.①西… Ⅱ.①刘… ②张… ③孙… Ⅲ.①自然保护区—生物多样性—保护—研究—西藏 Ⅳ.①S759.992.75②Q16

中国版本图书馆 CIP 数据核字(2011)第 028379 号

西藏工布自然保护区生物多样性
刘少英 张 明 孙治宇 主编

责任编辑：杜珍辉
书籍设计：CASTALY 尚品视觉 周 娟 钟 琛 郝凤菊
照 排：夏 洁
出版、发行：西南师范大学出版社
(重庆·北碚 邮编：400715
网址：www.xscbs.com)
印 刷：自贡新华印刷厂
开 本：787mm×1092mm 1/16
印 张：23.5
插 页：8
字 数：483 千字
版 次：2011 年 5 月第 1 版
印 次：2011 年 5 月第 1 次印刷
书 号：ISBN 978-7-5621-5179-1

定 价：98.00 元

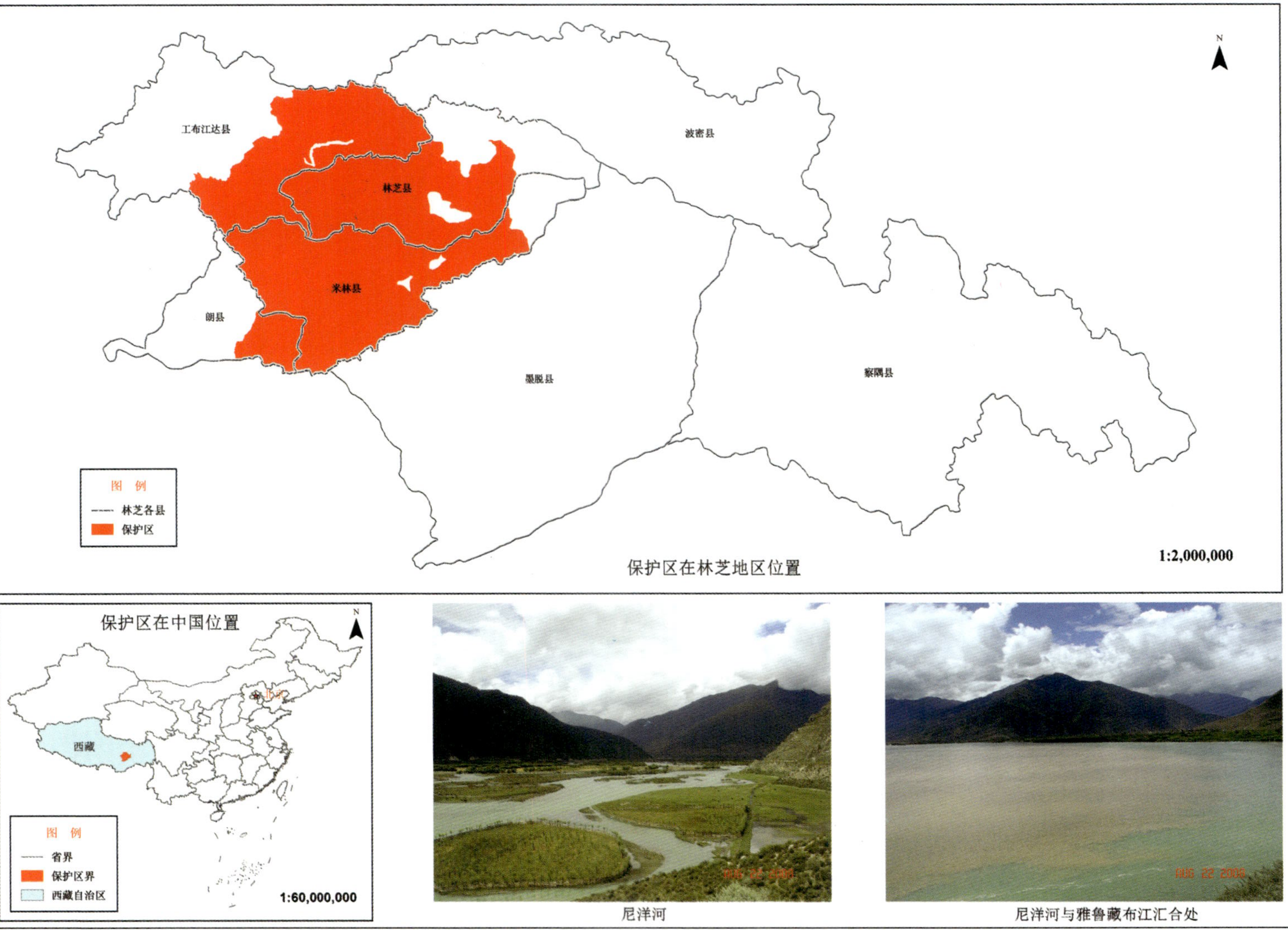

附图1 西藏工布自然保护区位置图

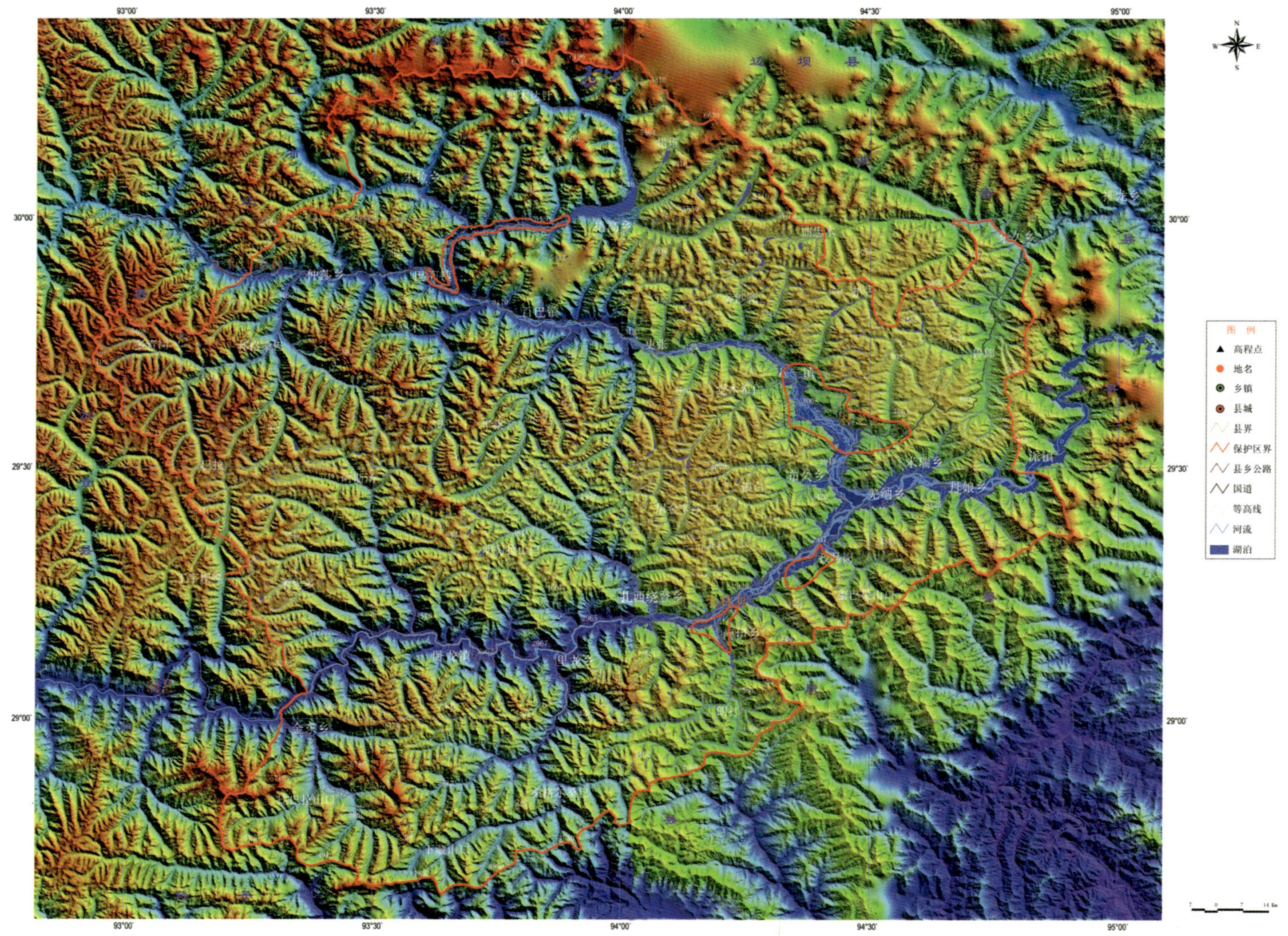

图 例

▲ 高程点
● 地名
乡镇
县城
县界
保护区界
县乡公路
国道
等高线
河流
湖泊

附图2 西藏工布自然保护区数字高程模型图

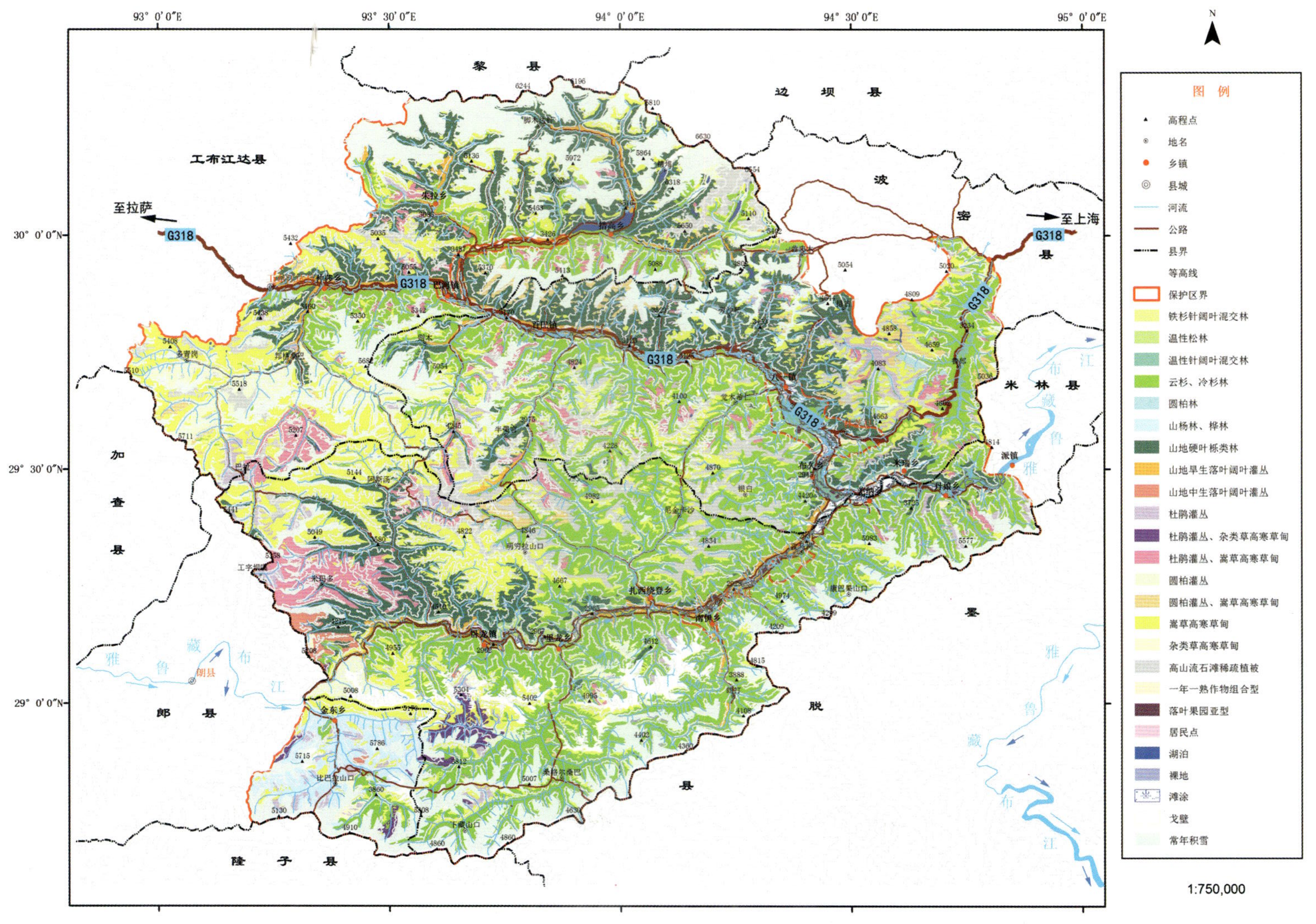

附图3 西藏工布自然保护区主要植被类型分布图

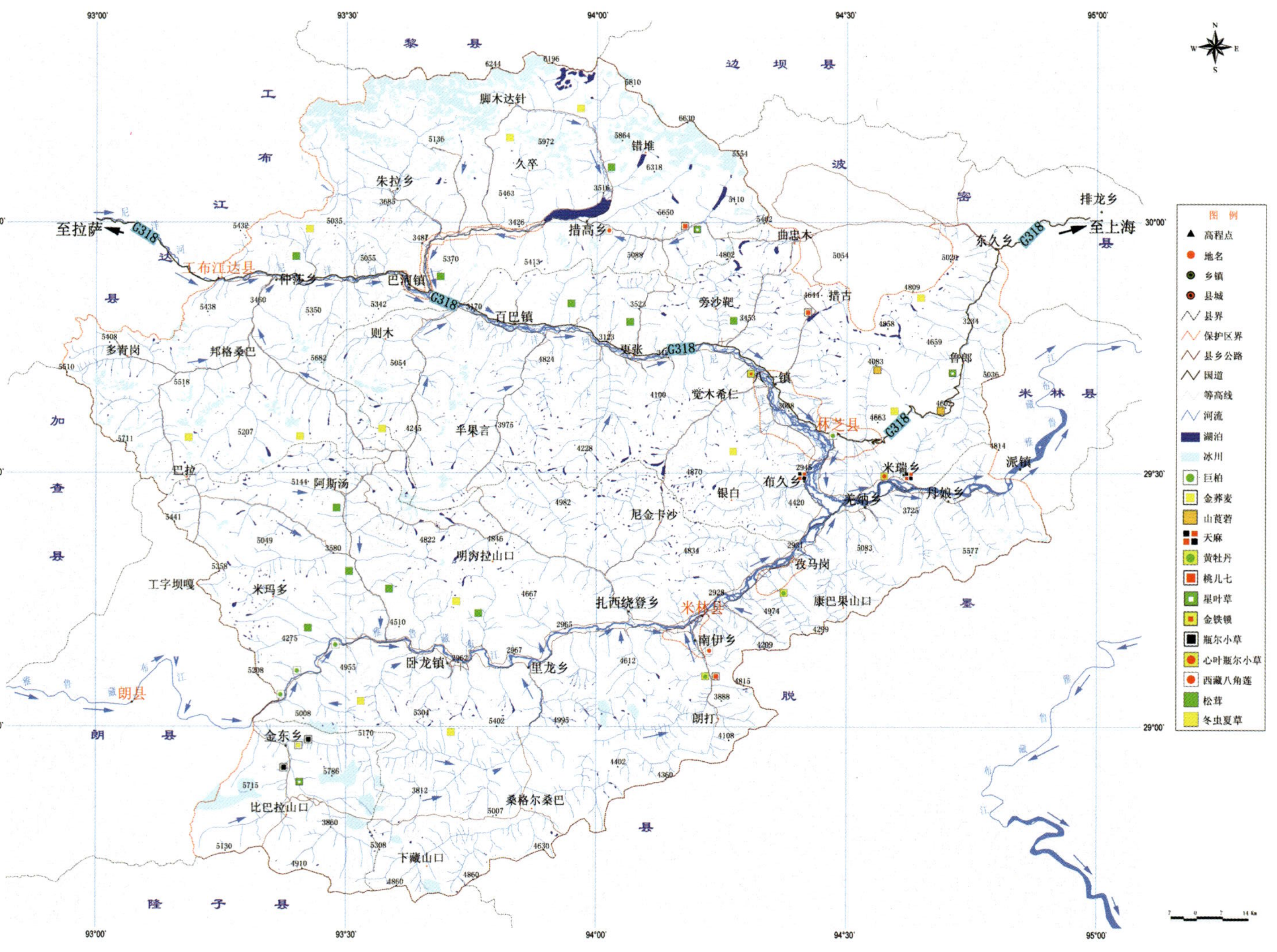

附图4　西藏工布自然保护区国家重点保护和珍稀濒危植物分布示意图

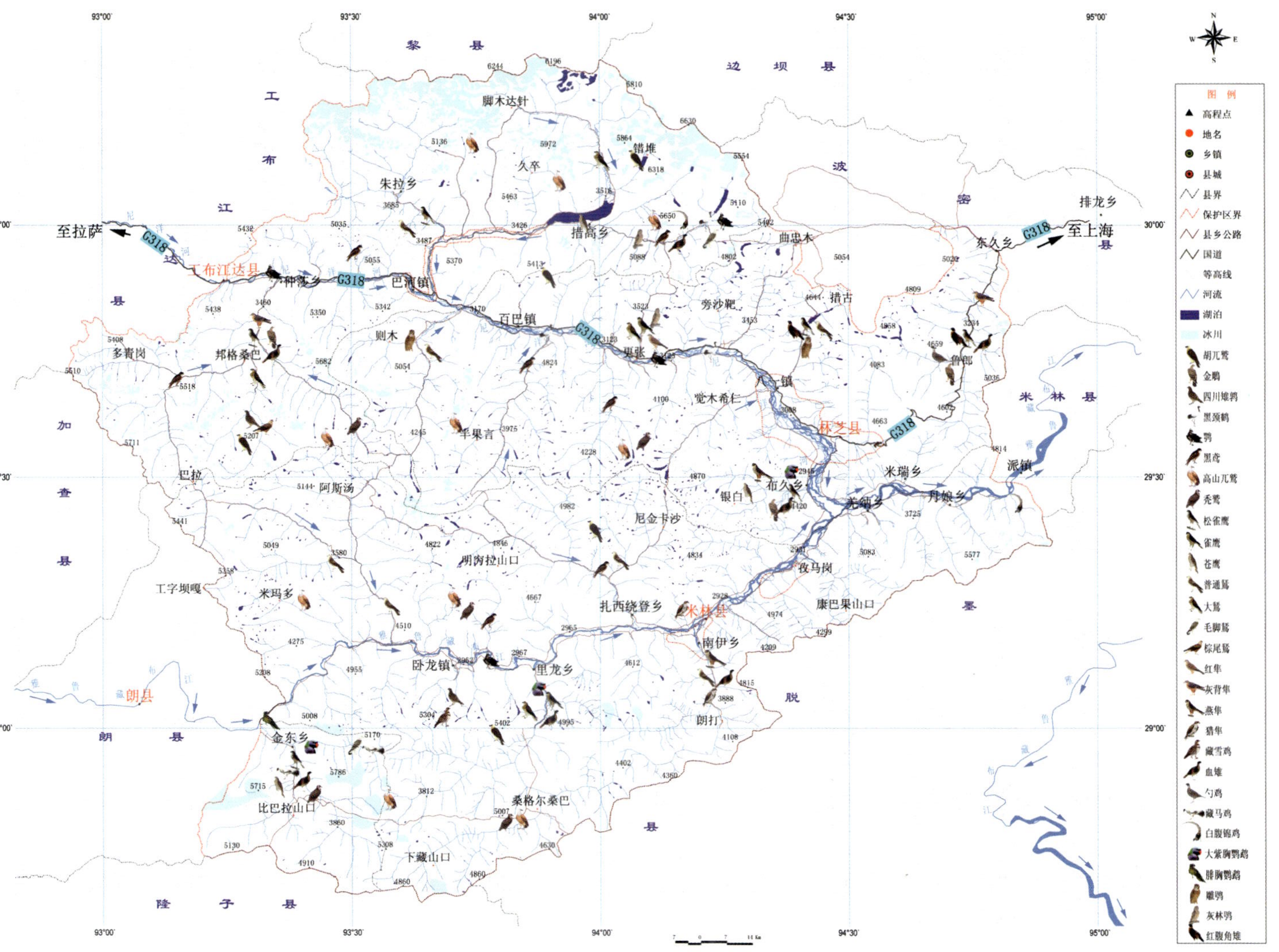

附图5 西藏工布自然保护区国家重点保护鸟类分布示意图

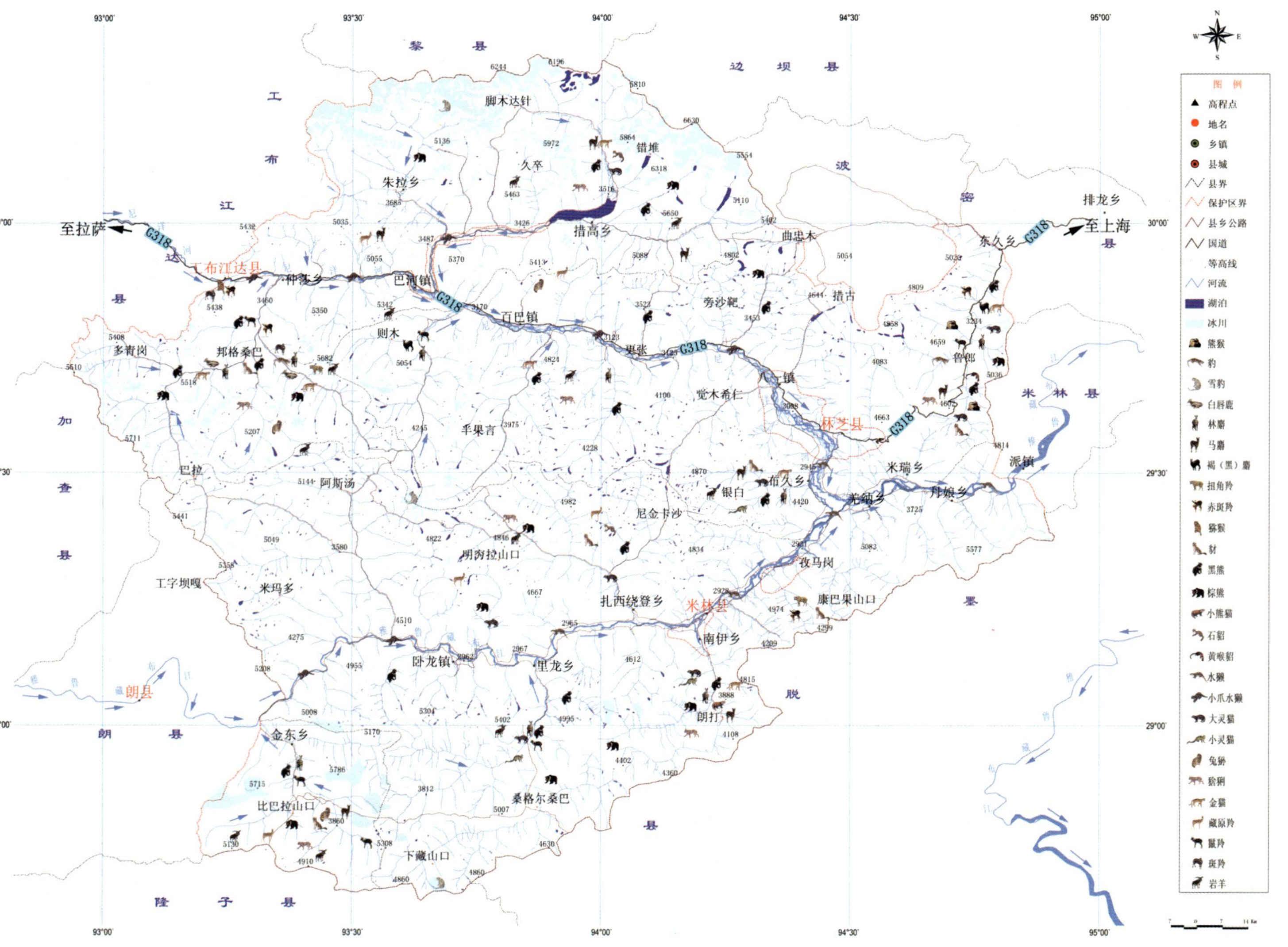

附图6　西藏工布自然保护区国家重点保护兽类分布示意图

附图7 西藏工布自然保护区景观类型分布图(2级类型)

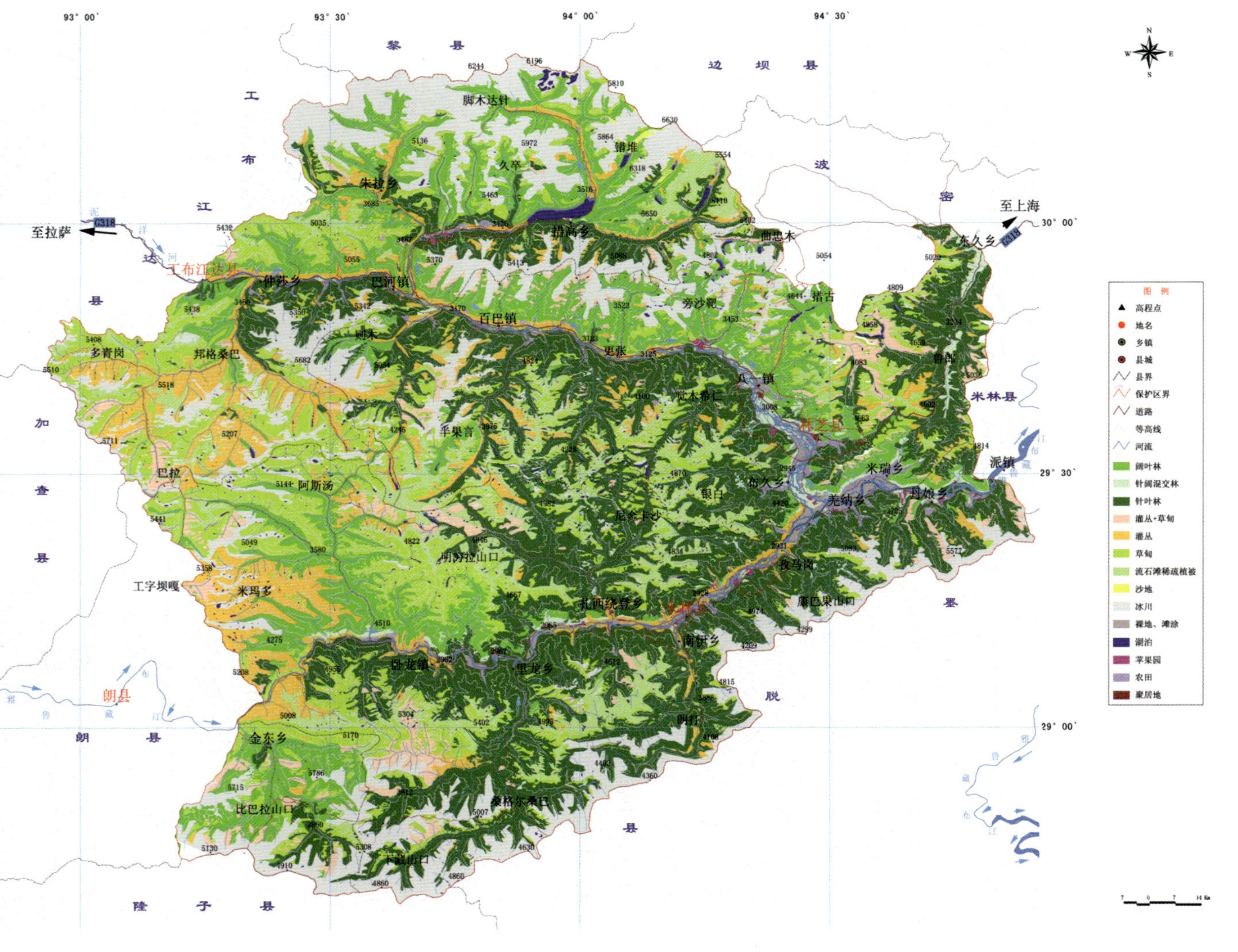

附图8 西藏工布自然保护区景观类型分布图(3级类型)